Schulze · Rehberg

Entwurf von adaptiven Systemen

Entwurf von adaptiven Systemen

Eine Darstellung für Ingenieure

Doz. Dr. sc. techn. Klaus-Peter Schulze

Dr.-Ing. Klaus-Jürgen Rehberg

VT

VEB VERLAG TECHNIK BERLIN

Schulze, Klaus-Peter:
Entwurf von adaptiven Systemen : e. Darst. für Ingenieure / Klaus-Peter Schulze ; Klaus-Jürgen Rehberg. — 1. Aufl. — Berlin: Verl. Technik, 1988. — 244 S. : 217 Bilder
ISBN 3-341-00293-6
NE: Rehberg, Klaus-Jürgen:

ISBN 3-341-00293-6

1. Auflage

Lizenz 201 · 370/86/88
Printed in the German Democratic Republic
Gesamtherstellung: VEB Druckerei „Thomas Müntzer“, Bad Langensalza
Lektor: Jürgen Reichenbach
Schutzumschlag: Kurt Beckert
LSV 3045 · VT 3/5791-1
Bestellnummer: 553 762 9
03300

Vorwort

Auf dem Gebiet der Automatisierungstechnik hat sich in den vergangenen Jahren eine Entwicklung vollzogen, die dadurch gekennzeichnet ist, daß neben der weiteren Vervollkommnung der Theorie mit der Mikrorechentechnik eine leistungsfähige gerätetechnische Basis zur Realisierung von Automatisierungsanlagen geschaffen wurde. Somit ist es in weit höherem Maße als bisher möglich, selbst kompliziertere Automatisierungsalgorithmen wirtschaftlich zu realisieren.
Zu den automatischen Steuerungen, deren effektiver Einsatz in der Praxis aufgrund ihrer prinzipiellen Besonderheiten an das Vorhandensein einer leistungsfähigen Gerätetechnik gebunden ist, gehören zweifellos die sog. adaptiven Systeme. Diese in ihrer Grundform Anfang der fünfziger Jahre bekannt gewordene Klasse automatischer Systeme kann, wie in dieser Monographie noch ausführlich gezeigt wird, als Weiterentwicklung der bisher im klassischen Sinne bezeichneten Steuerungen und Regelungen aufgefaßt werden. Aufgrund ihrer besonderen Struktur sind sie in der Lage, sich selbsttätig an veränderliche Betriebsbedingungen in der Weise anzupassen, daß ein vorgegebenes Gütemaß, unabhängig von diesen Änderungen, ständig eingehalten wird.
Damit können adaptive Systeme bevorzugt für die Lösung von solchen Automatisierungsaufgaben eingesetzt werden, bei denen nur unvollständige Prozeßinformationen vorliegen.
Während sich auf dem Gebiet der Theorie der adaptiven Automatisierungssysteme in den zurückliegenden Jahren eine stürmische Entwicklung vollzogen hat, sind jedoch bisher die praktischen Anwendungen weit hinter den Erwartungen zurückgeblieben. Der Grund für diese unbefriedigende Situation ist neben dem bisherigen Fehlen einer leistungsfähigen Gerätetechnik auch in dem aufwendigen Zugriff des in der Praxis tätigen Ingenieurs zu den theoretischen Grundlagen zu sehen. Besonders erschwerend wirkt hierbei zweifellos die Tatsache, daß die Spezialliteratur weit verstreut und schwer zugänglich ist, daß es bisher keine geschlossene Theorie über den Entwurf von Adaptivsystemen gibt und die gegenwärtig schon vorhandenen leistungsfähigen Entwurfsmethoden häufig nur unzureichend ingenieurmäßig aufbereitet sind. Aus der Sicht des Praktikers erscheint daher eine ordnende, zusammenfassende Darstellung dieser Problematik dringend notwendig. Wenn diese Monographie dazu beiträgt, diesem Bedürfnis Rechnung zu tragen, erfüllt sie die ihr zugedachte Aufgabe.
In diesem Buch werden neben dem notwendigen Grundwissen, das zum tieferen Verständnis der Adaptionsproblematik erforderlich ist, tragfähige Verfahren für den Entwurf von Adaptivsystemen für die Prozeßautomatisierung einschließlich der erforderlichen speziellen theoretischen Grundlagen behandelt. Entsprechend dem gegenwärtig erreichten Entwicklungsstand steht der Entwurf von adaptiven Eingrößensystemen im Vordergrund der Betrachtungen. Unter Berücksichtigung des Anwendungsaspekts wird insbesondere auf die richtige Einordnung der Adaption innerhalb des Gesamtgebiets der Automatisierungstechnik eingegangen sowie eine Reihe von Randproblemen behandelt, die für eine Abgrenzung des technisch sinnvollen Einsatzbereiches von Adaptivsystemen eine wichtige Rolle spielen und daher für den Projektierungsingenieur von großer Bedeutung sind. Hierzu ist vor allem auch der Abschnitt über die Empfindlichkeit zu nennen.
Bezüglich speziellerer Details muß jedoch aufgrund des begrenzten Umfangs auf die entsprechende Fachliteratur verwiesen werden.
Bei der Vielfalt der bekannt gewordenen Adaptionsmethoden ist es außerordentlich schwierig, die einzelnen Verfahren so darzustellen, daß einerseits ihre Besonderheit nicht verlorengeht und andererseits, im Sinne einer klaren Einordnung und Klassifizierung, das Gemeinsame erkennbar bleibt. Trotz der zu erwartenden Schwierigkeiten wurde dennoch der Versuch unternommen, eine weitgehend einheitliche Darstellungsweise zu finden. Bei der Verschiedenheit der Adaptionsverfahren kann dies natürlich nur dadurch annähernd erreicht werden, daß ihre Behandlung auf der Basis einer praktikablen Klassifizierung erfolgt, die von den wesentlichsten Merkmalen ausgeht. Eine Berücksichtigung größerer Feinheiten ist dabei jedoch nicht möglich. Eine andere Schwierigkeit, die dem Bemühen nach einer

einheitlichen Darstellung entgegensteht, ergibt sich dadurch, daß die theoretische Basis, die zum Verständnis der einzelnen Verfahren erforderlich ist, nahezu alle Schwierigkeitsgrade erfaßt. Einer durchgängigen Behandlung der wichtigsten Adaptionsverfahren in einer Darstellung, die möglichst wenige theoretische Vorkenntnisse erfordert, sind daher von vornherein Grenzen gesetzt. Wenn aber dennoch angestrebt wird, im Rahmen der sich bietenden Möglichkeiten, bei einer einfachen Darstellungsform zu bleiben, so ist dies nur zu verwirklichen, wenn auf mathematisch exakte Ableitungen und Beweise verzichtet und die eine oder andere Festlegung bzw. Aussage ohne nähere Begründung verwendet wird. Um trotzdem den Lesern mit möglichst geringem Aufwand ein erstes Verständnis zu ermöglichen, wurden die einzelnen Verfahren nach einem weitgehend einheitlichen Algorithmus dargestellt und, gewissermaßen als Anleitung zum Handeln, jeweils ein Grobablaufplan für den Entwurf angegeben, der natürlich nicht mehr als eine erste Orientierung sein kann.

Obwohl Adaptivsysteme zukünftig nahezu ausschließlich mit Digitalrechnern realisiert werden und daher letztlich die diskontinuierliche Beschreibungsform die entscheidende ist, wird die kontinuierliche Systembeschreibung auch verwendet. Dies hat folgende Gründe: Zunächst einmal lassen sich bestimmte Grundprinzipien und Zusammenhänge in der kontinuierlichen Beschreibungsform einfacher darstellen als im diskontinuierlichen Fall. Außerdem wird der Praktiker aus der Kenntnis der leistungsfähigsten mit Hilfe kontinuierlicher Entwurfsmethoden gefundenen Adaptionslösungen sowohl zu einem tieferen Verständnis für die gesamte Entwicklung der Adaptivsysteme kommen als auch nach wie vor wertvolle Anregungen für die Entwicklung neuer diskontinuierlicher Adaptionsalgorithmen erhalten. Schließlich wird die unmittelbare Realisierung erprobter kontinuierlich entworfener Adaptivsysteme mit dem Digitalrechner, nach entsprechender Aufbereitung (Diskretisierung), auch weiterhin von praktischer Bedeutung sein.

Die Darstellung in der Monographie wurde so gewählt, daß einem größeren Kreis von Fachkollegen die Einarbeitung in die Problematik des Entwurfs von Adaptivsystemen mit einem vertretbaren Aufwand ermöglicht wird. Unter Berücksichtigung des unterschiedlichen Informationsbedürfnisses der Anwender, das sich aus dem jeweils bereits vorhandenen Maß an Vorkenntnissen ergibt, wurden die einzelnen Abschnitte relativ selbständig angelegt und können daher im Sinne einer schnellen, effektiven Information auch unabhängig voneinander durchgearbeitet werden. Die Auswahl der Entwurfsverfahren und ihre Wertung erfolgen aus der Sicht des Regelungstechnikers.

Es ist uns ein besonderes Bedürfnis, uns an dieser Stelle bei Herrn Prof. Dr. sc. techn. *H. Töpfer* zu bedanken, der die Anregung zu dieser Monographie gegeben und durch seine stets hilfreiche Unterstützung zum Gelingen dieses Vorhabens beigetragen hat. Ein herzlicher Dank gilt auch den Herren Prof. Dr. sc. techn. *U. Korn* und Prof. Dr. sc. techn. *H. Ehrlich* für das entgegengebrachte Interesse sowie die zahlreichen Hinweise und Anregungen.

Bei den Herren Dipl.-Ing. *H.-J. Herrmann* und Dipl.-Ing. *D. Pönigk* bedanken wir uns für die Bereitstellung von Beispielen sowie die kritische Durchsicht ausgewählter Abschnitte des Manuskripts. Frau *I. Pietsch* sowie Frau *H. Glaß* danken wir für das Schreiben des Manuskripts sowie das Zeichnen der Bilder.

Nicht zuletzt möchten wir Herrn Dipl.-Ing. *J. Reichenbach* vom VEB Verlag Technik für die angenehme, verständnisvolle Zusammenarbeit bei der Gestaltung des Buches unseren besten Dank aussprechen.

Klaus-Peter Schulze
Klaus-Jürgen Rehberg

Inhaltsverzeichnis

Wichtige Formelzeichen

$\boldsymbol{A}$	Systemmatrix für kontinuierliche Systeme
$\boldsymbol{A}^*$	Systemmatrix für zeitdiskrete Systeme
$A(p)$	Nennerpolynom einer Übertragungsfunktion
$A(z^{-1})$	Nennerpolynom einer diskreten Übertragungsfunktion
a_i	Koeffizient eines Polynoms, Systemparameter
a_i^*	Koeffizient einer allgemeinen Differenzengleichung
$\boldsymbol{B}$, $\boldsymbol{b}$	Steuermatrix für kontinuierliche Systeme
$\boldsymbol{B}^*$, $\boldsymbol{b}^*$	Steuermatrix für zeitdiskrete Systeme
$B(p)$	Zählerpolynom einer Übertragungsfunktion
$B(z^{-1})$	Zählerpolynom einer diskreten Übertragungsfunktion
b_i	Koeffizient eines Polynoms
b_i^*	Koeffizient einer allgemeinen Differenzengleichung
$\boldsymbol{C}$, $\boldsymbol{c}$	Beobachtungsmatrix für kontinuierliche Systeme
$\boldsymbol{C}^*$, $\boldsymbol{c}^*$	Beobachtungsmatrix für zeitdiskrete Systeme
$C(p)$	Zählerpolynom einer Übertragungsfunktion
$C(z^{-1})$	Zählerpolynom einer diskreten Übertragungsfunktion
c_i	Koeffizient eines Polynoms
c_i^*	Koeffizient einer allgemeinen Differenzengleichung
$D(p)$	Nenner einer Übertragungsfunktion
$D(z^{-1})$	Nenner einer diskreten Übertragungsfunktion
d	relative Totzeit T_t/T_0 (ganzzahlig)
d_i	Koeffizient eines Polynoms
d_i^*	Koeffizient einer allgemeinen Differenzengleichung
$\boldsymbol{E}$	Einheitsmatrix
$E(p)$	Nennerpolynom einer Übertragungsfunktion, Laplace-Transformierte von $\varepsilon(t)$
$E(z^{-1})$	Nennerpolynom einer diskreten Übertragungsfunktion, z-Transformierte von $\varepsilon^*(t)$
$E[\ldots]$	Erwartungswert
e, exp	Basis der Exponentialfunktion
e_i	Koeffizient eines Polynoms
e_i^*	Koeffizient einer allgemeinen Differenzengleichung
$F(z^{-1})$	Zählerpolynom einer diskreten Übertragungsfunktion
$\boldsymbol{f}$	Reglerparametervektor (Darstellung in Zustandsraum)
f_{ij}	Reglerparameter von **f**
$f(\ldots)$	Funktionssymbol
$f(t)$	kontinuierliche Zeitfunktion, kontinuierliches Signal
$f(kT)$	Funktionswert zum Zeitpunkt $t = kT$
$f(k)$	Funktionswert zum normierten Zeitpunkt k
$\boldsymbol{G}$	Verstärkungsmatrix
$G(p)$	Übertragungsfunktion
$G_P(p)$	Übertragungsfunktion eines Prozesses (Regelstrecke)
$G_R(p)$	Übertragungsfunktion eines Reglers
$G_w(p)$	Führungsübertragungsfunktion
$G(z)$	diskrete Übertragungsfunktion
$\boldsymbol{G}(z)$	diskrete Übertragungsmatrix
I	Gütekriterium, Gütemaß
I_0	vorgegebenes konstantes Gütekriterium

$I(t)$	durch laufende Messung bzw. Identifikation ermittelter Augenblickswert eines Gütekriteriums
j	imaginäre Einheit
K	Übertragungsfaktor, Verstärkungsfaktor
$K(z^{-1})$	Entwurfspolynom für Minimumvarianzregler
k	normierter Abtastzeitpunkt
k_i	Parameter
$L(z^{-1})$	Entwurfspolynom für Minimumvarianzregler
m, n, l	Grad von Polynomen
p	Laplace-Operator
q_i^*	Koeffizienten des Nennerpolynoms der diskreten Reglerübertragungsfunktion
t	Zeit
T	Zeitkonstante
$\boldsymbol{T}$	Transformationsmatrix
T_0	Abtastperiodendauer
T_t	Totzeit
$U(z)$	z-Transformierte der zeitdiskreten Eingangs- bzw. Steuergröße
u, $\boldsymbol{u}$	Steuergröße, Steuervektor
$W(z)$	z-Transformierte der zeitdiskreten Führungsgröße
w	Führungsgröße
$X(z)$	z-Transformierte der zeitdiskreten Ausgangsgröße bzw. Regelgröße
x	Ausgangsgröße, Regelgröße
$\boldsymbol{x}$	Zustandsgrößenvektor
x_a	Ausgangsgröße
x_e	Eingangsgröße
y	Stellgröße
$\boldsymbol{y}$	Ausgangsgrößenvektor (bei Darstellung im Zustandsraum)
z	Störgröße, komplexe Variable der z-Transformation $z = e^{pT_0}$
$\boldsymbol{\alpha}$	Parametervektor des kontinuierlichen Prozeßmodells
$\boldsymbol{\alpha}^*$	Parametervektor des diskreten Prozeßmodells
$\boldsymbol{\beta}$	Parametervektor des kontinuierlichen Grundkreisreglers
$\boldsymbol{\beta}^*$	Parametervektor des diskreten Grundkreisreglers
γ, λ, δ	Wichtungsfaktoren
ε	Abweichungssignal
ξ	Hilfsprozeßvariable
φ	Phasenwinkel
ω	Kreisfrequenz
ω_T	Kreisfrequenz des Testsignals

1. Adaptive Systeme — Einführung, Grundlagen

1.1. Einführung in die Problemstellung

Beim Entwurf von Automatisierungssystemen geht man im Normalfall davon aus, daß der zu automatisierende Prozeß bezüglich seines wesentlichen Verhaltens durch ein Modell hinreichend genau beschrieben werden kann. Dies ist zwar eine Voraussetzung, die in vielen Fällen erfüllt ist; dennoch gibt es zahlreiche, praktisch wichtige Einsatzfälle, bei denen die für den Entwurf notwendigen Prozeßkenntnisse nicht zur Verfügung stehen. Die fehlenden A-priori-Informationen über den Prozeß können prinzipiell begründet sein in

- unzureichenden Detailkenntnissen bei zeitinvariantem Prozeßverhalten (z. B. unbekannte, aber konstante Prozeßparameter)
- zeitvariantem Prozeßverhalten (z. B. dann, wenn sich Prozeßparameter in unvorhersehbarer Weise ändern).

Zur Veranschaulichung dieses Sachverhalts sollen einige Beispiele angeführt werden. Da der Fall der fehlenden A-priori-Information bei an sich zeitunabhängigem Prozeßverhalten nahezu überall auftreten kann und er daher auch keine Besonderheit darstellt, sollen im folgenden nur solche Beispiele angeführt werden, bei denen eine nicht zu vernachlässigende Zeitvarianz im Prozeßverhalten festzustellen ist. Für Prozesse, deren Zeitvarianz im Übertragungsverhalten durch Parameteränderungen im Prozeßmodell (im folgenden der Einfachheit halber immer nur als Parameteränderungen des Prozesses bezeichnet) darstellbar ist, gibt es in fast allen Industriebereichen relevante Beispiele [1 bis 7].
Anfahrvorgänge stellen i. allg. automatisierungstechnisch besonders schwierige Fälle dar. Da die Verwendung komplizierter nichtlinearer Modelle als Basis für den Entwurf der Automatisierungsanlage zu aufwendig ist, verwendet man meist lineare Modelle, deren Parameter sich in Abhängigkeit von der Lage des Arbeitspunktes ändern [8; 9]. So wird z. B. zur Automatisierung des Anfahrvorgangs einer Gasturbinenanlage (in einem bestimmten Drehzahlbereich) das folgende vereinfachte, arbeitspunktabhängige Modell verwendet:

$$G(p, n) = \frac{K_B(n)}{(T(n)\,p + 1)\,(T_A p + 1)}\,.$$

Die Lage des Arbeitspunktes wird über die Drehzahlabhängigkeit erfaßt. Infolge der Arbeitspunktabhängigkeit ändert sich die Verstärkung $K_B(n)$ um den Faktor 4 bis 5 (Bild 1.1) und die Zeitkonstante T um den Faktor 6 bis 7 (Bild 1.2). Betrachtet man nur die Anlageneinheit (s. ausführliches Beispiel im Abschn. 3.4.10.5.), so ergibt sich für die Anlagenverstärkung $K_{BA}(n)$ eine Änderung von 1:10 (Bild 1.3). Zu beachten ist außerdem, daß diese Wertebereiche mit einer hohen Änderungsgeschwindigkeit durchlaufen werden.

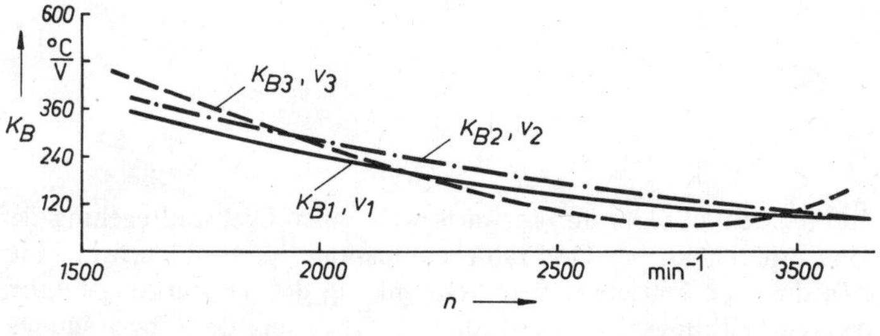

Bild 1.1. Verstärkung K_B als Funktion der Drehzahl
experimentell ermittelt;
v_i Kennzeichnung der Versuche

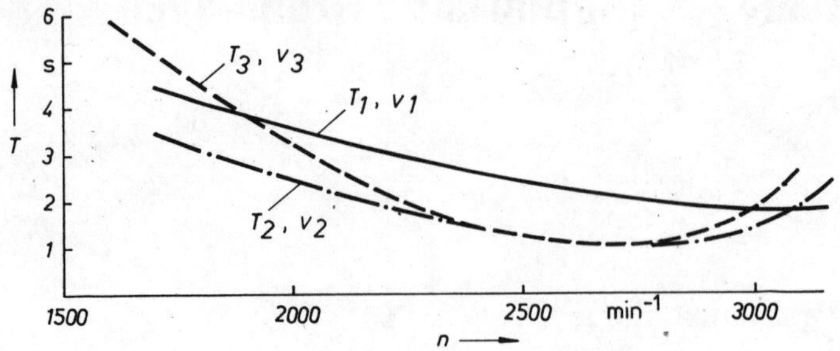

Bild 1.2. Zeitkonstante T als Funktion der Drehzahl

experimentell ermittelt; v_i Kennzeichnung der Versuche

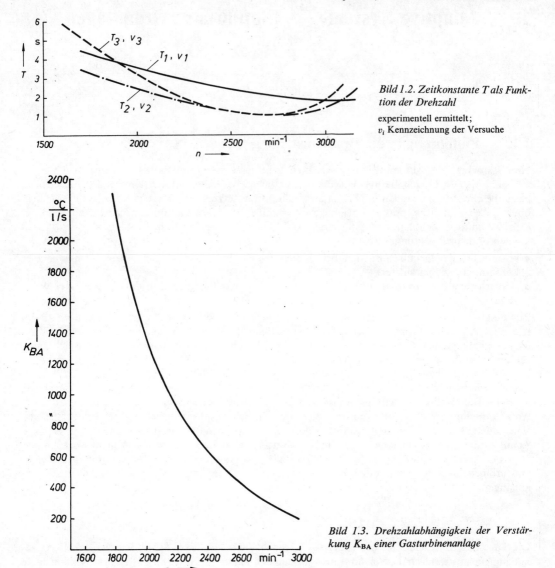

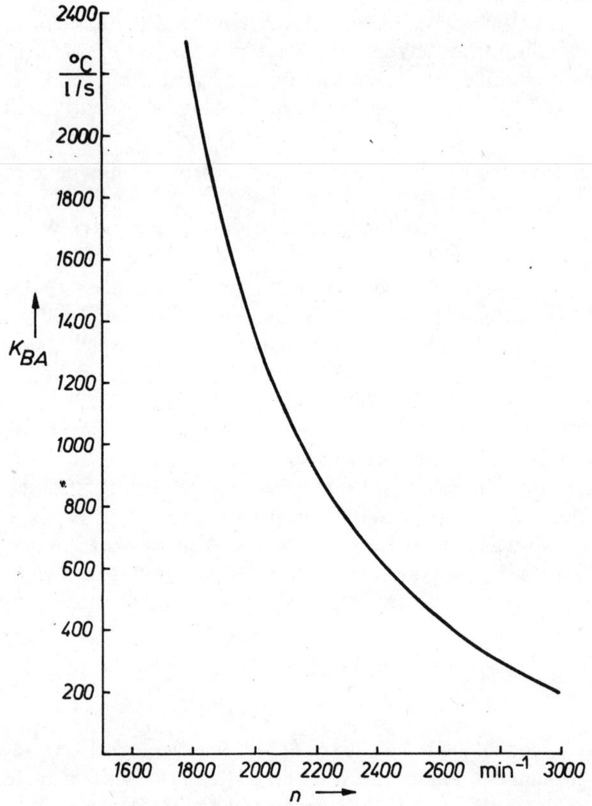

Bild 1.3. Drehzahlabhängigkeit der Verstärkung K_{BA} einer Gasturbinenanlage

Bei elektrischen Antrieben können Parameter- und Strukturänderungen auftreten [10; 11]. Hier soll lediglich auf Parameteränderungen eingegangen werden. Sie treten z. B. bei Drehzahlregelungen von Gleichstrommotoren auf, wenn die Drehzahlbeeinflussung durch Feldschwächung erfolgt. Begründet ist dies durch den Zusammenhang, der durch die Gleichung für das Drehmoment eines Gleichstrommotors gegeben ist:

$$M = c\Phi_E I_A; \qquad (1.1)$$

c Motorkonstante
Φ_E Fluß des Erregerfelds
I_A Ankerstrom.

Während sich bei konstantem Fluß Φ_E gemäß (1.1) im Vorwärtszweig einer Drehzahlregelung des Motors ein Proportionalglied ergibt, erhält man bei Drehzahlbeeinflussung durch Feldschwächung ein multiplikatives Glied (Bild 1.4), das eine betriebsmäßige Schwankung des Verstärkungsfaktors darstellt. Neben dieser von der inneren Wirkungsweise her bedingten Änderung des Übertragungs-

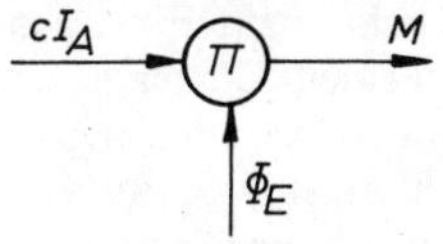

Bild 1.4. Betriebsmäßige Verstärkungsschwankungen bei der Drehzahlregelung eines Gleichstrommotors infolge multiplikativer Verknüpfung von I_A und Φ_E

verhaltens hängen bei Elektromotoren die Parameter auch vom Betriebszustand, z. B. von Temperatureinflüssen, ab. Bei hohen dynamischen Anforderungen an geregelte Antriebe sind daher die aus Konstruktionsdaten berechneten oder durch Prüffeldmessungen erhaltenen Modellparameter nicht genau genug, so daß die Ermittlung der aktuellen Werte durch Anwendung geeigneter Identifikationsverfahren für zeitvariante Systeme erfolgen muß [12].
Auch Zementmahlanlagen stellen Systeme mit veränderlichen Eigenschaften dar, die durch Belastungs-, Mahlbarkeits-, Feuchtigkeits- und Temperaturschwankungen verursacht werden. Bei der Automatisierung einer Zementmahlanlage (Kugelmühle) wird in [13] u. a. ein vereinfachtes lineares arbeitspunktabhängiges Modell vom Typ

$$G(p) = \frac{K_{ZA}}{Tp + 1} e^{-T_t p}$$

verwendet. Dabei treten infolge von Arbeitspunktverschiebungen Parameteränderungen (K_{ZA} und T) im Verhältnis von 1:3 auf.
Für die Regelung der Austrittstemperatur einer Lufterhitzeranlage wird in [14; 15] das prinzipielle statische und dynamische Verhalten der Anlage bestimmt und festgestellt, daß der Verstärkungsfaktor im interessierenden Arbeitsbereich stark veränderlich ist (Bild 1.5). Auch das dynamische Verhalten ist von U_{st} und dem eingestellten Luftstrom abhängig (so sind z. B. die Prozeßzeitkonstanten beim Abkühlen wesentlich größer als beim Aufheizen).
Bei speziellen technologischen Prozessen in der Glasseidenindustrie liegt der Fall vor, daß aufgrund sowohl unbekannter als auch zeitveränderlicher Parameter von wesentlichem Einfluß die Einhaltung vorgegebener Güteparameter des Endprodukts durch die gegenwärtig eingesetzte Automatisierungstechnik nicht in gewünschtem Maße garantiert werden kann [16]. Zur Erläuterung soll eine Anlagen-

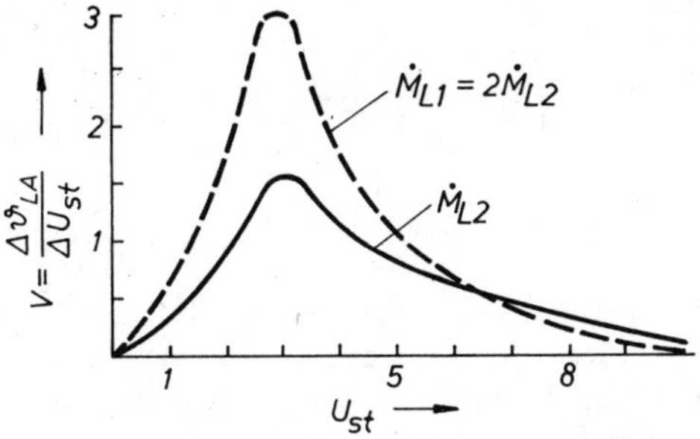

Bild 1.5. Verstärkungsfaktor V in Abhängigkeit von der Stellspannung U_{st} eines Lufterhitzers

U_{st} Steuerspannung eines Ventilstellmotors zur Beeinflussung des Warmwasserstroms
ϑ_{LA} Luftaustrittstemperatur (Regelgröße)
$\dot{M}_{Li}$ untersuchte Luftströme

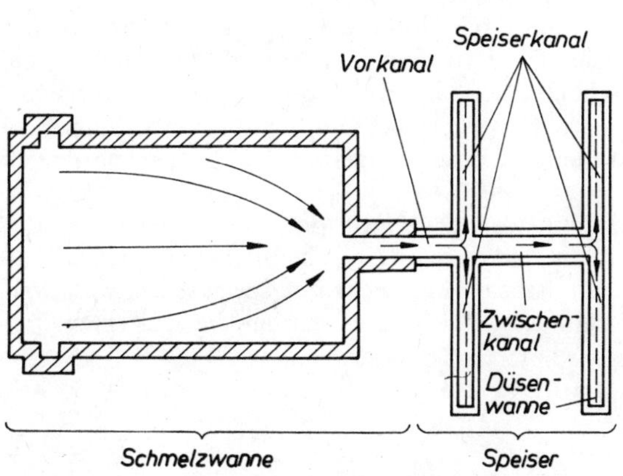

Bild 1.6. Grobschema einer Anlage zur Glasseidenherstellung

einheit für die Glasseidenherstellung näher betrachtet werden. Bei den sog. Direkt- bzw. Einstufenverfahren werden die Rohstoffe (z. B. Flußspat, Kaolin, Quarzsand, Borsäure) zu einem Gemenge vermischt und in einer Schmelzwanne (Bild 1.6) verschmolzen. Das flüssige Glas gelangt durch ein beheiztes Kanalsystem (Speiser) zu den einzelnen Spinnstellen in Form von Düsenwannen, die sich in größerer Anzahl am Boden eines jeden Speiserkanals befinden. Durch den Düsenboden der Wannen treten die einzelnen Elementarfäden aus, werden beschlichtet, je nach Produktionssortiment zu einem oder mehreren Fadenbündeln zusammengefaßt, mit Hilfe eines Aufwickelaggregats abgezogen und zu einer Spinnspule gewickelt. Der so hergestellte Glasseidenspinnfaden ist das Ausgangsprodukt für die Weiterverarbeitung. Die Vorgänge im Speiser haben auf die Qualität des Glasseidenspinnfadens einen großen Einfluß. Zur Gewährleistung einer hohen Spinnsicherheit sowie einer gleichbleibenden Qualität ist es u. a. erforderlich, das Glas an den jeweiligen Düsenwannen kontinuierlich und mit einer bestimmten, konstant zu haltenden Temperatur bereitzustellen. Eine Reihe wichtiger Einflußfaktoren auf die Spinnsicherheit sind bekannt, z. B. die Gemengezusammensetzung, die Sauerstoffkonzentration im Gewölbe des Speisekanals, die Strömungsverhältnisse im Speiser, die Glasbadtemperatur sowie klimatische Faktoren. Der Einfluß der einzelnen Größen innerhalb ihres Zusammenwirkens auf die Spinnsicherheit ist jedoch z. Z. noch nicht in ausreichendem Maße quantitativ bestimmbar. Für ein Modell des Speisers mit den wichtigsten Einflußgrößen (Glasbad-, Gewölbe- und Düsenbodentemperaturen sowie die Brennerdurchsätze und Gas-Luft-Verhältnisse) lassen sich nur Grobmodelle mit großen Parameterunsicherheiten aufstellen, wobei zeitabhängige Änderungen, z. B. infolge Änderung der Geometrie der Speiserkanäle durch Auswaschungen, Änderung der Materialeigenschaften u. ä., eine nicht unwesentliche Rolle spielen.

Betrachtet man die bei den einzelnen Prozessen auftretenden Parameteränderungen näher, so läßt sich feststellen, daß in den meisten Fällen zwei wesentliche Arten von Parameteränderungen unterschieden werden können:

1. arbeitspunktabhängige Parameteränderungen, die i. allg. eine relativ große Änderungsgeschwindigkeit aufweisen
2. Parameteränderungen, die nur zeitabhängig sind und eine kleine Änderungsgeschwindigkeit besitzen.

Würde man nun in diesen Fällen die allgemein bekannten und üblichen Entwurfsmethoden anwenden — oft wurde in der Vergangenheit auch so vorgegangen —, dann erhielte man automatische Steuerungen, deren Verhalten nur selten den vorgegebenen Anforderungen entspräche. In Ausnahmefällen wäre sogar Instabilität möglich und damit die erhaltene Lösung völlig unbrauchbar.

Um dennoch für derartige Einsatzfälle geeignete Automatisierungsalgorithmen entwerfen zu können, sind prinzipiell zwei Lösungswege möglich:

1. Entwurf nach Empfindlichkeitsmethoden bzw. dem Prinzip der Robustheit
2. Entwurf nach dem Adaptionsprinzip.

Im ersten Fall wird unter Berücksichtigung von sog. Empfindlichkeitsansätzen im Entwurfskriterium bzw. unter Berücksichtigung eines speziellen Gütemaßes der Robustheit ein solches Automatisierungsgesetz berechnet, daß das geschlossene System, bestehend aus Prozeß und Automatisierungseinrichtung, relativ unempfindlich gegenüber Änderungen des Prozeßverhaltens ist.

Im zweiten Fall wird das Automatisierungsgesetz in vergleichsweise komplizierterer bzw. höherstrukturierter Form derart aufgebaut, daß zunächst die fehlende A-priori-Information über den Prozeß selbsttätig ermittelt wird und im Anschluß daran auf der Basis der dann vorliegenden Informationen der optimale Automatisierungsalgorithmus berechnet und unmittelbar wirksam wird. Es erfolgt also eine ständige Anpassung des Automatisierungsgesetzes an das momentane Prozeßverhalten.

Ergänzend sei an dieser Stelle schon vorab erwähnt, daß diese zwei prinzipiellen Wege des Entwurfs nicht in jedem Fall als Alternativlösung für ein und dieselbe Aufgabenstellung anzusehen sind. Wie später noch genauer gezeigt wird (Abschn. 2.), haben sie vielmehr ihre spezifischen, wirtschaftlichen Anwendungsbereiche, die sich einerseits teilweise überschneiden und andererseits sinnvoll ergänzen können.

1.2. Definition, Wirkungsweise und Klassifizierung

Seit Anfang der fünfziger Jahre sind neben den bereits vorhandenen Steuerungen und Regelungen die sog. adaptiven Systeme bekannt geworden, deren Entwicklung in der Folgezeit sehr intensiv betrieben wurde. Betrachtet man die umfangreiche, nur noch schwer überschaubare Literatur auf diesem Gebiet, so findet man für diese Systemklasse auch die Bezeichnungen selbsteinstellende, selbstanpassende, lernende, selbstlernende, selbstoptimierende, Selftuningsysteme usw. Diese zahlreichen, teilweise verwirrenden Bezeichnungen wirken sich auf die Bemühungen, Theorie und Anwendungen derartiger Systeme möglichst vielen Anwendern nahezubringen, nicht gerade förderlich aus. Im Sinne einer einheitlichen Bezeichnungsweise soll daher in Übereinstimmung mit den wesentlichsten Veröffentlichungen, die in der letzten Zeit auf diesem Gebiet bekannt geworden sind, z. B. [17 bis 31; 87], im folgenden der Oberbegriff „adaptive Systeme" oder „Adaptivsysteme" zur Abgrenzung gegenüber anderen Automatisierungsprinzipien gewählt und im nächsten Abschnitt näher definiert werden.

1.2.1. Definition und Wirkungsweise

Nach [32] stellen die adaptiven Systeme die dritte oder „nächsthöhere" Struktur von automatischen Systemen dar. Eine anschauliche Erläuterung der Wirkungsweise der adaptiven Systeme (engl.: to adapt — anpassen) ist möglich, wenn man sie den Steuerungen und Regelungen im herkömmlichen „klassischen" Sinne gegenüberstellt.

Steuerung

Bei einer Steuerung liegt eine offene Wirkungsschleife vor (Bild 1.7). Unter der Voraussetzung, daß der funktionelle Zusammenhang zwischen der Steuergröße x_S und der Führungsgröße w bekannt ist, kann mit der Anordnung nach Bild 1.7 eine gewünschte Beeinflussung von x_S vorgenommen werden. Nachteilig ist, daß beim Auftreten von Störungen deren Einfluß auf x_S nicht erfaßt wird und daher auch nicht durch gezielte Änderung von w kompensiert werden kann. Um eine Steuerung realisieren zu können, ist ein relativ hohes Maß an A-priori-Information über den Prozeß (Steuerstrecke) erforderlich.

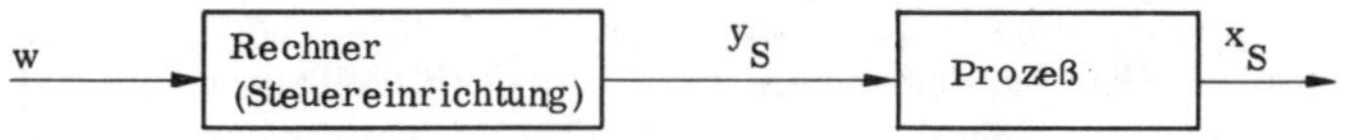

Bild 1.7. Aufbau einer Steuerung

Regelung

Das charakteristische Merkmal, das die Regelung von der Steuerung unterscheidet, ist die Rückführung (Bild 1.8). Durch die Rückführung (oder Rückkopplung) wird der Istwert der Regelgröße x_R ständig mit dem Sollwert w verglichen und die Stellgröße y_R so lange verändert, bis x_R mit w übereinstimmt. Mit Hilfe von Regelungen lassen sich i. allg. Systeme mit guten dynamischen Eigenschaften realisieren. Im Gegensatz zur Steuerung wird bei Regelungen der Einfluß von Prozeßstörungen auf x_R durch die Rückkopplung reduziert bzw. vollständig zum Verschwinden gebracht. Unter Verwendung geeigneter Gütekriterien können in vielen Fällen, bei bekanntem Prozeßverhalten, Reglereinstellwerte ermittelt werden, so daß der Regelvorgang (Stör- bzw. Führungsverhalten) hinsichtlich vorgegebener Zielstellungen optimal abläuft. Dies setzt allerdings voraus, daß sich das Prozeßverhalten nicht oder nur innerhalb enger Grenzen ändert — eine Voraussetzung, die nicht in jedem Fall erfüllt ist. Abschließend sei noch festgestellt, daß i. allg. für den Entwurf von Regelungen weniger A-priori-Informationen erforderlich sind als bei Steuerungen.

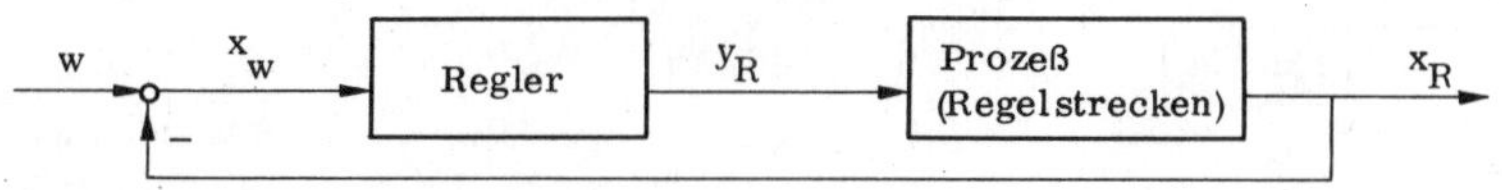

Bild 1.8. Aufbau einer Regelung

Adaptivsysteme

Wie schon im Abschn. 1.1. anhand von Beispielen gezeigt wurde, gibt es eine Reihe von Anwendungen, bei denen sich z. B. infolge von Arbeitspunktverschiebungen, Änderungen von Umwelteinflüssen u. a. die maßgeblichen Kennwerte des zu automatisierenden Prozesses in weiten Grenzen ändern. Auch die spektrale Zusammensetzung der Betriebssignale kann zeitabhängig sein [33]. Eine zu einem bestimmten Zeitpunkt optimal arbeitende Anlage wird sich unter solchen veränderlichen Bedingungen von dem Optimum entfernen und ein schlechtes dynamisches Verhalten, in bestimmten Fällen sogar Instabilität zeigen. Daraus ergibt sich die Notwendigkeit, Systeme zu entwickeln, die sich selbsttätig an variable Betriebsbedingungen anpassen. Systeme, die diesen Anforderungen gerecht werden, sollen als adaptive Systeme oder Adaptivsysteme bezeichnet werden. In Anlehnung an [34; 35] läßt sich folgende Definition angeben:

> Als adaptive Systeme bezeichnet man in der Automatisierungstechnik solche Systeme, die sich unvorhersehbaren Betriebsbedingungen (die sich z. B. durch Parameter- oder durch Strukturänderungen des zu regelnden Prozesses oder durch Änderung der Eigenschaften von Eingangssignalen äußern) selbsttätig im Sinne der Erfüllung eines vorgegebenen Gütekriteriums anpassen. Die Anpassung kann durch Änderung bestimmter beeinflußbarer Systemgrößen (z. B. durch Änderung der Parameter oder der Struktur des Reglers bzw. durch äquivalente Zusatzsignale) erfolgen.

Gemäß den Ausführungen im Abschn. 1.1. über die Ursachen für das Fehlen von A-priori-Informationen vom Prozeß soll natürlich auch der für die Praxis wichtige Fall, daß ein zeitunabhängiger Prozeß vorliegt, dessen Modell unbekannt ist (Parameter- einschließlich eventueller Strukturunsicherheit), unter „unvorhersehbare Betriebsbedingungen" mit erfaßt werden. Nach der angegebenen Definition besteht die Aufgabe eines adaptiven Systems im allgemeinen Fall darin, das Übertragungsverhalten (Stabilität, Dynamik, Statik) eines Systems in vorgegebener Weise selbsttätig zu beeinflussen. In den meisten Fällen wird die Anpassung (Adaption) durch ein Nachstellen der Parameter des Automatisierungsalgorithmus (z. B. der Reglerparameter) erreicht.
Bevor auf weitere Einzelheiten eingegangen wird, sollen zunächst noch einige grundlegende Begriffe definiert werden. Da eine Anpassung in dem hier festgelegten Sinne nur durch eine dem vorhandenen „Basisautomatisierungssystem" übergeordnete Einrichtung realisiert werden kann, wird bei den folgenden Betrachtungen zwischen dem Grundsystem (System, dessen einstellbare Parameter nachgestellt werden sollen) und der übergeordneten Adaptiv- oder Anpaßvorrichtung unterschieden. Daher werden im folgenden alle Begriffe, die sich auf das Grundsystem beziehen, in Wortverbindungen durch das Wort Grund... (z. B. Grundkreisregler, Grundkreissignal usw.) und im Gegensatz dazu die entsprechenden Begriffe bezüglich der übergeordneten Anpaßvorrichtung durch das Wort Adaptiv... oder adaptiv gekennzeichnet (z. B. Adaptivregelgröße usw.).
Im Bild 1.9 ist der prinzipielle Aufbau eines Adaptivsystems angegeben. Unabhängig davon, wie die übergeordnete Adaptivschleife realisiert wird, kann man bei allen adaptiven Systemen — mehr oder weniger gut erkennbar — drei für die Adaption charakteristische Teilprozesse feststellen: Identifikation, Entscheidungsprozeß und Modifikation (Bild 1.10). Diese Teilprozesse können wie folgt charakterisiert werden:

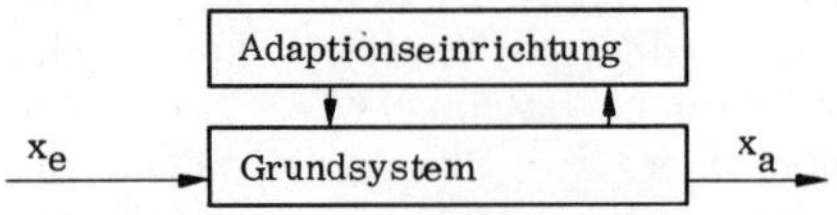

Bild 1.9. Stark vereinfachter prinzipieller Aufbau eines Adaptivsystems

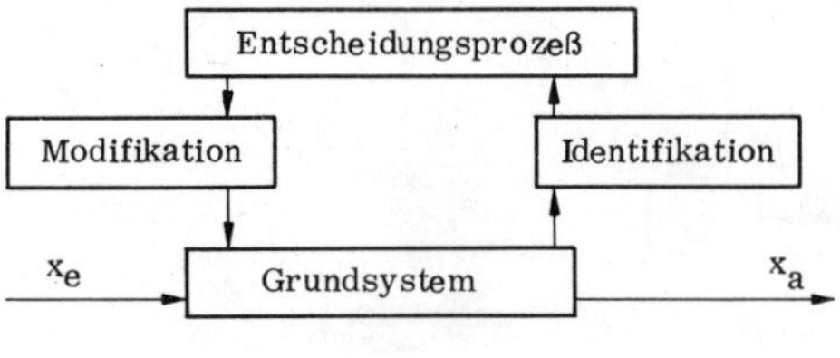

Bild 1.10. Aufbau eines Adaptivsystems unter besonderer Berücksichtigung der für die Adaption charakteristischen Teilprozesse

Identifikation. Laufende Erfassung des Istwerts veränderlicher Größen bzw. daraus abgeleiteter Kennwerte des Grundsystems, z. B. der Prozeßparameter (Ergänzung der für den Systementwurf fehlenden A-priori-Information).

Entscheidungsprozeß. Berechnung von Stellsignalen für den adaptiven Eingriff aus den durch die Identifikation ermittelten Istwerten der betrachteten Größen bzw. Kennwerte des Grundsystems.

Modifikation. Realisierung des erforderlichen Eingriffs in das Grundsystem (z. B. durch geräte- oder programmtechnische Umsetzung des Nachstellens der Parameter des Grundkreisreglers).

Im folgenden werden Aufbau und Wirkungsweise der wichtigsten adaptiven Automatisierungsstrukturen näher erläutert. Je nach Art der Realisierung des Anpassungsvorgangs kann man eine grundlegende Unterteilung der Adaptivsysteme vornehmen in

Adaptivsysteme mit offener Wirkungsschleife (Bild 1.11)
Adaptivsysteme mit geschlossener Wirkungsschleife (Bild 1.12).

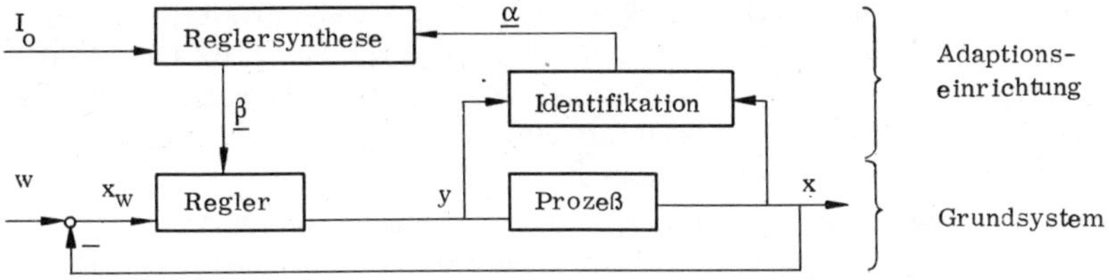

Bild 1.11. Adaptivsystem ohne Vergleichsmodell (Adaption mit offener Wirkungsschleife)

$\boldsymbol{\alpha}$ Parametervektor des Prozeßmodells; $\boldsymbol{\beta}$ Parametervektor des Grundkreisreglers; I_0 gewähltes Kriterium für die Synthese des Grundkreisreglers

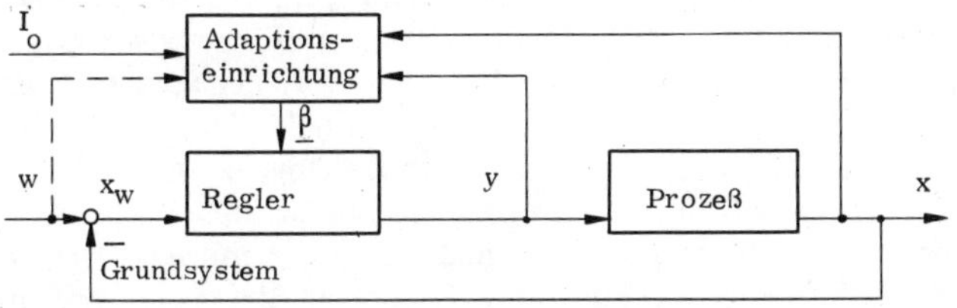

Bild 1.12. Adaptivsystem ohne Vergleichsmodell (Adaption mit geschlossener Wirkungsschleife)

$\boldsymbol{\beta}$ Parametervektor des Grundkreisreglers; I_0 gewähltes Gütemaß für das Verhalten des Grundsystems

Adaptivsysteme mit offener Wirkungsschleife. Diese Art von Adaptivsystemen, die in der zeitlich weiter zurückliegenden Literatur häufig auch als Adaptivsteuerung bezeichnet wird, hat in der letzten Zeit wegen ihres relativ übersichtlichen Entwurfs an Bedeutung gewonnen. Die Wirkungsweise soll anhand des Bildes 1.11 erläutert werden. Auf der Basis des identifizierten momentanen Prozeßverhaltens (Ermittlung der Parameter $\boldsymbol{\alpha}$, u. U. einschließlich der Struktur des Prozeßmodells) werden nach einem gewählten Syntheseverfahren die Reglerparameter $\boldsymbol{\beta}$ berechnet und im Grundkreisregler eingestellt. Detailliertere Ausführungen hierzu s. Abschn. 3.4.; ausführliche Berechnungsbeispiele s. Abschnitte 3.4.10.1. und 3.4.10.2.

Ein aus praktischen Gründen erwähnenswerter Sonderfall der Adaptivsteuerung liegt vor, wenn die einstellbaren Parameter des Grundkreisreglers in Abhängigkeit von meßbaren Prozeßvariablen (Störsignal z, Parameter α oder Hilfsvariable ξ, die von α abhängig ist) verstellt werden, deren Einfluß auf die Arbeitsweise des Grundsystems als einfacher funktioneller Zusammenhang bekannt ist (d. h., relativ genaue Prozeßkenntnisse sind erforderlich). Werden die momentanen Werte von z, α bzw. ξ gemessen und der Adaptionseinrichtung aufgeschaltet (Bild 1.13), so können nach der vorher ermittelten festen Abhängigkeit die erforderlichen Reglereinstellwerte in einfacher Weise bestimmt werden. Nach einem Ist-/Sollwert-Vergleich sind dann ggf. die Reglerparameter zu korrigieren. Da diese spezielle Ausführungsform der Adaptivsteuerung wegen ihrer Einfachheit sowie vorteilhaften dynamischen Eigenschaften für die Praxis von großer Bedeutung ist, soll sie auch begrifflich von der allgemeinen Steuerung

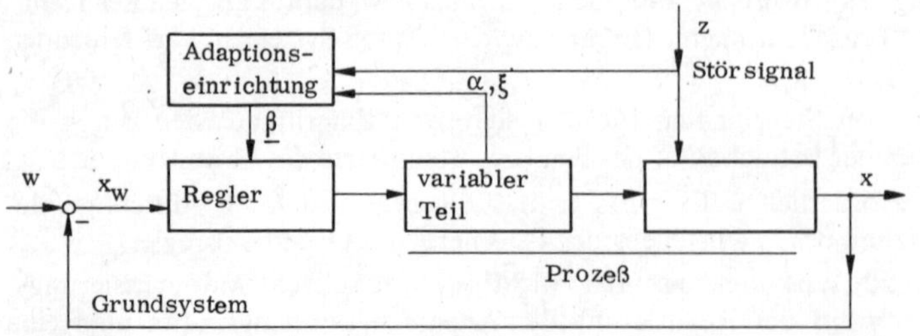

Bild 1.13. Adaptive Störgrößenaufschaltung (Adaption mit offener Wirkungsschleife)

z meßbare Störgröße; α veränderlicher Prozeßparameter; ξ Hilfsvariable des Prozesses, die mit α korreliert; $\boldsymbol{\beta}$ Parametervektor des Grundkreisreglers

abgehoben werden. Sie wird im folgenden Text, in Anlehnung an [35], als adaptive Störgrößenaufschaltung bezeichnet (in der englischsprachigen Fachliteratur „gain scheduling" [27]). Die adaptive Störgrößenaufschaltung stellt die einfachste Form adaptiver Systeme dar. Als Voraussetzung für ihre Realisierung sind allerdings auch die meisten A-priori-Informationen erforderlich (nähere Angaben s. Abschn. 3.4.6.2.; ausführliches Anwendungsbeispiel s. Abschn. 3.4.10.5.).

Adaptivsysteme mit geschlossener Wirkungsschleife. Im Gegensatz zu den Adaptivsystemen mit offener Wirkungsschleife werden bei diesen häufig auch als Adaptivregelungen bezeichneten Systemen die einstellbaren Parameter (und/oder auch Struktur) durch eine geschlossene Wirkungsschleife verstellt. Die Realisierung derartiger Adaptivsysteme ist grundsätzlich nach zwei Methoden möglich.

1. Adaptivsysteme ohne Vergleichsmodell

Die Wirkungsweise dieser Adaptivregelungsart soll in unmittelbarer Anlehnung an den Aufbau und die Wirkungsweise eines einschleifigen Regelkreises (Bild 1.8) erläutert werden. Daraus ergibt sich dann auch der prinzipielle Aufbau für die Adaptionseinrichtung (Bild 1.12). Betrachtet wird der einfache Fall, daß auch der Regler des Adaptivregelkreises ein konventioneller (z. B. P- oder PI-)Regler ist. Das Ziel der adaptiven Regelung ist, ein gewähltes Maß für die Güte des Grundsystems (z. B. Integralkriterium oder Kenndatenindex) trotz z. B. veränderlichen Prozeßverhaltens auf einem vorgegebenen Wert zu halten. Dies kann nur erfolgen, wenn der Istwert dieses Gütemaßes, das hier mit $I(t)$ bezeichnet werden soll, laufend ermittelt wird. Zu beachten ist, daß, grob betrachtet, das Grundsystem die Regelstrecke des Adaptivregelkreises darstellt. Nach dem Soll-/Istwert-Vergleich ($\Delta I(t) = I(t) - I_0$) wird mittels des vom Adaptivregler abgegebenen Stellsignals der einstellbare Parameter im Grundkreisregler so lange verstellt, bis die Regelabweichung $\Delta I(t)$ Null ist oder sich innerhalb zulässiger Grenzen befindet. Im Gegensatz zur Adaptivsteuerung erfolgt also der adaptive Stelleingriff in den Grundkreisregler auf der Basis des tatsächlich erreichten Gütemaßes. Ergänzende Hinweise sind zu finden

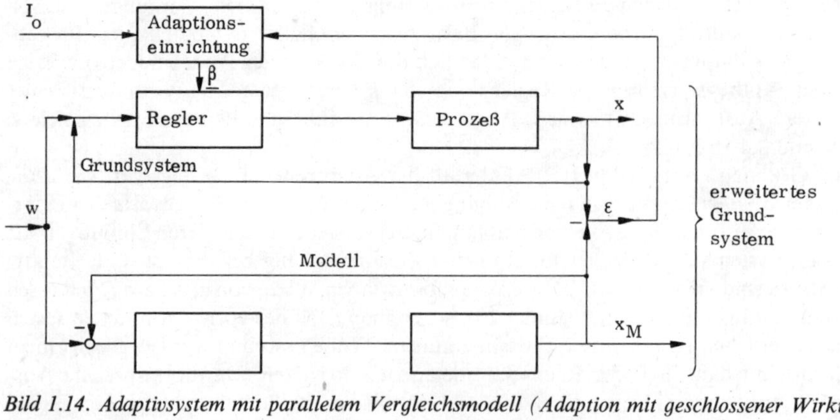

Bild 1.14. Adaptivsystem mit parallelem Vergleichsmodell (Adaption mit geschlossener Wirkungsschleife)

I_0 vorgegebenes Gütemaß für das Verhalten des Grundsystems (abgeleitet aus ε); $\boldsymbol{\beta}$ Parametervektor des Grundkreisreglers

im Abschn. 1.5. (Bild 1.23 einschließlich dazugehörigem Text) und detailliertere Ausführungen im Abschn. 3.4.7. (ausführliche Beispiele in den Abschnitten 3.4.10.3. und 3.4.10.4.).

2. Adaptivsysteme mit parallelem Vergleichsmodell

Für diese Art von Adaptivsystemen (Bild 1.14) ist charakteristisch, daß parallel zum Grundsystem ein Vergleichsmodell angeordnet ist. Dieses Vergleichs- oder Bezugsmodell wird bezüglich seines Übertragungsverhaltens so gewählt, daß es dem gewünschten Verhalten des Grundsystems entspricht. Werden nun Vergleichsmodell und Grundsystem mit demselben Eingangssignal beaufschlagt, so ist die Differenz der Ausgangsgrößen $\varepsilon = x - x_M$ bzw. ein daraus abgeleitetes Kriterium ein Maß für die Abweichung des Grundsystems (z. B. infolge Änderung von Prozeßparametern) vom gewünschten Verhalten. Aus Gründen der Anschaulichkeit soll nun der sehr einfache, aber für diese Art von Adaptivsystemen nicht typische Fall angenommen werden, daß der Regler des Adaptivregelkreises ein konventioneller (z. B. PI-)Regler ist und nur ein Parameter des Grundkreisreglers adaptiv zu verstellen ist. ε bzw. ein daraus abgeleitetes Gütemaß kann, in Analogie zur Adaptivregelung ohne Vergleichsmodell, als „adaptive" Regelabweichung $\Delta I(t)$ aufgefaßt werden. Im Regler des Adaptivregelkreises wird nun infolge von $\Delta I(t)$ ein solches Stellsignal erzeugt, daß der Parameter des Grundkreisreglers so lange verstellt wird, bis $\Delta I(t)$ Null ist oder sich im zulässigen Toleranzbereich befindet. Auch hier ist klar erkennbar, daß die Korrektur des Parameters im Grundkreisregler durch eine Regelung auf der Basis des tatsächlich erreichten Gütemaßes erfolgt. Detailliertere Ausführungen sind zu finden im Abschn. 3.5.
Damit die eben erläuterten adaptiven Grundstrukturen in vorgesehener Weise funktionsfähig sind, müssen bestimmte Voraussetzungen erfüllt sein. Obwohl an dieser Stelle nicht näher darauf eingegangen werden soll, sei hier dennoch als ein sehr wesentliches Problem die Identifizierbarkeit des erforderlichen Prozeßmodells oder des Gütemaßes $I(t)$ genannt. Wenn die zu diesem Zweck zur Verfügung stehenden Betriebssignale von der Größe, Form und Frequenz her ungeeignet sind, ist es üblich, auch bei Adaptivsystemen Testsignale (z. B. sinusförmige Signale) zu verwenden. Auf ein Testsignal kann, zumindest bei Adaptivsystemen ohne Vergleichsmodell, verzichtet werden, wenn aufgrund der Arbeitsweise des Grundsystems Dauerschwingungen geeigneter Frequenz und Amplitude vorhanden sind [1; 36]. Bei Adaptivregelungen mit parallelem Vergleichsmodell ist zu beachten, daß durch das Eingangssignal w (Bild 1.14) eine hinreichende Systemanregung gesichert ist, damit die Anpassung des Grundsystems an das Vergleichsmodell mit ausreichender Genauigkeit erfolgen kann. Weitere Details und Hinweise sind dem Abschn. 3. zu entnehmen.

1.2.2. Klassifizierung

Für die Klassifizierung der adaptiven Systeme findet man zahlreiche Vorschläge, die selbstverständlich nicht ganz frei von subjektiven Einflüssen sind. Im folgenden sollen einige Möglichkeiten angegeben werden, die insbesondere im Hinblick auf eine einfache Unterscheidung für Theorie und Praxis gleichermaßen akzeptabel sind.
Zunächst einmal bietet sich nach den Ausführungen im Abschn. 1.2.1. die im Bild 1.15 angegebene Einteilung an. Im Bild 1.16 ist eine zweite Klassifizierungsmöglichkeit angegeben, die sich unmittelbar aus

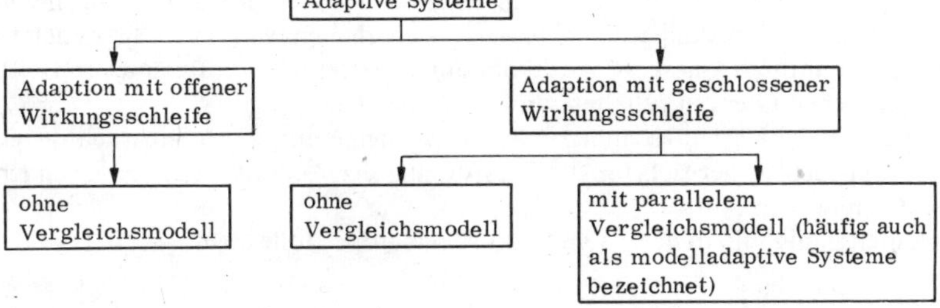

Bild 1.15. Klassifizierung adaptiver Systeme (Variante 1)

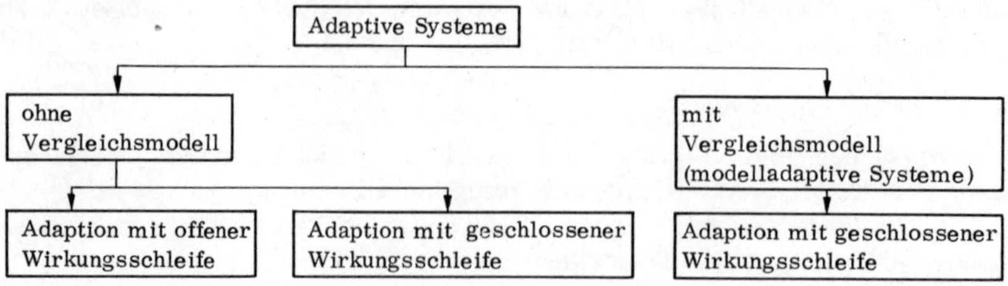

Bild 1.16. Klassifizierung adaptiver Systeme (Variante 2)

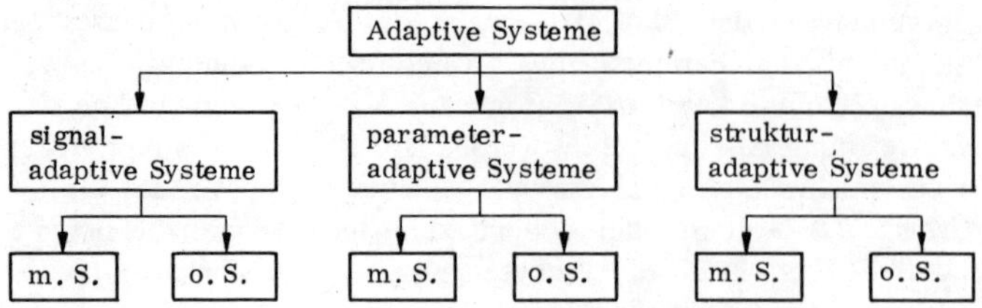

Bild 1.17 Klassifizierung adaptiver Systeme (Variante 3)

m. S. mit Suchprozeß; o. S. ohne Suchprozeß

Bild 1.15 ergibt und den Einfluß des Vergleichsmodells als dominierend hervorhebt. Diese Variante ist z. B. besonders im Hinblick auf die später zu behandelnde Entwurfsproblematik sehr zweckmäßig. Im Bild 1.17 ist eine dritte Klassifizierungsvariante angegeben [34; 37]. Diese Klassifizierung ist nicht unproblematisch. Da hierbei der in der Fachliteratur sehr häufig benutzte Begriff „parameteradaptiv" mit verwendet wird, ist es angebracht, darauf etwas näher einzugehen.

So, wie die Begriffe „signal-", „parameter-" und „strukturadaptiv" in der Literatur teilweise verwendet werden, kann man keine eindeutige Information gewinnen, ob damit die Art des im Grundsystem realisierten adaptiven Stelleingriffs (z. B. Parameter- bzw. Strukturänderung des Grundkreisreglers) oder die Ursache für die erforderliche Adaption (z. B. Parameter- oder Strukturänderung des Prozeßmodells) bezeichnet wird. Diese Unklarheit betrifft in erster Linie die relativ selten verwendeten Begriffe „signal-" und „strukturadaptiv". In [1; 33] wird z. B. ein System als signaladaptiv bezeichnet, bei dem eine adaptive Korrektur von einstellbaren Parametern des Grundsystems infolge von Änderungen der Signalcharakteristik des Eingangssignals erfolgt. Auch für den Fall der strukturadaptiven Systeme lassen sich ähnliche Beispiele angeben. Bei Verwendung der Bezeichnung „strukturadaptiv" ist außerdem noch zu beachten, daß es aufgrund von bestimmten Gemeinsamkeiten im Aufbau und in der Wirkungsweise von speziellen strukturvariablen Systemen [38; 39] und strukturadaptiven Systemen gewisse Unklarheiten in der Zuordnung und damit auch in der Bezeichnungsweise geben kann [40]. Es wird also Grenzfälle geben, bei denen die Bezeichnung „strukturadaptiv" oder „strukturvariabel" weitgehend vom jeweiligen Betrachtungsaspekt abhängt. Ob es hierbei allerdings möglich bzw. überhaupt sinnvoll ist, eine klarere Abgrenzung vorzunehmen, soll an dieser Stelle nicht erörtert werden.

Im Gegensatz zu den Systembezeichnungen „signal-" bzw. „strukturadaptiv" ist es glücklicherweise mit dem Begriff „parameteradaptiv" etwas unproblematischer, da bei den meisten Anwendungen von Adaptivsystemen der Fall vorliegt, daß Änderungen bzw. Unsicherheiten von Prozeßparametern betrachtet werden, deren Einfluß mittels Adaption, wiederum durch Änderung von Parametern (z. B. Reglerparametern), in vorgegebenen Grenzen gehalten wird.

Die im Bild 1.17 vorgenommene weitere Unterteilung in Adaptivsysteme mit oder ohne Suchprozeß weist auf den prinzipiellen Unterschied der sich für die Realisierung der Adaptivschleife ergebenden zahlreichen Lösungsvarianten hin.

Eine andere wesentliche Unterteilung, die in der Fachliteratur eine große Rolle spielt [41; 42], ist die in

indirekte bzw. explizite und
direkte bzw. implizite

Adaptionsverfahren. Die Kennzeichnung eines Verfahrens mit indirekt bzw. explizit bedeutet dabei, daß auf der Basis eines geschätzten (d. h. explizit ermittelten) Prozeßmodells in allgemein bekannter Weise die Reglersynthese durchgeführt wird (Entscheidungsprozeß) und anschließend die auf indirektem Wege ermittelten Parameter des Grundkreisreglers eingestellt werden. Im Gegensatz dazu wird bei den direkten bzw. impliziten Adaptionsverfahren ein solches Modell verwendet, daß nicht erst die Prozeßparameter, sondern ohne Zwischenschritt, sozusagen in direkter Weise, die Reglerparameter geschätzt werden. Die Reglersynthese entfällt in diesem Fall. In den direkt geschätzten Reglerparametern ist das Prozeßmodell dann natürlich implizit enthalten.

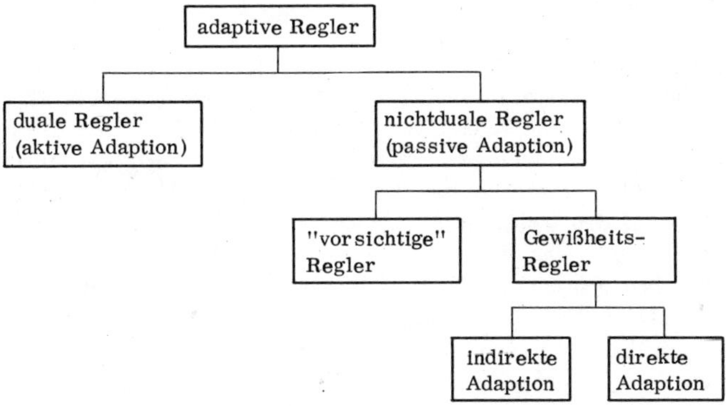

Bild 1.18
Klassifizierung adaptiver Systeme nach [30] (Variante 4)

Schließlich soll noch eine letzte Klassifikation vorgestellt werden [30], die im Bild 1.18 dargestellt ist und aus der stochastischen Regelungstheorie abgeleitet wurde. Sie ist besonders bei der Begründung und Ableitung vieler theoretisch anspruchsvoller Adaptionsverfahren von Bedeutung. Der verwendete Begriff der dualen Regelung bzw. des dualen Reglers geht auf *Feldbaum* zurück [43; 44; 45]. Es wird davon ausgegangen, daß es bei Systemen mit Rückkopplung, im Gegensatz zu offenen Strukturen, möglich ist, aktiv Informationen über die Eigenschaften eines nur unvollständig bekannten Prozesses zu erhalten. Obwohl eine genaue Ermittlung der Prozeßparameter i. allg. durch Störungen behindert wird, kann durch gezielte Änderung der Stellgröße y_R (Bild 1.8) sowie anschließende Auswertung der Prozeßantwort x_R das Übertragungsverhalten des Prozesses bestimmt werden. Die Wahl der Stellgröße kann aber nicht nur aus der Sicht der Prozeßidentifikation erfolgen, auch die regelungstechnische Aufgabe muß erfüllt werden. Eine Regelung, die diese zwei Aufgaben gleichzeitig löst, wird nach [43] als duale Regelung bezeichnet. Da sich aus dieser Zielstellung z. T. widersprechende Forderungen ergeben, ist nicht nur die Berechnung dualer Regler sehr kompliziert, sondern auch ihre Realisierung kaum möglich [46; 47].

In der Klassifikation werden außerdem die Begriffe Gewißheits- und „vorsichtige" Regler verwendet. Wird beim Entwurf so verfahren, als wären die geschätzten Prozeßparameter die tatsächlichen Parameter, dann spricht man von der Anwendung des Gewißheitsprinzips (certainty equivalence prinziple) bzw. bei Reglern, die unter dieser Annahme entworfen worden sind, von Gewißheitsreglern. Im Gegensatz dazu spricht man von „vorsichtigen" Reglern, wenn die Reglerparameter nicht direkt aus den Schätzwerten der Prozeßparameter ermittelt werden, sondern ihre Berechnung z. B. auch in Abhängigkeit von der Schätzunsicherheit erfolgt. In diesem Fall werden die Schätzwerte nicht als wahre Prozeßparameter akzeptiert. Da bei dieser Vorgehensweise eine gewisse Trennung in der Behandlung von Schätz- und Regelungsverfahren erfolgt, spricht man auch vom Entwurf nach dem Separationsprinzip. „Vorsichtige" Regler sind wegen der durch sie bedingten schlechten Identifizierbarkeitsbedingungen nur von geringer Bedeutung. Im Bild 1.18 erfolgt daher nur für die Gewißheitsregler eine weitere Unterteilung in bekannter Weise. Ein anschaulicher, einfacher Vergleich der in dieser Klassifikation angegebenen adaptiven Regelungen wurde in [5] durchgeführt.

Nachdem nun die wichtigsten Klassifizierungen von Adaptivsystemen erläutert worden sind, soll noch auf die Begriffe „Selftuningregelung" und „adaptive Regelung" bzw. „adaptiver Regler" eingegangen werden. Dies scheint notwendig zu sein, da der Gebrauch dieser Begriffe in der Fachliteratur sehr unterschiedlich ist.

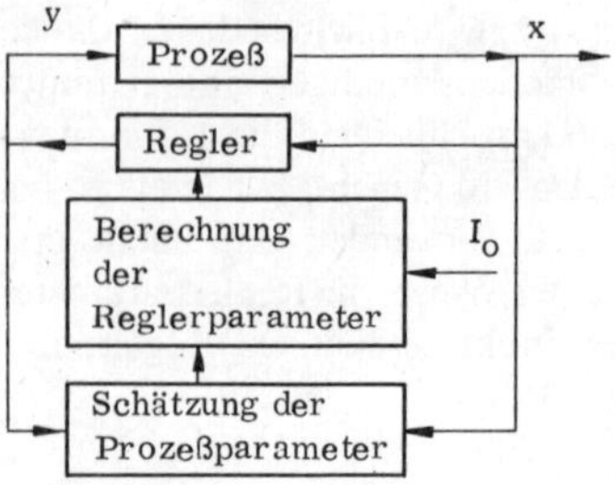

Bild 1.19. Prinzipieller Aufbau eines Selftuningregelungssystems

Der Begriff *Selftuningregelung* (bzw. Selftuningregler) wurde, wenn wir bei den in diesem Abschnitt benutzten Begriffen bleiben, ursprünglich auf Adaptivsysteme ohne Vergleichsmodell (Bild 1.19) und Adaption durch eine offene Wirkungsschleife angewendet. Betrachtet wurde die spezielle Ausführungsform Minimalvarianzregler und rekursiver Parameterschätzalgorithmus [48]. In der Zwischenzeit wird dieser Begriff allerdings auch angewendet auf andere Kombinationen von Regler- und Schätzalgorithmen [49; 50], insbesondere auch auf den deterministischen Fall [51; 52]. Außerdem ist zu beachten, daß der Begriff „Selftuning" im Laufe der Zeit eine Wandlung zum Begriff „Adaption" erfahren hat. Während in [48] noch zwischen den einfachen Selftuningverfahren (in der Anwendung beschränkt auf Prozesse mit konstanten, aber unbekannten Parametern) und den komplizierten, umfassenderen Adaptionsmethoden unterschieden wird, werden gegenwärtig diese beiden Begriffe (bei Adaptivsystemen ohne Vergleichsmodell) in den meisten Fällen gleichrangig verwendet [25; 26; 53; 54], und zwar mit der inhaltlichen Bedeutung, wie sie in diesem Abschnitt für die Adaptivsysteme angegeben wurde.

Nun einige Bemerkungen zu den Begriffen „Adaptivregler" und „Adaptivregelung". Auch hier ist festzustellen, daß ihre Verwendung nicht einheitlich ist. Zu beachten ist, daß beide Begriffe in der Ebene sowohl der Adaption als auch des Grundsystems verwendet werden. So kann man unter einem *Adaptivregler* verstehen

1. den Regler der Adaptivschleife (Adaptionsebene) bei Adaption mit geschlossener Wirkungsschleife
2. den Grundkreisregler (Grundsystemebene), dessen Parameter oder Struktur über eine adaptive Schleife (offen oder geschlossen) adaptiv angepaßt werden.

Analog dazu folgt für den Begriff *Adaptivregelung*

1. Anpassung von einstellbaren Parametern (oder Strukturen) des Grundsystems durch eine geschlossene Wirkungsschleife (Regelung)
2. Regelung (Grundsystem) mit einem Regler (Grundkreisregler), dessen Parameter durch eine offene oder geschlossene Wirkungsschleife angepaßt werden.

Die erste Zuordnung bezieht sich wieder auf die Adaptionsebene und die zweite auf die Ebene des Grundsystems.

Obwohl es noch eine Reihe weiterer hier interessierender Begriffe gibt, die unterschiedlich benutzt werden, soll darauf nicht näher eingegangen werden. Der Leser wird nach den gegebenen Hinweisen die richtige Zuordnung sehr leicht selbst finden. Der Wandel der Begriffe in ihrer inhaltlichen Bedeutung im Laufe der Zeit ist sicherlich auch unter dem Blickwinkel der Realisierung von Adaptivsystemen mit Hilfe der Mikrorechentechnik zu sehen. Als die moderne Hardware noch nicht zur Verfügung stand, mußten die für die Adaption erforderlichen Teilprozesse mit Hilfe mehrerer Einzelgeräte und -schaltungen realisiert werden. Der Entwurf und die Realisierung dieser einzelnen Übertragungsglieder machten eine genauere Kennzeichnung erforderlich. Gegenwärtig wird i. allg. der gesamte Adaptionsalgorithmus, angefangen von der Meßwertübernahme bis zur Stellgrößenberechnung, softwaremäßig realisiert, d. h., eine leicht feststellbare Trennung zwischen Grundsystem- und Adaptionsebene ist nicht mehr vorhanden. Aus dieser Sicht ist es verständlich, daß man z. B. einen komplizierten Regelalgorithmus mit bestimmten adaptiven Eigenschaften als Adaptivregler und eine damit realisierte Regelung als Adaptivregelung bezeichnet. Bei dieser grob vereinfachten Bezeichnungsweise kann man natürlich keine genauere Information über die angewendeten Entwurfsprinzipien erhalten.

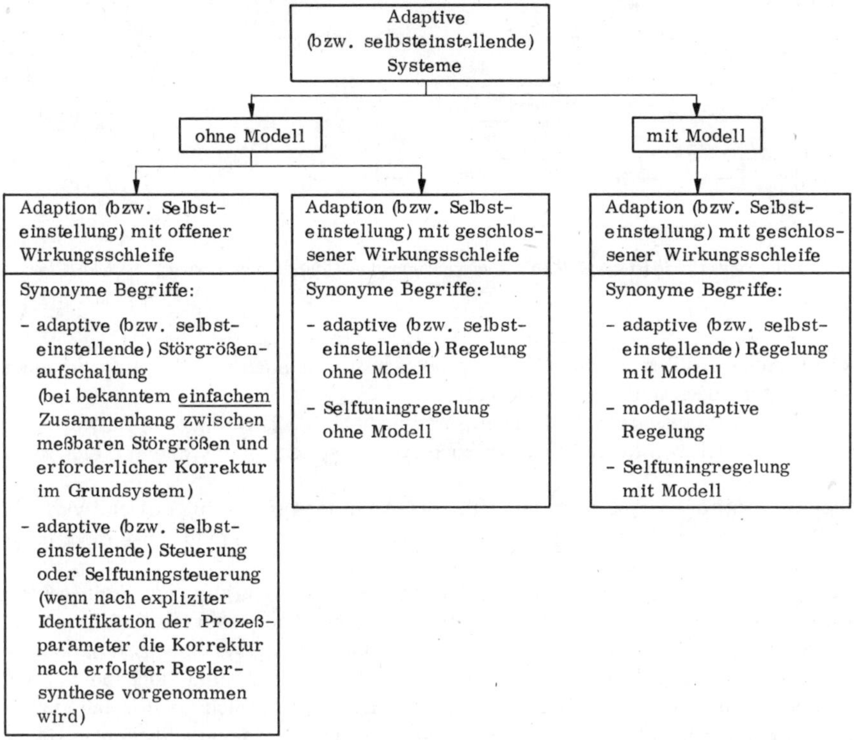

Bild 1.20. Mögliche Variante zur weitgehend einheitlichen Bezeichnungsweise bei Betonung der in der Adaptionsebene verwendeten Wirkprinzipien (Klassifizierung gemäß Bild 1.16)

Für den potentiellen Anwender von Adaptivsystemen wäre es sicherlich zur Erleichterung des Verständnisses sehr vorteilhaft, wenn eine größere Einheitlichkeit im Gebrauch der wichtigsten Begriffe auf dem Gebiet der Adaptivsysteme erreicht würde. Trotz aller positiven Bemühungen in dieser Richtung müssen jedoch auch die Grenzen eines solchen Vorhabens gesehen werden. Was z. B. die Bezeichnung der hier behandelten speziellen Automatisierungssysteme anbelangt, so scheint es gegenwärtig wenig sinnvoll zu sein, unbedingt auf nur einem Begriff zu bestehen und alle weiteren Bezeichnungen als nicht zutreffend abzuwerten. Aus dieser Sicht würde es sicherlich zweckmäßig sein, die Begriffe „adaptiv" und „selbsteinstellend" als völlig gleichrangig sowie die Bezeichnung „Selftuning-" als Synonym für adaptive (oder selbsteinstellende) Systeme ohne Vergleichsmodell (im Gegensatz zum jetzigen Gebrauch auch bei Adaption durch eine geschlossene Wirkungskette) zu verwenden.
Berücksichtigt man außerdem die Arbeiten, die auf den engen Zusammenhang zwischen Selftuning- und modelladaptiven Systemen eingehen [55; 56], so könnte man im Sinne einer weiteren Vereinheitlichung auch den Begriff „Selftuning-" für alle Arten von Adaptivsystemen — also auch für modelladaptive Systeme — als gleichwertige Bezeichnung zulassen. Auf der Basis dieser gewählten begrifflichen Zuordnungen läßt sich dann die im Bild 1.20 dargestellte Klassifizierung einschließlich der möglichen und zweckmäßigen Bezeichnungen angeben. Die Verwendung der Begriffe „Steuerung" und „Regelung" erfolgt auf der Adaptionsebene.

1.3. Entwurf

1.3.1. Zielstellung

Beim Entwurf von adaptiven Systemen wird das Ziel verfolgt, alle mit der konkreten Realisierung der Adaptionseinrichtung (Bild 1.21) anstehenden Probleme detailliert zu lösen. Dabei sind sowohl die im jeweiligen Anwendungsfall vorliegende Prozeßcharakteristik (Übertragungsverhalten, Art der Para-

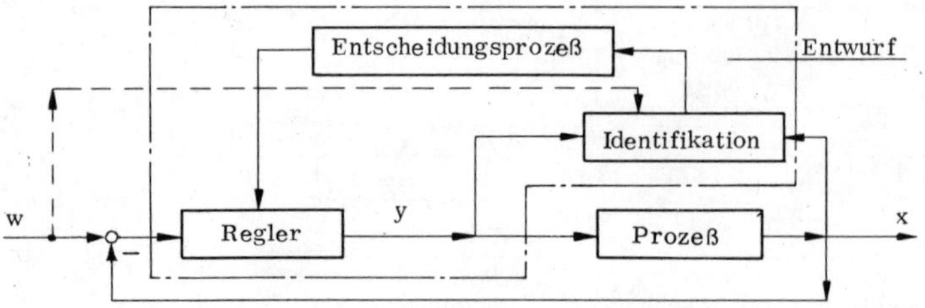

Bild 1.21. Adaptivsystem ohne Vergleichsmodell mit Kennzeichnung des durch den Entwurf zu bearbeitenden Teiles

meterungewißheiten, Angaben über wesentliche Störgrößen u. a.) als auch die Güteanforderungen, denen das Grundsystem genügen muß, zu berücksichtigen.
Zur Erleichterung des Verständnisses hinsichtlich der grundsätzlichen Zielstellung beim Entwurf sowie als Bezugsbasis für die erreichte Güte eines entworfenen Adaptivsystems ist es sinnvoll, die „ideale Adaption" zu definieren.
Die „ideale Adaption" liegt dann vor, wenn mit Hilfe der Adaptionseinrichtung erreicht wird, daß Änderungen des Prozeßverhaltens — ganz gleich welcher Art — keinen Einfluß auf das Verhalten des Grundsystems haben (vollständige Invarianz).
In diesem angenommenen Idealfall ist also das Grundsystem durch die Wirkung der Adaptivschleife gegenüber Prozeßänderungen völlig unempfindlich. Die Adaption kann damit als eine prinzipiell mögliche Lösungsvariante angesehen werden, um z. B. ein Automatisierungssystem gezielt parameterunempfindlich zu machen. Diese Tatsache wird zu einem späteren Zeitpunkt noch einmal von Interesse sein, nämlich dann, wenn es um die Ermittlung der wirtschaftlichsten Lösung für die Automatisierung von Prozessen mit unvorhersehbaren Änderungen bzw. Ungewißheiten im Übertragungsverhalten geht (Abschn. 2.).
Erstrebenswertes Entwurfsziel ist zweifellos, den Fall der „idealen Adaption" mit vertretbarem Aufwand möglichst gut zu erreichen. Welche grundsätzlichen Teilaufgaben in der Entwurfsphase zur Erreichung dieses Zieles zu lösen sind, soll im folgenden — im Sinne einer ersten Orientierung — kurz angegeben werden:

1. Identifikation

Genauigkeitsanforderungen sind wegen der laufenden Aktualisierung i. allg. nicht so hoch wie bei der sonst üblichen einmaligen Modellermittlung.
Im Vordergrund steht die Dynamik (der Adaptionsprozeß muß hinreichend schnell erfolgen; die Identifikation ist in den meisten Fällen der zeitaufwendigste Teilprozeß des Adaptionsvorgangs).
Bei entsprechender Wahl des Entscheidungsprozesses (direkte Adaptionsverfahren; s. Abschn. 1.2.2.) bzw. Wahl einer Adaptionsstruktur mit Vergleichsmodell kann die Identifikation in expliziter Form entfallen.

2. Entscheidungsprozeß

Er wird durch das eigentliche Adaptivgesetz realisiert.
Berechnung ist nach verschiedenen grundlegenden Prinzipien möglich (s. Abschn. 1.3.2.2.).
Er verschmilzt, wie bereits erwähnt wurde, in bestimmten Fällen mit der Identifikation (direkte Adaptionsverfahren).

3. Modifikation

Realisierung des erforderlichen adaptiven Stelleingriffs im Grundsystem (z. B. durch Verändern der Reglerparameter; s. Bild 1.23).
Ermittlung einer für den adaptiven Stelleingriff besonders geeigneten Struktur des Automatisierungsgesetzes im Grundsystem (z. B. geeignete Struktur des Grundkreisreglers).
Einschätzung hinsichtlich der Dynamik: im Vergleich zur Identifikation, in der Mehrzahl der Anwendungsfälle unproblematisch.

Da mit Hilfe der Adaptionseinrichtung der Einfluß unvorhersehbarer Änderungen des Prozeßverhaltens auf die Eigenschaften des Grundsystems möglichst klein gehalten werden soll, muß die Adaptivschleife gegenüber den Prozeßänderungen dynamisch hinreichend schnell sein. Dies ist nicht ganz so problematisch, wenn der Fall unbekannter, aber zeitunabhängiger Prozeßunsicherheiten vorliegt.

1.3.2. Entwurf — Überblick, prinzipielle Vorgehensweise

1.3.2.1. Allgemeine Bemerkungen zum Entwurf

Das Automatisierungsobjekt für die Adaptionseinrichtung ist das Grundsystem. Unabhängig davon, ob dieses Grundsystem linear oder nichtlinear ist, sind Adaptivsysteme grundsätzlich nichtlinear. Die Nichtlinearität ist begründet in der wechselseitigen Beeinflussung von Grundsystem und Adaptivschleife [30; 57]. Wenn z. B. ein Reglerparameter (Grundkreisregler) in Abhängigkeit von einem adaptiven Stellsignal verändert wird, dann bedeutet dies eine multiplikative — also nichtlineare — Verknüpfung mit den Signalen des Grundsystems. Das adaptive Stellsignal durchläuft nicht direkt das Grundsystem. In Blockschaltbildern von Adaptivsystemen wird die nichtlineare Verknüpfung sehr anschaulich aus der Darstellung des adaptiven Stelleingriffs in das Grundsystem mit Hilfe von Multipliziergliedern erkennbar. Darüber hinaus können natürlich auch an anderer Stelle innerhalb der Adaptivschleife Nichtlinearitäten auftreten, z. B. in speziellen Identifikationsschaltungen u. ä. Wegen ihres nichtlinearen Verhaltens ist es durchaus nicht verwunderlich, daß für den Entwurf von adaptiven Systemen nach wie vor keine geschlossene Theorie existiert und erste Abhandlungen über diese Problematik in Monographien über nichtlineare Automatisierungssysteme zu finden sind [58].
Die zahlreichen, bisher bekannt gewordenen Entwurfsverfahren sind sehr verschiedenartig. Es werden sowohl lineare als auch spezielle nichtlineare Verfahren angewendet. Die Anwendbarkeit der linearen Verfahren (meist in modifizierter, auf die spezielle Problemstellung zugeschnittener Form) ist dadurch begründet, daß in vielen Fällen das Grundsystem, dessen Verhalten durch eine Adaption in vorgegebener Weise beeinflußt werden soll, linear und zeitabhängig ist (z. B. zeitabhängige Parameter). Die Anwendung der leistungsfähigen Verfahren der linearen Theorie ist hier an die Voraussetzung gebunden, daß die zeitliche Parameteränderung so langsam erfolgt, daß die Parameter während eines Einschwingvorgangs als konstant angenommen werden können — eine Voraussetzung, die relativ häufig erfüllt ist.

1.3.2.2. Adaptivgesetz, Entwurfsprinzipien

Obwohl, wie bereits im Abschn. 1.3.1. gezeigt wurde, beim Entwurf von adaptiven Systemen zahlreiche Detailprobleme eine Rolle spielen, besteht das Hauptproblem des Entwurfs in der Ermittlung des Adaptivgesetzes, das z. B. für die Parameter des Grundkreisreglers die folgende allgemeine Form haben kann:

$$\beta_i(t) = f_i[I_0;\, \boldsymbol{\alpha}_P^T(t);\, \boldsymbol{\xi}_P^T(t);\, \boldsymbol{k}_P^T]\ ; \tag{1.2}$$

$\beta_i(t)$ Parameter des Grundkreisreglers (bzw. eines für die Kompensation der Prozeßgrößenänderungen vorgesehenen Korrekturglieds)
I_0 Gütekriterium (Synthesekriterium für die Auslegung des Grundsystems)
$\boldsymbol{k}_P$ Konstantenvektor
$\boldsymbol{\alpha}_P$ Prozeßparametervektor (Struktur des Prozesses sei konstant)
$\boldsymbol{\xi}_P$ Signalvektor (z. B. Eingangs-, Ausgangssignale bzw. „innere Betriebssignale“).

Das Adaptiv- oder Adaptionsgesetz stellt die Vorschrift dar, nach der z. B. die Parameter des Grundkreisreglers angepaßt werden müssen, damit sich das Verhalten des Grundsystems bezüglich eines vorgegebenen Kriteriums nicht ändert. Durch die Form des Adaptivgesetzes ist der prinzipielle Aufbau der Adaptionseinrichtung bereits festgelegt, und die zur endgültigen praktischen Realisierung dann noch offenen Probleme müssen unter besonderer Berücksichtigung der Spezifik des gewählten Adaptivgesetzes gelöst werden — sozusagen im Sinne einer auf den konkreten Fall zugeschnittenen direkten Anpassung. Dies kann z. B. die Wahl des geeignetsten Identifikationsalgorithmus für die

laufende Ermittlung der Prozeßparameter sein oder die Ermittlung der für den adaptiven Stelleingriff besonders gut geeigneten Struktur des Grundkreisreglers betreffen [37].
Für die Berechnung des Adaptivgesetzes gibt es zahlreiche Verfahren. Eine gewisse Ordnung erhält man, wenn man sie, unter Berücksichtigung der Bedeutung und Häufigkeit, folgenden sehr globalen Entwurfsprinzipien zuordnet:

Entwurf durch Anwendung von Methoden zur Parameteroptimierung. Bei dem auf diese Weise durchgeführten Entwurf wird i. allg. von einem quadratischen Gütekriterium ausgegangen, das die Abweichung der Dynamik des Grundsystems vom optimalen (gewünschten) Verhalten charakterisiert. Mit Hilfe geeigneter Verfahren zur Parameteroptimierung wird aus dem Gütekriterium, das die gesuchten Reglerparameter als Variable enthält, das Adaptivgesetz ermittelt. Die Realisierung des Adaptivgesetzes kann mit oder ohne Suchvorgang erfolgen (z. B. mit Suche nach dem Trial-and-error-Verfahren oder ohne Suche mit Hilfe von Empfindlichkeitsmodellen). Zur Parameteroptimierung können die allgemein bekannten Methoden, z. B. Gradientenverfahren, Methode des steilsten Abfalls u. a., verwendet werden. Unter Verwendung von Optimierungsverfahren in Verbindung mit geeignet gewählten Gütekriterien können die Adaptivgesetze für die vielfältigsten Aufgabenstellungen ermittelt werden. Im Hinblick auf möglichst einfache Lösungen gilt dies vor allem auch für den suboptimalen Entwurf [18; 25; 59 bis 63].

Entwurf nach der Stabilität. Die Stabilitätsforderung wird zur Grundlage des Entwurfs gemacht. So soll z. B. bei modelladaptiven Systemen die Differenz der Ausgangssignale vom Grundsystem und dem Vergleichsmodell mit zunehmender Zeit gegen Null streben (asymptotische Stabilität). Zur Berechnung des Adaptivgesetzes werden vor allem zwei Verfahren angewendet:

1. die zweite oder direkte Methode von *Ljapunov* [64 bis 69]
2. die Methode der Hyperstabilität von *Popov* [21; 22; 70 bis 74].

Die Methode der gezielten Polverschiebung [75 bis 78] ist hier ebenfalls zu erwähnen, obwohl sie sich, im Gegensatz zu den beiden bereits genannten Verfahren, dadurch unterscheidet, daß die globale Stabilität des so entworfenen Adaptivsystems nicht gewährleistet ist und daher nachträglich ein Stabilitätsnachweis erfolgen muß.

Entwurf nach speziellen Ansätzen. Stellvertretend für die große Zahl spezieller Entwurfsverfahren sollen im folgenden nur einige namentlich genannt und zwecks näherer Information auf die Spezialliteratur verwiesen werden:

1. Entwurf durch Anwendung der Beschreibungsfunktion [60]
2. Berechnung des Adaptivgesetzes mit Hilfe der inversen Beschreibungsfunktion und der ersten Methode von *Ljapunov* [79]
3. Entwurf auf der Basis von Frequenzgangverfahren [22; 57; 80]
4. Anwendung der stochastischen Stabilitätstheorie für den Entwurf [81; 82]
5. heuristische Verfahren [83; 84].

1.3.2.3. Einschätzung der Entwurfsverfahren

Um zu einer übersichtlichen Darstellung zu kommen, ist es zweckmäßig, von einer im Abschn. 1.2.2. angegebenen Einteilung auszugehen. Da im Hinblick auf eine anschauliche Erläuterung des Entwurfs der unterschiedlichen Arten von Adaptivsystemen im Abschn. 3. die Klassifizierung nach Bild 1.16 gewählt wird, soll für die folgende Grobeinschätzung die Einteilung in Adaptivsysteme ohne und solche mit Vergleichsmodell verwendet werden.

Adaptivsysteme ohne Vergleichsmodell. Zunächst soll der Unterschied zwischen den direkten und indirekten Verfahren betrachtet werden. Die direkten Adaptionsalgorithmen sind meist etwas schneller als die indirekten, weil die Umrechnung der identifizierten Prozeßmodellparameter in die Reglerparameter entfällt. Bei den nach direkten Verfahren entworfenen Algorithmen ist allerdings zu beachten, daß sich aus dem besonderen Ansatz dieser Verfahren (Kompensationsregler) gewisse Beschränkungen bezüglich der Realisierbarkeit ergeben. Im Gegensatz dazu können für den Entwurf indirekter Adaptionsalgorithmen allgemeinere Syntheseverfahren zugelassen werden. Der Entwurf unter Verwendung indirekter Methoden ist damit insgesamt allgemeiner im Vergleich zu den direkten Verfahren.

Bei Adaptivsystemen ohne Vergleichsmodell und Adaption mit offener Wirkungsschleife sind, wie bereits im Abschn. 1.2. erläutert wurde, zwei Fälle zu unterscheiden. Eine gewisse Sonderstellung nimmt die sog. adaptive Störgrößenaufschaltung (Fall 1) ein, bei der eine einfache, feste funktionale Abhängigkeit zwischen den veränderlichen Prozeßgrößen und den optimalen Reglerkennwerten für die Adaption verwendet wird. Dieser nur einmalig ermittelte Zusammenhang wird in der Adaptionseinrichtung gespeichert. Die Anwendung von Systemen mit adaptiver Störgrößenaufschaltung erfordert eine relativ genaue Prozeßkenntnis (hoher Grad an erforderlicher A-priori-Information); dagegen ist der Aufwand zur Realisierung vergleichsweise gering. Da während des Betriebs für die Adaption keine iterativen Rechenoperationen durchzuführen sind, ergibt sich i. allg. eine hohe Adaptionsgeschwindigkeit. Der Entwurf ist relativ einfach und übersichtlich (s. Abschn. 3.4.6.2.).
Im komplizierteren zweiten Fall werden die Reglerparameter nach einem der allgemein bekannten Syntheseverfahren für den Reglerentwurf [25; 86; 87; 88] berechnet. Aufgrund der sich dadurch ergebenden Vielfalt von Lösungen ist mit Hilfe dieser Art von Adaptivsystemen eine sehr flexible Anpassung an die unterschiedlichsten praktischen Aufgabenstellungen möglich.
Allgemein kann eingeschätzt werden, daß bei den Adaptivsystemen ohne Vergleichsmodell der Entwurf unter Verwendung von Parameteroptimierungsverfahren sowie speziellen Lösungsmethoden im Vordergrund steht [1; 3; 22; 25; 30; 83]. Ein nachträglicher Stabilitätsnachweis ist in der Regel erforderlich.

Adaptivsysteme mit Vergleichsmodell. Der Unterschied zwischen direkten und indirekten Verfahren ist in diesem Fall von untergeordneter Bedeutung, da die Anpassung der Parameter des Grundkreisreglers meist direkt erfolgt. Im Vordergrund steht der Entwurf nach der Stabilität, und zwar nach der zweiten Methode von *Ljapunov* und der Methode der Hyperstabilität. Vorteilhaft ist, daß die durch den Entwurf erhaltenen Adaptivsysteme in einem großen Parameter- und Signalbereich von vornherein stabil sind und ein nachträglicher Stabilitätsnachweis daher nicht erforderlich ist. Bezüglich der Leistungsfähigkeit der nach diesen zwei Verfahren entworfenen Adaptivsysteme kann eingeschätzt werden, daß beide Methoden diesbezüglich gleichwertig sind. Die Methode der Hyperstabilität ist jedoch, im Vergleich zur zweiten Methode von *Ljapunov*, vorteilhafter, weil sie einen systematischeren Entwurf gestattet.
Werden andere Entwurfsmethoden angewendet, z. B. Parameteroptimierungsverfahren, so sind die auf diese Weise erhaltenen Adaptivsysteme nur lokal stabil (d. h. stabil in bestimmten Parameterintervallen oder für bestimmte Eingangssignale). Ein nachträglicher Stabilitätsnachweis ist daher erforderlich. Die speziellen Entwurfsverfahren haben auch hier, wie bei den Adaptivsystemen ohne Vergleichsmodell, i. allg. ganz bestimmte Anwendungsbereiche, in denen sie oft, gegenüber den nach umfassenderen Strategien entworfenen Systemen, spürbare Vorteile aufweisen.

1.3.2.4. Vergleich von Adaptivsystemen ohne und mit Vergleichsmodell

Da der Entwurfsingenieur in einem relativ frühen Bearbeitungsstadium eine Entscheidung über den prinzipiellen Aufbau (Struktur) eines Adaptivsystems fällen muß, wird im folgenden ein grober qualitativer Vergleich zwischen Adaptivsystemen ohne und solchen mit Vergleichsmodell vorgenommen. Ein derartiger Vergleich ist natürlich nur bedingt in allgemeiner Form möglich. Es wird daher lediglich auf die wesentlichen Besonderheiten hingewiesen.

1. Adaptivsysteme ohne Vergleichsmodell

Auslegung der einzelnen Teilprozesse der Adaption erfolgt relativ entkoppelt. Dadurch ist eine große Flexibilität in der Anpassung an eine vorliegende Aufgabenstellung gegeben und wird eine relativ leichte Überschaubarkeit des Entwurfs erreicht.
Allgemein bekannte Synthese- und Identifikationsverfahren bilden im Regelfall die Grundlage des Entwurfs.
Bevorzugter Anwendungsbereich: unbekanntes, aber zeitunabhängiges und langsam zeitveränderliches Prozeßverhalten.
Nachträglicher Stabilitätsnachweis ist i. allg. erforderlich.

2. Adaptivsysteme mit Vergleichsmodell

Beim Entwurf nach der Stabilität ist eine relativ systematische Vorgehensweise möglich. Für den Entwurf sind i. allg. mehr A-priori-Informationen als bei Adaptivsystemen ohne Vergleichsmodell erforderlich.
Bevorzugter Anwendungsbereich: zeitveränderliches Prozeßverhalten (relativ hohe Adaptionsgeschwindigkeiten können erreicht werden).
Ein nachträglicher Nachweis der Stabilität ist beim Entwurf nach der zweiten Methode nach *Ljapunov* sowie nach der Methode der Hyperstabilität nicht erforderlich.

1.3.2.5. Allgemeine Vorgehensweise beim Entwurf

Obwohl die Berechnung des Adaptivgesetzes zweifellos das eigentliche Hauptproblem des Entwurfs darstellt, ergibt sich für den Ingenieur, der die Anwendung eines Adaptivsystems in Erwägung zieht, das Entwurfsproblem aus einer viel komplexeren Sicht. Grundsätzlich kann man beim Entwurf von Adaptivsystemen drei wesentliche Abschnitte unterscheiden:

1. Voruntersuchungen

Nachweis der Notwendigkeit des Einsatzes eines adaptiven Systems. Grundregel: Grundsätzlich sollte ein Adaptivsystem immer erst dann angewendet werden, wenn alle Möglichkeiten der „klassischen" Entwurfsmethoden (einschließlich des „Unempfindlichmachens"; s. Abschn. 2.) erschöpft sind.

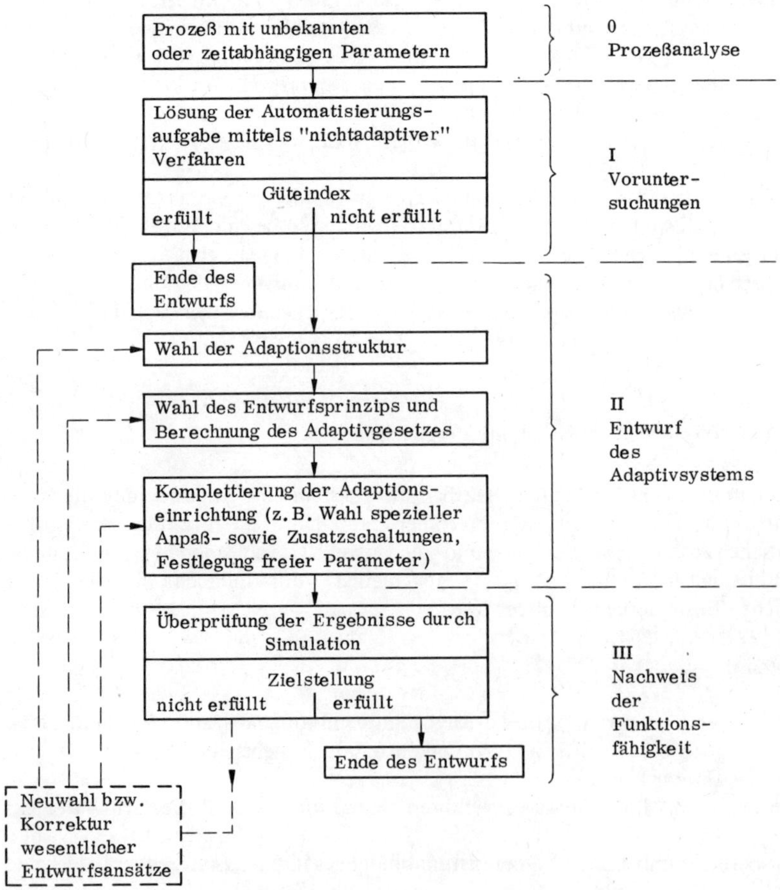

Bild 1.22. Grobablaufplan für den Entwurf von Adaptivsystemen

2. Entwurf

Berechnung des Adaptivgesetzes durch Anwendung geeigneter Entwurfsprinzipien; Komplettierung der Adaptionseinrichtung; Festlegung der freien Parameter.

3. Überprüfung des Entwurfsergebnisses durch Simulation

Wird das Entwurfsziel erreicht, ist der Entwurf abgeschlossen. Bei Nichterreichung müssen innerhalb des Entwurfsablaufs bestimmte wesentliche Entscheidungen u. U. qualitativ neu getroffen werden (z. B. Wahl einer anderen Adaptionsstruktur).

Eine erste grobe Übersicht über den Entwurf wird im Bild 1.22 gegeben. Eine genauere Begründung und Erläuterung der einzelnen Entwurfsschritte sowie eine weitere Präzisierung dieses Grobablaufplans wird erst im Abschn. 3. vorgenommen.

1.4. Gerätetechnische Realisierung

1.4.1. Allgemeines

Wie bereits erwähnt wurde, ist in den zurückliegenden Jahren die geringe praktische Anwendung von adaptiven Systemen vor allem damit begründet worden, daß die gerätetechnischen Voraussetzungen für ihre wirtschaftliche Realisierung nicht gegeben waren. Diese Situation hat sich mit dem umfassenden Einsatz der Mikroelektronik gegenwärtig grundlegend geändert. Obwohl in Zukunft Automatisierungsanlagen bzw. Einzelgeräte auf Mikrorechnerbasis das bevorzugte Automatisierungsmittel für Adaptivsysteme sein werden, soll im folgenden doch noch kurz auf die Möglichkeit der Realisierung mit konventioneller Gerätetechnik eingegangen werden. Dies nicht nur aus Gründen der Vollständigkeit, sondern auch deshalb, weil in Sonderfällen — zumindest in einer gewissen Übergangszeit — derartige Lösungen prinzipiell nach wie vor denkbar sind. Damit ergeben sich zwei grundsätzliche Realisierungsmöglichkeiten [89]:

1. Realisierung mit konventioneller Gerätetechnik
2. Realisierung mit modernen Automatisierungsanlagen bzw. Einzelgeräten auf der Basis von Prozeß- bzw. Mikrorechnern.

Aufgrund der sich nach beiden Realisierungsvarianten ergebenden Vielfalt von Lösungen ist es nicht möglich, allgemeingültige Hinweise zu geben. Trotzdem sollen im folgenden Erläuterungen gegeben werden, die für den Leser von allgemeinem Interesse sind.

1.4.2. Realisierung mit konventioneller Gerätetechnik

Als klassische Anwendungsbeispiele können hier einfache einschleifige Adaptivsysteme mit einem PI-, PID- oder einem Zweipunktregler genannt werden [1; 36; 90]. An einem Beispiel sollen der Aufbau, die Wirkungsweise und die Realisierung eines sehr einfachen Adaptivsystems erläutert werden. Theoretische Begründungen werden nicht gegeben. Adaptivsysteme dieser Art werden im Abschn. 3.4.7.1. genauer behandelt.

Betrachtet wird das im Bild 1.23 dargestellte System. Es handelt sich hierbei um ein Adaptivsystem zur Aufrechterhaltung einer vorgegebenen Regelgüte bei weitgehend unbekanntem, zeitvariantem Prozeß. Es wird angenommen, daß die A-priori-Informationen über den Prozeß ausreichen, um einen geeigneten Grundkreisregler zu wählen sowie einige Festlegungen zu treffen, die sich auf das Grundsystem beziehen (z. B. Wahl eines geeigneten Testsignals, Ermittlung des Stellbereichs für den adaptiven Eingriff in den Grundkreisregler u. a.).

Das Grundsystem stellt einen einschleifigen Regelkreis dar. Der Prozeß sei vom dynamischen Grundverhalten her ein Verzögerungsglied und der Grundkreisregler ein kontinuierlicher PI- oder PID-Regler, dessen Verstärkung zur Kompensation des Einflusses der Prozeßänderungen verwendet werden soll. Da von allen Reglerparametern die Verstärkung i. allg. den größten Einfluß auf das Regelkreisverhalten hat, ist die Wahl der Reglerverstärkung als adaptive Stellgröße sinnvoll und in den meisten Fällen auch ausreichend. Die Adaptivschleife stellt eine geschlossene Wirkungskette dar. Damit handelt es sich

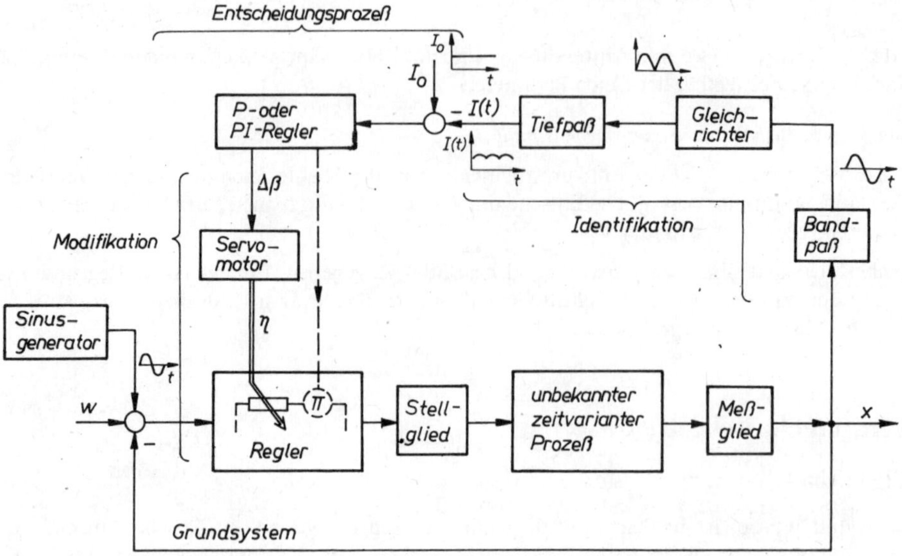

Bild 1.23. Realisierung eines einfachen Adaptivsystems ohne Vergleichsmodell mit konventioneller Gerätetechnik

im vorliegenden Fall um ein Adaptivsystem ohne Vergleichsmodell und Adaption durch eine geschlossene Wirkungsschleife (vgl. mit Bild 1.16).

Um den Einfluß der Prozeßänderungen auf das Verhalten des Grundsystems erfassen zu können, wird auf den Reglereingang ein sinusförmiges Testsignal aufgeschaltet. Dieses externe Testsignal durchläuft den Grundregelkreis und wird in seiner Phasenlage und der Amplitude verändert. Es läßt sich zeigen, daß aus beiden Signalparametern ein Gütemaß $I(t)$ abgeleitet werden kann, das den Istwert des Grundsystemverhaltens charakterisiert. In dem Adaptivsystem nach Bild 1.23 wird zur Ermittlung von $I(t)$ die Amplitude des Testsignals verwendet. Zu diesem Zweck wird das Sinussignal mit Hilfe eines Bandpasses wieder aus der Regelgröße x herausgefiltert, anschließend gleichgerichtet und mit Hilfe eines Tiefpasses geglättet. Die Amplitude des auf diese Weise erhaltenen nahezu konstanten Signals stellt dann den Güte-Istwert $I(t)$ (Regelgröße des Adaptivregelkreises) dar. Nach Vergleich mit dem Sollwert I_0 wird das Differenzsignal $\Delta I(t)$ dem Adaptivregler zugeführt, der ein Stellsignal erzeugt, mit dem die erforderliche Änderung der Verstärkung des Grundkreisreglers durch mechanisches Verstellen eines Reglerbauelements (im elektrischen Fall z. B. Verändern eines Widerstands mit Hilfe eines Servomotors) oder durch Signalmultiplikation realisiert wird [1; 10]. Die Änderung der Reglerverstärkung erfolgt so lange, bis die Regelabweichung $\Delta I(t)$ des Adaptivregelkreises Null ist oder im zulässigen Toleranzbereich liegt. Welches Verhalten des Grundsystems trotz der Prozeßänderungen durch die Adaption konstant gehalten werden soll, wird durch die Größe von I_0 vorgegeben. Ein anschauliches Maß für die Güte des Grundsystems ist die Übergangsfunktion $h(t)$ und hierbei insbesondere die Überschwingweite Δh. Durch gezieltes Variieren von I_0, bei eingeschalteter Adaptivschleife, läßt sich sehr schnell und einfach die gewünschte Soll-Übergangsfunktion und damit der gesuchte Wert von I_0 finden.

Bei optimaler Dimensionierung der einzelnen Übertragungsglieder kann ein nach Bild 1.23 aufgebautes Adaptivsystem sehr leistungsfähig sein. Besonders vorteilhaft ist, daß durch Einsatz des Testsignals die Adaption unabhängig vom Führungssignal w erfolgt, weil die Ermittlung von $I(t)$ nur durch Auswertung des Testsignals erfolgt. Der Einfluß von Prozeßänderungen wird damit, unabhängig von den Betriebssignalen, laufend kompensiert. Das System ist also stets angepaßt. Um eine schnelle Dynamik zu erreichen sowie eine stabile Arbeitsweise des Adaptivsystems zu garantieren, ist eine sorgfältig aufeinander abgestimmte Dimensionierung der einzelnen Übertragungsglieder der Adaptivschleife erforderlich. Auf die Leistungsfähigkeit der Adaptivschleife hat insbesondere die Güte des Bandpaßfilters (Trennschärfe) einen großen Einfluß. Durch eine sehr sorgfältige Auslegung ist zu garantieren, daß nur das Testsignal zur Ermittlung von $I(t)$ verwendet wird und Anteile aus vorhandenen Störgrößen oder höherfrequenten Komponenten von Systemantworten in der Regelgröße x bedeutungslos sind.

Mit Hilfe konventioneller Gerätetechnik, die sich i. allg. aus einer Kombination von kommerziell angebotenen Grundgeräten (z. B. Regler, Sinusgenerator, Servomotor u. a.) und speziell auf den konkreten Anwendungsfall ausgelegten Übertragungsgliedern (z. B. Filterglieder) zusammensetzt, ist ein einfaches Adaptivsystem durchaus mit vertretbarem Aufwand realisierbar.

Neben dem Vorteil, daß in ausgewählten Anwendungsfällen auf diese Weise häufig eine sehr wirkungsvolle Adaption realisiert werden kann, sind jedoch auch die Nachteile solcher Lösungen nicht zu übersehen. Hier sind vor allem zu nennen:

— Nur einfache adaptive Strategien sind mit wirtschaftlichem Aufwand zu realisieren.
— Eine durchgängige Realisierung der Adaptivschleife mit industriell gefertigten Geräten ist i. allg. nicht möglich.
— Die Modifikation erfordert meist aufwendige gerätetechnische Sonderlösungen.

Aus diesen Gründen wird, auch bei sehr einfachen Adaptivsystemen, in Zukunft die Mikrorechnerlösung die normale Ausführungsform sein.

1.4.3. Realisierung mit Prozeß- und Mikrorechnern

Mit der Mikrorechentechnik steht zweifellos ein Automatisierungsmittel zur Verfügung, das eine dem höheren Kompliziertheitsgrad von Adaptivsystemen adäquate Gerätetechnik darstellt. Da Mikrorechner sowohl als Hilfsmittel für den Entwurf wie auch für die eigentliche Realisierung eingesetzt werden, ergeben sich Vorteile, die vor allem in ihrer Wechselseitigkeit zu betrachten sind. Aus übergeordneter Sicht können hier einige wesentliche Gesichtspunkte genannt werden:

- ▶ Da beim Entwurf von Adaptivsystemen vielfach relativ subjektive Entscheidungen zu treffen sind, ist die Möglichkeit des rechnergestützten Entwurfs im Dialogbetrieb von besonders großer Bedeutung.
- ▶ Sehr vorteilhaft kann durch digitale Simulation unter Echtzeitbedingungen das Entwurfsergebnis überprüft bzw. verbessert werden.
- ▶ Durch die Mikrorechnerrealisierung ist das Prinzip der Adaption direkt auf die Klasse der Abtastsysteme mit den dafür entwickelten typischen Entwurfsmethoden anwendbar und nicht wie bisher auf die Klasse kontinuierlicher Systemlösungen beschränkt. Dies bedeutet vor allem eine qualitative Erweiterung des Angebots an leistungsfähigen Adaptionsalgorithmen.
- ▶ Die große Flexibilität der modernen Automatisierungsmittel kann gezielt genutzt werden, um bei wechselnden Anforderungen oder Betriebsbedingungen die Adaptionsstrategie evtl. korrigieren und damit besser anpassen zu können.
- ▶ Die wirtschaftliche Realisierung leistungsfähiger, selbst komplizierter Adaptionsalgorithmen ist möglich. Dies bezieht sich sowohl auf die Prozeßidentifikation als auch auf die Parameteroptimierung (Entscheidungsprozeß), und zwar nicht nur für Eingrößen-, sondern auch für Mehrgrößensysteme.
- ▶ Da der Regelalgorithmus für das Grundsystem bereits auf dem Mikrorechner implementiert wird, kann auch die Modifikation softwaremäßig einfach (Aktualisierung von gespeicherten Parameterwerten) realisiert werden. Hardwareseitig sind dafür keine Sonderlösungen erforderlich.

Auf eine detaillierte Behandlung der hardware- und softwaremäßigen Realisierung von Adaptivsystemen mit Prozeß- und Mikrorechnern kann wegen der Komplexität sowie der Vielfalt der möglichen Lösungen im Rahmen der vorliegenden Monographie nicht eingegangen werden. Bezüglich der allgemeinen Grundlagen sei auf die sehr zahlreich vorhandene Fachliteratur auf dem Gebiet der Mikrorechentechnik verwiesen. Hinweise und nähere Angaben zur Realisierung von speziellen Adaptionsalgorithmen mit Prozeß- und Mikrorechnern sind z. B. zu finden in [3; 6; 28; 29; 63; 91 bis 102].

Während einfache Adaptionsalgorithmen bereits mit Einchipmikrorechnern realisiert werden können [98], sind die meisten der bekannt gewordenen Adaptionsalgorithmen durch Implementierung auf Mikrorechnerreglern praktisch einsetzbar. Umfangreichere Algorithmen erfordern den Einsatz von Prozeßrechnern. Wenn hier auch bereits viele Vorteile bezüglich des Einsatzes der modernen Rechentechnik genannt worden sind, so soll jedoch nicht unerwähnt bleiben, daß sich selbst bei dem gegenwärtig erreichten hohen Entwicklungsstand der modernen Gerätetechnik Beschränkungen bei der Implementierung

von Adaptionsalgorithmen ergeben können, die durch den Einsatz im Echtzeitbetrieb begründet sind. Solche Beschränkungen ergeben sich u. U. im konkreten Fall aufgrund der begrenzten Rechengeschwindigkeit sowie aus Speicherplatzgründen. Während die Begrenzung hinsichtlich des Speicherplatzes in Zukunft eine untergeordnete Rolle spielen wird, dürfte dies bei der Rechengeschwindigkeit nach wie vor problematisch bleiben.
Durch den Einsatz von Arithmetikprozessoren, die Gleit- und Festkommaoperationen für die Grundrechenarten sowie spezielle, häufig benutzte Funktionen ausführen, wird die Rechengeschwindigkeit wesentlich gesteigert und somit kleinere Abtastzeiten für die digitale Regelung gewählt werden. In [98 bzw. 101] wird z. B. eine Verkürzung der Rechenzeit durch Einsatz von Arithmetikprozessoren (Gleitkomma-Grundrechenarten bzw. spezielle Simulationsuntersuchungen) gegenüber der reinen Softwarelösung in der Größenordnung des Faktors 10 erreicht.
Die weitere Verbesserung der digitalen Rechenbausteine, insbesondere hinsichtlich der Verarbeitungsgeschwindigkeit bei gleichzeitig geringem Aufwand [30], wird dazu beitragen, leistungsfähige, flexibel einsetzbare Mikrorechnerregler herzustellen, mit denen auch in sehr flexibler Weise eine bestimmte Anzahl von adaptiven Standardalgorithmen unterschiedlicher Leistungsfähigkeit realisiert werden kann. Nicht unerwähnt bleiben soll, daß bereits gegenwärtig in verschiedenen Ländern „adaptive Regler" (digitale Mikrorechnerregler) auf dem Markt vertrieben werden [102] und in der Industrie eingesetzt sind.

2. Analyse und Synthese nach Empfindlichkeitskriterien, Einordnung von Empfindlichkeit und Adaption

2.1. Einführung in die Problemstellung

Empfindlichkeitsbetrachtungen spielen in der Automatisierungstechnik seit längerer Zeit eine große Rolle. Das Interesse, das solchen Untersuchungen entgegengebracht wird, ergibt sich aufgrund der Tatsache, daß mit Hilfe von Empfindlichkeitsansätzen nützliche Aussagen vor allem bei folgenden Problemstellungen gemacht werden können:

- Einfluß unvermeidbarer Parameterunsicherheiten des Prozeßmodells auf den Systementwurf bzw. auf eine vorgegebene Zielfunktion
- Einfluß sowohl von Prozeßparameteränderungen als auch Reglerparameteränderungen auf ein vorgegebenes Gütekriterium
- Berechnung von Automatisierungsalgorithmen zur Reduzierung des Einflusses von Parameterunsicherheiten bzw. zeitabhängiger Parameteränderungen auf das Verhalten des geschlossenen Regelsystems.

Grundsätzlich werden Empfindlichkeitsansätze für folgende Aufgabenstellungen verwendet:

Analyse
Synthese.

Während bei der Empfindlichkeitsanalyse an Prozeßmodellen bzw. an Automatisierungssystemen festgestellt wird, wie groß z. B. die Parameterempfindlichkeit im konkreten Fall ist, werden bei der Synthese solche Steueralgorithmen ermittelt, mit denen eine möglichst kleine Parameterempfindlichkeit des geschlossenen Systems erreicht wird.
Je nach Problemstellung steht die Empfindlichkeit der statischen und/oder der dynamischen Systemeigenschaften im Mittelpunkt der Untersuchung. Während zum Problem der Analyse eine kaum noch überschaubare Anzahl von Veröffentlichungen existiert [103 bis 111], gibt es auf dem Gebiet der Synthese wesentlich weniger praktisch verwertbare Veröffentlichungen [110; 112 bis 116].

2.2. Adaption und Empfindlichkeit — zwei grundlegende Prinzipien zum Entwurf von unempfindlichen Automatisierungssystemen

Im Abschn. 1. wurde bereits gezeigt, daß auch mit dem Entwurf nach dem Prinzip der Adaption Automatisierungssysteme erhalten werden, die unempfindlich sind gegenüber Ungewißheiten des Prozeßmodells (begründet durch unbekannte oder zeitabhängige Parameter). Mit dem hier betrachteten Entwurf nach den sog. Empfindlichkeitsmethoden (im folgenden der Einfachheit halber auch als Entwurf nach der Empfindlichkeit bezeichnet) existieren zunächst einmal für ein und dieselbe Aufgabenstellung zwei prinzipiell voneinander verschiedene Lösungswege. Dennoch haben natürlich beide Entwurfsvarianten ihre theoretisch begründeten, technisch sinnvollen spezifischen Einsatzbereiche, die im wesentlichen von Größe und Art der zu erwartenden Parameteränderungen bzw. -ungewißheiten bestimmt werden.
Schon vom Aufbau her unterscheiden sich die nach den zwei Entwurfsprinzipien erhaltenen Automatisierungsalgorithmen sehr wesentlich voneinander. Während bei der Adaption die Unempfindlichkeit durch einen zeitvariablen Regler erreicht wird, erhält man — wie später genauer gezeigt wird — beim Entwurf nach der Empfindlichkeit einen zeitinvarianten Regelalgorithmus. Um eine erste Zu-

ordnung darüber vornehmen zu können, wann welche Entwurfsstrategie zum Einsatz kommen sollte, ist es zweckmäßig, folgende qualitative Klassifizierung von Prozessen mit unbekannten oder zeitabhängigen Parametern vorzunehmen:

1. Prozesse mit relativ kleinen, aber sonst zeitlich beliebig ablaufenden Parameteränderungen
2. Prozesse mit relativ großen
   a) vorhersehbaren Parameteränderungen (das Änderungsgesetz ist bekannt)
   b) unvorhersehbaren Parameteränderungen (einschließlich großer, zeitunabhängiger Parameterungenauigkeiten).

Allgemein kann festgestellt werden, daß die für die Fälle 1 und 2 anzuwendenden Entwurfsverfahren die Verringerung der Parameterempfindlichkeit zum Ziel haben. Während man im Fall 1 versuchen wird, den Einfluß der relativ kleinen Parameteränderungen durch Anwendung der Ergebnisse der Empfindlichkeitstheorie (Synthese) in bestimmten vorgegebenen Grenzen zu halten, muß man im Fall 2 zur Reduzierung der Parameterempfindlichkeit i. allg. einen zeitvariablen Regler benutzen [117; 118]. Mit dem Entwurf nach der Empfindlichkeit und der Adaption sind die zwei prinzipiell vorhandenen Möglichkeiten genannt, um bei einem zeitvariablen Prozeß (infolge Parameteränderungen bzw. -ungewißheiten) ein im Sinne eines bestimmten Gütekriteriums optimales Verhalten zu erreichen.

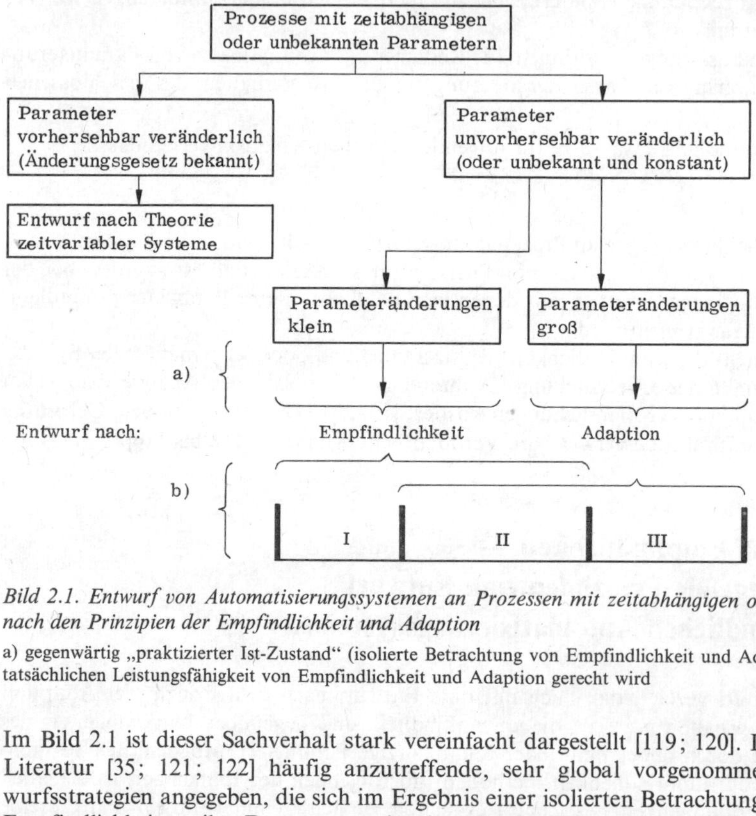

Bild 2.1. Entwurf von Automatisierungssystemen an Prozessen mit zeitabhängigen oder unbekannten Parametern nach den Prinzipien der Empfindlichkeit und Adaption

a) gegenwärtig „praktizierter Ist-Zustand" (isolierte Betrachtung von Empfindlichkeit und Adaption); b) Zuordnung, die der tatsächlichen Leistungsfähigkeit von Empfindlichkeit und Adaption gerecht wird

Im Bild 2.1 ist dieser Sachverhalt stark vereinfacht dargestellt [119; 120]. Im Bild 2.1a ist die in der Literatur [35; 121; 122] häufig anzutreffende, sehr global vorgenommene Zuordnung der Entwurfsstrategien angegeben, die sich im Ergebnis einer isolierten Betrachtungsweise von Adaption und Empfindlichkeit ergibt. Dagegen wurden im Bild 2.1b die wirtschaftlichen Einsatzbereiche so dargestellt, wie sie sich bei einer genaueren Betrachtung der Leistungsfähigkeit der nach den zwei Strategien (Adaption — Empfindlichkeit) erhaltenen Automatisierungsstrukturen ergeben. Diese Darstellung gestattet grundsätzlich eine bessere Einsicht in die Wechselbeziehung zwischen diesen zwei Entwurfsprinzipien, als dies bisher möglich war, weil sie den tatsächlichen Gegebenheiten besser gerecht wird. Damit ergibt sich vor allem für den Praktiker der wichtige Hinweis, daß einerseits die Anwendung des Prinzips der Adaption oder der Empfindlichkeit in bestimmten Fällen zwingend notwendig sein kann (Bereiche I und III gemäß Bild 2.1b), daß aber andererseits auch in einem weiten Anwendungsbereich aus wirtschaftlicher Sicht (Aufwand für Entwurf und insbesondere

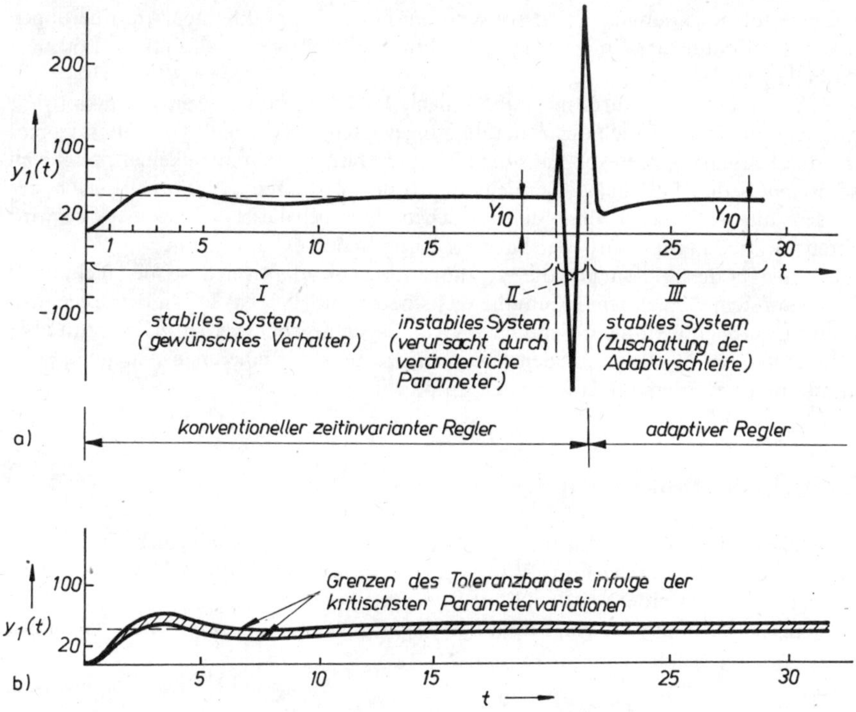

Bild 2.2. Sprungantwort $y_1(t)$ eines Mehrgrößenregelungssystems

a) mit „konventionellem" und adaptivem Regelungsgesetz; b) mit parameterunempfindlichem Regler (Entwurf nach der Empfindlichkeit)

Realisierung) beide Vorgehensweisen zu völlig gleichwertigen Lösungen führen (Bereich II im Bild 2.1 b).

Sehr anschaulich läßt sich dieser Sachverhalt an einem Beispiel darstellen. Für einen Mehrgrößenprozeß (vier Eingangsgrößen, fünf Ausgangsgrößen; lineares Modell) wurden folgende Varianten und Betriebsfälle untersucht [63]:

1. Prozeßparameter: vollständig bekannt und zeitunabhängig
   Regelungsgesetz: konventioneller zeitinvarianter Regler
   Ergebnis: gewünschtes Verhalten des geschlossenen Systems, das den praktischen Anforderungen entspricht (Bild 2.2a, Bereich I)
2. Prozeßparameter: sprungförmige große Änderung wesentlicher Prozeßparameter
   Regelungsgesetz: wie im Fall 1
   Ergebnis: geschlossenes System ist instabil (Bild 2.2a, Bereich II)
3. Prozeßparameter: wie im Fall 2
   Regelungsgesetz: Einschalten der Adaptionsschleife (d. h. parameteradaptiver Mehrgrößenregler)
   Ergebnis: Gewünschtes Verhalten des geschlossenen Systems wird nach kurzer Einschwingzeit wieder erreicht (Bild 2.2a, Bereich III)
4. Prozeßparameter: sprungförmige große Änderung wesentlicher Prozeßparameter (Berücksichtigung der praktisch möglichen kritischen Parameterkombinationen)
   Regelungsgesetz: zeitinvarianter parameterunempfindlicher Mehrgrößenregler
   Ergebnis: Systemantworten befinden sich innerhalb eines vorgegebenen Toleranzbereichs (Bild 2.2b).

Aus dem Verlauf der Systemantwort im Bild 2.2b ist ersichtlich, daß dieselben Parameteränderungen, die bei einem konventionellen Regler zur Instabilität führen, durch einen parameterunempfindlichen Regler in ihrer Wirkung auf ein relativ schmales Toleranzband begrenzt werden können. Außerdem

ist festzustellen, daß eine solche Lösung in vielen Anwendungsfällen den praktischen Anforderungen durchaus genügen wird und damit der Entwurf nach der Empfindlichkeit eine akzeptable Lösungsvariante zur Adaption darstellt.
Mit dieser Feststellung kann der Entwurfsalgorithmus nach Bild 1.22 bereits weiter konkretisiert werden. Wenn dort bei den Voruntersuchungen darauf hingewiesen wurde, daß der Entwurf eines Adaptivsystems erst durchgeführt werden soll, falls die nichtadaptiven Verfahren zu keiner geeigneten Lösung führen, so ist auf jeden Fall bei den „nichtadaptiven" Verfahren der Entwurf nach der Empfindlichkeit in dem hier erläuterten Sinne einzubeziehen. Nur bei dieser Vorgehensweise wird man die im konkreten Anwendungsfall wirtschaftlichste Lösung finden.
Da ein tieferes Verständnis für den Aufbau und die Wirkungsweise von adaptiven Systemen nicht ohne elementare Kenntnisse auf dem Gebiet der Empfindlichkeitstheorie möglich ist, soll in den folgenden Abschnitten ein kurzer Überblick über die wesentlichen Grundlagen gegeben werden. Dies kann aber aufgrund des hier beschränkten Umfangs für den Entwurfsingenieur nur eine erste Anregung sein, sich im Bedarfsfall mit dieser Problematik eingehender zu beschäftigen.

2.3. Empfindlichkeitsfunktionen

Empfindlichkeitsbetrachtungen werden häufig auf der Grundlage von sog. Empfindlichkeitsfunktionen oder Empfindlichkeitskoeffizienten durchgeführt. Wie man zu derartigen mathematischen Ausdrücken kommt, soll im folgenden gezeigt werden [107; 113]:
Gegeben sei die Differentialgleichung für ein Regelungssystem mit einer Eingangs- und einer Ausgangsgröße

$$f(y^{(n)}, y^{(n-1)}, \dots, \dot{y}, y, u, a_1, a_2, \dots, a_k) = 0\,; \tag{2.1}$$

u Eingangsgröße
y Ausgangs- (Regel-) Größe
a_i variable Parameter des Systems.

Die Lösung dieser Differentialgleichung lautet in allgemeiner Form

$$y = y(t, u, a_1, a_2, \dots, a_k)\,. \tag{2.2}$$

Bei Änderung von a_i um Δa_i erhält man nach (2.2)

$$y + \Delta y = y(t, u, a_1 + \Delta a_1, a_2 + \Delta a_2, \dots, a_k + \Delta a_k) \tag{2.3}$$

und für Δy als Maß für die Empfindlichkeit des Systems gegenüber den Parameteränderungen Δa_i

$$\Delta y = y(t, u, a_1 + \Delta a_1, \dots, a_k + \Delta a_k) - y(t, u, a_1, \dots, a_k)\,. \tag{2.4}$$

Obwohl Δy das exakte mathematische Ergebnis darstellt, ist es schon bei den einfachsten linearen Systemen eine recht komplizierte Funktion und daher in den meisten Fällen für Überblicksbetrachtungen ungeeignet. Eine besser handhabbare Definition der Empfindlichkeit wird dagegen erhalten, wenn man sich auf kleine Änderungen der Parameter um den Arbeitspunkt (Nominalwert) beschränkt. Nach der Taylor-Entwicklung erhält man in diesem Fall bei Abbruch nach dem linearen Glied

$$\begin{aligned}\Delta y &= y(t, u, a_1 + \Delta a_1, \dots) - y(t, u, a_1, \dots) \approx \sum_{i=1}^{k} \left.\frac{\partial y(t, u, a_1, \dots, a_k)}{\partial a_i}\right|_{\alpha 0} \Delta a_i \\ &= \sum_{i=1}^{k} \left.\frac{\partial y}{\partial a_i}\right|_{\alpha 0} \Delta a_i = \sum_{i=1}^{k} \left. s^u_{a_i}(t)\right|_{\alpha 0} \Delta a_i\,. \end{aligned} \tag{2.5}$$

Die Koeffizienten $s^u_{a_i}$ werden als Empfindlichkeitsfunktionen bzw. Empfindlichkeitskoeffizienten definiert. Neben den Vorteilen, die sich aufgrund der vergleichsweise einfachen Berechnung der Empfindlichkeitsfunktionen sowie der linearen Abhängigkeit des Einflusses der veränderlichen Parameter auf Δy ergeben, darf jedoch nicht übersehen werden, daß es sich hierbei um eine Näherung handelt. Gl. (2.5) gilt, strenggenommen, nur für differentielle Abweichungen der Parameter vom

Arbeitspunkt. Im konkreten Anwendungsfall muß daher immer — wegen des Abbruchs der Taylor-Reihe nach dem ersten Glied — abgeschätzt werden, ob der Einfluß der weiteren Glieder (höherer Ordnung) vernachlässigbar klein ist. Trotz dieser Beschränkungen werden Empfindlichkeitsfunktionen in der vielfältigsten Weise praktisch angewendet [123; 124; 125]. Zu beachten ist dabei jedoch auch, daß zur Charakterisierung der Parameterempfindlichkeit unterschiedliche Grunddefinitionen verwendet werden. Da man sich bei der Berechnung einer Empfindlichkeitsfunktion nicht auf die Ausgangsgröße eines Systems beschränken muß, sei zunächst angenommen, daß $f = f(a_1, a_2, \ldots, a_k)$ eine beliebige, das Systemverhalten kennzeichnende Funktion sei.
$\boldsymbol{a} = [a_1, a_2, \ldots, a_k]^{\mathrm{T}}$ stelle den Parametervektor dar. Ferner sei $\boldsymbol{a}_0 = [a_{10}, a_{20}, \ldots, a_{k0}]^{\mathrm{T}}$ der Nominalwert des Parametervektors und damit $f(\boldsymbol{a}_0) = f_0$ die nominale Systemfunktion. Dann lassen sich, bei Erfüllung bestimmter Stetigkeitsvoraussetzungen, folgende Definitionen angeben:

1. absolute Empfindlichkeitsfunktion

$$S_i = \left.\frac{\partial f}{\partial a_i}\right|_{\boldsymbol{a}=\boldsymbol{a}_0}; \quad i = 1, 2, \ldots, k \tag{2.6}$$

2. relative (logarithmische) Empfindlichkeitsfunktion

$$\bar{S}_i = \left.\frac{\partial \ln f}{\partial \ln a_i}\right|_{\boldsymbol{a}=\boldsymbol{a}_0}; \quad i = 1, 2, \ldots, k \tag{2.7}$$

3. semirelative Empfindlichkeitsfunktion

$$\tilde{S}_i = \left.\frac{\partial \ln f}{\partial a_i}\right|_{\boldsymbol{a}=\boldsymbol{a}_0} \tag{2.8}$$

oder

$$\tilde{S}_i = \left.\frac{\partial f}{\partial \ln a_i}\right|_{\boldsymbol{a}=\boldsymbol{a}_0}; \quad i = 1, 2, \ldots, k\,. \tag{2.9}$$

Zu beachten ist, daß die Empfindlichkeitsfunktionen für den Nominalwert $\boldsymbol{a}_0$ gelten.
Unter Berücksichtigung der für dynamische Systeme üblichen Beschreibungsweisen und verwendeten Bezugsgrößen lassen sich die speziellen, für die Automatisierungstechnik wichtigen Empfindlichkeitsfunktionen i. allg. in drei Kategorien einteilen:

1. Empfindlichkeitsfunktionen im Zeitbereich
2. Empfindlichkeitsfunktionen im Bild- oder Frequenzbereich
3. Güteindexempfindlichkeit.

Einige der bekanntesten Ansätze werden im folgenden kurz genannt. Da es sich hier um eine Darstellung der prinzipiellen Möglichkeiten handelt, werden nur kontinuierliche Systeme berücksichtigt. Grundsätzlich erfolgt die Behandlung im diskontinuierlichen Fall in analoger Weise. Bezüglich der Berechnung solcher wichtiger Empfindlichkeitsfunktionen wie z. B. der Abtastempfindlichkeit u. ä. muß daher auf die einschlägige Fachliteratur verwiesen werden [103; 107].

Empfindlichkeitsfunktionen im Zeitbereich

Absolute Ausgangsempfindlichkeit für kontinuierliche Systeme

$$s_{a_i}^{y}(t, \boldsymbol{a}) = \left.\frac{\partial y(t, u, a_1, a_2, \ldots, a_k)}{\partial a_i}\right|_{\boldsymbol{a}=\boldsymbol{a}_0}; \tag{2.10}$$

y Systemausgangsgröße.

Absolute Zustands- oder Trajektorienempfindlichkeit für kontinuierliche Systeme

$$s_{a_i}^{x_j}(t, \boldsymbol{a}) = \left.\frac{\partial x_j(t, u, a_1, a_2, \ldots, a_k)}{\partial a_i}\right|_{\boldsymbol{a}=\boldsymbol{a}_0}; \tag{2.11}$$

x_j j-te Zustandsgröße.

Neben den absoluten Empfindlichkeitsfunktionen werden in beiden obengenannten Fällen in der Praxis häufig auch die relativen und semirelativen Empfindlichkeitsfunktionen angewendet.
Die Empfindlichkeitsfunktionen im Zeitbereich haben den Nachteil, daß sie aufgrund ihrer Abhängigkeit von der verwendeten Eingangsgröße keine reinen Systemgrößen sind. Bei der Einschätzung eines Systems hinsichtlich der Parameterempfindlichkeit muß man sich daher auf normierte Eingangsgrößen (z. B. Sprungfunktion) festlegen.

Empfindlichkeitsfunktionen im Bildbereich

Empfindlichkeitsfunktion nach Bode (klassische Definition)

$$S_{a_i}^{G}(p) = \left.\frac{\partial \ln G(p, a_1, a_2, \ldots, a_k)}{\partial \ln a_i}\right|_{\boldsymbol{a}=\boldsymbol{a}_0} = \left.\frac{\dfrac{\partial G}{G}}{\dfrac{\partial a_i}{a_i}}\right|_{\boldsymbol{a}=\boldsymbol{a}_0}; \tag{2.12}$$

$G(p, \boldsymbol{a})$ Übertragungsfunktion.

Empfindlichkeitsfunktion nach Horowitz

$$S_{a_i}^{G}(p) = \frac{\dfrac{\Delta G}{G}}{\dfrac{\Delta a_i}{a_i}} = \frac{\dfrac{(G - G_0)}{G}}{\dfrac{(a_i - a_{i0})}{a_i}}; \tag{2.13}$$

$a_i = a_{i0} + \Delta a_i$
$G = G_0 + \Delta G$
a_i variabler Parameter
Δa_i beliebig große Parameterabweichung
a_{i0}, G_0 Nominalwerte von a_i und G.

Enthält G einen variablen Anteil G_1, so gilt

$$S_{G1}^{G}(p) = \frac{\dfrac{\Delta G}{G}}{\dfrac{\Delta G_1}{G_1}} = \frac{\dfrac{(G - G_0)}{G}}{\dfrac{(G_1 - G_{10})}{G_1}}; \tag{2.14}$$

G_1 variabler Anteil von G
G_{10} nominaler Wert von G_1.

Pol- bzw. Nullstellenempfindlichkeit

$$S_{a_i}^{\lambda_j}(p) = \left.\frac{\partial \ln \lambda_j}{\partial \ln a_i}\right|_{\boldsymbol{a}=\boldsymbol{a}_0} = \left.\frac{\dfrac{\partial \lambda_j}{\lambda_j}}{\dfrac{\partial a_i}{a_i}}\right|_{\boldsymbol{a}=\boldsymbol{a}_0}; \tag{2.15}$$

$j = 1, 2, \ldots, n + m$
$i = 1, 2, \ldots, k$
λ_j j-te Pol- oder Nullstelle von $G(p)$
m Grad des Zählerpolynoms von $G(p)$
n Grad des Nennerpolynoms von $G(p)$.

Die Empfindlichkeitsfunktionen des Bildbereichs sind unabhängig von der Eingangsgröße und stellen reine Systemkennwerte dar. Sie sind daher besonders gut für die Einschätzung der Parameterempfindlichkeit offener und geschlossener Automatisierungssysteme geeignet. Außerdem sind sie gegenüber anderen Empfindlichkeitsmaßen für die Synthese parameterunempfindlicher Systeme besser geeignet. Erwähnenswert ist außerdem, daß die Definition nach *Horowitz* auch für beliebig große Parameterabweichungen gilt.

Güteindexempfindlichkeit

$$S_{a_i}^I = \left.\frac{\partial I}{\partial a_i}\right|_{\boldsymbol{a}=\boldsymbol{a}_0} ; \qquad (2.16)$$

I Güteindex, nach dem z. B. ein Regelungssystem entworfen wurde (z. B. Integralkriterium oder Überschwingweite einer Sprungantwort).

Abschließend sei noch bemerkt, daß mit den Empfindlichkeitsfunktionen, die bis auf die Definition nach *Horowitz*, strenggenommen, nur in der engeren Umgebung des Nominalwerts $\boldsymbol{a}_0$ gültig sind, i. allg. bis zu Parameterabweichungen von 30% des Nominalwerts brauchbare Ergebnisse bei Empfindlichkeitsanalysen erhalten werden. Wie anhand von Empfindlichkeitsfunktionen der Einfluß von Parameterunsicherheiten auf das Systemverhalten eingeschätzt werden kann, ist den Darstellungen des Bildes 2.3 zu entnehmen. Aus den Verläufen der Empfindlichkeitsfunktionen im Frequenzbereich ist zu erkennen, daß sich Verstärkungsänderungen voll auf die Übertragungsfunktion (bzw. Frequenzgang) auswirken. Zeitkonstantenänderungen werden im Bereich kleiner Frequenzen ($\omega < 1/T$) abgeschwächt; bei $\omega > 1/T$ haben sie denselben Einfluß wie Verstärkungsänderungen. Ein etwas anderes Empfindlichkeitsverhalten zeigen dagegen Laufzeitglieder. Während im Bereich $\omega < 1/T_{t0}$ Änderungen der Laufzeit abgeschwächt werden, wirken sie sich bei höheren Frequenzen wesentlich stärker aus. Den dargestellten Verläufen ist zu entnehmen, daß es i. allg. ausreichen würde, Verstärkungs- und Laufzeitänderungen zu berücksichtigen, da sie den größten Einfluß auf das Systemverhalten haben.

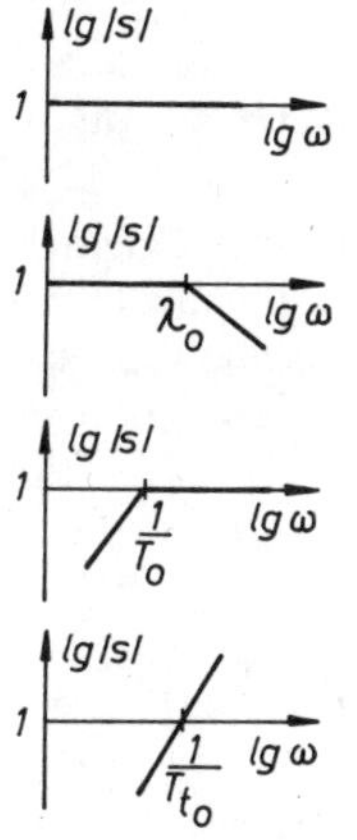

Bild 2.3. Prinzipieller Verlauf des Betrags der Empfindlichkeitsfunktion nach Bode (Gl. (2.12)) für einige Regelkreisgrundglieder

2.4. Analyse

Bei der Empfindlichkeitsanalyse dynamischer Systeme stehen folgende Probleme im Vordergrund:

- Berechnung bzw. Messung von Empfindlichkeitsfunktionen
- systematischer Vergleich verschiedener Automatisierungsstrukturen bezüglich ihrer Empfindlichkeitseigenschaften und Ableitung von prinzipiellen Hinweisen für den Entwurf (ohne systematische Synthese).

Aus der Sicht des Entwurfs von Adaptivsystemen ist die Empfindlichkeitsanalyse aus zwei Gründen von Interesse:

1. Feststellung, ob im konkreten Einsatzfall aufgrund zeitveränderlicher oder unbekannter Prozeßparameter der Einsatz eines Adaptivsystems als Lösungsvariante in Frage kommt bzw. evtl. sogar zwingend notwendig ist.

2. Für eine Reihe von adaptiven Systemen ist die laufende Ermittlung spezieller Empfindlichkeitsfunktionen zur Realisierung des Adaptionsvorgangs erforderlich.

Wie die Ermittlung von Empfindlichkeitsfunktionen prinzipiell erfolgen kann, soll im folgenden anhand der Berechnungsmöglichkeiten für die Ausgangsempfindlichkeit kurz angegeben werden:

Simulation. Zweimalige Lösung der Differentialgleichung (für den Nominalwert $\boldsymbol{a}_0$ und eine hinreichend kleine Abweichung $\boldsymbol{a}_0 + \Delta\boldsymbol{a}$) und Bildung der Empfindlichkeitsfunktion

$$s = \frac{\Delta y}{\Delta a}.$$

Berechnung aus der Lösung $y(t, u, \boldsymbol{a})$ der Differentialgleichung; s. Gl. (2.2) bis (2.4). Berechnung der Empfindlichkeitsfunktionen durch partielle Ableitung von $\boldsymbol{y}(t, u, \boldsymbol{a})$ nach $\boldsymbol{a}$.

Berechnung unter Verwendung der Empfindlichkeitsgleichung. Ermittlung der Empfindlichkeitsgleichung durch partielle Differentiation der Differentialgleichung des zu untersuchenden Systems; Gl. (2.1). Die so erhaltene Gleichung ist eine Differentialgleichung zur Bestimmung der gesuchten Empfindlichkeitsfunktion. Wegen $\boldsymbol{a} = [a_1, a_2, \ldots, a_k]^{\mathrm{T}}$ existieren i. allg. k Empfindlichkeitsgleichungen bei einem Systemausgang. Besonders erwähnt werden soll, daß alle Empfindlichkeitsgleichungen, unabhängig von den Eigenschaften des Originalsystems, stets linear und von der gleichen Ordnung wie das Originalsystem sind. Die Berechnung der Ausgangsgrößenempfindlichkeit aus der Empfindlichkeitsgleichung kann erfolgen

1. analytisch
2. mit Hilfe eines Empfindlichkeitsmodells (strukturelle Methode).

Während die analytische Lösung bei Systemen höherer Ordnung oder bei Vorhandensein von Nichtlinearitäten i. allg. sehr kompliziert oder überhaupt nicht angebbar ist, wird die Ermittlung der Empfindlichkeitsfunktionen nach der strukturellen Methode grundsätzlich immer möglich sein.

Da die zuletzt genannte Methode auch vorteilhaft für die laufende Bestimmung der Empfindlichkeitsfunktionen anwendbar ist, wie sie z. B. für die Realisierung der Adaption benötigt wird, soll darauf etwas näher eingegangen werden. Als Empfindlichkeitsmodell wird ein System bezeichnet, das durch die Empfindlichkeitsgleichungen beschrieben wird.

Das Empfindlichkeitsmodell ist stets linear und hat bei nichtlinearem und zeitvariantem Originalsystem zeitvariante Parameter. Wenn das Originalsystem (für $\boldsymbol{a} = \boldsymbol{a}_0$, d. h. für den Nominalwert) und das Empfindlichkeitsmodell bekannt bzw. physikalisch realisiert sind, können sowohl die nominale Ausgangsfunktion $y_0(t) = y(t, u, \boldsymbol{a}_0)$ und die Ausgangsempfindlichkeitsfunktion $s^y_{a_i}(t, u, \boldsymbol{a})$ berechnet bzw. bei physikalischer Realisierung auch gemessen werden (Bild 2.4).

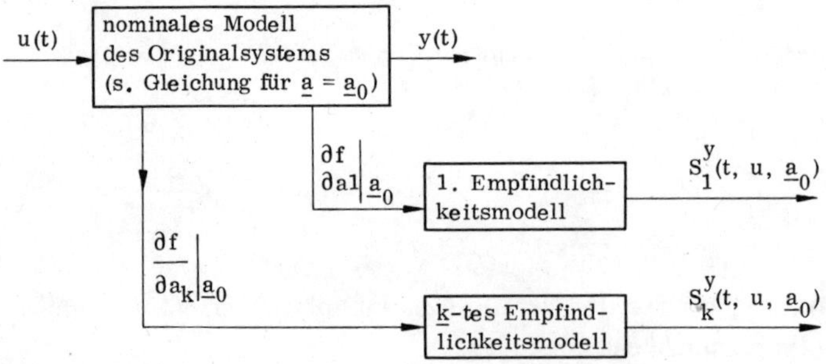

Bild 2.4. Stark vereinfachtes Schema zur Ermittlung der Ausgangsempfindlichkeitsfunktion unter Verwendung von Empfindlichkeitsmodellen

Bezüglich der zahlreichen speziellen, häufig durch physikalisch begründete Vereinfachungen gefundenen Lösungsvarianten für die Berechnung der verschiedensten Arten von Empfindlichkeitsfunktionen sowie auf die gezielten Vergleiche der wichtigsten Automatisierungsstrukturen hinsichtlich ihrer Empfindlichkeit wird auf die umfangreiche Fachliteratur verwiesen [107; 109; 112; 121].

2.5. Synthese

Ziel der Synthese nach der Empfindlichkeit ist es, für einen Prozeß einen solchen Automatisierungsalgorithmus zu entwerfen, daß der Einfluß zeitabhängiger oder unbekannter Prozeßparameter auf ein gewähltes Gütemaß des Gesamtsystems in vorgegebenen Grenzen bleibt. Wie später noch genauer gezeigt wird, ist die völlige Parameterunempfindlichkeit (Idealfall) nur schwer bzw. i. allg. überhaupt nicht zu erreichen und stellt aus Gründen der Wirtschaftlichkeit auch keine sinnvolle Zielstellung dar.
Grundlegende qualitative Hinweise für den Entwurf nach der Empfindlichkeit erhält man durch Empfindlichkeitsbetrachtungen am geschlossenen System. Das Grundprinzip des ,,Unempfindlichmachens" soll der Einfachheit halber anhand des einschleifigen Regelkreises erläutert werden.

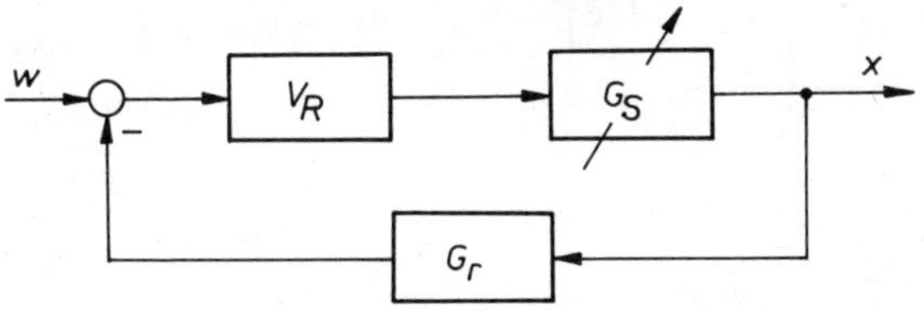

Bild 2.5. Einschleifiger Regelkreis mit zwei Freiheitsgraden für die Synthese nach der Empfindlichkeit

G_S Prozeß mit zeitabhängigen Parametern; V_R, G_r Reglerelemente

Im Bild 2.5 ist die einfachste Systemstruktur dargestellt, die für das ,,Unempfindlichmachen" eines Regelkreises geeignet ist (zwei Freiheitsgrade durch V_R und G_r). Dic Aufgabe bestehe darin, trotz Änderung des Prozeßverhaltens (G_S) das Führungsverhalten des einschleifigen Regelkreises konstant zu halten bzw. das Führungsverhalten gegenüber G_S-Änderungen möglichst unempfindlich zu machen.
Es läßt sich zeigen [112; 113; 127], daß bei geeigneter Wahl von G_r und V_R die Empfindlichkeit des einschleifigen Regelkreises gegenüber Parameteränderungen des Prozesses reduziert wird, ja theoretisch sogar gegenüber relativ großen Änderungen völlig unempfindlich gemacht werden kann. Dies hat in der Vergangenheit teilweise zu überspannten Erwartungen bei den Befürwortern des Entwurfs nach der Empfindlichkeit geführt, die zeitweise soweit gingen, den adaptiven Systemen ihre „Berechtigung" abzusprechen [126]. Ohne auf die erforderlichen Berechnungsansätze näher einzugehen, wird im folgenden der prinzipielle Lösungsweg gezeigt, wie der im Bild 2.5 dargestellte Regelkreis gegenüber Parameteränderungen des Prozesses relativ unempfindlich gemacht werden kann.

$$\text{Ziel:}\quad G_w = \frac{G_R G_S}{1 + G_R G_S}, \tag{2.17}$$

soll trotz Änderung von Prozeßparametern (G_S) konstant sein. Im Ergebnis von Empfindlichkeitsuntersuchungen erhält man für die Lösung des Problems die zwei Bedingungen [112; 113]:

$$V_R \to \infty$$

$$G_r = \frac{1}{G_R G_{S0}}; \tag{2.18}$$

G_{S0} nominale Übertragungsfunktion des Prozesses.

Damit ergibt sich zunächst die im Bild 2.6a dargestellte Regelungsstruktur, und nach weiteren Umformungen des Blockschaltbilds (Bilder 2.6b und c) wird mit der im Bild 2.6c erhaltenen Struktur das vorgegebene Ziel erreicht. In G_w (Bild 2.6c) ist die Übertragungsfunktion des zeitabhängigen Prozesses nicht mehr enthalten. Das Führungsübertragungsverhalten wird nur durch die in Abhängigkeit von der jeweils vorliegenden speziellen Aufgabenstellung gewählten Rückführung G_r bestimmt.
Bemerkenswert ist, daß beim Entwurf nach dem Prinzip der Empfindlichkeit trotz zeitvariantem Prozeß in jedem Fall ein zeitinvariantes Regelungsgesetz erhalten wird. Es läßt sich zeigen [112; 113], daß bei völliger Parameterunempfindlichkeit des zu entwerfenden Regelungssystems Bedingungen realisiert werden müßten (z. B. $V_R \to \infty$, Realisierung der Inversen von $G_R G_{S0}$), die sich technisch nicht exakt verwirklichen lassen. Grundsätzlich ergeben sich für alle Syntheseverfahren, die auf der Basis von Empfindlichkeitsansätzen — gleich welcher Art — ausgehen, zwei wichtige Schlußfolgerungen:

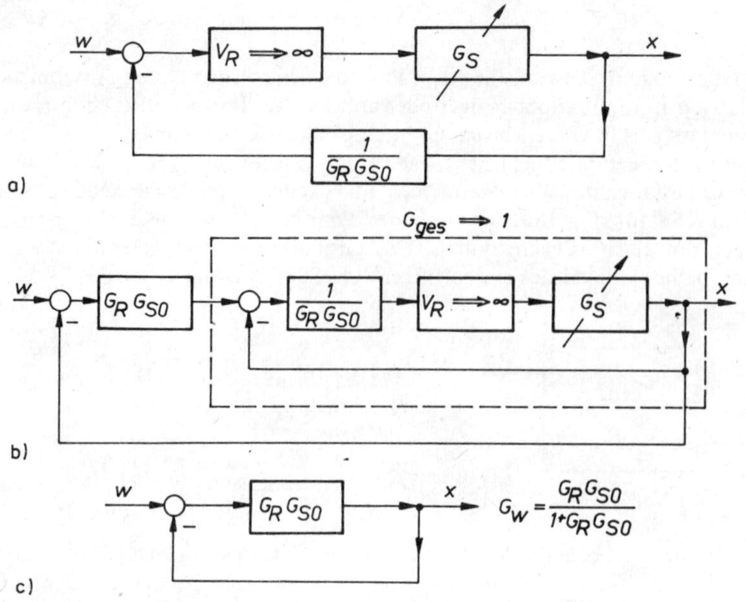

Bild 2.6. Aufbau (a) und Darstellung der Wirkungsweise (b und c) einer einschleifigen parameterunempfindlichen Führungsgrößenregelung

1. Die Möglichkeiten, parameterunempfindliche Regelungssysteme auf der Grundlage der Ergebnisse der Empfindlichkeitstheorie zu entwerfen, sind begrenzt.
2. Mit zunehmendem Aufwand für die gerätetechnische Realisierung (z. B. $V_R \to \infty$, große Bandbreite) werden die Möglichkeiten zur wirksamen Verringerung des Einflusses von Parameteränderungen in Regelungssystemen größer.

Aus den zur Problematik der Empfindlichkeit in diesem Abschnitt durchgeführten allgemeinen Betrachtungen und Erläuterungen folgt, daß Aufwand und Systemunempfindlichkeit auf jeden Fall zu einem Kompromiß zwingen. Bei einer bestimmten Systemstruktur wird man i. allg. mit einem noch vertretbaren technischen Aufwand den Einfluß von Parameteränderungen auf ein vorgegebenes Gütekriterium nur bis zu einer gewissen Größenordnung der Parameteränderungen wirkungsvoll reduzieren können. Oberhalb einer bestimmten Grenze wird es günstiger sein, das Problem mit Hilfe der Adaption zu lösen.

Die Klassifizierung der Syntheseverfahren zur Berechnung unempfindlicher Automatisierungsalgorithmen kann nach unterschiedlichen Gesichtspunkten erfolgen. Eine gerade aus der Sicht der praktischen Anwendung sehr wesentliche Unterscheidung kann vorgenommen werden in Abhängigkeit von der Größenordnung der dem Verfahren zugrunde gelegten Parameterabweichung:

— Methoden, abgeleitet für differentiell kleine Parameteränderungen
— Methoden, abgeleitet für endlich große (beliebige) Parameteränderungen.

Bei der Synthese von parameterunempfindlichen Automatisierungssystemen ist zu beachten, daß immer zwei Aufgaben gleichzeitig zu lösen sind:

1. Erfüllung eines vorgegebenen „konventionellen" Entwurfskriteriums
2. Reduzierung der Parameterempfindlichkeit des geschlossenen Systems bei Aufrechterhaltung von Forderung 1.

Gelöst wird dieses Problem i. allg. dadurch, daß im Ansatz des Gütekriteriums zur Erfüllung der Forderung 1 — im Gegensatz zum „normalen" Entwurf — zusätzlich ein Term zu berücksichtigen ist, der von einer Empfindlichkeitsfunktion abhängig ist [114; 125; 126]. So ist z. B. im Fall „optimal control" folgendes durch einen Empfindlichkeitsterm erweitertes quadratisches Gütefunktional zu minimieren:

$$I_E = k_0 \int_{t_0}^{t_f} (x^T Q x + u^T R u + s_a^{xT} S s_a^x)\, dt \,; \tag{2.19}$$

Q, R, S quadratische Gewichtsmatrizen, die z. B. im Hinblick auf die Lösbarkeit des Optimierungsproblems sowie auf die Realisierbarkeit der entworfenen Regelungen bestimmten Bedingungen genügen müssen [128; 129].

s_a^x Zustandsempfindlichkeitsvektor.

Die Steuergröße u ergibt sich nach dem Ansatz

$$u = F_1 x - F_2 s_a^x; \tag{2.20}$$

F_1, F_2 Reglermatrizen.

In bestimmten Fällen wird auch der folgende Lösungsansatz verwendet [114]:

$$I = I_1 + \gamma^2 I_E \,; \tag{2.21}$$

I_1 Gütekriterium zur Erfüllung von Forderungen bezüglich des dynamischen Verhaltens (z. B. angestrebte Polverteilung)

I_E Empfindlichkeitsansatz zur Erreichung der Parameterunempfindlichkeit

γ Wichtungsfaktor.

Bei diesem Ansatz wird eine andere grundlegende Problematik sichtbar. Die Forderung nach Parameterunempfindlichkeit stellt eine zusätzliche Güteforderung dar und wird im allgemeinen Fall bewirken, daß das ursprünglich angestrebte Gütemaß im Sinne eines praktisch sinnvollen Kompromisses nur näherungsweise erfüllt werden kann. Mit Hilfe des Wichtungsfaktors γ kann, je nach der im konkreten Anwendungsfall den einzelnen Anteilen I_1 und I_E zuerkannten Bedeutung, ihr Einfluß auf die Berechnung der Reglerelemente variiert werden. Damit sind für die Synthese nach der Empfindlichkeit vor allem diejenigen Verfahren geeignet, die bei Erfüllung der sonst üblichen Güteforderungen noch verhältnismäßig viele zusätzliche Freiheitsgrade haben.

Anschaulich läßt sich dieser Sachverhalt z. B. für den Entwurf nach der gezielten Polverschiebung erklären. Für die Erreichung einer vorgegebenen Polverschiebung gibt es zahlreiche Methoden. Die erhaltenen Regelungsgesetze unterscheiden sich sowohl hinsichtlich ihrer Struktur als auch der Parameter. Führt man nach dem Entwurf eine Empfindlichkeitsanalyse durch (Einfluß der Prozeßparameter auf die Lage der dominierenden Pole des geschlossenen Systems), so wird man eine sehr unterschiedliche Parameterempfindlichkeit feststellen. Der Entwurf nach der gezielten Polverschiebung hat damit bestimmte Freiheitsgrade, die gezielt für eine möglichst große Parameterunempfindlichkeit genutzt werden können [119].

Im Gegensatz zu den Syntheseverfahren nach der Empfindlichkeit, die von differentiellen Parameteränderungen ausgehen, wird bei Entwurfsmethoden, die von vornherein von endlich großen Parameteränderungen ausgehen, die Parameterunempfindlichkeit häufig nicht durch einen zusätzlichen explizit im Ansatz erscheinenden Empfindlichkeitsterm im Gütekriterium erhalten, sondern durch die spezifische Art des verwendeten mathematischen Ansatzes [112; 130].

Welche Empfindlichkeitsansätze in Verbindung mit den allgemein bekannten Entwurfskriterien bei den wichtigsten in der Literatur bekannt gewordenen Syntheseverfahren für parameterunempfindliche Regelungssysteme bisher angewendet wurden, kann, ohne den Anspruch auf Vollständigkeit erheben zu wollen, dem Bild 2.7 entnommen werden (ohne Berücksichtigung spezieller Ansätze für die Robustheit).

Bezüglich eines durchgerechneten Beispiels, das die Leistungsfähigkeit der Syntheseverfahren nach der Empfindlichkeit anschaulich zeigt, sei auf Bild 2.2b sowie auf die dazugehörigen Detailrechnungen in [119] hingewiesen. Das Ergebnis wurde durch einen Ansatz gemäß Gl. (2.21) und unter Berücksichtigung von Polempfindlichkeitsfunktionen Gl. (2.15) nach einem einfachen Näherungsverfahren erhalten.

Abschließend sei festgestellt, daß im Hinblick auf die Schnittstelle Entwurf nach der Empfindlichkeit bzw. Entwurf nach der Adaption natürlich diejenigen Syntheseverfahren nach der Empfindlichkeit von besonderem Interesse sind, die vom Ansatz her von endlich großen Parameteränderungen ausgehen.

In diesem Zusammenhang muß erwähnt werden, daß man in letzter Zeit in zunehmendem Maße von

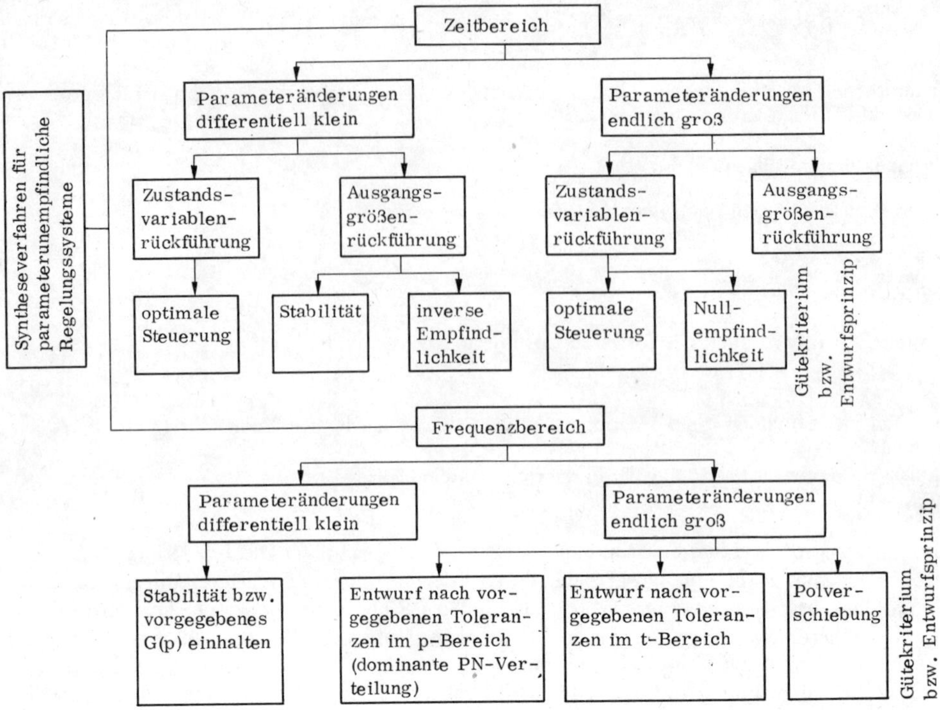

Bild 2.7. Klassifizierung und Übersicht der Verfahren zum Entwurf von linearen parameterunempfindlichen Regelungen

sog. „robusten Regelungen“ spricht [130 bis 133]. Man versteht darunter Automatisierungssysteme, die so entworfen werden, daß eine ausgewählte Systemeigenschaft (z. B. Stabilitätsreserven, Überschwingweite, stationäre Genauigkeit) in einem weiten Bereich einer oder mehrerer Einflußgrößen nahezu unveränderlich bleibt. Ein derartiges System wird dann als global unempfindlich bezeichnet. Im Gegensatz dazu nennt man ein Automatisierungssystem unempfindlich, wenn eine lokale Unabhängigkeit einer Systemeigenschaft von nur einer Einflußgröße vorliegt. Bei den robusten Regelungen werden folgende Einflußgrößen betrachtet, von denen ein solches robustes Automatisierungssystem unabhängig sein kann:

Parameter des Prozesses
strukturelle Unsicherheiten des Prozesses
Toleranzen des Reglers
Ausfall oder Betriebsstörungen von Sensoren und Stellgliedern
Meß- oder Quantisierungsrauschen
Störgrößen, die einen Einfluß auf Prozeßparameter haben.

Mit der Entwicklung robuster Automatisierungssysteme erhält damit der Entwurf nach der Empfindlichkeit eine komplexe Erweiterung, die sich zweifellos auf die Einsatzgrenzen Adaption—Empfindlichkeit (Bild 2.1) zugunsten der Empfindlichkeitsmethoden auswirken wird (s. auch Abschn. 4.3.).

2.6. Problemstellungen für spezielle Empfindlichkeitsuntersuchungen aus der Sicht des Entwurfs von Adaptivsystemen

Daß Empfindlichkeitsbetrachtungen häufig mit dem Entwurf von Adaptivsystemen eng verzahnt sind, wurde bereits festgestellt. Im folgenden sollen daher zusammenfassend die wichtigsten Aufgabenstellungen für Empfindlichkeitsbetrachtungen genannt werden, die für den Entwurf von adaptiven Systemen unmittelbar von Bedeutung sind.

1. *Feststellung, ob im konkreten Einsatzfall die Anwendung einer adaptiven Systemstruktur als Lösungsvariante in Betracht zu ziehen ist.* Durch eine Empfindlichkeitsanalyse am gewählten Automatisierungssystem (z. B. Prozeß und Regler) ist festzustellen, ob der Einfluß der zeitabhängigen oder unbekannten Prozeßparameter auf das gewünschte Systemverhalten innerhalb vorgegebener Grenzen gehalten werden kann.
2. *Synthese nach der Empfindlichkeit als Basis zur qualifizierten Begründung des Einsatzes von Adaptivsystemen.* Grundregel: Nur dann, wenn alle Möglichkeiten des „klassischen" Entwurfs ausgeschöpft sind, sollte ein Adaptivsystem realisiert werden.
3. *Ermittlung von Empfindlichkeitsfunktionen als Teil des unmittelbaren Entwurfs spezieller Klassen von Adaptivsystemen.* Bei bestimmten Arten von Adaptivsystemen ist die laufende Ermittlung von Empfindlichkeitsfunktionen, z. B. über ein Empfindlichkeitsmodell, direkter Bestandteil der Adaptionseinrichtung und damit auch des Entwurfs (s. Abschn. 3.4.7.1.).
4. *Auswahl der für die Adaption besonders geeigneten Grundkreisregler.* Bei der Auslegung des Grundsystems ist z. B. ein solcher Grundkreisregler zu wählen, mit dem in effektiver Weise durch den adaptiven Eingriff die Prozeßänderungen kompensiert werden können. Nach Wahl einer geeigneten Regelungsstruktur ist durch empfindlichkeitsanalytische Untersuchungen festzustellen, welche Reglerparameter die größte Empfindlichkeit haben und damit die wirkungsvollsten „adaptiven Stellgrößen" darstellen.
5. *Entwurf von Systemen durch kombinierte Anwendung des Prinzips der Empfindlichkeit und der Adaption.* Für den Entwurf von Automatisierungssystemen an Prozessen mit veränderlichen oder teilweise unbekannten Parametern ist in bestimmten Anwendungsfällen folgende Lösung denkbar [134]:
   - Nutzung aller Freiheitsgrade für die Synthese nach der Empfindlichkeit (ohne an die Grenzen der technischen Realisierbarkeit zu stoßen), um das Grundsystem möglichst unempfindlich zu machen (Basislösung)
   - Kompensation des Einflusses der dann noch nicht erfaßten „Spitzenwerte" durch eine möglichst einfache, wirkungsvolle Adaption.

3. Adaptive Eingrößensysteme

3.1. Einführung

Aufgrund der größeren Einfachheit und Anschaulichkeit wird zunächst der Entwurf von adaptiven Eingrößensystemen (Grundsysteme mit je einer Eingangs- und Ausgangsgröße) behandelt. Entsprechend dem Anliegen der vorliegenden Monographie, eine einfache Einführung in den Entwurf adaptiver Systeme zu geben, wird von der Klassifizierung gemäß Bild 1.16 ausgegangen. Es wird sich zeigen, daß diese Einteilung sowohl für eine einfache theoretische Behandlung des Entwurfs als auch für eine anschauliche Einordnung der unterschiedlichsten Adaptionsverfahren gleichermaßen gut geeignet ist.

Der unmittelbare Entwurf von Adaptivsystemen erfolgt, grob betrachtet, in folgenden Schritten:

1. Wahl der grundlegenden adaptiven Struktur (z. B. ohne oder mit Vergleichsmodell)
2. Berechnung des Adaptivgesetzes für die gewählten Korrekturgrößen (z. B. Reglerparameter) nach speziellen Entwurfsprinzipien
3. zahlenmäßige Bestimmung der noch freien Entwurfsparameter unter Berücksichtigung der konkreten Realisierung.

Die Wahl der grundlegenden adaptiven Struktur erfolgt in Abhängigkeit von

— der Art der konkreten Aufgabenstellung
— der Prozeßcharakteristik (insbesondere vom Grad der A-priori-Information über den zu automatisierenden Prozeß)
— den grundlegenden Eigenschaften der wichtigsten Klassen adaptiver Systeme.

An dieser Stelle darf jedoch nicht unerwähnt bleiben, daß gerade die Wahl der adaptiven Grundstruktur auch beim gegenwärtigen Entwicklungsstand noch weitgehend subjektiv erfolgt. Ähnlich verhält es sich mit der Wahl des speziellen Entwurfsverfahrens einschließlich des Entwurfsprinzips.

Die Ermittlung der für die Realisierung von Adaptivsystemen erforderlichen Automatisierungsalgorithmen kann sowohl nach den Verfahren des kontinuierlichen als auch nach denen des zeitdiskreten Entwurfs erfolgen.

Beim kontinuierlichen Entwurf wird die theoretische Behandlung ausschließlich auf der Basis kontinuierlicher Signale durchgeführt (Bild 3.1). Für den kontinuierlichen Entwurf gibt es zahlreiche Methoden, die zum großen Teil auf den bewährten ,,klassischen" Automatisierungskonzepten basieren und i. allg. eine einfache zahlenmäßige Bestimmung der freien Entwurfsparameter gestatten.

Beim zeitdiskreten Entwurf (im folgenden vereinfacht als diskreter Entwurf bezeichnet) wird von einer Automatisierungsstruktur nach Bild 3.2 ausgegangen. Der zu automatisierende Prozeß mit

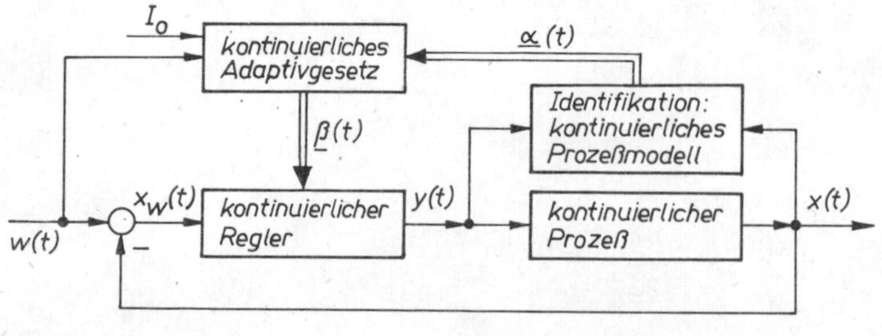

Bild 3.1. Darstellung einer adaptiven Automatisierungsstruktur für den kontinuierlichen Entwurf

$\boldsymbol{\alpha}(t)$ Parametervektor des Prozesses; $\boldsymbol{\beta}(t)$ Parametervektor des Grundkreisreglers

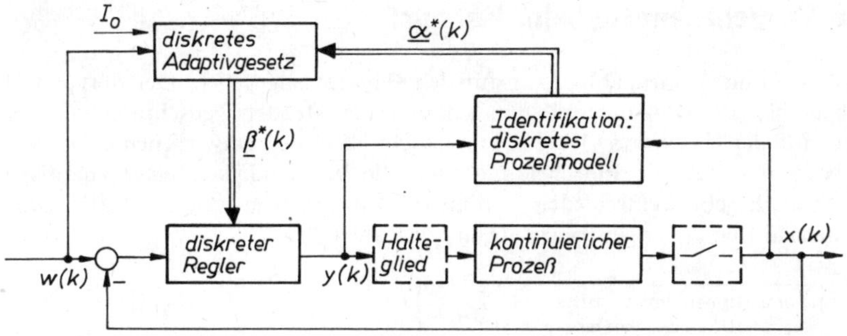

Bild 3.2. Darstellung einer adaptiven Automatisierungsstruktur für den diskreten Entwurf

$\boldsymbol{\alpha}^*(t)$ Parametervektor des diskreten Prozeßmodells; $\boldsymbol{\beta}^*(t)$ Parametervektor des diskreten Grundkreisreglers

seinen kontinuierlichen Eingangs- und Ausgangssignalen wird als Abtastsystem betrachtet. Für die Systembeschreibung werden die Signale nur zu äquidistanten Zeitpunkten $t_k = kT_0$ $(k = 0, 1, 2, ...)$ oder — auf die Abtastzeit T_0 normiert — in jedem Schritt k verwendet. Dadurch ist es möglich, die Theorie diskreter Systeme für den Entwurf adaptiver Systeme zu nutzen. Das Ergebnis des diskreten Entwurfs ist eine Automatisierungsstruktur, die durch nichtlineare Differenzengleichungen beschrieben wird und bereits den Algorithmus zur Berechnung des diskreten Stellsignals enthält (Bild 3.2):

$$y(k) = f^*[y(i-1), w(i), x(i), \boldsymbol{\beta}^*(k)]; \qquad i \leqq k\,.$$

Neben der unmittelbaren Aufbereitung der Algorithmen für die Realisierung mit Digitalrechnern hat die diskrete Behandlung den Vorteil, daß der systematische Entwurf von adaptiven Automatisierungssystemen — im Gegensatz zum kontinuierlichen Entwurf — für eine größere Vielfalt von Prozessen möglich ist. Genannt sei hier z. B. der Entwurf von Adaptivsystemen für Prozesse mit Totzeit und stark verrauschten Meßsignalen.

Zur Digitalrechnerrealisierung von Adaptivsystemen, die nach kontinuierlichen Verfahren entworfen worden sind, sollen einige Bemerkungen gemacht werden. Im Ergebnis eines solchen kontinuierlichen Entwurfs werden nichtlineare, kontinuierliche Algorithmen erhalten (1.2), die für ihre Realisierung eine analoge Instrumentierung voraussetzen. Da dies jedoch nicht die Regel sein wird, muß in einem weiteren Entwurfsschritt eine möglichst genaue Nachbildung der Dynamik der analogen Instrumentierung durch eine diskrete Realisierung erfolgen. Dies ist durch Wahl relativ kleiner Abtastzeiten, d. h. durch quasikontinuierlichen Betrieb möglich. Infolge der erforderlichen Abtastung der Prozeßsignale sowie der diskreten Verwirklichung des Adaptivgesetzes (1.2) entsteht jedoch ein systematischer Fehler, der aber i. allg. durch passende Wahl der freien Parameter, vor allem aber der Abtastzeit T_0, in Grenzen gehalten werden kann. Erwähnenswert ist noch, daß bei diskreten Realisierungen von Adaptivsystemen, die aus zunächst nach kontinuierlichen Entwurfsmethoden erhaltenen Lösungen abgeleitet worden sind, eine relativ hohe Rechnerbelastung auftreten kann. In den einzelnen Teilen des Abschnitts 3. werden entsprechend der Bedeutung wahlweise sowohl der kontinuierliche als auch der diskrete Entwurf adaptiver Eingrößensysteme behandelt. Dabei werden jeweils angegeben

— allgemeine Aufgabenstellung, Angaben zur Prozeßcharakteristik
— der prinzipielle Strukturaufbau
— das Grundprinzip zur Berechnung des Adaptivgesetzes (bei kontinuierlichen Lösungen, i. allg., ohne die Diskretisierung)
— Hinweise zur zahlenmäßigen Bestimmung der freien Entwurfsparameter
— Einschätzung der Leistungsfähigkeit
— konkreter Entwurfsalgorithmus (soweit sinnvoll möglich).

Ohne den Anspruch auf Vollständigkeit erheben zu wollen, werden die für die praktische Anwendung wichtigsten Entwurfsverfahren in dem hier zur Verfügung stehenden Umfang behandelt. Dabei steht die anschauliche Entwurfsmethodik im Vordergrund und nicht die vollständige, komplizierte, mathematisch exakte Ableitung und Beweisführung.

3.2. Allgemeine Vorgehensweise beim Entwurf

Im Bild 1.22 wurde bereits ein erster Grobablaufplan für den Entwurf angegeben. Der dort mit II gekennzeichnete Bereich enthält die den unmittelbaren Entwurf betreffenden Teilschritte, und der Bereich III bezieht sich auf den Nachweis der Funktionstüchtigkeit der entworfenen adaptiven Systeme. Geht man davon aus, daß die Entscheidung über die Notwendigkeit einer adaptiven Lösung bereits mit positivem Ergebnis entschieden worden ist, kann man in weiterer Präzisierung der Bereiche II und III den im Bild 3.3 angegebenen Ablaufplan aufstellen.

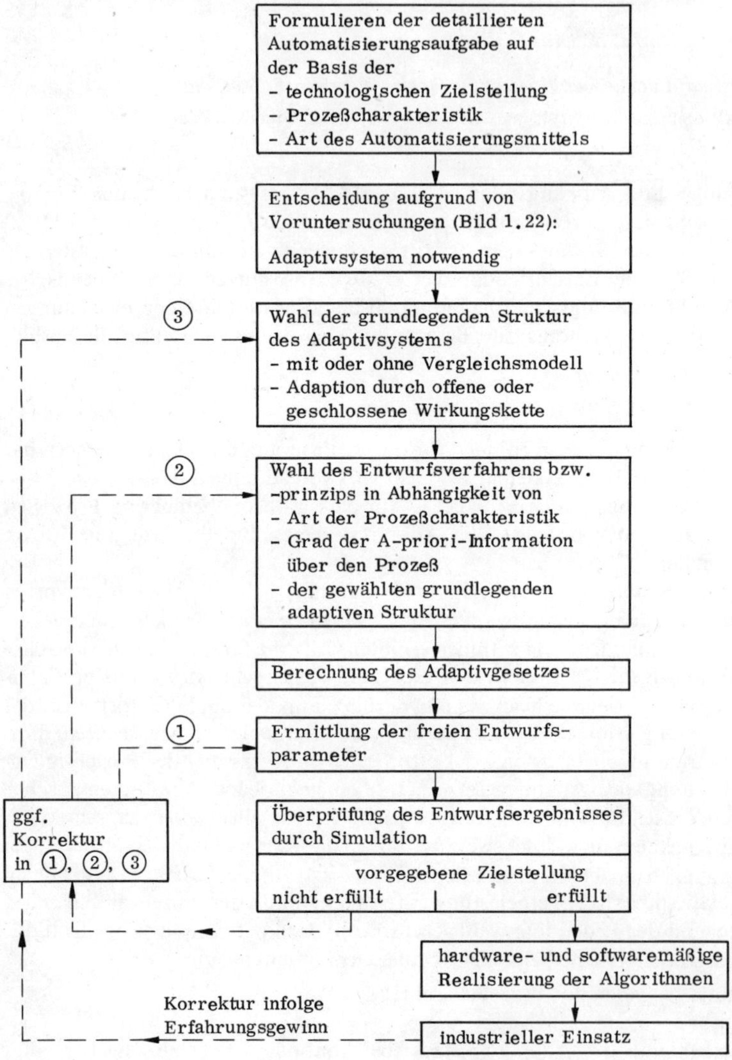

Bild 3.3. Allgemeiner Ablaufplan für den Entwurf von adaptiven Systemen

3.3. Abgrenzung des Entwurfsproblems

Das Prinzip der Adaption ist zunächst einmal grundsätzlich anwendbar auf jedes beliebige Automatisierungssystem. Dies bedeutet, daß z. B. sowohl der zu automatisierende Prozeß als auch der Grundkreisregler nichtlinear sein können. Je komplizierter die erforderliche Beschreibung des Grundsystems ist, desto komplizierter wird natürlich auch das Adaptivgesetz sein. Eine Darstellung des Adaptionsproblems für den allgemeinsten Fall von Prozeß und Automatisierungsalgorithmus (Grundsystem) ist zwar prinzipiell mit Hilfe der dualen Regelungstheorie [135] möglich, praktikable Lösungen lassen sich jedoch daraus, wie bereits im Abschn. 1. erwähnt wurde, nur in Ausnahmefällen ableiten. Interessant ist, daß in letzter Zeit gerade auch zum Entwurf von Adaptivsystemen für spezielle Klassen nichtlinearer Prozesse einige Arbeiten bekanntgeworden sind [136; 137; 138]. Die darin vorgeschlagenen Lösungen stellen vom Aufwand für den Entwurf und die Realisierung her durchaus akzeptable Lösungen dar.

Unabhängig davon, daß solche komplizierten Lösungen für Adaptivsysteme auf jeden Fall ihre Berechtigung haben, soll im folgenden nur der sehr viel einfachere Fall der linearen Beschreibung des Grundsystems betrachtet werden. Dies ist gegenwärtig der für die praktische Anwendung wichtigste Berechnungsfall. Daß auch hierbei das gesamte Adaptivsystem nichtlinear ist, wurde bereits im Abschn. 1. erläutert. Trotzdem ergeben sich bei der Beschreibung des Prozesses durch ein lineares parametrisches Modell und beim Einsatz eines linearen Grundkreisreglers spürbare Vereinfachungen (aufgrund der aus der linearen Theorie bekannten Zusammenhänge) bei der Ermittlung eines Adaptivgesetzes im Vergleich zu nichtlinearen Ansätzen. Eine weitere Vereinfachung ergibt sich bei der Auslegung der Adaptivschleife dann, wenn die Parameteränderungen im Grundsystem quasistationär sind (die veränderlichen Parameter können während eines Einschwingvorgangs als konstant angesehen werden). Dies ermöglicht die Anwendung der linearen Betrachtungsweise beim Entwurf von Adaptivsystemen.

Bei den im Abschn. 3. behandelten Verfahren wird daher i. allg. folgendes angenommen:

1. Die Beschreibung des Prozesses durch ein lineares parametrisches Modell ist möglich.
2. Lineare Grundkreisregler werden verwendet.
3. Die Parameteränderungen im Grundsystem sind quasistationär.

Unter Berücksichtigung der im Abschn. 1. erläuterten Teilprozesse für die Adaption ist daher die im Bild 3.4 angegebene Darstellung eines Adaptivsystems (erläutert am Beispiel eines Adaptivsystems ohne Vergleichsmodell) möglich. Für den Prozeß und den Grundkreisregler kann z. B. die Beschreibung durch die in der linearen Theorie verwendete Übertragungsfunktion erfolgen. Mit dem im Modifikator erzeugten Signal η wird die Anpassung der Parameter des Grundkreisreglers realisiert.

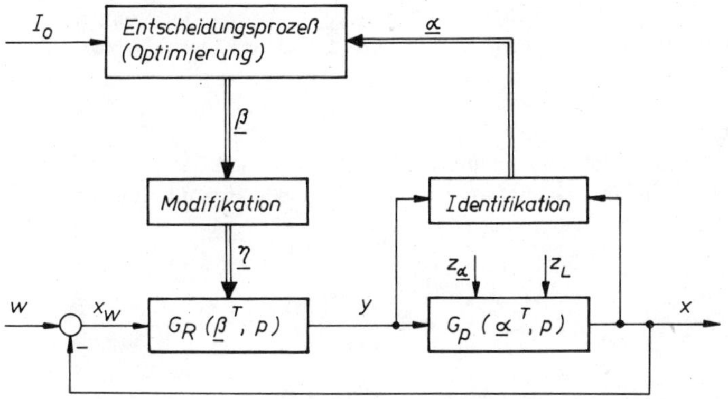

Bild 3.4
Adaptive Grundstruktur

I_0 Entwurfskriterium für den Grundkreisregler
z_L, z_α Prozeßstörungen

3.4. Adaptivsysteme ohne Vergleichsmodell

3.4.1. Einführung

Der prinzipielle Aufbau dieser Systemklasse wurde bereits im Bild 1.11 angegeben und die Wirkungsweise im Abschn. 1.2.1. erläutert. Wenn sich die drei für die Adaption charakteristischen Teilprozesse (Identifikation, Entscheidungsprozeß, Modifikation) an einem Adaptivsystem ohne Vergleichsmodell besonders einfach darstellen lassen, so ist dies bereits ein erster Hinweis dafür, daß sie hier — im Gegensatz zu den modelladaptiven Systemen — relativ eigenständig sind. Es läßt sich zeigen, daß diese relative Eigenständigkeit i. allg. tatsächlich besteht und natürlich

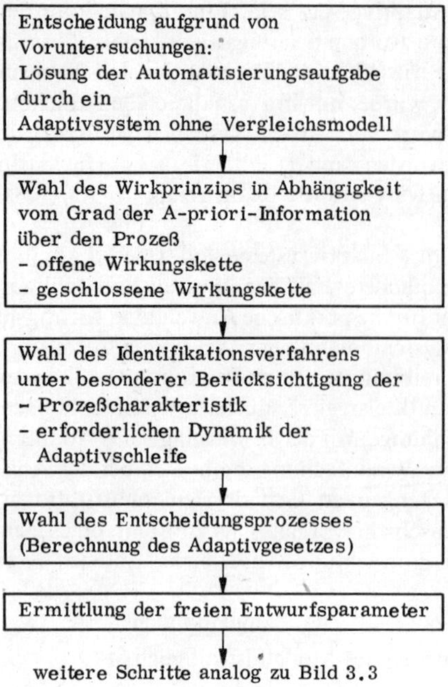

Bild 3.5. Grobablaufplan für den Entwurf von Adaptivsystemen ohne Vergleichsmodell

auch seine Auswirkungen auf den Entwurf hat. Bedingt durch die klare Abgrenzung der Teilprozesse besteht zwar zunächst die Möglichkeit, aus einer großen Vielfalt von Lösungsvarianten, z. B. für die Identifikation oder den Entscheidungsprozeß, die Adaptionseinrichtung (Bild 1.9) zu realisieren, dennoch muß im konkreten Einsatzfall gewährleistet sein, daß diese Teilprozesse unter Berücksichtigung sowohl des gewünschten dynamischen Verhaltens des Adaptivsystems als auch der hard- und softwaremäßigen Beschränkungen sorgfältig aufeinander abgestimmt sind. Die großen Freiheitsgrade bei der Auslegung der Adaptionseinrichtung bewirken, daß beim Entwurf vielfach Entscheidungen relativ subjektiv getroffen werden müssen und eine systematische Vorgehensweise nur schwer zu erreichen ist.

In weiterer Konkretisierung des allgemeinen Entwurfsablaufs (Bild 3.3) werden im Bild 3.5 die Teilschritte für den Entwurf von Adaptivsystemen ohne Vergleichsmodell angegeben.

Bevor ausgewählte Lösungsvarianten für Adaptivsysteme ohne Vergleichsmodell detaillierter behandelt werden, sollen zunächst in den folgenden Abschnitten die grundsätzlichen Besonderheiten bei der Auslegung der drei charakteristischen Teilprozesse näher erörtert werden.

3.4.2. Identifikation

3.4.2.1. Einleitende Bemerkungen

Identifikation in adaptiven Systemen bedeutet Identifikation von instationären (zeitvarianten) Prozessen (mit Ausnahme des Sonderfalls der adaptiven Ermittlung günstiger Reglereinstellwerte bei einem Prozeß mit unbekannten, aber zeitunabhängigen Parametern). Während für die Identifikation zeitinvarianter Prozesse eine nur noch schwer überschaubare Anzahl von Verfahren entwickelt worden ist [138 bis 142], stehen für die Systemerkennung zeitvarianter Prozesse wesentlich weniger Methoden zur Verfügung. Eine Zusammenstellung und kritische Betrachtung der wichtigsten Identifikationsmöglichkeiten bei zeitvarianten Systemen wird in [143] gegeben. Aufgrund der großen Bedeutung und Aktualität dieser Problematik hat jedoch die Zahl der in der Literatur auf diesem Gebiet veröffentlichten Arbeiten in den letzten Jahren stark zugenommen [25; 143 bis 145]. Dabei ist festzustellen, daß neben qualitativ neuen Lösungsansätzen [146; 147] die Anwendbarkeit der leistungsfähigen „klassischen" Methoden für zeitinvariante Systeme untersucht wird [14; 143; 148]. Im letzteren Fall wird dies häufig durch gezielte Modifikationen erreicht [14; 149].

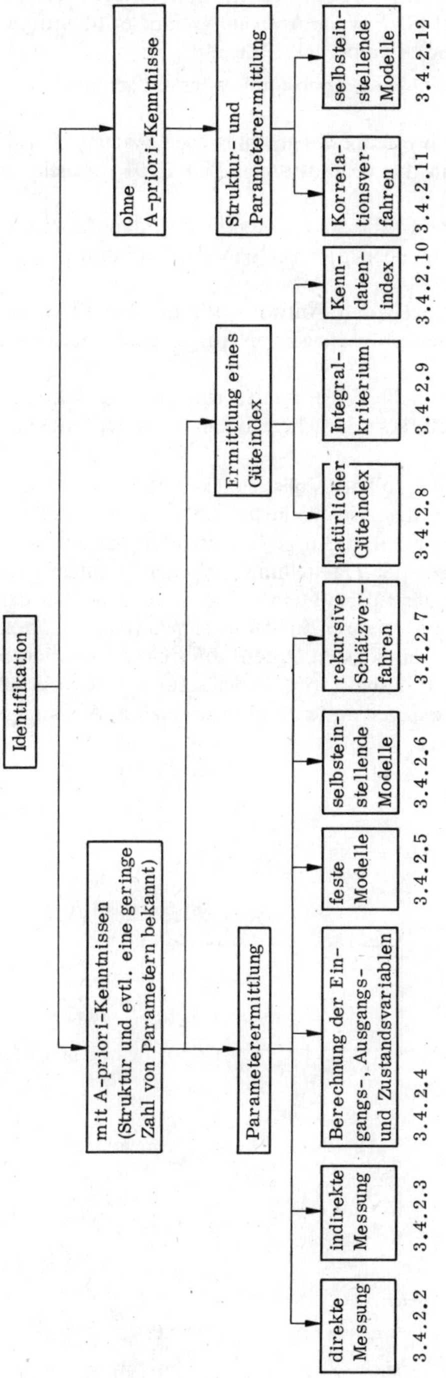

Bild 3.6. Grobeinteilung einiger wesentlicher Methoden für die laufende Identifikation in Adaptivsystemen

Die Nummern unter den Blöcken geben den Abschnitt an, in dem die einzelnen Verfahren erläutert werden.

Nicht unerwähnt bleiben soll, daß die Mehrzahl der „klassischen" Methoden immer dann auch in Adaptivsystemen angewendet werden kann, wenn die Prozeßänderungen relativ langsam sind, so daß der Prozeß innerhalb der Identifikationszeit als quasistationär aufgefaßt werden kann. Diese Annahme ist bei vielen technologischen Prozessen durchaus erfüllt [143]. Für die Auswahl geeigneter Identifikationsverfahren in adaptiven Systemen sind folgende Kriterien zu berücksichtigen:

1. Die Identifikation muß unter den Bedingungen des laufenden Betriebs und daher am geschlossenen System möglich sein.
2. Die Prozeßerkennung muß unter Berücksichtigung der Dynamik des geschlossenen Systems in relativ kurzer Zeit erfolgen, damit der adaptive Eingriff in das Grundsystem (Bild 1.10) ausreichend schnell möglich ist.
3. Unter Berücksichtigung der Realisierung mit Prozeß- und Mikrorechnern muß das Identifikationsverfahren für den On-line-Betrieb unter Echtzeitbedingungen geeignet sein (Beschränkungen für Rechenzeit und Speicherplatz).
4. Da der Grad der A-priori-Information über den Prozeß den Aufwand für die Identifikation wesentlich beeinflußt, sollte eine Berücksichtigung der jeweils vorliegenden Ausgangsinformationen in einfacher Weise möglich sein.
5. Mit Hilfe des verwendeten Identifikationsverfahrens sollte eine relativ einfache, im Idealfall direkte Ermittlung der für den Entscheidungsprozeß erforderlichen Eingangsgrößen möglich sein.

Bevor auf die einzelnen Verfahren genauer eingegangen wird, soll der Vollständigkeit halber eine grobe Klassifizierung der Identifikationsverfahren angegeben werden, wie sie im Hinblick auf den hier betrachteten Einsatzfall zweckmäßig ist (Bild 3.6). Zu den im Bild 3.6 genannten Methoden werden nur ausgewählte Verfahren kurz erläutert bzw. später bei der Darstellung typischer Lösungen für adaptive Systeme mit behandelt. Nähere Angaben sind der Spezialliteratur zu entnehmen. Da der Schwerpunkt bei den hier betrachteten Systemerkennungsverfahren in der Parameteridentifikation liegt, ist es sinnvoll, sich einen Überblick über die wesentlichsten Arten von zeitveränderlichen Parametervariationen zu verschaffen (Bild 3.7). Dies ist deshalb von Bedeutung, weil die Wahl eines geeigneten Identifikationsverfahrens, neben den bereits genannten Kriterien, auch in Abhängig-

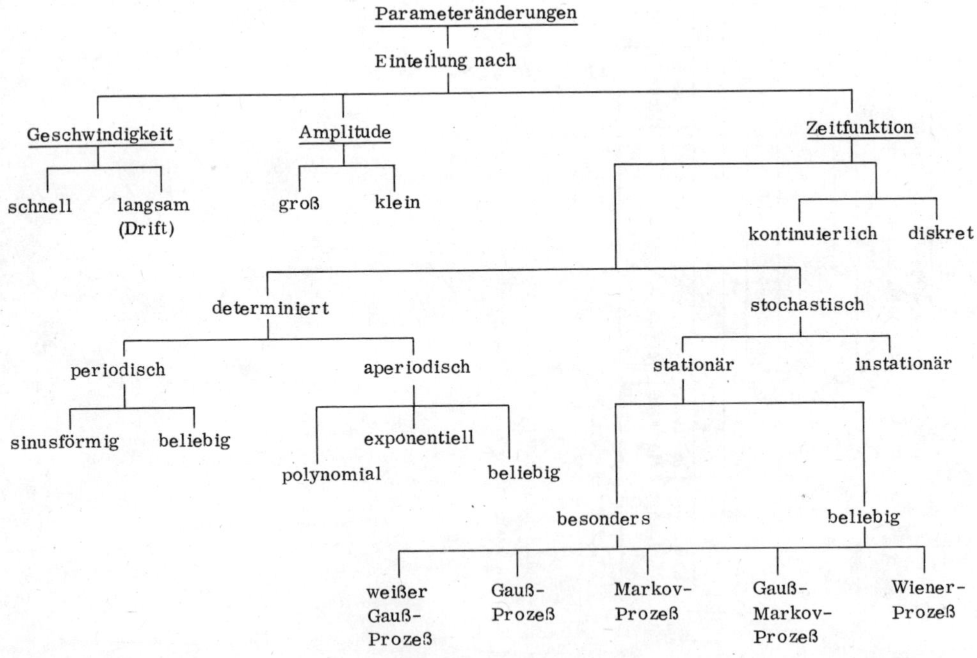

Bild 3.7. Wesentlichste Arten von zeitveränderlichen Parametervariationen nach [143]

keit von der Charakteristik der im konkreten Anwendungsfall vorliegenden Parameteränderungen vorgenommen werden muß.
Im folgenden werden einige Verfahren kurz erläutert, die zur Identifikation zeitvariabler Prozesse geeignet sind. Aus Gründen der Anschaulichkeit sowie im Hinblick auf die zunehmende Bedeutung sehr einfacher Adaptionsverfahren werden auch relativ elementare Identifikationsverfahren mit angegeben. Obwohl es bei der Darstellung vor allem darauf ankommt, die Vielfalt der Lösungen zu zeigen, wurden die adaptiven Beobachter als Beispiel für ein theoretisch anspruchsvolleres Verfahren relativ ausführlich behandelt, da sie später auch in näher untersuchten Adaptivsystemen verwendet werden (s. ausführliche Zahlenbeispiele im Abschn. 3.4.10.).

3.4.2.2. Direkte Messung von Parametern

Dieser Fall stellt die einfachste Form der Identifikation überhaupt dar. Vorausgesetzt wird, daß die Struktur bekannt ist und die zu messende Größe unmittelbar den gesuchten Parameterwert darstellt. Solche Größen können z. B. bei verfahrenstechnischen Prozessen Drücke, Temperaturen und Durchflußmengen sein.

3.4.2.3. Indirekte Messung von Parametern

Ein zwar etwas komplizierterer, aber dennoch vergleichsweise einfacher Fall der Identifikation liegt dann vor, wenn die Parameter aus anderen, meßbaren Größen mit Hilfe bekannter mathematischer Gesetzmäßigkeiten berechnet werden können. So kann z. B. durch „indirekte Messung" die Eigenfrequenz f der Schwingung eines Förderkorbs annähernd nach der Beziehung

$$f = \frac{1}{2\pi} \sqrt{\frac{EF}{lm}};$$

E, F, l Elastizitätsmodul, Querschnittsfläche bzw. Länge des Förderseils
m Masse des Förderkorbs

als zeitabhängiger Parameter für die Realisierung eines Adaptivsystems berechnet werden [1]. Beispiele dieser Art ließen sich für die unterschiedlichsten Anwendungsbereiche von Adaptivsystemen angeben. Grundsätzlich erfolgt die Identifikation derartiger Parameter nach der im Bild 3.8 angegebenen Weise.

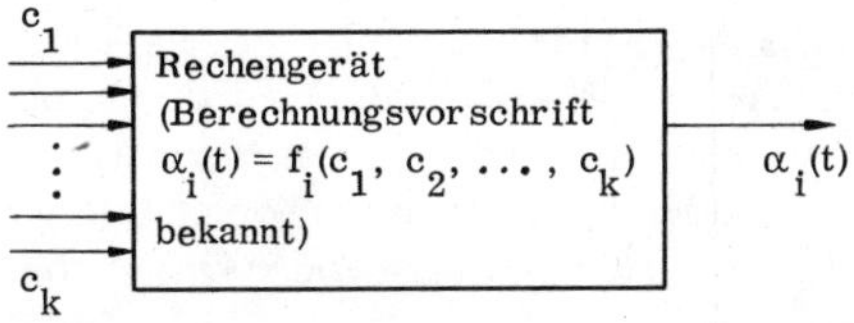

Bild 3.8. Berechnung von Modellparametern eines Prozesses durch „indirekte" Messung

c_i meßbare, konstante bzw. zeitabhängige Einzelgrößen

3.4.2.4. Parameterermittlung aus den Eingangs-, Ausgangs- und Zustandsvariablen eines Systems bei bekannter Differentialgleichung bzw. Übertragungsfunktion

Wenn die für eine indirekte Parameteridentifikation erforderliche mathematische Gesetzmäßigkeit nicht bekannt ist, empfiehlt es sich, bei bekannter Differentialgleichung des zu identifizierenden Prozesses, spezielle Rechenschaltungen zur Parameterermittlung zu verwenden (Bild 3.9). Die Vorschrift für den Aufbau der Rechenschaltung wird dadurch erhalten, daß die vorgegebene, zweckmäßig umgeformte Differentialgleichung nach dem (bzw. den) zeitvarianten Parametern aufgelöst wird. Die Differentialgleichung des Systems wird als linear vorausgesetzt. In beschränktem Maße eignen sich diese Verfahren allerdings auch für nichtlineare Systeme. Bezüglich der zu identifizierenden Parameter wird Instationarität vorausgesetzt (Änderungsgeschwindigkeit klein gegenüber den Zeitkonstanten des Prozesses). Der Realisierungsaufwand für derartige Rechenschaltungen sowohl mit analogen Bausteinen als auch mit Hilfe von digitalen Prozeßrechnern ist relativ klein.
An einem einfachen Beispiel soll die prinzipielle Vorgehensweise bei der Ermittlung des Aufbaus einer Rechenschaltung erläutert werden. Angewendet wird das Verfahren von *Corbin* [150].

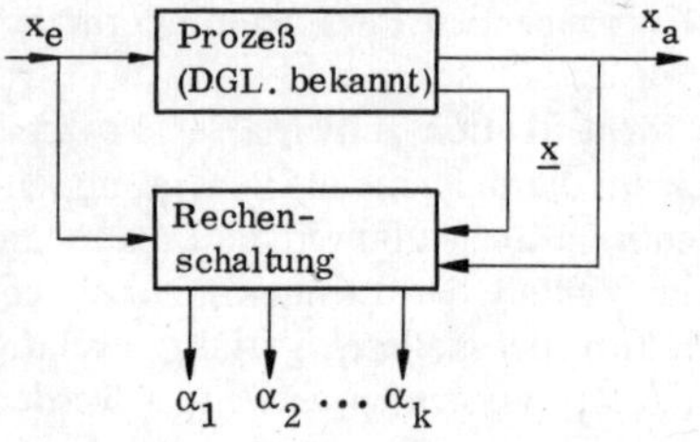

Bild 3.9. Grundprinzip der Parameterermittlung mit Hilfe einer Rechenschaltung

$\underline{x}$ Zustandsgrößenvektor
a_i Koeffizienten der Differentialgleichung

Gegeben sei ein Prozeß, dessen dynamisches Verhalten durch die Gleichung (Verzögerungsglied 1. Ordnung)

$$T\dot{x}_a + x_a = Vx_e \tag{3.1}$$

beschrieben wird. Die Zeitkonstante T sei bekannt, der Verstärkungsfaktor V unbekannt. Durch Auflösen der Gl. (3.1) nach V erhält man für die Struktur eines Identifikationsrechengeräts folgende Gleichung:

$$V = \frac{T\dot{x}_a + x_a}{x_e}.$$

Diese Gleichung ist wegen der ersten Ableitung von x_a (Ermittlung von $\dot{x}_a$ wegen der stets vorhandenen hochfrequenten Störungen problematisch) für eine praktische Identifikationsschaltung ungeeignet. Nun kann man bekanntlich die Ableitungen in Differentialgleichungen durch Integration über die Zeit beseitigen. Aus (3.1) folgt dann

$$T[x_a - x_a(0)] + \int_0^t x_a \,\mathrm{d}t = V \int_0^t x_e \,\mathrm{d}t\,;$$

und man erhält für V als Vorschrift für die Identifikationsschaltung

$$V = \frac{T[x_a - x_a(0)] + \int_0^t x_a \,\mathrm{d}t}{\int_0^t x_e \,\mathrm{d}t}.$$

Damit ergibt sich die Schaltung für V gemäß Bild 3.10. Nähere Angaben bezüglich der Leistungsfähigkeit dieses Verfahrens s. [1; 150]. Begrenzt ist das Einsatzgebiet dieses Verfahrens dadurch, daß jeweils nur ein veränderlicher Parameter bestimmbar ist. Mit anderen Verfahren, z. B. der Methode der Integration über verschiedene Grenzen [1; 150; 151] und der Methode der modulierenden Funktionen [150; 151], können dagegen — ebenfalls auf der Basis der das System beschreibenden Differentialgleichung — gleichzeitig mehrere Parameter identifiziert werden.

Eine weitere, für viele Anwendungsfälle geeignete Methode stellt die Identifikation mit speziellen Filtern dar. Der zu identifizierende Prozeß werde durch eine Übertragungsfunktion mit dem Zähler-

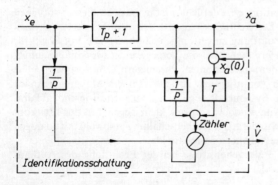

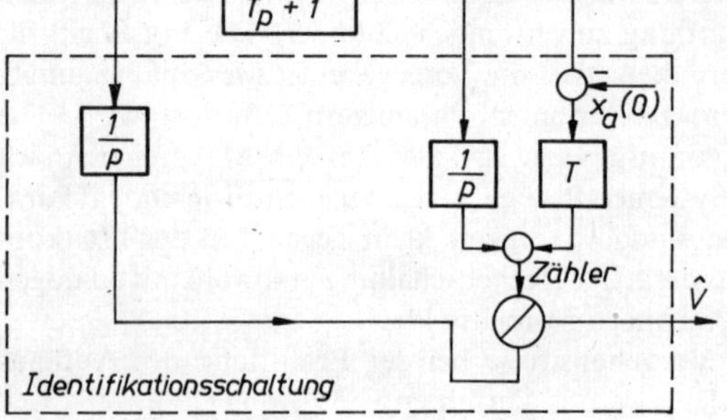

Bild 3.10. Struktur der Identifikationsschaltung für V

$\hat{V}$ Schätzwert von V

polynom $Z(p)$ vom Grade m und dem Nennerpolynom $N(p)$ vom Grade n beschrieben ($m < n$). Demnach sind maximal $l = m + n + 1$ Koeffizienten zu identifizieren, wozu l Gleichungen notwendig sind. Zum Zwecke der Identifikation werden an den Eingang und den Ausgang des Prozesses jeweils l Filter $1/F_i$ angeschlossen, wobei die Koeffizienten des Polynoms F_i frei gewählt werden können (Bild 3.11). Die gesuchten Koeffizienten der Übertragungsfunktion des Prozesses ergeben sich dann in folgender Weise: Der Prozeß habe die Übertragungsfunktion

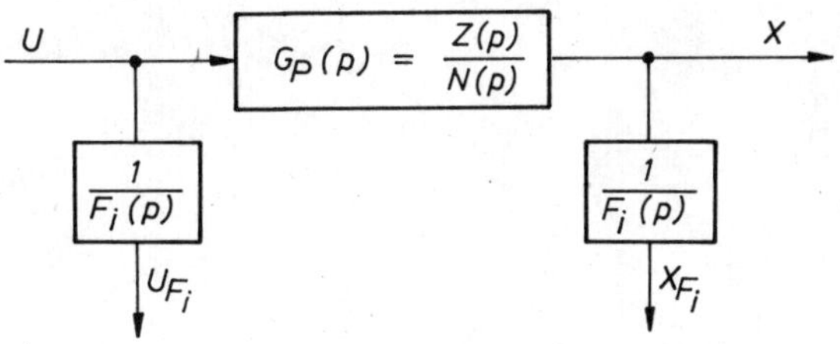

Bild 3.11. Identifikation mit speziellen Filtern (Grundstruktur)

$$G_P(p) = \frac{a_{Z0} + a_{Z1}p + \ldots + a_{Zm}p^m}{a_{N0} + a_{N1}p + \ldots + a_{N(n-1)}p^{n-1} + p^n} = \frac{Z(p)}{N(p)} . \tag{3.2}$$

Für die Ausgangsgrößen der i-ten Filterstufe gilt (Bild 3.11)

$$U_{F_i}(p) = U(p)\frac{1}{F_i} \tag{3.3}$$

$$X_{F_i}(p) = U(p)\frac{Z(p)}{N(p)}\frac{1}{F_i} . \tag{3.4}$$

Durch Einsetzen von (3.4) in (3.3) wird erhalten

$$U_{F_i}(p)\,Z(p) = X_{F_i}(p)\,N(p) . \tag{3.5}$$

Mit (3.2) kann (3.5) in der Form

$$U_{F_i}(p)\,[a_{Z0} + a_{Z1}p + \ldots + a_{Zm}p^m] = X_{F_i}(p)\,[a_{N0} + a_{N1}p + a_{N(n-1)}p^{n-1} + p^n]$$

angegeben werden, woraus für verschwindende Anfangswerte folgt

$$a_{Zm}u_{F_i}^{(m)}(t) + \ldots + a_{Z1}\dot{u}_{F_i}(t) + a_{Z0}u_{F_i}(t) = x_{F_i}^{(n)}(t) + \ldots + a_{N1}\dot{x}_{F_i}(t) + a_{N0}x_{F_i}(t) . \tag{3.6}$$

Die Beziehung (3.6) stellt eine der l Gleichungen dar, die bezüglich der zu ermittelnden Koeffizienten a_{Zi} und a_{Ni} linear sind. Derartige lineare Gleichungssysteme sind unter Verwendung von Digitalrechnern gut lösbar. Auf die umfangreiche Herleitung des in [105; 141] näher beschriebenen Verfahrens muß hier verzichtet werden. Zur Veranschaulichung des Verfahrens soll nun ein Beispiel betrachtet werden.

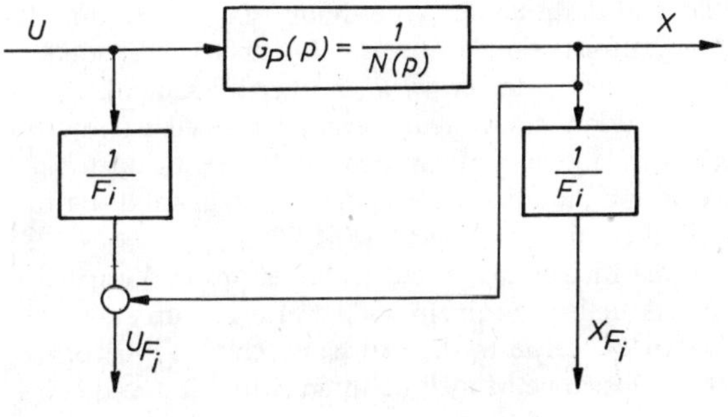

Bild 3.12. Identifikation mit speziellen Filtern (Spezialfall)

Beispiel

$$G_P(p) = \frac{1}{c_0 + c_1 p + c_2 p^2} = \frac{1}{N(p)} \,. \tag{3.7}$$

Für diesen Spezialfall, bei dem die Übertragungsfunktion des Prozesses nur ein Nennerpolynom aufweist, empfiehlt sich zur Vereinfachung der Berechnungen eine Struktur nach Bild 3.12. Demnach gilt

$$X_{F_i}(p) = U(p) \frac{1}{N(p)\, F_i(p)} \tag{3.8}$$

$$U_{F_i}(p) = U(p) \left[\frac{1}{F_i(p)} - \frac{1}{N(p)} \right] . \tag{3.9}$$

Mit (3.8) folgt aus (3.9)

$$U_{F_i}(p) = X_{F_i}(p)\, [N(p) - F_i(p)] \,. \tag{3.10}$$

Gemäß (3.7) sind drei Koeffizienten zu identifizieren, so daß drei Filter notwendig sind

$$\begin{aligned} F_1(p) &= d_{10} + d_{11} p + d_{12} p^2 \\ F_2(p) &= d_{20} + d_{21} p + d_{22} p^2 \\ F_3(p) &= d_{30} + d_{31} p + d_{32} p^2 \,. \end{aligned} \tag{3.11}$$

Die Gleichungen (3.11) werden nacheinander in (3.10) eingesetzt:

$$\begin{aligned} U_{F_1}(p) &= X_{F_i}(p)\, [p^2(c_2 - d_{12}) + p(c_1 - d_{11}) + c_0 - d_{10}] \\ U_{F_2}(p) &= X_{F_2}(p)\, [p^2(c_2 - d_{22}) + p(c_1 - d_{21}) + c_0 - d_{20}] \\ U_{F_3}(p) &= X_{F_3}(p)\, [p^2(c_2 - d_{32}) + p(c_1 - d_{30}) + c_0 - d_{30}] \,. \end{aligned}$$

Die Laplace-Rücktransformation liefert

$$\begin{aligned} u_{F_1}(t) &= \ddot{x}_{F_1}(t)\,(c_2 - d_{12}) + \dot{x}_{F_1}(t)\,(c_1 - d_{11}) + x_{F_1}(t)\,(c_0 - d_{10}) \\ u_{F_2}(t) &= \ddot{x}_{F_2}(t)\,(c_2 - d_{22}) + \dot{x}_{F_1}(t)\,(c_1 - d_{21}) + x_{F_1}(t)\,(c_0 - d_{20}) \\ u_{F_3}(t) &= \ddot{x}_{F_3}(t)\,(c_2 - d_{32}) + \dot{x}_{F_1}(t)\,(c_1 - d_{31}) + x_{F_1}(t)\,(c_0 - d_{30}) \,. \end{aligned} \tag{3.12}$$

Die Lösung des Gleichungssystems (3.12) unter Verwendung eines Prozeß- oder Mikrorechners zur laufenden On-line-Identifikation bereitet keine Schwierigkeiten. Eine Realisierung mittels der Analogrechentechnik ist aufgrund des dann notwendigen hohen Aufwands nicht zu empfehlen. Für eine analoge Realisierung der adaptiven Identifikation — in begründeten speziellen Anwendungsfällen kann dies durchaus noch eine akzeptable Lösungsvariante sein — sind einige der im Abschn. 3.4.2.6. dargestellten Verfahren besser geeignet.

3.4.2.5. Parameteridentifikation durch feste Vergleichsmodelle

Die Parameterermittlung erfolgt nach der im Bild 3.13 dargestellten Anordnung. Zur Festlegung des parallelen Vergleichsmodells sind nicht nur Anfangsinformationen über die Systemstruktur, sondern — im Unterschied zur Identifikation von zeitinvarianten Systemen — auch über die Charakteristik der Parametervariationen erforderlich. Die Identifikation mit festem Vergleichsmodell ist nur für relativ einfache Fälle geeignet. Die Zeitabhängigkeit des zu untersuchenden Prozesses darf nicht kompliziert sein, und das Vergleichsmodell (Struktur und Parameter konstant) muß so gewählt werden, daß die Abweichung vom momentanen Prozeßverhalten nicht allzu groß wird.

In Erweiterung der Anordnung nach Bild 3.13 ist die Identifikation mit mehreren festen Vergleichsmodellen möglich (Bild 3.14). So können z. B. die aktuellen Parameterschätzwerte α_0 zum Zeitpunkt t_i dadurch erhalten werden, daß die quadratischen Mittelwerte der Ausgangsfehler ε_{Ml} berechnet werden und mittels einer Minimalauswerteschaltung dasjenige Modell bestimmt wird, dessen quadra-

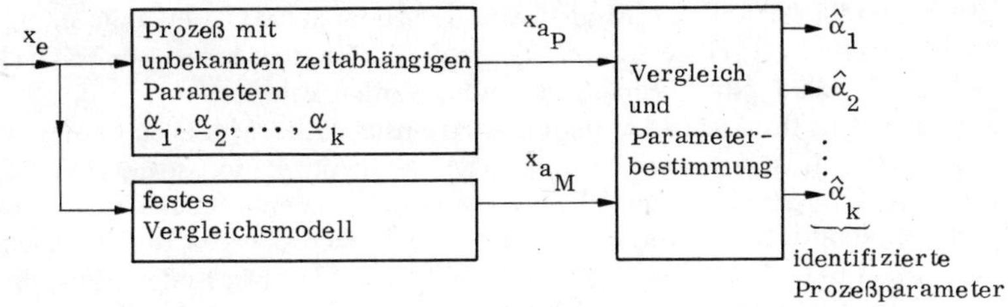

Bild 3.13. Identifikation mit festem Vergleichsmodell

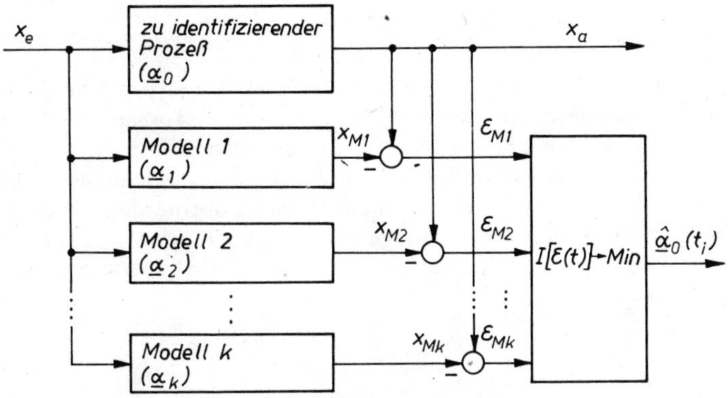

Bild 3.14. Identifikation mit mehreren Vergleichsmodellen

$\underline{\alpha}_l$ Parametervektor eines Untermodells ($l = 1, 2, \ldots, k$)

tischer Mittelwert zum Zeitpunkt t_i den kleinsten Wert ergibt. Der Parametervektor dieses Modells ist dann der gesuchte Schätzwert $\hat{\underline{\alpha}}_0(t_i)$ der Prozeßparameter zum Zeitpunkt t_i. Zu beachten ist, daß bei zunehmender Anzahl und Größe der zeitabhängigen Parameter sowie höherer Anforderungen an die Genauigkeit die Anzahl der erforderlichen Modelle stark ansteigt [143].

3.4.2.6. Parameterermittlung durch selbsteinstellende Modelle

Wenn aufgrund der im vorangegangenen Abschnitt angeführten Voraussetzungen (z. B. Kompliziertheitsgrad und Größenordnung der Zeitabhängigkeit des Prozesses) die Grenze der Leistungsfähigkeit für die Identifikation mit Hilfe fester Vergleichsmodelle überschritten wird, müssen parametereinstellbare Parallelmodelle verwendet werden (Bild 3.15).
In der Anpaßvorrichtung werden nach einer vorgegebenen Strategie (z. B. Minimierung eines Gütekriteriums $I[\varepsilon(t)]$) die Parameter α_i ermittelt und die einstellbaren Modellparameter aktualisiert. Von dort können sie dann dem Entscheidungsprozeß zugeführt werden.
Vergleicht man die im Bild 3.15 dargestellte Anordnung mit dem im Bild 1.14 angegebenen Adaptivsystem, so kann man unschwer erkennen, daß die Identifikation mit selbsteinstellendem Modell

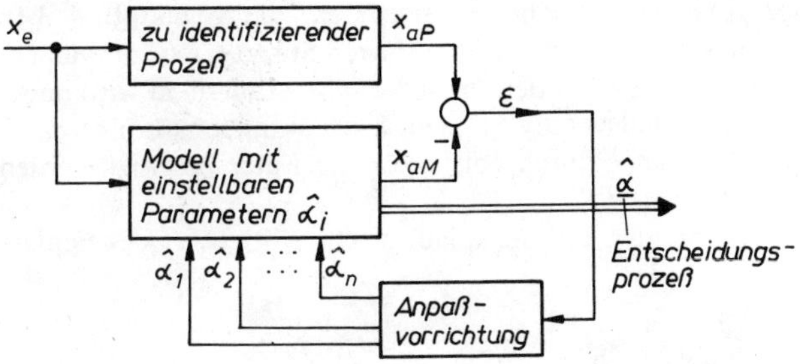

Bild 3.15. Grundprinzip der Identifikation mit selbsteinstellendem Modell

ein „inverses“ modelladaptives System (Prozeß und Modell vertauscht) darstellt. Daraus folgt unmittelbar, daß die Anpaßvorrichtung (Bild 3.15) eine Adaptionseinrichtung ist und daher grundsätzlich nach den Syntheseverfahren für modelladaptive Systeme entworfen werden kann.
Aufgrund der relativ großen Bedeutung der Identifikation mit selbsteinstellenden Modellen werden im folgenden aus der großen Anzahl von Lösungsvarianten einige wichtige Identifikationsstrukturen ausgewählt. Die Vielfalt der Lösungen ergibt sich sowohl aus den verschiedenen Modellansätzen als auch aus den unterschiedlichsten adaptiven Entwurfsprinzipien. Um Wiederholungen zu vermeiden, werden solche Methoden, die später (Abschn. 3.5.) bei der Synthese modelladaptiver Systeme ausführlicher behandelt werden, an dieser Stelle nicht berücksichtigt. Dem Leser wird es ohne Schwierigkeiten gelingen, die dort erläuterten Grundprinzipien auf die Identifikation mit selbsteinstellenden bzw. adaptiven Modellen anzuwenden.

Identifikation mit parallelem Modell

Dieses Verfahren verfolgt den an sich naheliegenden Gedanken, das Modell und den Prozeß an dieselbe Eingangsgröße u (Bild 3.16) anzuschließen und die Differenz ε der beiden Ausgangsgrößen x und x_M zu bewerten [153]. Die Differenz ε ist nämlich ein Maß für das unterschiedliche dynamische Verhalten von Modell und Prozeß, so daß sie als Eingangsgröße einer adaptiven Einrichtung dienen kann, die ihrerseits das Modellverhalten so lange verändert, bis ein Bewertungskriterium für ε den geforderten Wert hat. Dabei ist zu berücksichtigen, daß Störungen z, selbst bei idealer Übereinstimmung von Prozeß- und Modellverhalten, zu einem Fehlersignal ε führen, so daß diese Störungen einen fehlerhaften Abgleich des Modells bewirken.

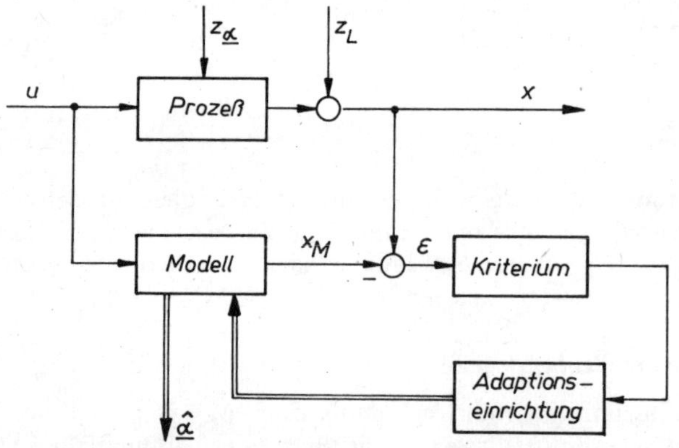

Bild 3.16. Identifikation mit parallelem Modell

z_α, z_L Parameter- bzw. Signalstörungen des Prozesses

Durch die Adaptionseinrichtung können sowohl die Struktur als auch die Parameter des Modells zum Zweck der Identifikation geändert werden. In den meisten Fällen begnügt man sich jedoch mit einer Parametereinstellung und schaltet dem Prozeß ein Modell mit prozeßähnlicher Struktur parallel. Die Festlegung einer geeigneten Modellstruktur bereitet oft erhebliche Schwierigkeiten, da hierzu A-priori-Kenntnisse über den Prozeß vorhanden sein müssen. Diese Schwierigkeiten sollten allerdings nicht überbewertet werden, da von *Küpfmüller* und *Nichols/Ziegler* gezeigt wurde, daß selbst sehr einfache Approximationen von Regelstrecken für die Optimierung von Reglern, die letztlich das Ziel der Identifikation ist, ausreichen.
Wir werden uns nun dem Entwurf einer Adaptionseinrichtung zuwenden, die gemäß Bild 3.16 die Aufgabe hat, den Parametervektor $\boldsymbol{\alpha}$ eines Modells mit vorgegebener Struktur so zu wählen, daß sich eine optimale Anpassung des Modellverhaltens an den Prozeß ergibt. Außerdem wird angenommen, daß sich die Frequenzspektren der Signalstörung z_L und der Parameterstörung unterscheiden, so daß der Einfluß von z_L auf den Fehler ε durch entsprechende Filter beseitigt werden kann und demzufolge z_L vernachlässigbar ist.
Um das Gesetz für die Parameteradaption zu erhalten, soll der quadratische Mittelwert des Fehlers minimiert werden, d. h.

$$I(\boldsymbol{\alpha}^T) = M\{\overline{\varepsilon^2(\boldsymbol{\alpha}^T, t)}\} = \text{Min} . \qquad (3.13)$$

Mit

$$\varepsilon(\boldsymbol{\alpha}^{\mathrm{T}}, t) = x - x_{\mathrm{M}}(\boldsymbol{\alpha}^{\mathrm{T}}, t) \tag{3.14}$$

erhält man nach dem Gradientenverfahren [153] aus (3.13)

$$\boldsymbol{\alpha}(t) = \boldsymbol{\alpha}(0) - h \int_0^{\tau} \nabla \overline{[\varepsilon^2(\boldsymbol{\alpha}^{\mathrm{T}}, t)]}\,; \tag{3.15}$$

$\boldsymbol{\alpha}$ Parametervektor des Prozesses
h reziproke Integrationszeitkonstante
∇ Gradient (partielle Ableitungen nach α_i).

Indem zunächst die Ableitung und Zeitmittelung sowie anschließend die Zeitmittelung und die Integration vertauscht werden, erhält man mit

$$\nabla\varepsilon^2(\boldsymbol{\alpha}^{\mathrm{T}}, t) = -2\varepsilon(\boldsymbol{\alpha}^{\mathrm{T}}, t)\, \nabla x_{\mathrm{M}}(\boldsymbol{\alpha}^{\mathrm{T}}, t)\,\mathrm{d}t$$

[vgl. mit (3.14)] schließlich

$$\boldsymbol{\alpha}(t) = \boldsymbol{\alpha}(0) + 2h \int_0^{\tau} \varepsilon(\boldsymbol{\alpha}^{\mathrm{T}}, t)\, \nabla x_{\mathrm{M}}(\boldsymbol{\alpha}^{\mathrm{T}}, t)\,\mathrm{d}t\,. \tag{3.16}$$

Dies ist die Rechenanweisung für die Adaptionseinrichtung, zu deren Realisierung noch ∇x_{M} bestimmt werden muß.
Unter der Voraussetzung, daß der Prozeß quasistationär und demzufolge der Abgleichvorgang des Modells ausreichend langsam erfolgt, kann zur Beschreibung des Systems nach Bild 3.16 die in der Automatisierungstheorie übliche Darstellung im Laplace-Bereich verwendet werden. Somit gilt

$$X_{\mathrm{M}}(\boldsymbol{\alpha}^{\mathrm{T}}, p) = G_{\mathrm{M}}(\boldsymbol{\alpha}^{\mathrm{T}}, p)\, U(p)\,,$$

und die in (3.16) noch unbekannten partiellen Ableitungen ergeben sich zu

$$\frac{\partial X_{\mathrm{M}}(\boldsymbol{\alpha}^{\mathrm{T}}, p)}{\partial \alpha_i} = \frac{\partial G_{\mathrm{M}}(\boldsymbol{\alpha}^{\mathrm{T}}, p)}{\partial \alpha_i}\, U(p)\,. \tag{3.17}$$

Nach (3.17) werden die partiellen Ableitungen erhalten, indem das Eingangssignal $u(t)$ auf ein Filter mit der Übertragungsfunktion

$$G_{F_i}(\boldsymbol{\alpha}^{\mathrm{T}}, p) = \frac{\partial G_{\mathrm{M}}(\boldsymbol{\alpha}^{\mathrm{T}}, p)}{\partial \alpha_i} \tag{3.18}$$

gegeben wird. Der hier vorgeführte geschlossene analytische Entwurf eines speziellen adaptiven Systems wiederholt sich, wie später noch gezeigt wird, in seinen wesentlichen Schritten bei der Synthese vieler adaptiver Systeme. Demnach ist das Gradientenverfahren eine der grundlegenden Methoden des Entwurfs adaptiver Systeme, wobei der Entwurf auf quadratische Fehlerkriterien und quasistationäre Prozesse beschränkt ist. Die zuletztgenannte Einschränkung ist nicht so wesentlich, wie sie zunächst erscheinen mag; denn die meisten zeitabhängigen Parameteränderungen werden durch relativ langsame chemische oder physikalische Vorgänge verursacht (z. B. Vergiftung von Katalysatoren, Verengung von Rohrquerschnitten durch Ablagerungen). Später werden wir bei Prozessen, deren Parameteränderungen primär von Arbeitspunktänderungen infolge veränderter technologischer Betriebsbedingungen abhängen, diese Voraussetzungen nicht mehr akzeptieren können, so daß der Entwurf in anderer Weise erfolgen muß.
Nun soll der Entwurf dieses adaptiven Systems für zwei repräsentative Beispiele durchgeführt werden. Für das Modell werden die Übertragungsfunktion eines Schwingungsglieds

$$G_{\mathrm{M}}(\boldsymbol{a}, p) = \frac{1}{a_0 + a_1 p + a_2 p^2} \tag{3.19}$$

bzw. eines aperiodischen Gliedes mit Totzeit

$$G_M(\boldsymbol{a}, p) = \frac{k}{1 + a_1 p} e^{-pT_t} \tag{3.20}$$

angenommen. Mit derartigen Modellen ist das Verhalten vieler technologischer Prozesse innerhalb adaptiver Systeme mit ausreichender Genauigkeit beschreibbar.

Beispiel 1: Schwingungsglied
Aufgabe: Entwurf einer Systemstruktur zur Ermittlung der Parameter a_0, a_1 und a_2; s. Gl. (3.19).
Nach (3.18) sind drei Filter zu realisieren

$$\begin{aligned} \frac{\partial G_M}{\partial a_0} &= \frac{-1}{(a_0 + a_1 p + a_2 p^2)} = -G_M^2 \\ \frac{\partial G_M}{\partial a_1} &= \frac{-1}{(a_0 + a_1 p + a_2 p^2)} = -pG_M^2 \\ \frac{\partial G_M}{\partial a_2} &= \frac{-1}{(a_0 + a_1 p + a_2 p^2)} = -p^2 G_M^2 . \end{aligned} \tag{3.21}$$

Unter Verwendung der Gln. (3.16) und (3.21) ergibt sich das adaptive System nach Bild 3.17. Nachteilig ist in dieser Struktur die mehrfache Differentiation. Im nächsten Beispiel wird gezeigt, daß die Differentiation umgangen werden kann, wenn dem Modell interne Signale entnommen werden.

Beispiel 2: Aperiodisches Glied mit Totzeit
Aufgabe: analog zu Beispiel 1.
Die Modellstruktur nach (3.20) beschreibt das Verhalten sehr vieler technologischer Prozesse und hat den Vorteil, daß an diesem Ansatz einfache Optimierungsvorschriften (z. B. *Nichols/Ziegler* [88]) sofort anschließbar sind. Die für dieses Beispiel notwendigen Filter haben die Form

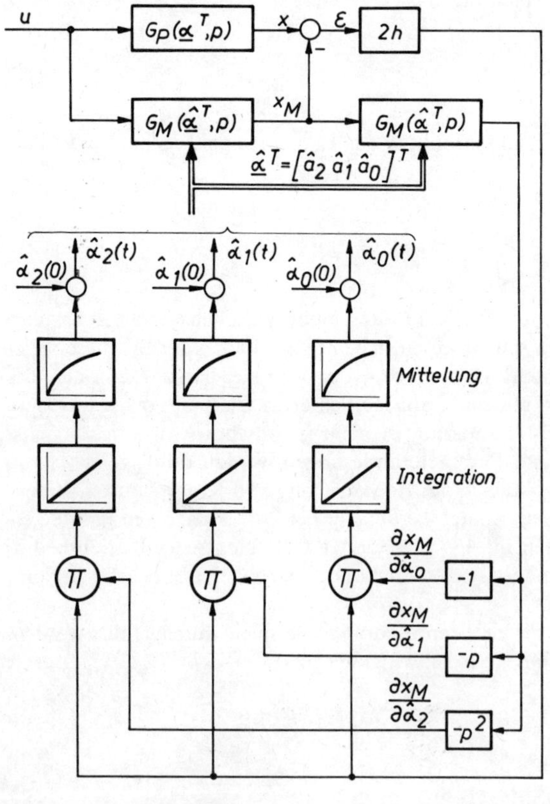

Bild 3.17. Adaptive Identifikation mit parallelem Modell (Schwingungsglied)

$$\frac{\partial G_M}{\partial k} = \frac{e^{-pT_t}}{1 + a_1 p} = \frac{G_M}{k}$$

$$\frac{\partial G_M}{\partial a_1} = -\frac{kp\,e^{-pT_t}}{(1 + a_1 p)^2} = -G_M \frac{p}{1 + a_1 p} \tag{3.22}$$

$$\frac{\partial G_M}{\partial T} = -pG_M .$$

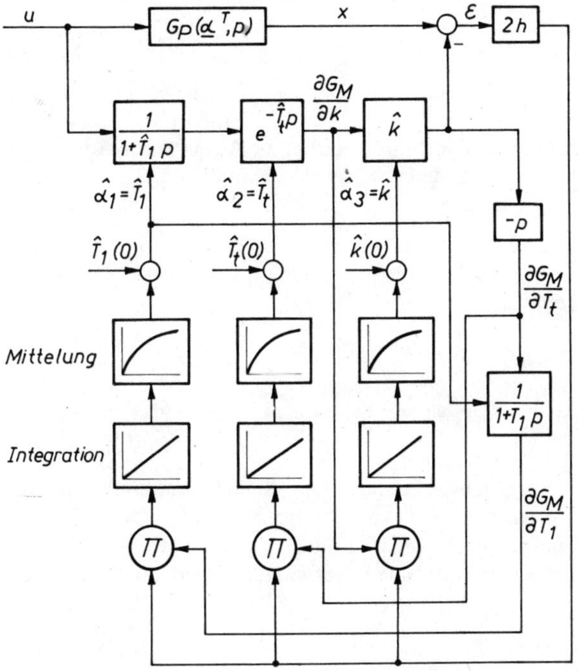

Bild 3.18. Adaptive Identifikation mit parallelem Modell (aperiodisches Glied mit Totzeit)

Die Gln. (3.16) und (3.22) liefern wieder die Struktur des adaptiven Systems (Bild 3.18). Aus Bild 3.18 ist außerdem erkennbar, daß die $\partial G_M/\partial a_i$ aus dem Modell ohne zusätzliche Ableitungen nach der Zeit entnommen werden können. Dadurch wird der Realisierungsaufwand beträchtlich reduziert. In beiden hier dargestellten Beispielen (Bilder 3.17 und 3.18) wurde auch die an sich notwendige Anpassung der Mittelwertbildung an die mit den Parametern veränderliche Übertragungsfunktion von G_M und G_P vernachlässigt. Diese Vernachlässigung ist unter der Voraussetzung eines stets quasistationären Prozesses G_P berechtigt, da dann die Mittelungszeiten a priori ausreichend groß gewählt werden können.

Die Realisierung dieser Systeme unter Verwendung von modernen Mikrorechnern bereitet keine prinzipiellen Schwierigkeiten. Bei einem Aufbau dieser Systeme mittels analoger Rechentechnik entsteht allerdings ein wesentlicher Aufwand durch die bei n einzustellenden Parametern notwendigen $2n$ Multiplikatoren zur Nachführung der beiden Modelle G_M (Bild 3.17).

Identifikation mit reziprokem Modell

Bei diesem Verfahren wird angenommen, daß der Prozeß durch eine Übertragungsfunktion

$$G_P(p) = \frac{1}{N_P(c^T, p)} \tag{3.23}$$

beschreibbar ist [141]. Zum Prozeß wird ein Modell

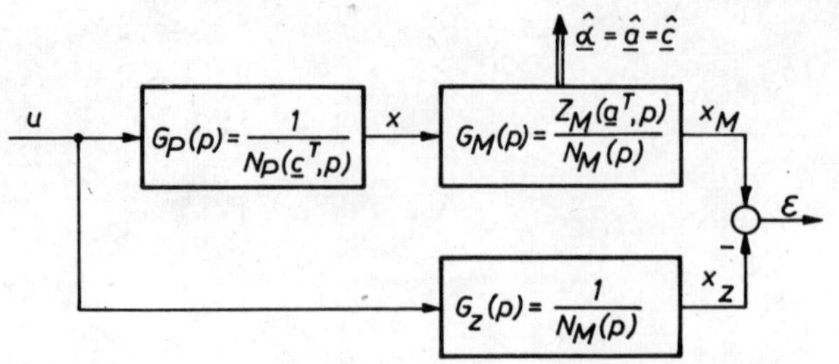

Bild 3.19. Identifikation mit reziprokem Modell (Grundschaltung)

$$G_M(p) = \frac{Z_M(\boldsymbol{a}^T, p)}{N_M(p)}$$

in Reihe geschaltet (Bild 3.19). Bei diesem Identifikationsverfahren besteht die Aufgabe der Adaptionseinrichtung im Abgleich des Zählerpolynoms Z_M des Modells, wobei im Idealfall

$$Z_M(\boldsymbol{a}^T, p) = N_P(\boldsymbol{c}^T, p)$$

gilt. Dann ist

$$X_M = \frac{Z_M(\boldsymbol{a}^T, p)}{N_P(\boldsymbol{c}^T, p)} \frac{1}{N_M(p)} U(p) = \frac{U(p)}{N_M(p)},$$

und der Fehler

$$E(\boldsymbol{a}^T, \boldsymbol{c}^T, p) = X_M(\boldsymbol{a}^T, \boldsymbol{c}^T, p) - X_z(p)$$

verschwindet.

Dieses Verfahren zeichnet sich durch einen vergleichsweise niedrigen Realisierungsaufwand aus. Die einschränkende Voraussetzung, daß G_P nur ein Nennerpolynom aufweisen darf, ist aber für sehr viele Prozesse erfüllt. Im Interesse eines Aufwandvergleichs wird für die Darstellung des Entwurfs hier ebenfalls das beim vorhergehenden Verfahren schon verwendete Schwingungsglied als Beispiel gewählt.

Entwurfsbeispiel

$$G_P(\boldsymbol{c}^T, p) = \frac{1}{c_0 + c_1 p + c_2 p^2}$$

Die Aufgabe besteht in der Bestimmung der Parameter c_0, c_1 und c_2. Dazu wird für das Modell die Form

$$G_M = \frac{a_0 + a_1 p + a_2 p^2}{d_0 + d_1 p + d_2 p^2}$$

gewählt, wobei sich das Nennerpolynom nur aus der Forderung nach physikalischer Realisierbarkeit der Übertragungsfunktion G_M ergibt. Demzufolge muß für G_z die Form

$$G_z(p) = \frac{1}{d_0 + d_1 p + d_2 p^2}$$

vorgegeben werden.

Da hier zur Vereinfachung der Darstellung dieselben Polynome für N_P und Z_M verwendet werden, lautet die Abgleichsbedingung des adaptiven Systems

$$a_0 = c_0, \quad a_1 = c_1, \quad a_2 = c_2.$$

Im praktischen Einsatzfall ist die Struktur des Prozesses nur unzureichend bekannt, so daß sich Strukturunterschiede zum Modell ergeben. In diesem Fall erfolgt durch das adaptive System ein optimaler Abgleich der Modellparameter im Sinne des Gütekriteriums für ε (Bild 3.19), wobei für sehr große Strukturunterschiede Konvergenzprobleme im Adaptionskreis auftreten können.

Unter Verwendung eines quadratischen Fehlerkriteriums für ε und des Gradientenverfahrens als Entwurfsverfahren ergeben sich die Abgleichvorschriften für das adaptive System

$$a_0(t) = a_0(0) - 2h \overline{\int_0^\tau \varepsilon \frac{\partial \varepsilon}{\partial a_0} dt}$$

$$a_1(t) = a_1(0) - 2h \overline{\int_0^\tau \varepsilon \frac{\partial \varepsilon}{\partial a_1} dt} \tag{3.24}$$

$$a_2(t) = a_2(0) - 2h \overline{\int_0^\tau \varepsilon \frac{\partial \varepsilon}{\partial a_2} dt} .$$

Für den Entwurf des adaptiven Systems müssen wieder die Ableitungen $\partial\varepsilon/\partial a_i$ bestimmt werden. Unter der Bedingung eines quasistationären Prozeßverhaltens läßt sich die Laplace-Transformierte E des Fehlers ε angeben:

$$E(a_0, a_1, a_2, p) = \frac{U(p)}{d_0 + d_1 p + d_2 p^2} \left[\frac{a_0 + a_1 p + a_2 p^2}{c_0 + c_1 p + c_2 p^2} - 1\right].$$

Zur Vereinfachung der Schreibweise werden die Abkürzungen

$$X_z(p) = \frac{U(p)}{d_0 + d_1 p + d_2 p^2}$$

$$W(p) = \frac{X_z(p)}{c_0 + c_1 p + c_2 p^2} \tag{3.25}$$

eingeführt. Damit folgt

$$E(p) = W(p)\,[a_0 + a_1 p + a_2 p^2] - X_z(p) . \tag{3.26}$$

Unter der Voraussetzung, daß die Identifikation mit der Inbetriebnahme des Prozesses beginnt, sind die Anfangswerte von $w(t)$ identisch Null, so daß die Rücktransformation von (3.26) die Gleichung

$$\varepsilon(t) = a_0 w(t) + a_1 \dot{w}(t) + a_2 \ddot{w}(t) - x_z(t) \tag{3.27}$$

ergibt. Aus (3.27) folgen nun die gesuchten Ableitungen

$$\frac{\partial \varepsilon(t)}{\partial a_0} = w(t)$$

$$\frac{\partial \varepsilon(t)}{\partial a_1} = \dot{w}(t) \tag{3.28}$$

$$\frac{\partial \varepsilon(t)}{\partial a_2} = \ddot{w}(t) .$$

Nach Einsetzen von (3.28) in (3.24) werden die Abgleichvorschriften für das adaptive System erhalten

$$a_0(t) = a_0(0) - 2h \int_0^\tau (a_0 w + a_1 \dot{w} + a_2 \ddot{w} - x_z)\, w\, dt$$

$$a_1(t) = a_1(0) - 2h \int_0^\tau (a_0 w + a_1 \dot{w} + a_2 \ddot{w} - x_z)\, \dot{w}\, dt \tag{3.29}$$

$$a_2(t) = a_2(0) - 2h \int_0^\tau (a_0 w + a_1 \dot{w} + a_2 \ddot{w} - x_z)\, \ddot{w}\, dt .$$

Zur Realisierung der Abgleichvorschriften sind gemäß (3.29) noch die Größen w, $\dot{w}$ und $\ddot{w}$ zu bestimmen. Aus (3.25) folgt

$$W(p) = X_z(p)\, G_P(p)\,.$$

Mit $X_z(p) = G_z(p)\, U(p)$ erhält man

$$W(p) = G_z(p)\, G_P(p)\, U(p)\,. \tag{3.30}$$

Ersetzt man $G_P(p)$ durch

$$G_P(p) = \frac{X(p)}{U(p)}\,,$$

so ergibt sich schließlich die gesuchte Beziehung

$$W(p) = G_z(p)\, X(p)\,.$$

Mit den Gln. (3.29) wird man unter Verwendung von (3.30) die Struktur des adaptiven Systems entwerfen (Bild 3.20). Bemerkenswert ist, daß für den Entwurf dieses Systems zunächst von einem Modell G_M ausgegangen wurde (Bild 3.19), das sowohl ein Zählerpolynom als auch ein Nennerpolynom besitzt. Die endgültige Struktur (Bild 3.20) enthält aber nur das Filter G_z mit festen Parametern, d. h., im Unterschied zur Identifikation mit parallelem Modell (Bild 3.17) muß hier das Modell nicht mehr laufend nachgestellt werden. Daraus ergibt sich eine wesentliche Vereinfachung der gerätetechnischen Realisierung, wobei allerdings nicht vergessen werden darf, daß das System mit reziprokem Modell nur Prozesse in der Beschreibung nach (3.23) identifizieren kann. Abschließend soll noch erwähnt werden, daß bei einer Realisierung dieses adaptiven Systems mittels analoger Rechentechnik die Ableitungen $\dot{w}$ und $\ddot{w}$ dem Modell für $G_z(p)$ direkt, ohne zusätzliche Differentiation entnommen werden können.

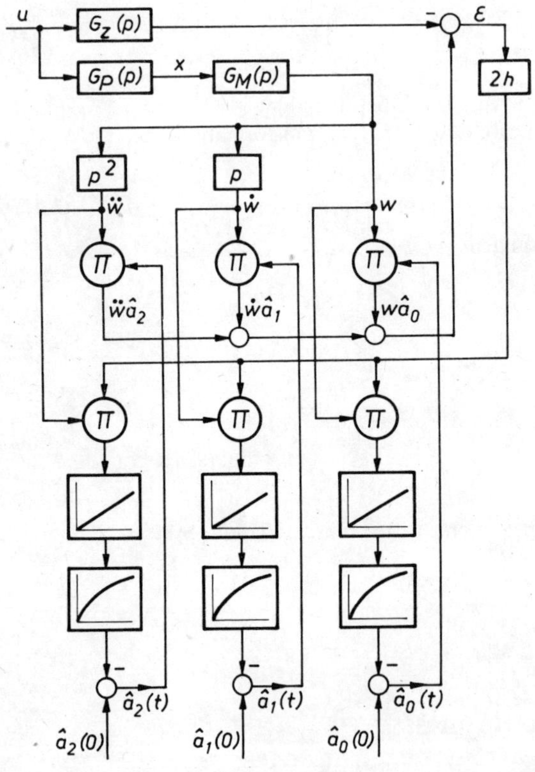

Bild 3.20. Adaptive Identifikation mit reziprokem Modell (Schwingungsglied)

Identifikation mit adaptiven Beobachtern

Adaptive Beobachter gehören zur Klasse der „modernen“ adaptiven Identifikationsmethoden [146], die im Laufe der letzten zehn Jahre in zunehmendem Maße als On-line-real-time-Identifikationsverfahren an Bedeutung gewonnen haben. Da im Abschn. 3.4.4. auch der Entwurf von Adaptivsystemen durch Anwendung adaptiver Beobachter behandelt wird, soll etwas ausführlicher auf diese Systemerkennungsverfahren eingegangen werden.
Zustandsbeobachter für lineare Systeme sowie ihre Anwendung in der modernen Regelungstheorie sind schon seit längerem bekannt. Für den Entwurf von Zustandsbeobachtern ist die Kenntnis der Parameter des zu beobachtenden Prozesses notwendig [146]. Diese Voraussetzung ist für die praktische Anwendung jedoch nur selten erfüllt. Um auch im Fall nur ungenau bekannter oder zeitvarianter Prozeßparameter Regelungsstrategien im Zustandsraum anwenden zu können, wurden die adaptiven Beobachter entwickelt. Dies sind Algorithmen, die auf der Grundlage der Messung der Eingangs- und Ausgangssignale sowie einer bestimmten A-priori-Information über den zu untersuchenden Prozeß gleichzeitig die Parameter und die Zustandsgrößen zu schätzen gestatten. Da sie häufig nur zur Parameterermittlung verwendet werden, bezeichnet man sie oft auch als adaptive Identifikatoren.
Die für den Entwurf adaptiver Beobachter notwendige A-priori-Kenntnis beschränkt sich i. allg. auf die Ordnung des zu untersuchenden Prozesses [154 bis 158]. Mit Hilfe eines adaptiven Beobachters kann ein indirektes adaptives Regelungskonzept realisiert werden. Dies bedeutet, daß das Regelungsgesetz zunächst auf der Grundlage eines bekannten Verfahrens unter Annahme bekannter Prozeßparameter und, wenn notwendig, verfügbarer Zustandsgrößen entworfen wird. Im Regelalgorithmus werden jedoch die von einem adaptiven Beobachter geschätzten Parameter und Zustandsgrößen verwendet (Bild 3.21). Auf dieser Grundlage wurden adaptive Zustandsregelungen vorgeschlagen, die sowohl für instabile als auch für nichtminimalphasige Strecken geeignet sind [78; 159; 160].

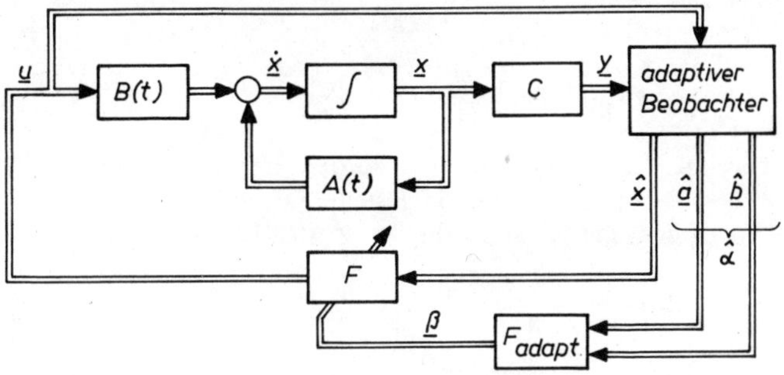

Bild 3.21. Anwendung adaptiver Beobachter zur Regelung zeitvarianter Prozesse

Aus der Literatur ist eine Vielzahl unterschiedlicher adaptiver Beobachter bekanntgeworden. Eine Klassifikation ist nach verschiedenen Gesichtspunkten möglich. Wichtig ist insbesondere die Unterscheidung nach der Struktur (Bild 3.22) sowie dem verwendeten Fehlermodell.

Explizite adaptive Beobachter. Bekanntlich ist es mit Hilfe eines Beobachters möglich, den Zustand $\boldsymbol{x}(t)$ eines zeitinvarianten, vollständig steuer- und beobachtbaren Systems

$$\dot{\boldsymbol{x}}(t) = \boldsymbol{A}\boldsymbol{x}(t) + \boldsymbol{b}u(t)\,, \qquad \boldsymbol{x}(0) = \boldsymbol{x}_0 \qquad y(t) = \boldsymbol{c}^{\mathrm{T}}\boldsymbol{x}(t) \tag{3.31}$$

aus der Messung der Eingangs- und Ausgangsgrößen $u(t)$ und $y(t)$ unter Verwendung eines linearen Zustandsbeobachters

$$\dot{\hat{\boldsymbol{x}}}(t) = \boldsymbol{F}\hat{\boldsymbol{x}}(t) + \boldsymbol{g}y(t) + \boldsymbol{h}u(t)\,, \qquad \hat{\boldsymbol{x}}(0) = \hat{\boldsymbol{x}}_0 \qquad \hat{y}(t) = \boldsymbol{c}^{\mathrm{T}}\hat{\boldsymbol{x}}(t) \tag{3.32}$$

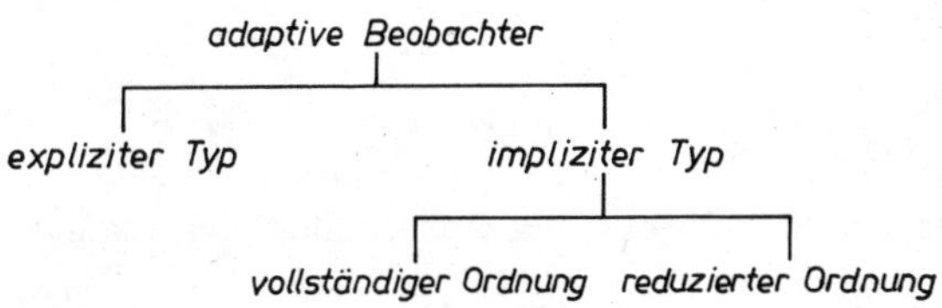

Bild 3.22. Klassifizierung adaptiver Beobachter nach ihrer Struktur

zu rekonstruieren. Die Parameter des Systems (3.31) müssen zur Berechnung der Beobachterparameter $\boldsymbol{g}$ und $\boldsymbol{h}$ bekannt sein.

Der Grundgedanke eines expliziten adaptiven Beobachters besteht nun darin, die im Fall unbekannter Systemparameter ebenfalls unbekannten Beobachterparameter $\boldsymbol{g}$ und $\boldsymbol{h}$ durch adaptiv veränderliche Parameter $\tilde{\boldsymbol{g}}(t)$ und $\tilde{\boldsymbol{h}}(t)$ zu ersetzen sowie diese kontinuierlich so zu verändern, daß für den Fehler zwischen System- und Beobachterausgang gilt: $e_1(t) \to 0$ für $t \to \infty$. Ist der Systemeingang $u(t)$ ausreichend angeregt, streben die Parameter- und Zustandsschätzungen $\tilde{\boldsymbol{g}}(t)$, $\tilde{\boldsymbol{h}}(t)$, $\tilde{\boldsymbol{x}}(t)$ gegen die tatsächlichen Werte $\boldsymbol{g}$, $\boldsymbol{h}$, $\boldsymbol{x}(t)$.

Charakteristisch für explizite adaptive Beobachter ist, daß neben einem minimalen Prozeßmodell der Ordnung n zwei Zustandsvariablenfilter der Ordnung $(n - 1)$ erforderlich sind. Darüber hinaus

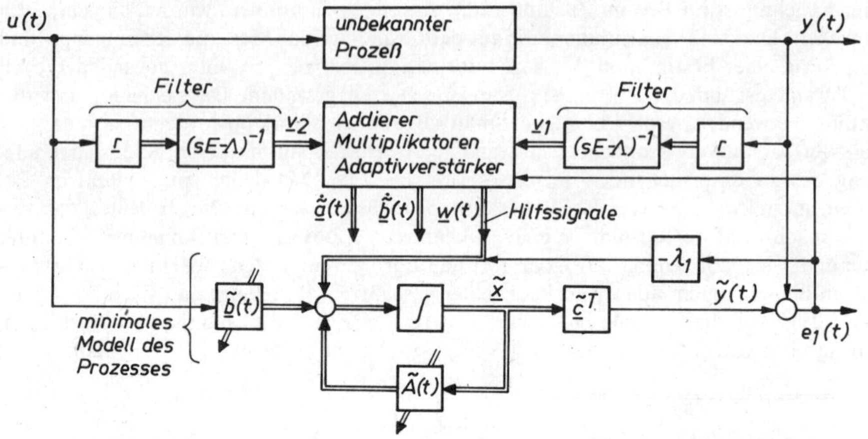

Bild 3.23. Adaptiver Beobachter nach Lüders/Narendra (expliziter Typ)

müssen zusätzliche Hilfssignale zur Sicherung der Stabilität erzeugt werden. Im Bild 3.23 ist als ein Beispiel der adaptive Beobachter von *Lüders/Narendra* [157] dargestellt. Diesem Beobachter liegt ein minimales Prozeßmodell mit der folgenden speziellen Form der Zustandsbeschreibung (3.31) zugrunde

$$\boldsymbol{A} = \left[\begin{array}{c|c} a_1 & 1 \dots 1 \\ a_2 & \\ \vdots & \Lambda \\ a_n & \end{array}\right], \quad \boldsymbol{b} = \begin{bmatrix} b_1 \\ b_2 \\ \vdots \\ b_n \end{bmatrix}, \quad \boldsymbol{c} = \begin{bmatrix} 1 \\ 0 \\ \vdots \\ 0 \end{bmatrix}$$

$$\Lambda = \operatorname{diag}\,[-\lambda_2, -\lambda_3, \dots, -\lambda_n]$$

$$\lambda_i \neq \lambda_j, \qquad i = j, \qquad i, j = 2, 3, \dots, n$$

$$\lambda_i > 0 .$$

Werden die konstanten Parameter a_i und b_i durch die veränderlichen Parameter $\tilde{a}_i(t)$ und $\tilde{b}_i(t)$ ersetzt, kann man folgendes adaptives Modell ableiten

$$\dot{\tilde{\boldsymbol{x}}}(t) = \tilde{\boldsymbol{A}}(t)\,\tilde{\boldsymbol{x}}(t) + \tilde{\boldsymbol{b}}(t)\,u(t) + \begin{bmatrix} -\lambda_1 e_1(t) \\ \boldsymbol{w}(t) \end{bmatrix}, \qquad \tilde{\boldsymbol{x}}(0) = \tilde{\boldsymbol{x}}_0 \tag{3.33}$$

$$\tilde{y}(t) = \boldsymbol{c}^{\mathrm{T}} \tilde{\boldsymbol{x}}(t)$$

$$\lambda_1 > 0$$

$$e_1(t) = \tilde{y}(t) - y(t) .$$

Vervollständigt wird der adaptive Beobachter durch zwei Zustandsvariablenfilter der Ordnung $(n - 1)$.

$$\dot{\boldsymbol{v}}_1(t) = \boldsymbol{\Lambda v}_1(t) + \boldsymbol{r}y(t)\,, \qquad \boldsymbol{v}_1(0) = 0$$
$$\dot{\boldsymbol{v}}_2(t) = \boldsymbol{\Lambda v}_2(t) + \boldsymbol{r}y(t)\,, \qquad \boldsymbol{v}_2(0) = 0$$
$$\boldsymbol{r} = [1,1, \dots, 1]^{\mathrm{T}}$$

Die Zustandsvektoren $\boldsymbol{v}_1(t)$ und $\boldsymbol{v}_2(t)$ werden zur Berechnung der Hilfssignale $\boldsymbol{w}(t)$ sowie zur Realisierung des Adaptivgesetzes benötigt. Die Berechnung der Hilfssignale ist relativ aufwendig.

Implizite adaptive Beobachter. Faßt man die in den Zustandsvariablenfiltern erzeugten Signale als erweiterten Zustandsvektor auf und gelingt es, auf ihrer Grundlage eine nichtminimale Beschreibungsform des Prozesses abzuleiten, so wird das minimale Prozeßmodell als Zustandsbeobachter überflüssig, und man kann den gesuchten minimalen Zustandsvektor über eine lineare Transformation aus dem erweiterten Zustandsvektor berechnen. Die Transformation ist von den adaptiv identifizierten Parametern abhängig. Ein solches System wird als impliziter adaptiver Beobachter bezeichnet. Seine Systemordnung ist mit $2n$ bzw. $1 + 2(n - 1)$ geringer als die des expliziten Typs $(n + 2(n - 1))$. Es werden keine zusätzlichen Hilfssignale benötigt [157; 158; 161].

Je nachdem, ob das resultierende Modell die Ordnung $2n$ oder $1 + 2(n - 1)$ besitzt, unterscheidet man zwischen adaptiven Beobachtern vollständiger oder reduzierter Ordnung [161]. Ein impliziter adaptiver Beobachter vollständiger Ordnung wurde u. a. von *Kreisselmeier* [158] entwickelt und soll hier als Beispiel dienen (Bild 3.24). Diesem Beobachter liegt eine zum Luenberger-Beobachter (3.33) äquivalente parametrische Form zugrunde. Das adaptiv veränderliche Modell kann durch folgende Gleichungen beschrieben werden

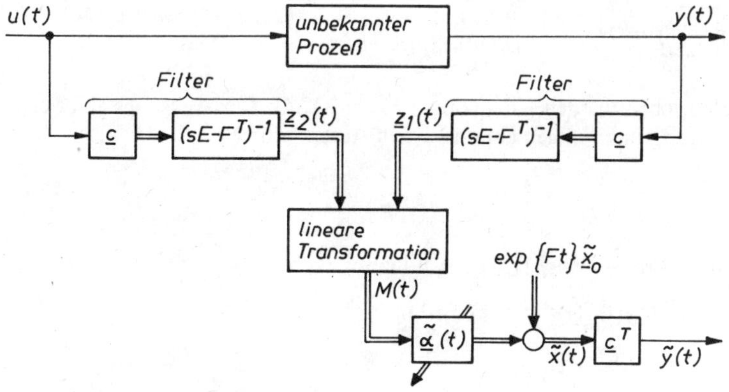

Bild 3.24. Adaptiver Beobachter nach Kreisselmeier

$$\tilde{\boldsymbol{x}}(t) = \boldsymbol{M}(t)\,\tilde{\boldsymbol{\alpha}}(t) + \exp\{\boldsymbol{F}t\}\,\tilde{\boldsymbol{x}}_0$$
$$\boldsymbol{M}(t) = [\boldsymbol{T}_1 z_1(t), \dots, \boldsymbol{T}_n z_1(t), \boldsymbol{T}_1 z_2(t), \dots, \boldsymbol{T}_n z_2(t)]$$
$$\dot{z}_1(t) = \boldsymbol{F}^{\mathrm{T}} z_1(t) + \boldsymbol{c}y(t)\,, \qquad z_1(0) = 0 \tag{3.34}$$
$$\dot{z}_2(t) = \boldsymbol{F}^{\mathrm{T}} z_2(t) + \boldsymbol{c}u(t)\,, \qquad z_2(0) = 0 \tag{3.35}$$
$$\tilde{y}(t) = \boldsymbol{z}^{\mathrm{T}}(t)\,\tilde{\boldsymbol{\alpha}}(t) + \boldsymbol{c}^{\mathrm{T}} \exp\{\boldsymbol{F}t\}\,\tilde{\boldsymbol{x}}_0 \tag{3.36}$$
$$\tilde{\boldsymbol{\alpha}}(t) = [\tilde{\boldsymbol{g}}^{\mathrm{T}}(t), \tilde{\boldsymbol{h}}^{\mathrm{T}}(t)]^{\mathrm{T}}$$
$$\boldsymbol{z}(t) = [z_1^{\mathrm{T}}(t), z_2^{\mathrm{T}}(t)]^{\mathrm{T}}\,.$$

In der Beschreibung sind $\boldsymbol{M}(t)$ eine $(n \times 2n)$-Zustandsmatrix und $\boldsymbol{T}_1, \dots, \boldsymbol{T}_n$ $(n \times n)$-Transformationsmatrizen. Charakteristisch für einen impliziten adaptiven Beobachter vollständiger Ordnung sind zwei Zustandsvariablenfilter der Ordnung n [s. (3.34) (3.35)] als Bestandteile eines nichtminimalen Prozeßmodells.

Voraussetzung für die Konvergenz der Parameter $\tilde{\boldsymbol{\alpha}}(t)$ des eben beschriebenen adaptiven Beobachters ist die lineare Unabhängigkeit der $2n$ Elemente $z_i(t)$ des Zustandsvektors $\boldsymbol{z}(t)$ in (3.36). Diese Forderung läßt sich auch mit einem adaptiven Beobachter der Ordnung $1 + 2(n - 1)$ erfüllen. Eine weitere Reduzierung der Ordnung ist ohne Verwendung von Ableitungen einzelner Zustandsgrößen nicht möglich. Dieses sich damit ergebende Modell minimaler Ordnung wird als impliziter adaptiver Beobachter reduzierter Ordnung bezeichnet [161]. Auf weitere Einzelheiten dieses Beobachtertyps soll aber hier nicht weiter eingegangen werden.

In den vorgestellten Beispielen wurde die Basis des Zustandsraumes jeweils im Hinblick auf eine einfache Implementierung spezifiziert. Die geschätzten Parameter und Zustandsgrößen sind diejenigen der gewählten Zustandsdarstellung. Für adaptive Beobachter sind allgemeine Beschreibungen entwickelt worden [161], um auf einfache Art und Weise andere spezielle Darstellungen ableiten zu können, die u. U. konkreten praktischen Erfordernissen besser Rechnung tragen.

Die verschiedenen, den adaptiven Beobachtern zugrunde liegenden Modelle enthalten einstellbare Parameter. Die Veränderung dieser Parameter erfolgt nach einem bestimmten Adaptivgesetz in der Weise, daß das System hinsichtlich des Ausgangsfehlers $e_1(t)$ global asymptotisch stabil ist. Die Zusammenhänge zwischen Ausgangsfehler, veränderlichen Parametern und Beobachterzustand kön-

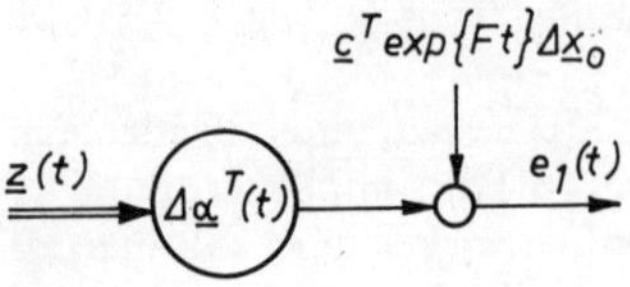

Bild 3.25. Fehlermodell 1 (skalarer Ausgangsfehler)

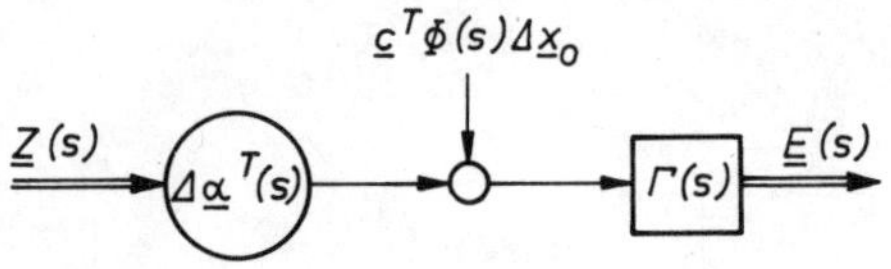

Bild 3.26. Fehlermodell 2 (linear unabhängige Gleichungsfehler)

nen durch ein Fehlermodell beschrieben werden [162] (Bild 3.25 und 3.26). Der Ausgangsfehler $e_1(t)$ zwischen Modell- und Prozeßausgang kann allgemein dargestellt werden durch

$$\dot{e}_1(t) = f(e_1(t), \Delta\boldsymbol{\alpha}(t), t)$$
$$\Delta\alpha(t) = \tilde{\boldsymbol{\alpha}}(t) - \boldsymbol{\alpha}\,.$$

Für den adaptiven Beobachter von *Kreisselmeier* [158] erhält man z. B.

$$e_1(t) = \tilde{y}(t) - y(t) = \Delta\boldsymbol{\alpha}^{\mathrm{T}}(t)\, z(t) + \boldsymbol{c}^{\mathrm{T}} \exp\{\boldsymbol{F}t\}\, \Delta\boldsymbol{x}_0$$
$$\Delta\boldsymbol{x}_0 = \tilde{\boldsymbol{x}}_0 - \boldsymbol{x}_0\,.$$

Als Fehlerkriterium $I(t)$ dient das Quadrat des Ausgangsfehlers

$$I(t) = e_1^2(t)\,. \tag{3.37}$$

Die veränderlichen Parameter $\tilde{\boldsymbol{\alpha}}(t)$ werden proportional zum Gradienten $\partial I(t)/\partial\tilde{\boldsymbol{\alpha}}(t)$ entsprechend dem Adaptivgesetz

$$\dot{\tilde{\boldsymbol{\alpha}}}(t) = -\boldsymbol{G}z(t)\, e_1(t)\,, \qquad \tilde{\boldsymbol{\alpha}}(0) = \tilde{\boldsymbol{\alpha}}_0 \tag{3.38}$$
$$\boldsymbol{G} = \boldsymbol{G}^{\mathrm{T}}\,, \qquad \boldsymbol{G} > 0$$

verstellt.

Die Konvergenzeigenschaften eines mit Hilfe des Adaptivgesetzes (3.38) realisierten adaptiven Beobachters sind relativ schlecht. Die Hauptursache ist darin zu suchen, daß das zugrunde liegende Fehlerkriterium (3.37) zu jedem Zeitpunkt im Hinblick auf die Parameter $\tilde{\boldsymbol{\alpha}}(t)$ nur positiv semidefinit ist [158; 161; 163].

Der eben erwähnte Nachteil läßt sich vermeiden, wenn anstatt des skalaren Ausgangsfehlers $e_1(t)$ linear unabhängige Gleichungsfehler $\varepsilon = [\varepsilon_1, \varepsilon_2, \ldots, \varepsilon_m]^{\mathrm{T}}$ im Adaptivgesetz verwendet werden (m Anzahl der unbekannten Parameter). Durch Filterung des Ausgangsfehlers $e_1(t)$ gemäß (3.39) können die Gleichungsfehler $\varepsilon_i(t)$ erzeugt werden [161]

$$\varepsilon_i = -\frac{n_i(p)}{D(p)}\, e_1\,, \qquad i = 1, \ldots, m\,. \tag{3.39}$$

$D(p)$ ist ein asymptotisch stabiles Polynom der Ordnung $(m-1)$. Die $n_i(p)$ können beliebige Polynome der Ordnung k_i mit $k_i \in [0, m-1]$ sein. Damit ist das Fehlermodell (Bild 3.26) beschreibbar durch

$$\varepsilon(t) = \mathscr{L}^{-1}\{\gamma(p)[\Delta\boldsymbol{\alpha}^{\mathrm{T}}(p)\, z(p) + \boldsymbol{c}^{\mathrm{T}}\boldsymbol{\Phi}(p)\,\Delta\boldsymbol{x}_0]\}$$

$$\gamma(p) = -\frac{1}{D(p)}[n_1(p), \dots, n_m(p)]^{\mathrm{T}}$$

$$\boldsymbol{\varepsilon}(t) = \boldsymbol{W}^{\mathrm{T}}(t)\,\Delta\boldsymbol{\alpha}(t) + \boldsymbol{\psi}^{\mathrm{T}}(t)\,\Delta\boldsymbol{x}_0\,.$$

Auf der Grundlage des Fehlerkriteriums $I(t)$

$$I(t) = \boldsymbol{\varepsilon}^{\mathrm{T}}(t)\,\boldsymbol{Q}\boldsymbol{\varepsilon}(t)\,, \qquad \boldsymbol{Q} > 0$$

wird analog zu (3.38) ein Adaptivgesetz bestimmt zu

$$\dot{\tilde{\boldsymbol{\alpha}}}(t) = -\boldsymbol{G}\,\boldsymbol{W}(t)\,\boldsymbol{Q}\boldsymbol{\varepsilon}(t)\,, \qquad \boldsymbol{\alpha}(0) = \boldsymbol{\alpha}_0\,. \tag{3.40}$$

Durch die Verwendung m linear unabhängiger Gleichungsfehler wird es möglich, ein im Hinblick auf die Parameter $\tilde{\boldsymbol{\alpha}}(t)$ positiv definites Fehlerkriterium zu definieren. Mit einem daraus abgeleiteten Adaptivgesetz ist eine wesentliche Verbesserung des Konvergenzverhaltens eines adaptiven Beobachters möglich. Für ungestörte kontinuierliche Systeme kann durch Wahl der Verstärkungsmatrix $\boldsymbol{G}$ eine schnelle Konvergenz erreicht werden. Darüber hinaus läßt sich für adaptive Beobachter, die auf dieser Grundlage entworfen wurden, nachweisen, daß der Parameterschätzfehler $\Delta\boldsymbol{\alpha}(t)$ auch bei unbeschränkt wachsenden Eingangssignalen (eine hinreichende Systemanregung vorausgesetzt) gegen Null konvergiert. Dies ist für die Realisierung indirekter adaptiver Regelungen mit Hilfe adaptiver Beobachter von besonderer Bedeutung [78; 159; 160]. Die diesem Fehlermodell (Bild 3.26) zugrunde liegende Idee wurde ursprünglich zur Identifikation des Ein-/Ausgangs-Verhaltens dynamischer Systeme eingeführt [163] und später auf adaptive Beobachter [158; 161] angewendet. Weitere Möglichkeiten zur Verbesserung des Adaptivgesetzes sind in [158; 164] angegeben.

Zur Veranschaulichung der vorangegangenen Ausführungen wird das Verhalten von adaptiven Beobachtern an folgendem Prozeß untersucht

$$\begin{bmatrix}\dot{x}_1(t)\\ \dot{x}_2(t)\end{bmatrix} = \begin{bmatrix}-0{,}70 & 1\\ -1{,}12 & 0\end{bmatrix}\begin{bmatrix}x_1(t)\\ x_2(t)\end{bmatrix} + \begin{bmatrix}0\\ 1{,}12\end{bmatrix} u(t)$$

$$y(t) = x_1(t)\,.$$

Der Prozeß werde mit dem Eingangssignal

$$u(t) = \sin 1{,}3t + \sin 5t$$

angeregt.

Mit dem Adaptivgesetz (3.38) erhält man einen Beobachter, dessen Aufbau im Bild 3.27 dargestellt ist. Mit folgender Dimensionierung des Beobachters

$$\boldsymbol{x}_0 = 0\,, \qquad \tilde{\boldsymbol{x}}_0 = 0\,, \qquad \tilde{\boldsymbol{\alpha}}_0 = [1, -1, 2, 2]^{\mathrm{T}}$$

$$\boldsymbol{F} = \begin{bmatrix}-6 & 1\\ -8 & 0\end{bmatrix} \tag{3.41}$$

$$\boldsymbol{G} = \mathrm{diag}\,[750, 300, 150, 200]$$

erhält man bezüglich der gesuchten Parameter- und Zustandsgrößen die im Bild 3.28 dargestellten Zeitverläufe.

Wird dagegen das Adaptivgesetz (3.40) verwendet, erhält man ein wesentlich günstigeres Zeitverhalten (Bild 3.29). Die Polynome $n_i(p)$ wurden zur möglichst einfachen Implementierung (entsprechend [161]) gewählt zu

$$n_i(p) = p^{i-1}\,, \qquad i = 1, 2, \dots, m\,.$$

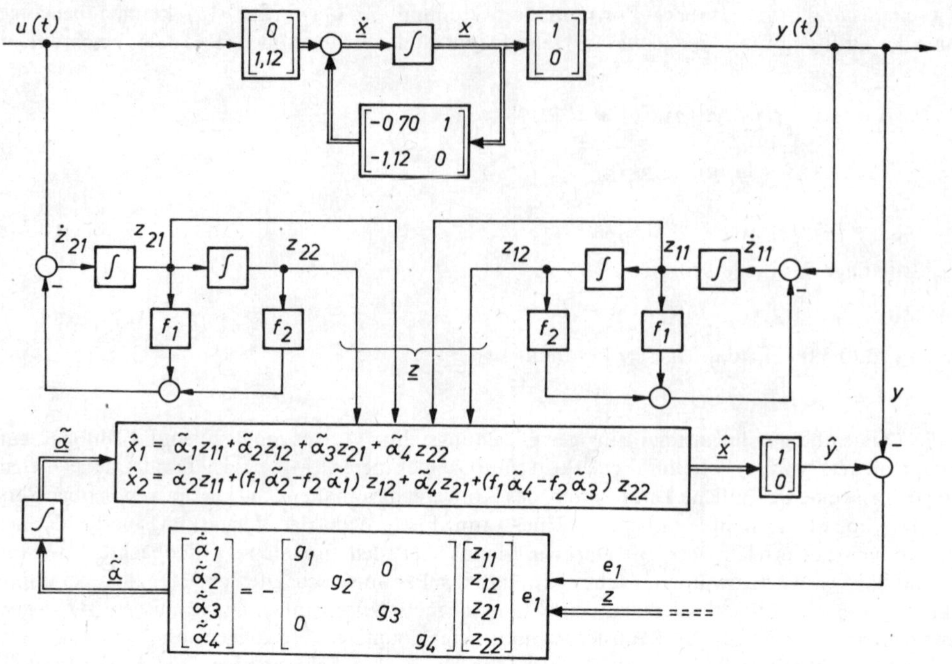

Bild 3.27. Adaptiver Beobachter nach Kreisselmeier, angewendet zur Parameter- und Zustandsermittlung des Prozesses für das betrachtete Beispiel

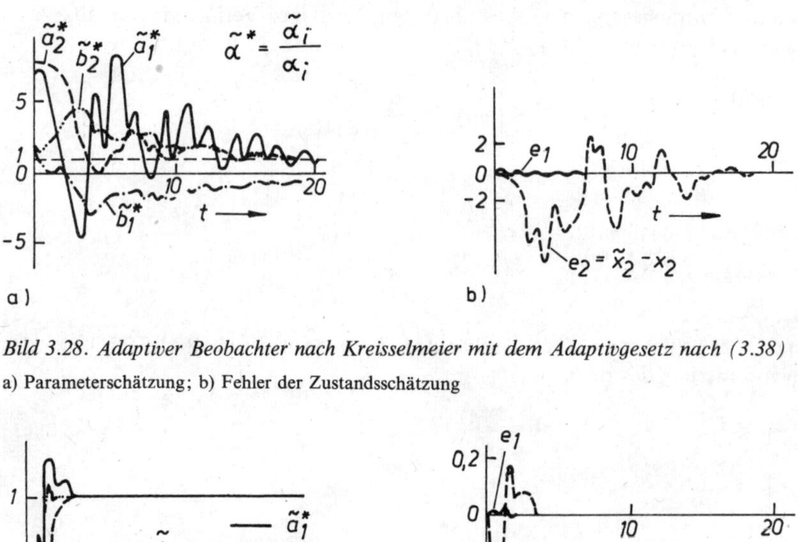

Bild 3.28. Adaptiver Beobachter nach Kreisselmeier mit dem Adaptivgesetz nach (3.38)

a) Parameterschätzung; b) Fehler der Zustandsschätzung

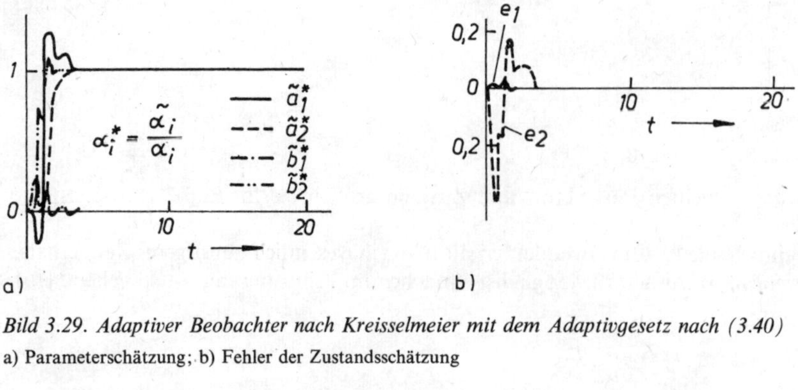

Bild 3.29. Adaptiver Beobachter nach Kreisselmeier mit dem Adaptivgesetz nach (3.40)

a) Parameterschätzung; b) Fehler der Zustandsschätzung

Die weiteren Beobachterparameter wurden wie folgt bemessen

$$\boldsymbol{x}_0, \tilde{\boldsymbol{x}}_0, \boldsymbol{F} \text{ wie (3.41)}$$

$$\boldsymbol{\alpha}_0 = \boldsymbol{0}$$

$$D(p) = (p + 2)(p + 4)(p + 5)$$

$\boldsymbol{G} = 2{,}5 \cdot 10^4 \boldsymbol{E}$, $\boldsymbol{Q} = \boldsymbol{E}$;
$\boldsymbol{E}$ Einheitsmatrix

Das Konvergenzverhalten adaptiver Beobachter wird entscheidend durch das zugrunde gelegte Fehlermodell bestimmt. Adaptive Beobachter auf der Grundlage des Adaptivgesetzes (3.38) sind empfindlich gegenüber der Wahl der Adaptivverstärkungen G des Eingangssignals $u(t)$ sowie des Anfangszustandes $\tilde{\boldsymbol{\alpha}}_0$ und $\boldsymbol{x}_0$. Für konkrete Bedingungen lassen sich empirisch optimale Einstellwerte finden. Eine Veränderung z. B. der Eingangssignalamplitude, wie sie im geschlossenen Regelkreis auftreten kann, führt in diesem Fall zu einer Verschlechterung des Konvergenzverhaltens.
Die Implementierung des Adaptivgesetzes (3.40) führt dagegen zu adaptiven Beobachtern, die weitgehend robust gegenüber den angeführten Einflußfaktoren sind [158; 161]. Auch ohne Optimierung der Beobachterparameter ist das Konvergenzverhalten eines solchen Systems ausgezeichnet. Diese Vorteile sind jedoch mit einem erhöhten Rechenaufwand verbunden.

3.4.2.7. Rekursive Parameterschätzmethoden

In den letzten Jahren sind in verstärktem Maße Arbeiten über den Entwurf von Adaptivsystemen auf der Basis von On-line-Parameterschätzverfahren bekanntgeworden [14; 165]. Parameterschätzverfahren eignen sich besonders für die Identifikation von Prozessen mit großen stochastischen Störungen. Für den Einsatz in Adaptivsystemen kommen aus Gründen wie z. B. kurze Rechenzeit, geringer Speicherplatzbedarf u. ä. nur ihre rekursiven Versionen in Betracht (Bild 3.30).

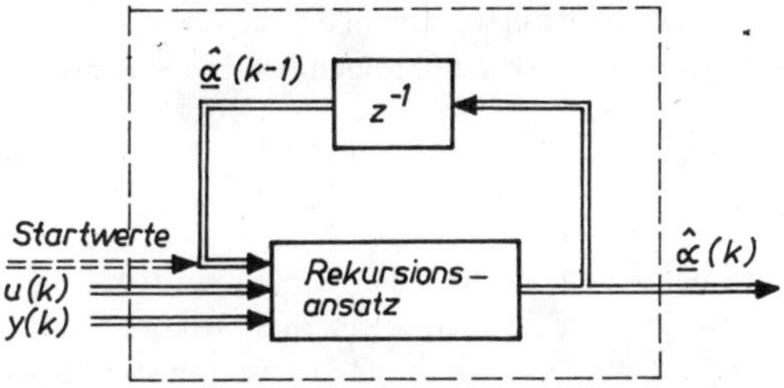

Bild 3.30. Prinzip eines rekursiven Schätzalgorithmus

Der Parametervektor $\hat{\boldsymbol{\alpha}}(k)$ wird aus den aktuellen Meßwerten $u(k)$, $x(k)$ und dem vorherigen Parameterschätzwert $\hat{\boldsymbol{\alpha}}(k-1)$ berechnet. Die Speicherung alter Meßwerte entfällt. Bei entsprechender Modifikation ist auch die Identifikation zeitabhängiger Parameter möglich. Zur Parameterschätzung wird i. allg. folgender Modellansatz (z-Übertragungsfunktion) verwendet (Bild 3.31)

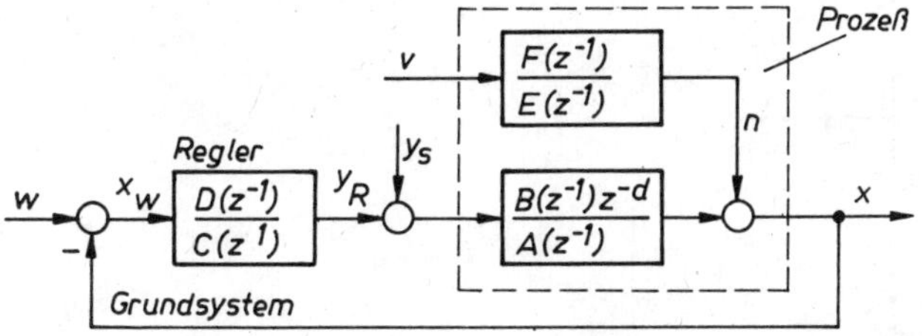

Bild 3.31. Prinzipieller Aufbau des Grundsystems für ein digitales Adaptivsystem (mit Zusatzanregung y_s)

$$X(z) = \underbrace{\frac{B(z^{-1})}{A(z^{-1})}}_{\text{Prozeß}} z^{-d} U(z) + \underbrace{\frac{F(z^{-1})}{E(z^{-1})}}_{\text{Störfilter}} V(z)$$

Mit Hilfe von rekursiven Schätzverfahren werden die Koeffizienten der Zähler- und Nennerpolynome des Prozeß- und Störfiltermodells ermittelt. In zahlreichen Veröffentlichungen wird jedoch nur die Anwendung in offenen Systemen behandelt [138; 143]. Zur Realisierung von Adaptivsystemen sind jedoch nur solche Verfahren geeignet, die eine On-line-Identifikation auch im geschlossenen System gestatten. In [14; 140; 141] wurde gezeigt, daß mit Hilfe derartiger Verfahren konsistente Parameterschätzungen im geschlossenen System möglich sind, wenn bestimmte Identifizierbarkeitsbedingungen durch

— Aufschaltung eines zusätzlichen Testsignals
— Variation zwischen verschiedenen Reglereinstellungen
— Berücksichtigung bestimmter Abhängigkeiten zwischen den Ordnungen vom Prozeßmodell und dem Regelungsgesetz

erfüllt werden.
Ist eine dieser Bedingungen erfüllt, so werden mit einem Parameterschätzverfahren, das asymptotisch erwartungstreue Schätzungen ermöglicht, gleichwertige Ergebnisse im offenen und geschlossenen System erhalten [14], und somit ist die Anwendung dieser leistungsfähigen Verfahren in Adaptivsystemen prinzipiell möglich. Vergleichsuntersuchungen haben ergeben, daß für digitale parameteradaptive Systeme ohne Vergleichsmodell vor allem die Algorithmen für die rekursive Methode der kleinsten Fehlerquadrate (RMKQ) sowie für angenäherte rekursive Maximum-Likelihood-Parameterschätzung (RMLM) besonders gut geeignet sind [25]. Darüber hinaus wurde in [14] ein für adaptive Systeme sehr gut geeignetes einfaches und sehr robustes Parameterschätzverfahren auf der Basis der Methode der Hilfsvariablen (RMHV) entwickelt. Die garantierte Stabilität dieses Verfahrens wird durch Anwendung der Ergebnisse der Hyperstabilitätstheorie erreicht. In neueren Arbeiten wird durch gezielte Modifikation der bisher bekannten Schätzalgorithmen eine weitere Erhöhung der Leistungsfähigkeit für den Einsatz bei der Identifikation zeitvarianter Systeme angestrebt. Solche Modifikationen beziehen sich z. B. sowohl auf die spezielle Wahl von Wichtungsfaktoren, die Einbeziehung zeitveränderlicher Modelle als auch auf die Anwendung sog. Detektoralgorithmen zur Früherkennung von Störungen [54; 147; 166; 167].
Eine spezielle Anwendung rekursiver Schätzverfahren zur Identifikation schneller Parameteränderungen stellt das in [147] vorgestellte Multimodellansatz-Verfahren dar, das im folgenden kurz erläutert werden soll.

Identifikation mit Multimodellansatz

Der Multimodellansatz ist besonders günstig bei nichtlinearen Prozessen, die in mehreren Arbeitspunkten betrieben werden, in denen der Prozeß durch ein lineares Modell angenähert werden kann. Bei der Schätzung des Multimodells muß für jeden Arbeitspunkt eine lineare Übertragungsfunktion bestimmt werden. Das in [147] beschriebene Verfahren baut auf einem dreistufigen Identifikationsalgorithmus nach [170] auf und liefert insbesondere bei stark gestörten Signalen gute Schätzergebnisse. Die Bestimmung der Parameter unterscheidet sich nicht von der Identifikation mit nur einem Modellansatz. Es wird zu jedem Abtastschritt immer nur ein Parametervektor (d. h. nur ein Modell)

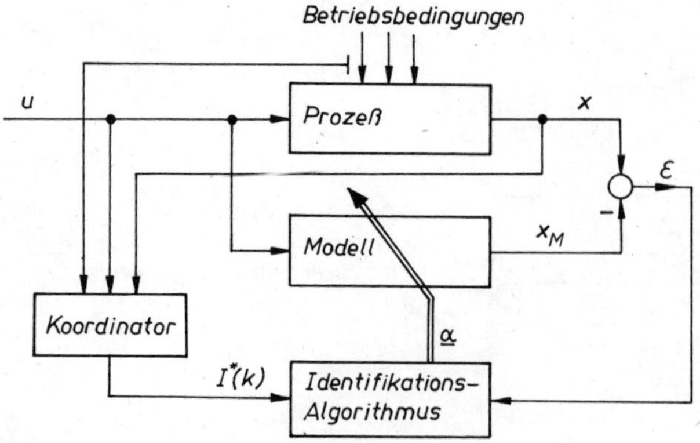

Bild 3.32. Blockschaltbild zur parallelen Schätzung mehrerer Parametersätze nach [147]

aktualisiert. Kernstück des Multimodellansatz-Verfahrens ist ein Koordinator (Bild 3.32). Er hat die Aufgabe, dem Identifikationsalgorithmus zu jedem Abtastschritt k eine Informationsgröße $I^*(k)$ zur Verfügung zu stellen, die Aufschluß darüber gibt, in welchem Betriebszustand (Arbeitspunkt) sich der Prozeß zum Zeitpunkt k befindet. Zur Ermittlung der Informationsgröße $I^*(k)$ werden statistische oder deterministische Verfahren angewendet. Bei zeitvarianten Systemen können deterministische Verfahren nicht angewendet werden. Hierbei werden dann statistische Methoden benutzt. Es wird davon ausgegangen, daß eine Änderung der Prozeßparameter mit einer Zunahme des Gleichungsfehlers verbunden ist. Mit Hilfe von Testverfahren wird geprüft, ob die Varianz des Gleichungsfehlers zunimmt. Nach Erkennen einer Parameteränderung wird vom Koordinator noch das Modell ermittelt, für das der Gleichungsfehler die geringste Varianz aufweist.
Die Identifikationsstrategie mit Multimodellansatz erfordert einen relativ großen Speicherplatz (steigt linear mit der Anzahl der verwendeten Submodelle). Die Rechenzeit ist dagegen vergleichbar mit der von Einmodellverfahren.
Eine andere Identifikationsstrategie für zeitvariante Systeme wird in [171] vorgestellt.

Identifikation mit mehreren Algorithmen

Viele Verfahren für die Identifikation zeitvarianter Systeme wurden durch gezielte Modifikation der Methode der kleinsten Fehlerquadrate erhalten. Sie sind meist für eine bestimmte Klasse von zeitvarianten Systemen entwickelt worden und liefern z. B. nur für eine bestimmte Art von Parameteränderungen gute Schätzergebnisse. In [171] wird nun eine Identifikationsstrategie beschrieben, bei der ausgewählte Verfahren aufgrund entsprechender Koordinierung nur in ihrem bevorzugten Arbeitsbereich eingesetzt werden. Dadurch entsteht ein komplexes Identifikationssystem, das über einen viel größeren Einsatzbereich gute Schätzergebnisse liefert, als dies bei einzelnen Verfahren der Fall ist (Bild 3.33).

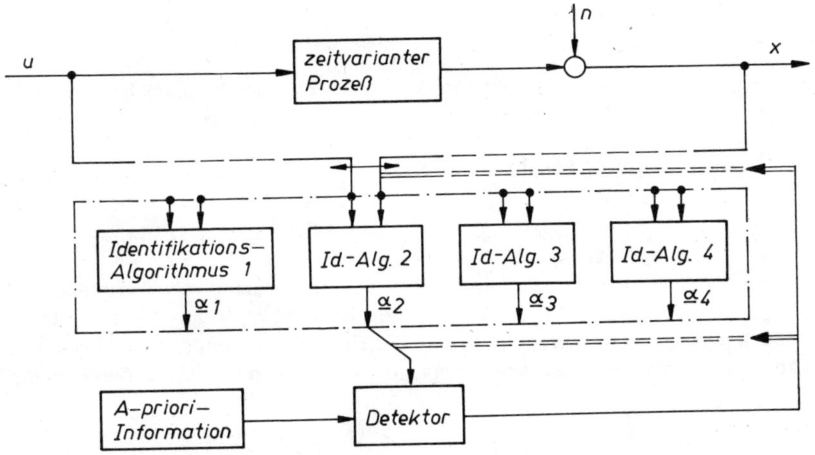

Bild 3.33. Blockschaltbild der Identifikation mit mehreren Algorithmen

In Abhängigkeit von der Geschwindigkeit der Parameteränderungen erfolgt die Zuordnung, wann welches Identifikationsverfahren wirksam wird. Um eine sinnvolle Zuordnung vornehmen zu können, wurden vier Geschwindigkeitsbereiche für Parameteränderungen festgelegt. Für jeden Bereich wurde jeweils ein leistungsfähiges, rekursives Schätzverfahren gewählt. Die Aktivierung des geeignetsten Verfahrens erfolgt durch den Detektor. Die Auswahl wird auf der Basis statistischer Tests, einer Auswertung der Parameterschätzergebnisse sowie unter Berücksichtigung evtl. vorhandener A-priori-Informationen vorgenommen. Die Identifikation mit mehreren Algorithmen ist besonders dann von Vorteil, wenn nur geringe oder gar keine Informationen über die Größe und Art der Änderungen von Prozeßparametern vorliegen.

3.4.2.8. Ermittlung von natürlichen Güteindizes mit Extremalcharakteristik

Häufig erfolgt die Optimierung von Reglereinstellwerten auf der Basis von Güteindizes, die eine Extremalcharakteristik haben, wie z. B. Wirkungsgrade [32] (Bild 3.34).
Ändern sich die Eigenschaften des Prozesses, so ist eine adaptive Korrektur des Automatisierungsalgorithmus erforderlich, damit das Optimum (der Extremwert) erhalten bleibt. Dies kann nur dann realisiert werden, wenn der Güteindex laufend erfaßt wird. Möglich ist dies z. B. dadurch, daß die mit Hilfe eines Testschritts Δx verursachte Änderung $\Delta\eta$ des Güteindex gemessen wird. Das Verhältnis $\Delta\eta/\Delta x$ enthält dann Informationen darüber, ob der Maximalwert erreicht ist oder nicht bzw. in welcher Weise die Einflußgröße x verstellt werden muß, damit der Extremwert wieder erreicht wird. Ist z. B. $\Delta\eta/\Delta x$ positiv, so wird das Maximum durch Erhöhung von x erreicht. Bei negativem Quotienten muß dagegen x verkleinert werden. Bei $\Delta\eta/\Delta x = 0$ ist der Extremwert erreicht und das System optimal eingestellt.

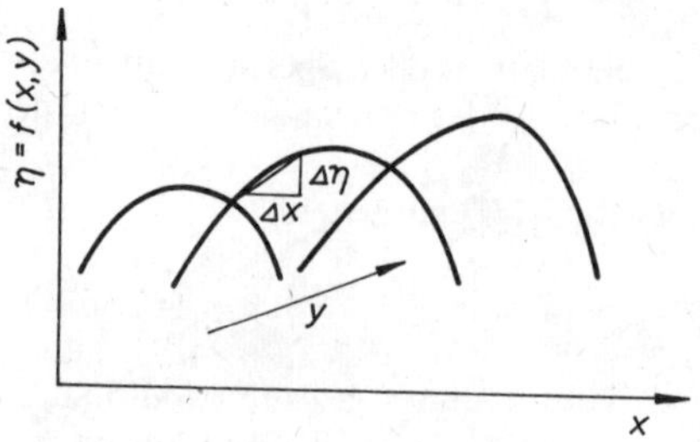

Bild 3.34. Güteindex (Wirkungsgrad) in Abhängigkeit von zwei Einflußgrößen

Wie ein Adaptivsystem auf der Basis einer solchen Güteindexermittlung zu entwerfen ist, kann dem Abschn. 3.4.7.2. entnommen werden.

3.4.2.9. Ermittlung von Integralkriterien

In der klassischen Regelungstheorie werden bei bekanntem Prozeßverhalten optimale Reglereinstellungen mit Hilfe von Integralkriterien berechnet. Genannt seien hier dás Kriterium der linearen Regelfläche $\left(I_L = \int_0^\infty x_w \, dt\right)$, der quadratischen Regelfläche $\left(I_Q = \int_0^\infty x_w^2 \, dt\right)$ und das ITAE-Kriterium $\left(I_{IT} = \int_0^\infty t\,|x_w| \, dt\right)$. Dabei ist x_w die Regelabweichung. Die optimalen Reglereinstellungen werden durch Minimierung der Integralkriterien erhalten. Soll trotz veränderlichen Prozeßverhaltens die optimale Reglereinstellung durch Adaption eingehalten werden, ist die Ermittlung dieser Kriterien erforderlich. Da sich bei den genannten Kriterien die Regelabweichung x_w auf ein sprungfähiges Eingangssignal bezieht, kann eine näherungsweise Ermittlung von I in folgender Weise durchgeführt werden [1]:

sprungförmige Veränderung der Führungsgröße
hinreichend lange Integration
wiederholte Prozedur mit jeweils gezielt veränderlichen Reglereinstellungen.

Diese Vorgehensweise ist nicht sehr praktikabel und daher kaum noch von Bedeutung. Dieselbe Aufgabenstellung (Einhaltung optimaler Reglereinstellungen) wird in Zukunft über die direkte Parameteridentifikation eines Prozeßmodells wesentlich vorteilhafter zu lösen sein.

3.4.2.10. Ermittlung von Kenndatenindizes

In bestimmten Fällen wird ein adaptives System mit der Zielstellung entworfen, daß ein für die Güte des geschlossenen Systems charakteristischer Kenndaten- oder Festwertindex trotz zeitveränderlichem Prozeßverhalten konstant bleibt. So kann z. B. die Aufgabe darin bestehen, die Einschwingzeit oder die Überschwingweite der Sprungantwort eines Regelungssystems konstant oder in vorgegebenen Grenzen zu halten. Für die Erfassung von Kenndatenindizes ist es nicht möglich, einen allgemeinen

Lösungsweg anzugeben. Die spezielle Lösung wird dabei im wesentlichen von der Art des gewählten Kenndatenindex abhängig sein.

3.4.2.11. Struktur- und Parameterermittlung mit Hilfe von Korrelationsverfahren

Die Ermittlung der Modellstruktur ohne A-priori-Information ist schon bei zeitinvarianten Systemen eines der schwierigsten Probleme der Identifikation. Dies gilt in noch höherem Maße für zeitvariante Systeme. Eine Möglichkeit, dieses Problem näherungsweise zu lösen, besteht in der Anwendung von statistischen Methoden [169; 173]. Diese Identifikationsmethoden führen auf nichtparametrische Modelle in Form von Punkten der Gewichtsfunktion, der Ortskurve oder der Frequenzkennlinien. Ihre Anwendung, insbesondere hinsichtlich ihres Einsatzes bei zeitvarianten Systemen, ist an bestimmte Voraussetzungen gebunden, auf die hier aus Gründen des beschränkten Umfangs nicht eingegangen werden kann. Aus dem erhaltenen nichtparametrischen Modell können auch Aussagen über die Systemparameter erhalten werden. Wie z. B. mit Hilfe der Kreuzkorrelationsmethode die Gewichtsfunktion $g(t)$, die ja eine vollständige Systembeschreibungsfunktion darstellt, punktweise ermittelt werden kann, wird im folgenden kurz erläutert.

Durch Anwendung der Beziehungen für die Kreuzkorrelationsfunktion [1]

$$x_{ea}(\tau) = \lim_{T\to\infty} \frac{1}{2T} \int_{-T}^{+T} x_e(t)\, x_a(t-\tau)\, d\tau \tag{3.42}$$

und das Duhamel-Integral

$$x_a(t) = \int_{-\infty}^{+\infty} g(x)\, x_e(t-x)\, dx \tag{3.43}$$

erhält man durch Einsetzen von (3.43) in (3.42) sowie nach einigen Umformungen

$$x_{ea}(\tau) = \int_{-\infty}^{+\infty} g(x)\, x_{ee}(x-\tau)\, dx$$

mit der Autokorrelationsfunktion

$$x_{ee}(\tau) = \lim_{T\to\infty} \frac{1}{2T} \int_{-T}^{+T} x_e(t)\, x_e(t-\tau)\, d\tau\,.$$

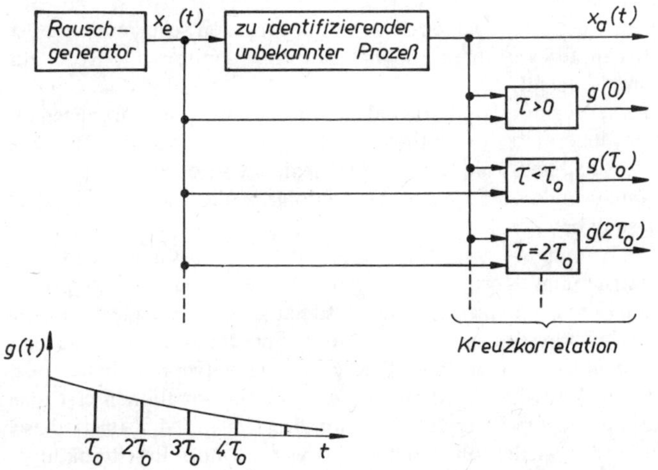

Bild 3.35. Ermittlung der Gewichtsfunktion mittels Kreuzkorrelation

Wählt man als Eingangsgröße $x_e(t)$ weißes Rauschen, so erhält man

$$x_{ee}(\tau) = N\delta(\tau) .$$

Damit erhält man für

$$x_{ea}(\tau) = N \int_{-\infty}^{+\infty} g(x)\, \delta(x - \tau) = Ng(\tau) .$$

Diese Gleichung stellt die Vorschrift für die Ermittlung von $g(t)$ dar (Bild 3.35).
Ein geeignetes On-line-Verfahren zur Strukturermittlung ergibt sich auch durch Überprüfung der Statistik des Vorhersagefehlers der Identifikation durch einen rekursiven F-Test (abgeleitet aus der Fischer-Verteilung [173]). Bei diesem statistischen Verfahren haben die Korrelationsverfahren ebenfalls eine große Bedeutung.

3.4.2.12. Struktur- und Parameterermittlung mittels selbsteinstellender Modelle

Wie bereits wiederholt erwähnt, können vielen technologischen Prozessen, die einer theoretisch begründeten Ermittlung der Struktur nicht zugänglich sind, i. allg. doch recht brauchbare Modellstrukturen (Näherung z. B. durch Verzögerungs- und Totzeitglieder) zugeordnet werden. Unter diesem Gesichtspunkt haben daher auch im vorliegenden Fall — mit Berücksichtigung bestimmter Spezifikationen — die selbsteinstellenden Modelle eine gewisse Bedeutung. Die Ausführungen im Abschn. 3.4.2.6. gelten daher prinzipiell auch für die Lösung der hier vorliegenden Aufgabenstellung.

3.4.3. Entscheidungsprozeß

3.4.3.1. Einleitende Bemerkungen

Nach der Identifikation soll nun eine weitere Einheit behandelt werden, die für die Realisierung eines adaptiven Systems benötigt wird: der Entscheidungs- oder Optimierungsprozeß. Allgemein versteht man darunter die Vorschrift, nach der die Parameter des Grundreglers an einen zeitveränderlichen oder unbekannten Prozeß angepaßt werden müssen. Gemäß dem grundlegenden Aufbau eines Adaptivsystems (Bild 1.10) werden im Entscheidungsprozeß die Ergebnisse der Identifikation verarbeitet, wobei unter Verwendung eines vorgegebenen Optimierungskriteriums diejenigen Parameter des Grundreglers ermittelt werden, die das gewünschte Verhalten des Grundsystems sicherstellen. Damit ist das umfangreiche Gebiet der mathematischen Optimierung an dieser Stelle in den Entwurf adaptiver Systeme einzubeziehen. Die Darlegung der Vielzahl von Optimierungsverfahren würde den Rahmen dieser Publikation überschreiten, so daß wir uns hier auf die Betrachtung der prinzipiellen Einbeziehung dieser Verfahren in die Adaption beschränken müssen. Hier zeigt sich wieder, daß der Entwurf, die Realisierbarkeit und die Wirksamkeit eines adaptiven Systems in der Praxis entscheidend von der zweckmäßigen Kombination an sich bekannter Verfahren abhängt und die Adaption eine Regel zur zielstrebigen Verbindung dieser Verfahren darstellt.
Die moderne Theorie automatischer Steuerungen erlaubt sowohl die Bestimmung der Parameter als auch die der Struktur des Grundreglers innerhalb des Optimierungsprozesses. In der Praxis liegen jedoch meist Erfahrungen über die zweckmäßige Struktur des Grundreglers vor, oder diese Struktur wird gar durch die vorhandene Gerätetechnik vorgegeben. Demzufolge wollen wir uns hier im wesentlichen auf die Parameteroptimierung beschränken.
Das Ziel des Entscheidungsprozesses besteht in der Optimierung des Grundsystems bzw. der Realisierung eines optimalen Automatisierungsalgorithmus im Grundsystem. Damit sind grundsätzlich wieder alle Verfahren, die für den Entwurf konventioneller Automatisierungssysteme entwickelt worden sind, als Vorschrift für den Entscheidungsprozeß geeignet. Der Unterschied zu der Vorgehensweise beim konventionellen Entwurf besteht lediglich darin, daß aufgrund des zeitveränderlichen bzw. unbekannten Prozeßverhaltens die für den Entwurf erforderlichen Ausgangsinformationen erst über die laufende Identifikation ermittelt und die Optimierung des Grundreglers auf der Basis dieser aktuellen Werte in bestimmten Zeitabständen wiederholt durchgeführt werden muß. Beschränkungen bei der Auswahl eines geeigneten Entscheidungsalgorithmus werden sich daher wegen des bei Adaptivsystemen notwendigen Echtzeitbetriebs unter Berücksichtigung der Leistungsfähigkeit der vorhan-

denen Gerätetechnik sowohl aus der Sicht der für die Optimierung erforderlichen Rechenzeit als auch hinsichtlich des verfügbaren Speicherplatzes ergeben.

Eine Klassifizierung der Entscheidungsprozesse ist aufgrund der großen Vielfalt nach mehreren Gesichtspunkten möglich. In Abhängigkeit von den durch die Identifikation ermittelten Größen, die eine Information über das momentane Verhalten des Prozesses bzw. des Grundsystems enthalten, können zwei Fälle unterschieden werden:

1. Prozeßmodell bekannt

Die Berechnung der optimalen Reglerparameter erfolgt auf der Basis eines bekannten Prozeßmodells (Entscheidungsprozeß = Reglerentwurf). Die Adaption erfolgt in diesem Fall durch eine offene Wirkungsschleife (Bild 1.11).

2. Prozeßmodell unbekannt (Güteindex meßbar)

Die Einstellung der optimalen Reglerparameter erfolgt auf der Basis gemessener Gütekennwerte (Extremal- oder Festwertkriterien) des Grundsystems. Die Adaption erfolgt durch eine geschlossene Wirkungsschleife (Bild 1.12).

Eine Unterscheidung hinsichtlich der Kriterien zur Durchführung des Entscheidungsprozesses wird in [1] gegeben. Danach wird unterschieden zwischen Entscheidungsprozessen mit

1. Extremwertkriterien
2. Festwert- und Invarianzkriterien
3. Strukturoptimalitätskriterien.

Eine weitere Klassifizierung ist möglich in Abhängigkeit von der Art der Ermittlung der optimalen Reglerparameter, die wiederum durch den Grad der A-priori-Information über den Zusammenhang zwischen den identifizierten Größen des Prozesses bzw. des Grundsystems und den optimalen Parametern des Grundreglers bestimmt wird. Man unterscheidet:

1. Reguläralgorithmische Entscheidungsprozesse

Ein formelmäßiger Zusammenhang existiert und ist bekannt. Die Berechnung der gesuchten Reglerparameter erfolgt direkt aus den gemessenen Modellparametern des Prozesses. (Bemerkenswert: Aufgrund des bekannten formelmäßigen Zusammenhangs muß der für den Entwurf gewählte Güteindex nicht gemessen werden.)

2. Suchalgorithmische Entscheidungsprozesse

Ein formelmäßiger Zusammenhang ist nicht angebbar (bzw. sehr kompliziert) und daher keine direkte Berechnung der Reglerparameter möglich. Im Gegensatz zum reguläralgorithmischen Entscheidungsprozeß muß der gewählte Güteindex gemessen werden.

Betrachtet man die Art der Eingliederung des Entscheidungsprozesses in ein Adaptivsystem, so kann man drei unterschiedliche Möglichkeiten feststellen.

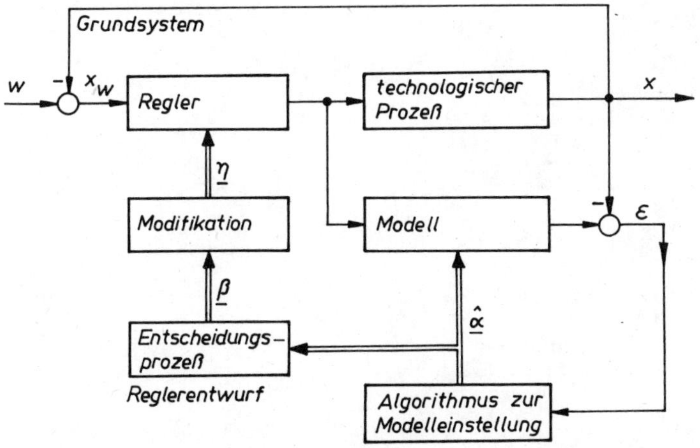

Bild 3.36. Entscheidungsprozeß ohne Eingriff in den Grundregelkreis während der Optimierung

Die erste Möglichkeit folgt unmittelbar aus dem Aufbau eines Adaptivsystems nach Bild 3.36. Die Modellparameter $\boldsymbol{\alpha}$ (Parametervektor) werden dem Entscheidungsprozeß zugeführt und auf der Basis dieser Momentanwerte nach einem vorgegebenen Kriterium, z. B. unter Verwendung eines Kriteriums der Form

$$I_0(\boldsymbol{\beta}^T) = M\{\overline{x_W(\boldsymbol{\alpha}^T, \boldsymbol{\beta}^T, t)}\},$$

die optimalen Reglerparameter $\boldsymbol{\beta}_0$ berechnet; vgl. mit Gl. (3.13) und (3.15). Da nun sowohl das Prozeßmodell als auch die Struktur des Reglers bekannt sind, ist das Objekt der Optimierung eine gegebene Funktion. Demzufolge läuft der Optimierungsvorgang ausschließlich im Block „Entscheidungsprozeß" ab (Bild 3.36) und — was wesentlich ist — der Entscheidungsprozeß wirkt während der Optimierung nicht auf den Grundregelkreis ein (offene Wirkungskette bezüglich der Adaption!). Erst wenn der Vektor $\boldsymbol{\beta} = \boldsymbol{\beta}_0$ gefunden ist, wird über die Modifikation die Parameteranpassung des Grundkreisreglers realisiert.

In einigen Fällen sind jedoch die Funktionen $x_W(\boldsymbol{\alpha}^T, \boldsymbol{\beta}^T, t)$ bzw. $I_0(\boldsymbol{\beta}^T)$, die dem Entscheidungsprozeß zugrunde liegen, unbekannt. Dies ist z. B. dann der Fall, wenn zur Systemvereinfachung auf die Identifikation der Parameter eines Prozeßmodells verzichtet wird. Der zunächst unbekannte Verlauf der Funktion $I_0(\boldsymbol{\beta}^T)$ wird dann ermittelt — im Sinne einer einfachen Darstellung des Entwurfs von Adaptivsystemen wird im folgenden dafür auch der Begriff „Identifikation" verwendet —, in dem die Reglerparameter $\boldsymbol{\beta}$ verändert und die Realisierungen von $I_0(\boldsymbol{\beta}^T)$ ermittelt (bzw. identifiziert) werden (Bild 3.37). Die identifizierten $I_0(\boldsymbol{\beta}^T)$, die ja auch durch $I_0(\boldsymbol{\beta}^T, t)$ bezeichnet werden können, sollen außerdem durch $I(t)$ gekennzeichnet werden, um die Zeitabhängigkeit stärker hervorzuheben. Der Entscheidungsprozeß wird also im vorliegenden Fall dadurch realisiert, daß der Grundregelkreis in den iterativen Optimierungsprozeß einbezogen wird (Adaption durch eine geschlossene Wirkungs-

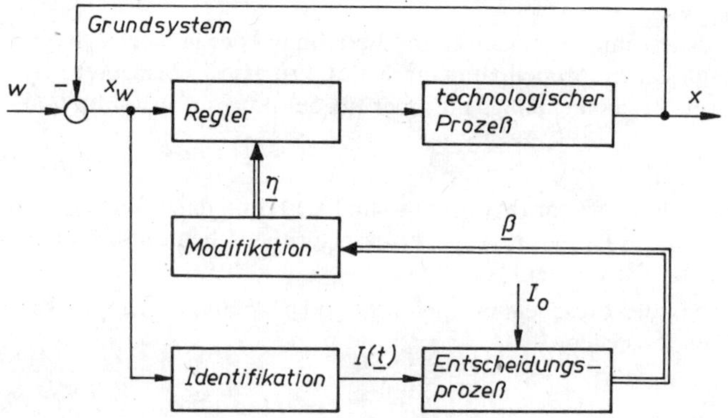

Bild 3.37. Entscheidungsprozeß mit Eingriff in den Grundregelkreis während der Optimierung

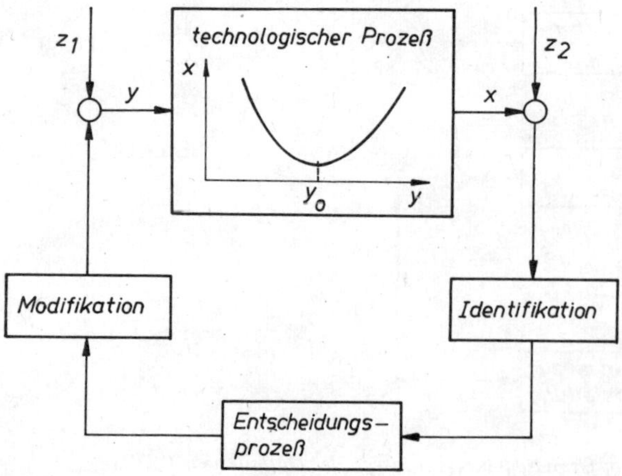

Bild 3.38. Entscheidungsprozeß innerhalb des Signalwegs des Grundregelkreises

schleife). Die Systemvereinfachung wird durch eine ständige Parameterstörung des Grundregelkreises infolge der Optimierung erkauft.
Die dritte Variante hinsichtlich der Stellung des Entscheidungsprozesses innerhalb eines Adaptivsystems liegt dann vor, wenn dieser Prozeß nicht nur ständig auf den Grundregelkreis einwirkt, sondern sich sogar direkt im Signalweg des Grundregelkreises befindet (Bild 3.38). Derartige Strukturen ergeben sich z. B., wenn ein maximaler Wirkungsgrad oder die Minimierung des Energieeinsatzes einer Industrieanlage gefordert ist. Die Identifikation dient dann zur Erfassung der Lage des Arbeitspunktes x bezüglich des gewünschten optimalen Arbeitspunktes $x = x_0$. Der Entscheidungsprozeß stellt hier eine Strategie zur Einstellung und Aufrechterhaltung von $x = x_0$ unabhängig von Störungen (z_1 und z_2) dar. Derartige Systeme werden auch als Extremal- oder Extremwertregelungssysteme bezeichnet. Die mit diesen Extremwertregelungen zu lösenden Automatisierungsaufgaben sind Problemstellungen der sog. statischen Optimierung, bei denen nicht die Dynamik des Grundsystems, sondern dessen Sollwerte verändert werden. Bezüglich der Methodik der Optimierung innerhalb des Entscheidungsprozesses besteht natürlich ein enger Zusammenhang zwischen den Systemen der Bilder 3.37 und 3.38. Aus der Sicht des Entscheidungsprozesses ist es nämlich ohne Bedeutung, ob erst durch die Identifikation der Wert eines quadratischen Gütekriteriums ermittelt werden muß (Bild 3.37) oder eine Größe bereits an der technologischen Anlage in Form eines Wirkungsgrads direkt meßbar ist (Bild 3.38). Für den Entscheidungsprozeß ist in beiden Fällen nur wichtig, daß eine Größe meßbar ist, deren Extremwert eingestellt und aufrechterhalten werden soll. Setzt man diesen Gedanken konsequent fort, so führt dies zu der schon im Abschn. 3.4.2.6. getroffenen Feststellung, daß dieselben Optimierungsverfahren sowohl für die Modelleinstellung als auch für den Entscheidungsprozeß anwendbar sind. Es ist nämlich vollkommen gleichgültig, ob ein Verfahren der mathematischen Optimierung zur Minimierung der Regelabweichung

$$I_0(\boldsymbol{\beta}^{\mathrm{T}}) = M\{\overline{x_W^2(\boldsymbol{\alpha}^{\mathrm{T}}, \boldsymbol{\beta}^{\mathrm{T}}, t)}\}$$

oder der Modellabweichung

$$I_0(\boldsymbol{\alpha}^{\mathrm{T}}) = M\{\overline{\varepsilon^2(\boldsymbol{\alpha}^{\mathrm{T}}, t)}\} \tag{3.44}$$

verwendet wird. Für das Optimierungsverfahren ist nur von Bedeutung, daß in beiden Fällen quadratische Optimierungskriterien vorliegen.
Während zur Bewertung der Modellabweichung meist die quadratischen Kriterien nach (3.44) angesetzt werden, sind für den Entscheidungsprozeß, insbesondere für die Optimierung der Dynamik des Grundsystems, alle aus der Regelungstheorie bekannten Kriterien anwendbar [86 bis 88]. Im folgenden sollen einige der bekanntesten bzw. am häufigsten verwendeten Gütekriterien genannt werden:

Integralkriterien

$$I = \int_0^\infty x_W \, \mathrm{d}t$$

$$I = \int_0^\infty x_W^2 \, \mathrm{d}t$$

$$I = \int_0^\infty |x_W| \, \mathrm{d}t$$

$$I = \int_0^\infty t\,|x_W| \, \mathrm{d}t \,.$$

Frequenzbereichskriterien
— Vorgegebener Phasenrand
— „praktisches Optimum" nach *Oldenbourg/Sartorius*
— vorgegebene Lage der Pole des geschlossenen Systems (Stabilitätskriterium)
— Invarianz (Einhaltung einer vorgegebenen Pol-Nullstellen-Verteilung).

Spezielle Zeitbereichskriterien (Festwertkriterien)
— Überschwingweite

— Einstellzeit bis zum Erreichen einer vorgegebenen Regelabweichung
— Amplitude und Frequenz der Selbstschwingung in nichtlinearen Regelkreisen (z. B. in Regelkreisen mit Zweipunktreglern).

Die Wahl des Kriteriums ist eine Aufgabe des Anlagenbetreibers. Für die Praxis haben die speziellen Zeitbereichskriterien eine besondere Bedeutung, da sie durch den Automatisierungsingenieur oder den Technologen infolge ihres überschaubaren Einflusses auf den technologischen Prozeß besser quantifizierbar sind als beispielsweise Integralkriterien. Leider bereiten gerade diese Kriterien bei ihrer Optimierung erhebliche Schwierigkeiten, da ihre analytische Behandlung komplizierter ist als die quadratischer Gütefunktionale, die ja nicht zuletzt auch wegen ihrer mathematischen Zweckmäßigkeit so häufig für die Optimierung von Regelkreisen herangezogen werden.

3.4.3.2. Optimierungsverfahren

Neben dem Optimierungskriterium wird zur Durchführung des Entscheidungsprozesses eine geeignete Optimierungsstrategie benötigt. Da nur in relativ wenigen Fällen eine geschlossene analytische Lösung für die gesuchten optimalen Reglerparameter gefunden werden kann, sollen im folgenden die suchalgorithmischen Optimierungsverfahren im Vordergrund der Betrachtungen stehen. Wir müssen an das Verständnis des Lesers appellieren, daß wir im Rahmen eines Grundkurses zur Adaption nicht das Gebiet der Regelungstheorie und der mathematischen Optimierung behandeln können, deren Spezialdisziplinen bereits über eine außerordentlich umfangreiche Literatur verfügen. Vielmehr wollen wir uns hier auf prinzipielle Überlegungen beschränken, die eine Einordnung der Erkenntnisse und der Verfahren der Optimierung in die Adaption ermöglichen.
Sicher existieren eine Vielzahl Prinzipien, nach denen Optimierungsverfahren geordnet werden können. Hier sollen die Verfahren nach der notwendigen A-priori-Information klassifiziert werden, da dieses Ordnungsprinzip für den Anwender eine entscheidende Bedeutung hat.

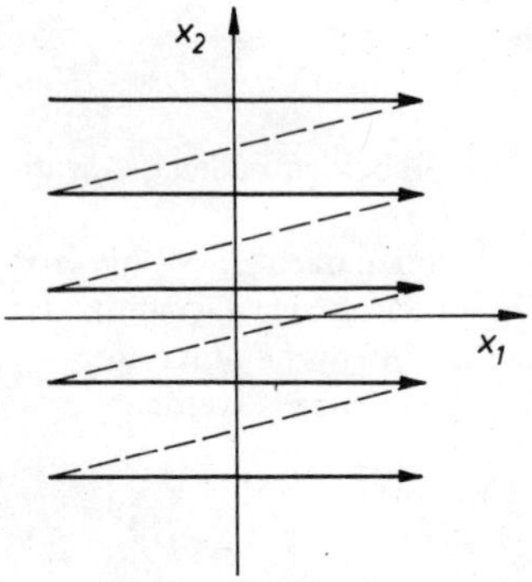

Bild 3.39. *Systematisches Suchverfahren*

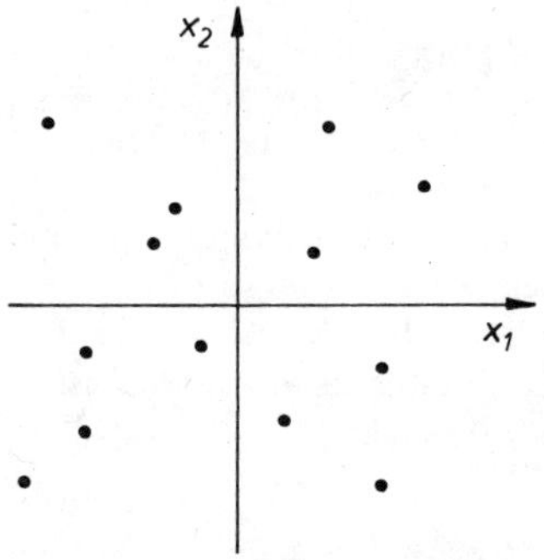

Bild 3.40. Zufälliges Suchverfahren

Die geringste A-priori-Information benötigen die sog. systematischen Suchverfahren. Im Bild 3.39 ist der Ablauf des Verfahrens dargestellt. Zur Vereinfachung der grafischen Darstellung wird hier angenommen, daß das Gütekriterium nur von zwei Variablen x_1 und x_2 abhängt, obwohl die hier erläuterten Verfahren durchaus nicht auf zwei Variable beschränkt werden müssen. Das interessierende Gebiet wird zeilenweise abgetastet und der Extremwert jeder Zeile gespeichert. Durch einen anschließenden Vergleich der Extremwerte wird das absolute Maximum bzw. Minimum gefunden. Dieses Verfahren ist sehr zeitaufwendig, aber sehr einfach realisierbar.
Bei den zufälligen Suchverfahren werden paarweise von einem Zufallsgenerator die Koordinaten (x_1, x_2) vorgegeben (Bild 3.40). Falls nach mehrmaliger Koordinatenvorgabe kein kleinerer bzw. größerer Funktionswert als der zuletztgefundene kleinste bzw. größte Wert auftritt, wird dieser als Minimum bzw. Maximum angenommen. Durch diese Vorgehensweise wird der Suchvorgang gegenüber der systematischen Suche beschleunigt, wobei allerdings immer eine gewisse Unsicherheit bleibt, ob das Extremum mit der gewünschten Genauigkeit gefunden wurde oder sich bei einer Fortsetzung der Suche nicht doch ein besserer Wert ergeben würde.

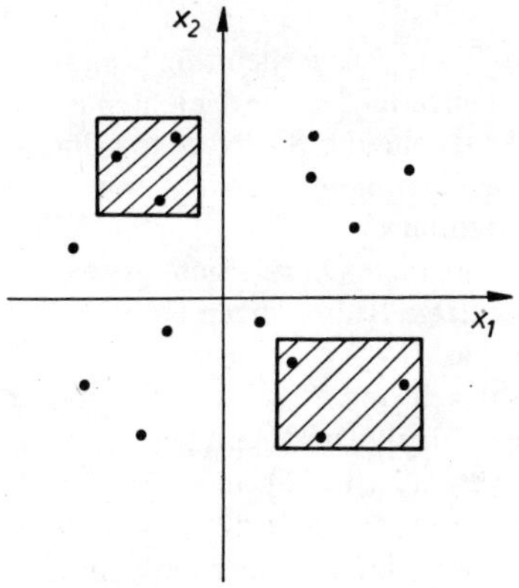

Bild 3.41. Zufällige Suche mit Analyse von Zwischenergebnissen

Zur Verringerung dieser Unsicherheit und zur weiteren Beschleunigung des Suchvorgangs wurden zufällige Suchverfahren entwickelt, bei denen Zwischenergebnisse ausgewertet werden und danach die Suchstrategie verändert wird (Bild 3.41). Bei diesem Verfahren wird zunächst eine zufällige Suche mit einer gegenüber dem vorhergehenden Verfahren kleineren Zahl von Testwerten durchgeführt. Durch eine Analyse der Ergebnisse dieser Suche werden Gebiete bestimmt, in denen der Extremwert vermutet wird (im Bild 3.41 schraffiert). Bei der anschließenden Fortsetzung des Suchvorgangs wird die zufällige Suche auf die ausgewählten Gebiete beschränkt oder für diese Gebiete ein anderes Suchverfahren (z. B. das Gradientenverfahren) verwendet.

Beim Gradientenverfahren wird in einem Anfangspunkt P_1 (Bild 3.42) durch probeweise Veränderung der Variablen x_1 und x_2 um Δx_1 und Δx_2 zunächst die Richtung festgestellt, in der das gesuchte Extremum liegt. Ist diese Richtung bestimmt, so wird ein Arbeitsschritt in Richtung auf das Extremum durchgeführt. Dadurch wird der Punkt P_2 erreicht, von dem aus die probeweise Änderung der Koordinaten x_1 und x_2 wiederholt wird usw. Durch dieses Verfahren gelangt man schneller zum Extremum als bei den vorher erläuterten Suchmethoden. Bekannt sein muß allerdings, daß sich der Anfangspunkt P_1 bereits im Einflußbereich des gesuchten Extremums befindet. Es wird also nur ein relatives und kein globales Extremum gefunden.

Dem manuellen Vorgehen der Extremwertsuche ist das Verfahren von *Gauß/Seidel* angepaßt (Bild 3.43). Dabei wird eine Variable konstant gehalten (im Bild 3.43 z. B. x_2) und die andere nach einem beliebigen Verfahren so verändert, daß ein relatives Extremum erreicht wird (im Bild 3.43 der Punkt P_1). Danach wird die nächste Variable (im Bild 3.43 Variable x_2) geändert, bis wiederum ein relatives Extremum vorliegt (im Bild 3.43 der Punkt P_2). Die übrigen Variablen werden konstant gehalten. Dieses Verfahren ist bezüglich der Organisation des Suchvorgangs technisch einfach zu realisieren. Mit zunehmender Variablenzahl steigt allerdings die Suchzeit stark an. Außerdem hängt die Suchzeit in hohem Maße vom gewählten Gütekriterium ab.

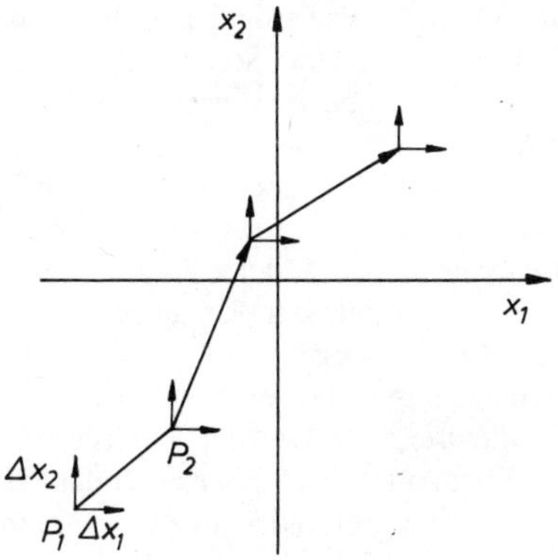

Bild 3.42. Gradientenverfahren

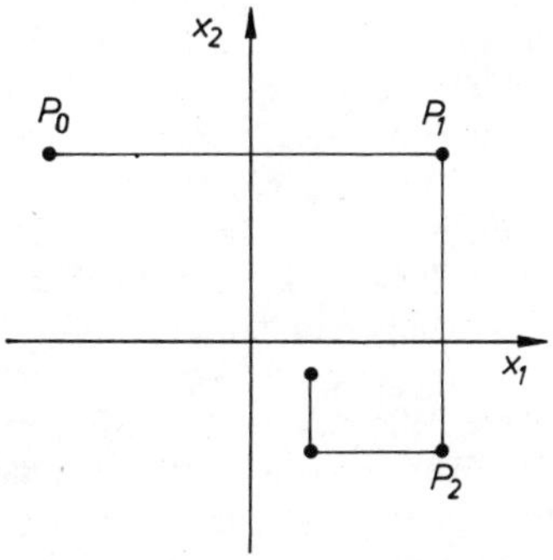

Bild 3.43. Gauß-Seidel-Verfahren

Einen für viele Fälle günstigen Kompromiß stellt das Verfahren des steilsten Abfalls dar (Bild 3.44). Bei diesem Verfahren wird zunächst wie beim Gradientenverfahren im Punkt P_1 die Richtung bestimmt, in der das gesuchte Extremum liegt. Im Unterschied zum Gradientenverfahren wird nicht nur ein Arbeitsschritt ausgeführt, sondern so lange mit gleichbleibender Schrittweite der Suchvorgang durchgeführt, bis über die Punkte P_2 und P_3 im Punkt P_4 ein relatives Extremum erreicht wird. Im Punkt P_4 erfolgt erneut die Bestimmung der Lage des gesuchten Extremums.
Abschließend seien noch solche Suchverfahren erwähnt, bei denen Bedingungen berücksichtigt werden können, die den Suchraum von vornherein einengen (Bild 3.45). Derartige Bedingungen ermöglichen die Beschränkung der Suche auf ein Gebiet A oder sogar auf eine Linie A_1—A_2.
Eine vergleichende Wertung der erläuterten Verfahren, deren Anzahl sich durch Kombinationen der beschriebenen Methoden noch beträchtlich erweitern ließe, ist schwierig, da ihre wirksame Anwendbarkeit entscheidend vom Gütekriterium abhängt, dessen Extremwert gesucht ist. Allgemein kann festgestellt werden, daß die Konvergenzgeschwindigkeit in der hier verwendeten Reihenfolge zunimmt, wobei aber dazu immer bessere Kenntnisse über die Gestalt der Lösung des Optimierungsproblems vorausgesetzt werden.

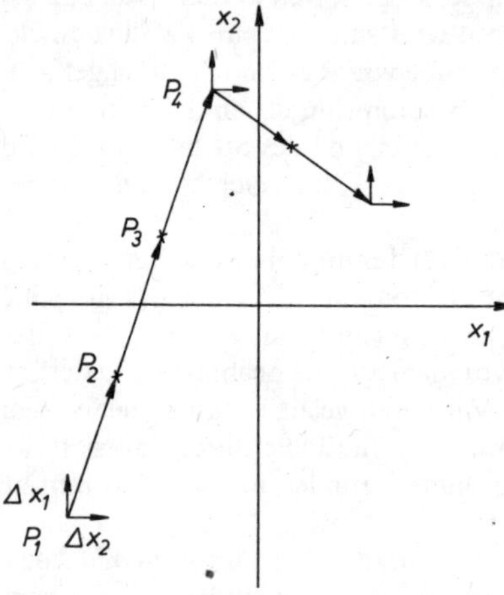

Bild 3.44. Methode des steilsten Abfalls

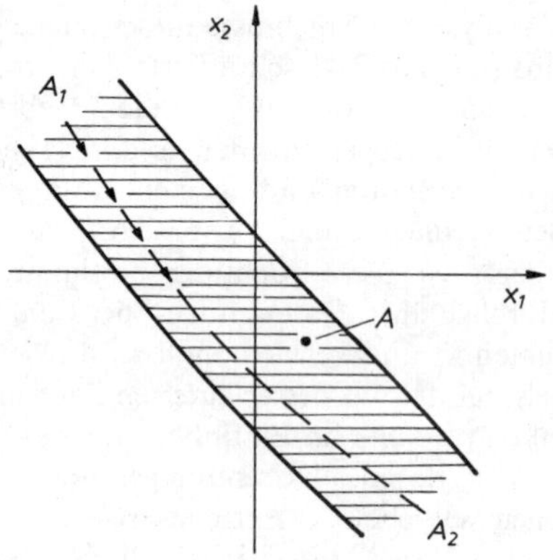

Bild 3.45. Suche beim Vorhandensein zusätzlicher Bedingungen

Aus der Sicht der Adaption sei hier noch folgendes hinzugefügt: Sehr häufig wird die Notwendigkeit des Einsatzes umfassend anwendbarer Verfahren überschätzt. In den vorangegangenen Abschnitten wurde bereits mehrfach bemerkt, daß sich der Entwurf eines adaptiven Systems im Interesse einer ökonomischen technischen Lösung stets auf eine begrenzte Klasse technologischer Prozesse beziehen muß. In diesen Fällen sind dann grundlegende Eigenschaften derartiger Prozesse bekannt, so daß z. B. nicht die Notwendigkeit des Einsatzes eines Verfahrens zur Suche eines globalen Extremums besteht, sondern durchaus die Startwerte für die Suche so vorgegeben werden können, daß sich der Startpunkt im Einzugsgebiet des gesuchten Extremums befindet und somit einfache Gradientenverfahren ausreichen. Sehr häufig kann sogar der Suchraum gemäß Bild 3.45 sehr stark eingeschränkt werden. So ist meist bekannt, in welchen Intervallen sich die Parameter des Prozesses ändern. Unter diesen Bedingungen lassen sich bei bekannter Reglerstruktur die Änderungsintervalle der Reglerparameter und damit die zweckmäßigen Startvektoren für das Optimierungsverfahren vorgeben.
Aus der Sicht des durchgehenden Entwurfs von Adaptivsystemen ist das Gradientenverfahren von besonderem Interesse. Wir hatten bereits festgestellt, daß das Gradientenverfahren zur Realisierung der adaptiven Identifikation vorteilhaft angewendet werden kann. Ebenso läßt sich aber auch das bei der Adaption auftretende Optimierungsproblem mit Hilfe des Gradientenverfahrens lösen. Zur weiteren Vorbereitung des Abschnitts über die Realisierung adaptiver Systeme wollen wir uns daher, etwas genauer, noch einmal mit dem Gradientenverfahren beschäftigen.

3.4.3.3. Gradientenverfahren

Gelöst werden soll folgende Aufgabe: Der Parametervektor $\boldsymbol{\beta}$ eines Gütekriteriums $I(\boldsymbol{\beta}^T)$ ist so zu verändern, daß

$$I(\boldsymbol{\beta}^T) \rightarrow \text{Min !}$$

wird. Die Bewegung von $\boldsymbol{\beta}$ im Suchraum ist durch den Geschwindigkeitsvektor

$$\boldsymbol{v}(\boldsymbol{\beta}) = \frac{d\boldsymbol{\beta}}{dt}$$

gekennzeichnet. Aus der Sicht eines erfolgreichen Suchvorgangs werden an $\boldsymbol{v}(\boldsymbol{\beta})$ zwei Forderungen gestellt:

1. $\boldsymbol{v}(\boldsymbol{\beta})$ wird so gewählt, daß $I(\boldsymbol{\beta}^T)$ abnimmt (Minimumsuche).
2. $\boldsymbol{v}(\boldsymbol{\beta}_{opt}) = 0$ gilt dann und nur dann, wenn

$$I(\boldsymbol{\beta}_{opt}^T) = I_{Min} .$$

Diese Bedingungen sind durch das Steuergesetz

$$\boldsymbol{v}(\boldsymbol{\beta}) = \frac{d\boldsymbol{\beta}}{dt} = -h \, \nabla I(\boldsymbol{\beta}^T) \quad \text{mit} \quad h > 0 \tag{3.45}$$

erfüllt. Durch Integration von (3.45) wird erhalten

$$\boldsymbol{\beta}(t) = \boldsymbol{\beta}(0) - h \int_0^t \nabla I(\boldsymbol{\beta}^T) \, d\tau . \tag{3.46}$$

In einer für Digitalrechner zugeschnittenen diskreten Form ergibt sich aus (3.45)

$$\boldsymbol{\beta}^*(k) = \boldsymbol{\beta}^*(k-1) - h \, \nabla I[\boldsymbol{\beta}^*(k-1)] . \tag{3.47}$$

Nach (3.47) wird der Parametervektor $\boldsymbol{\beta}^*(k)$ aus dem vorhergehenden Vektor $\boldsymbol{\beta}^*(k-1)$ durch Hinzufügen der mit h multiplizierten Ableitung erhalten. Mit

$$\Delta\boldsymbol{\beta}^*(k-1) = \boldsymbol{\beta}^*(k) - \boldsymbol{\beta}^*(k-1) = -h \, \nabla I[\beta^*(k-1)] \tag{3.48}$$

ergibt sich nach dem Einsetzen von (3.48) in (3.47) und Summieren

$$\boldsymbol{\beta}^*(k) = \boldsymbol{\beta}^*(0) - \sum_{m=1}^{k} h \, \nabla I[\boldsymbol{\beta}^*(m-1)] . \tag{3.49}$$

Für die praktische Anwendung der Parameteroptimierung nach (3.49) ergeben sich drei Probleme:

1. Feststellung des Anfangswerts $\boldsymbol{\beta}^*(0)$
2. Bestimmung von ∇I (partielle Ableitungen)
3. Ermittlung des Schrittweitenfaktors h.

Das Problem der Festlegung von $\boldsymbol{\beta}^*(0)$ — ein in der mathematischen Literatur in bezug auf Konvergenzbeweise wohlbekanntes Problem — ist bei technischen Anwendungen weniger problematisch, da häufig, aufgrund von A-priori-Informationen, das Gebiet von $\boldsymbol{\beta}^*$, das für eine Optimierung zu berücksichtigen ist, sehr gut bekannt ist. Schon die Arbeitsweise eines adaptiven Systems verlangt, daß die Abweichung des Parametervektors $\boldsymbol{\beta}^*$ vom Optimum $\boldsymbol{\beta}_{opt}^*$ nicht zu groß ist, bevor ein neuer Optimierungsvorgang einsetzt. Damit verbleibt nur die Festlegung des Anfangswerts von $\boldsymbol{\beta}^*$, wenn das adaptive System erstmalig eingeschaltet wird. Hierbei darf vorausgesetzt werden, daß vor dem Einsatz eines adaptiven Systems aus der bisherigen Dimensionierung der Regelung der Anfangswert $\boldsymbol{\beta}^*(0)$ bestimmt werden kann.

Die Bestimmung von ∇I ist sowohl unter Verwendung von Empfindlichkeitsmodellen (analytische Lösung) als auch auf der Basis der stets bekannten Realisierungen von $I(\boldsymbol{\beta}^T)$ möglich (experimentelle Lösung, Suchverfahren). Wie später noch gezeigt wird, werden dabei gute Kenntnisse über die Struktur des betrachteten Prozesses vorausgesetzt. Genaue Strukturkenntnisse sind jedoch in den meisten Anwendungsfällen nicht vorhanden. Strukturannahmen führen aber häufig, auch ohne spezielle Untersuchungen, zum Ziel.

Bei der Wahl des Schrittweitenfaktors ist zu beachten, daß er die Konvergenz des Optimierungsver-

fahrens maßgeblich bestimmt. Seine Festlegung stellt daher das Hauptproblem der Optimierung dar. Bei ungenügender A-priori-Information ist dies nicht in optimaler Weise möglich. Grundsätzlich können natürlich auch die Schrittweitenfaktoren durch eine dem Suchvorgang überlagerte Adaption optimiert werden. Ein derartiger Aufwand ist aber nur dann gerechtfertigt, wenn z. B. die A-priori-Kenntnisse so gering sind, daß Instabilität des Suchvorgangs befürchtet werden muß.
Weitere Angaben hierzu sind den Abschnitten zu entnehmen, in denen das Gradientenverfahren beim Entwurf von Adaptivsystemen angewendet wird (Abschnitte 3.4.7.1. und 3.5.2.).

3.4.3.4. Spezielle Hinweise

Eine für den Anwender nützliche Zusammenstellung von Angaben bezüglich der drei Einbindungsarten des Entscheidungsprozesses in den Adaptionsprozeß ist im Bild 3.46 gegeben.

	Entscheidungsprozeß		
	Fall 1 (Bild 3.36)	Fall 2 (Bild 3.37)	Fall 3 (Bild 3.38)
Art der Adaption	offene Wirkungsschleife	geschlossene Wirkungsschleife	geschlossene Wirkungsschleife
Prozeßmodell	mit	ohne	ohne
Durch Identifikation bestimmt	Parameter (Struktur bekannt)	gewählter Güteindex	gewählter Güteindex
Charakteristik des Optimierungskriteriums zur Berechnung der unbekannten Reglerparameter	Festwertkriterium oder Extremwertkriterium	Festwertkriterium oder Extremwertkriterium	Extremwertkriterium
Art des Algorithmus für den Entscheidungsprozeß	Regulär- oder Suchalgorithmus	Suchalgorithmus	Suchalgorithmus
Grad der A-priori-Information über den Entscheidungsprozeß	groß	mittel bis klein	klein
Dynamik des Entscheidungsprozesses	mittel bis sehr schnell	mittel	langsam

Bild 3.46. Klassifizierung und spezielle Hinweise zur Grobeinschätzung des Entscheidungsprozesses in Abhängigkeit von der Art der Einbindung in den Adaptionsprozeß

Wie im Fall 1 unter Berücksichtigung von A-priori-Informationen ein einfacher reguläralgorithmischer Entscheidungsprozeß erhalten werden kann, wird an einem Beispiel in [1] gezeigt. Gegeben sei ein Prozeß mit der Übertragungsfunktion

$$G_P(p) = \frac{1}{p(1 + T_P p)}.$$

T_P sei zeitabhängig. Durch einen Regler mit der Übertragungsfunktion

$$G_R(p) = \frac{V_R}{1 + T_R p}$$

soll die Reglerverstärkung V_R so eingestellt werden, daß die quadratische Regelfläche ein Minimum wird. Bei sprungförmiger Erregung der Führungsgröße soll das Integral $I = \int_0^\infty x_w^2(t)\,dt$ durch geeignete Wahl von V_R ein Minimum werden. Unter Benutzung der Parsevalschen Gleichung [86] erhält man nach einigen Umformungen sowie durch Nullsetzen der Ableitung $\partial I/\partial V_R$ einen analytischen Ausdruck für $V_{R\,opt} = f(T_P)$, der für $T_R = 1\,s$ im Bild 3.47 als Kennlinie dargestellt wurde. Damit erhält man für das zu realisierende Adaptivsystem die Struktur gemäß Bild 3.48. Besonders er-

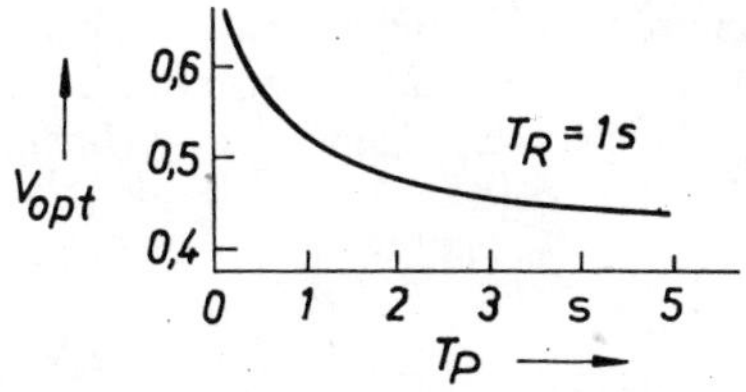

Bild 3.47. Grafische Darstellung des Entscheidungsprozesses $V_{R\,opt} = f(T_P)$

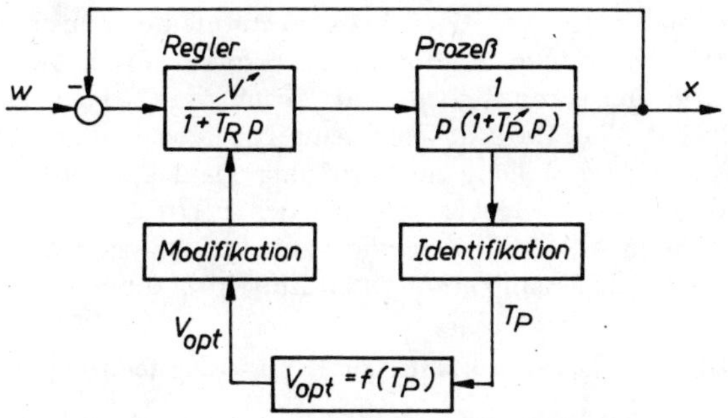

Bild 3.48. Regelkreis mit Adaption durch den Entscheidungsprozeß nach Bild 3.47

wähnenswert ist, daß bei der hier vorliegenden reguläralgorithmischen Optimierung eines Extremalkriteriums nicht der Güteindex I selbst, sondern durch die Identifikation lediglich die Zeitkonstante T_P gemessen werden muß. Bei der suchalgorithmischen Optimierung ist es dagegen umgekehrt.

Anhand der Lösung dieses Beispiels läßt sich noch eine wichtige Problematik ableiten: die Auswahl der wirkungsvollsten Parameter für den adaptiven Stelleingriff in das Grundsystem. Obwohl mit V_R und T_P zwei freie Parameter für die Lösung der vorgegebenen Aufgabenstellung zur Verfügung stehen, wurde nur die Reglerverstärkung verwendet, also ein Freiheitsgrad nicht genutzt. Eine überschlägliche Empfindlichkeitsanalyse unter Verwendung der im Abschn. 2. angegebenen Empfindlichkeitsfunktionen würde allerdings sehr anschaulich zeigen, daß die Reglerverstärkung V_R bezüglich der Kompensation des Einflusses der T_P-Änderungen auf das gewählte Gütekriterium die wirksamste adaptive Stellgröße darstellt. Da der Aufwand für den Entscheidungsprozeß wesentlich durch die Anzahl der für die Lösung der Optimierungsaufgabe vorhandenen freien Parameter (z. B. Reglerparameter) bestimmt wird, ist es zweckmäßig — soweit es die Aufgabenstellung zuläßt —, nur die unbedingt notwendige, möglichst minimale Anzahl von freien Parametern zu verwenden. Die Auswahl der für die Adaption wirkungsvollsten freien Parameter kann, wie bereits erwähnt wurde, durch Empfindlichkeitsuntersuchungen erfolgen. Nach Berechnung der erforderlichen Empfindlichkeitsfunktionen wird es in der Mehrzahl der Anwendungsfälle ausreichend sein, eine überschlägliche Auswertung dieser Empfindlichkeitsfunktionen vorzunehmen und die geeignetsten adaptiven Stellparameter auszuwählen.

Obwohl die Auswahl der wirksamsten adaptiven Stellgrößen auch bei Eingrößensystemen wichtig ist, wird sie natürlich erst recht bei Mehrgrößensystemen, aufgrund der vorhandenen höheren Anzahl von Reglerparametern, von besonders großer praktischer Bedeutung sein.

3.4.4. Modifikation

3.4.4.1. Einleitende Bemerkungen

Im Abschn. 1. wurde aus Gründen der Anschaulichkeit und Zweckmäßigkeit eine Unterteilung des Adaptionsprozesses in drei Teilprozesse vorgenommen (Bild 1.10). Nach dieser Aufteilung (s. auch Bild 3.36) umfaßt der Modifikationsprozeß alle Operationen und Maßnahmen, die nach Übernahme der vom Entscheidungsprozeß erzeugten Informationen bezüglich Struktur-, Parameter- und Signaländerungen bis zu ihrem Wirksamwerden im Grundsystem erforderlich sind. Daraus ergeben sich, in Abhängigkeit von der Art der gerätetechnischen Realisierung eines Adaptivsystems, die vielfältigsten Lösungsmöglichkeiten für den Modifikationsprozeß. Werden die dem Modifikationsprozeß zugeordneten Aufgaben durch eine relativ selbständige Einheit realisiert, spricht man in diesem Fall auch von einem Modifikator. Die Möglichkeiten zur Realisierung eines Modifikators reichen von der Anwendung der konventionellen Gerätetechnik bis zur Mikrorechner- und reinen Softwarelösung [9; 175].

Die Realisierung des Modifikators hängt maßgeblich vom erreichten Stand der Gerätetechnik ab. Eine Darstellung in allgemeiner Form ist nicht möglich. Es ist daher nur sinnvoll, das Modifikationsproblem an einigen Beispielen zu erläutern, in denen gleichzeitig auf die Realisierungsmöglichkeiten adaptiver Systeme mit Hilfe industriell gefertigter und eingesetzter Gerätetechnik hingewiesen wird. Eine in diesem Sinne relativ häufig zu lösende Aufgabe der Modifikation besteht darin, die Parameter eines als Grundkreisregler eingesetzten PID-Reglers ständig zu aktualisieren [9; 174; 175]. Dazu stehen gegenwärtig industriell gefertigte PID-Regler mit diskreter und mit analoger Parametereinstellung zur Verfügung. Da das adaptive System seinerseits analog oder digital realisiert werden kann, ergeben sich bei den PID-Reglern mehrere Varianten. Ihre Darstellung erfolgt im nächsten Abschnitt. Bemerkenswert ist, daß bei den modernen, industriell gefertigten Mikrorechnerreglern die Modifikation durch Eingriff in die Software des Reglers realisiert wird.

3.4.4.2. Lösungsvarianten zur Realisierung der Modifikation

Analoge Parametereinstellung — analoges adaptives System. Die einzustellenden Parameter β_1, β_2 und β_3 liegen als analoge Systemsignale vor (Bild 3.49a). Die Beeinflussung der P-, I- und D-Komponenten erfolgt ebenfalls über analoge Spannungssignale. Dabei ist aber zu beachten, daß die Einstellung der Komponenten i. allg. verkoppelt und der Zusammenhang zwischen den Spannungssignalen der Komponenten und den einzustellenden Werten der Parameter β_1, β_2 und β_3 nichtlinear ist. Der Modifikator wird daher durch ein nichtlineares Netzwerk realisiert.

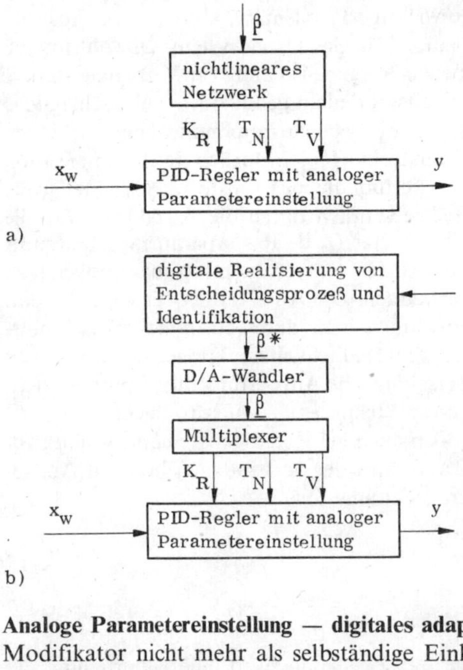

Bild 3.49. Modifikation für analoge Parametereinstellung

Analoge Parametereinstellung — digitales adaptives System. Bei dieser Variante (Bild 3.49b) tritt der Modifikator nicht mehr als selbständige Einheit auf. Das nichtlineare Netzwerk wird im Rechner des adaptiven Systems realisiert. Für die Kopplung des Rechners an den Grundkreisregler wird ein Teil der Rechnerperipherie verwendet, die für die Ankopplung des adaptiven Systems an den technologischen Prozeß ohnehin notwendig ist.

Diskrete Parametereinstellung — analoges adaptives System. Bei dieser Variante müssen die Signale β_1, β_2 und β_3 zunächst einer A/D-Umsetzung zugeführt werden (Bild 3.50). Diese Umsetzung ist allerdings mit relativ niedrigem Aufwand realisierbar, da, nach bisherigen Erfahrungen, $n = 10$ unterschiedliche Einstellungen der β_i für die Beherrschung von Parameteränderungen bei vielen technologischen Prozessen ausreichen und dementsprechend eine Klassifizierung der analogen Signale in $n = 10$ Intervalle genügt. Die am Ausgang des Klassifikators anliegende 3-n-stellige Dualzahl wird durch eine Kodiermatrix in eine 14stellige Dualzahl so umgesetzt, daß deren Kodierung den gewünschten PID-Werten entspricht, die über eine elektronische Ansteuerung am Regler eingestellt werden.

Diskrete Parametereinstellung — digitales adaptives System. Mit der Einführung der Mikrorechentechnik in der Automatisierungstechnik wird die Realisierung adaptiver Systeme wesentlich erleichtert.

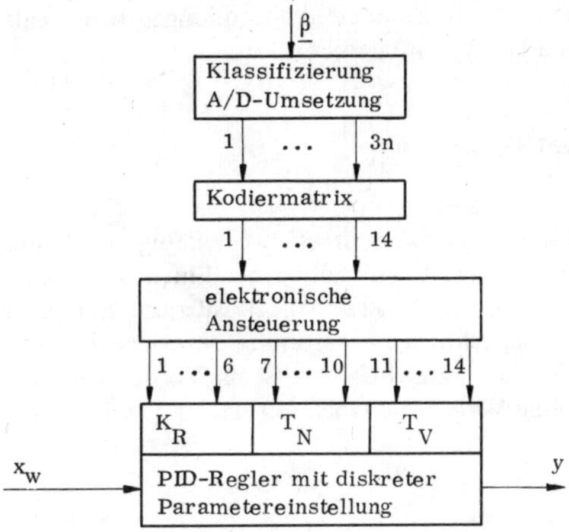

Bild 3.50. Modifikation bei diskreter Parametereinstellung und analogem adaptivem System

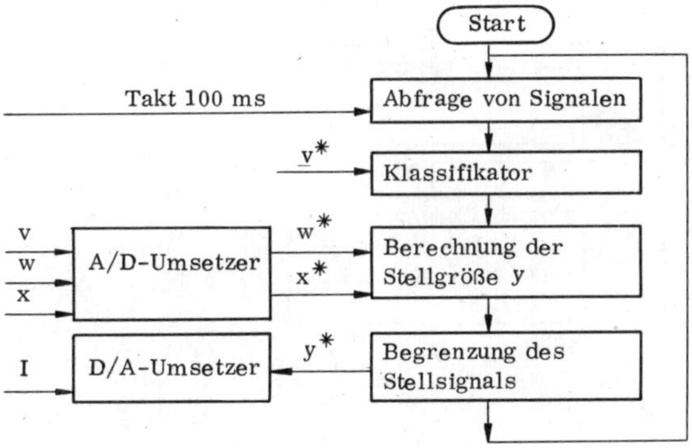

Bild 3.51. Funktionsschema eines parametergesteuerten Mikrorechnerreglers

Entsprechende Modifikatorvarianten auf der Basis schon industriell eingesetzter analoger Regler sowie auch adaptiver DDC-Regler wurden bereits erfolgreich erprobt und eingesetzt.
Im Bild 3.51 ist das Funktionsschema eines parametergesteuerten Reglers auf der Basis des Mikroprozessors U880 dargestellt. Modifikator und Grundkreisregler wurden in einem Mikrorechner vereinigt. Nach dem Start des Programms erfolgt die Abfrage von Schaltern, mit denen die Reglerstruktur (Zuschalten von P-, I- und D-Anteilen) gewählt und definierte Anfangsbedingungen (z. B. Nullsetzen des Integratorausgangs) hergestellt werden. Mit dem Taktimpuls der Hardware-Uhr beginnt die Klassifikation der Variablen v, d. h. die Ermittlung der Intervallnummer und das Übertragen der Änderungen in den PID-Algorithmus. Vor der Ausgabe an den A/D-Wandler wird das Stellsignal hinsichtlich Amplitude und Änderungsgeschwindigkeit begrenzt. Die jeweiligen Grenzen sind programmierbar. Derartige statische und dynamische Begrenzungen sind bei den bisher eingesetzten analogen PID-Reglern üblich und dienen der Anpassung des Stellsignals an die Regelstrecke. Durch den Takt der Uhr synchronisiert, wird der beschriebene Ablauf zyklisch wiederholt.
Zur Realisierung des Programms wurde eine Festkommaarithmetik mit einstellbarer Binärkommaposition verwendet. Eingangs- und Ausgangsgrößen verwenden das 2-Byte-Format, interne Größen das 4-Byte-Format. Das Programm wurde in Assemblersprache geschrieben. Die Programmierung der konkreten Reglerdaten erfolgt bei der Assemblierung des Programms. Die erreichbare kleinste Abtastperiode des Programms beträgt 30 ms. Der Speicherbedarf liegt bei 1,25 KByte PROM und 0,25 KByte RAM.
Dieser technische Aufwand ist sehr gering. Dabei darf aber der Aufwand für die Ermittlung der hierzu notwendigen A-priori-Kenntnisse nicht vergessen werden. Außerdem ist die Mikrorechnerrealisierung des Reglers nur dann sinnvoll, wenn sie in ein mikrorechnerorientiertes Systemkonzept der Automatisierungsanlage eingepaßt ist. Hieraus ergeben sich bestimmte Forderungen an die

Gestaltung der Hardwarestruktur des Steuerungssystems, die weit höhere Aufwendungen beim realisierenden Anwender bedingen als die Entwicklung des adaptiven Reglerkerns.

3.4.5. Vorbemerkungen zum Entwurf von Adaptivsystemen ohne Vergleichsmodell

Zur Behandlung des Entwurfs dieser Klasse von Adaptivsystemen ist es zweckmäßig, von einer Klassifizierung auszugehen (Bild 3.52), die sich durch geeignete Kombination der Einteilungen nach den Bildern 1.16 und 3.46 ergibt. Obwohl zweifellos auch andere Aspekte der Klassifizierung möglich wären, gestattet die gewählte Einteilung eine relativ übersichtliche Einordnung der meisten bisher bekanntgewordenen Entwurfsverfahren. Die Parameteradaption steht zunächst im Vordergrund der Betrachtungen. Signal- und strukturadaptive Systeme ohne Vergleichsmodell werden im Abschn. 3.4.8. behandelt.

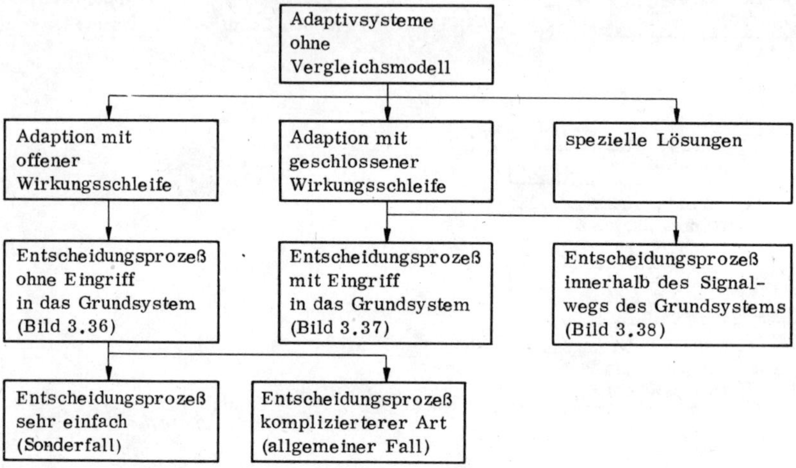

Bild 3.52. Klassifizierung von Adaptivsystemen ohne Vergleichsmodell auf der Basis der Stellung des Entscheidungsprozesses zum Grundsystem

3.4.6. Adaption mit offener Wirkungsschleife (Adaptivsteuerung)

3.4.6.1. Grundlagen, Übersicht

Adaptivsysteme dieser Art stellen gegenwärtig die für die Praxis wichtigste Klasse von Adaptivsystemen ohne Vergleichsmodell dar. Dies ist vor allem darin begründet, daß mit steigender Leistungsfähigkeit der Mikrorechentechnik kompliziertere Methoden der Modellbestimmung sowie des Entscheidungsprozesses im Echtzeitbetrieb wirtschaftlich realisiert werden können. Um die Vorgehensweise beim Entwurf dieser Systemklasse noch anschaulicher als bisher hervorzuheben, ist es zweckmäßig, den Systemaufbau gemäß Bild 3.4 konkret auf den hier vorliegenden Fall darzustellen (Bild 3.53).
Mit Hilfe leistungsfähiger, schneller Identifikationsverfahren wird ein aktuelles parametrisches Prozeßmodell ermittelt und anschließend auf der Basis dieses Prozeßmodells im Entscheidungsprozeß der Entwurf des Grundsystems (Ermittlung der Parameter des im Sinne eines vorgegebenen Gütekriteriums optimalen Regelungsgesetzes) durchgeführt. Erst nach Abschluß der Synthese (Entscheidungsprozeß ohne Eingriff in das Grundsystem!) wird unter Berücksichtigung der verwendeten Gerätetechnik sowie der Struktur des gewählten Grundkreisreglers die Modifikation realisiert.
Aus der Vielzahl möglicher Lösungsvarianten werden im folgenden nur solche behandelt, die zum gegenwärtigen Zeitpunkt ingenieurmäßig genügend aufbereitet sind bzw. bei denen aufgrund von Vergleichsuntersuchungen hinreichend gesicherte Erfahrungen vorliegen. Daß bei der Dynamik des

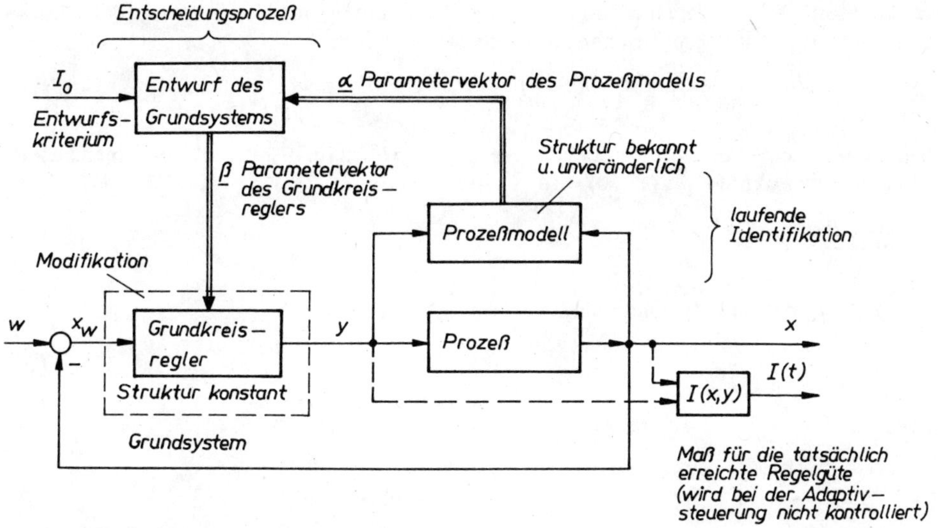

Bild 3.53. Aufbau eines Adaptivsystems ohne Vergleichsmodell und Adaption durch eine offene Wirkungskette

Fachgebiets neben diesen grundlegenden Verfahren weitere, sehr effektive Speziallösungen existieren, die aber aus Platzgründen hier nicht behandelt werden können, soll der Vollständigkeit halber nicht unerwähnt bleiben. Die Vielfalt der Lösungen ergibt sich vor allem aus der

— Art der Auslegung des Grundsystems
— Wahl der übergeordneten Adaptionseinrichtung (Identifikation, Entscheidungsprozeß).

Auslegung des Grundsystems

Die Auslegung des Grundsystems muß nach zwei Gesichtspunkten erfolgen:

1. Unter Berücksichtigung der vorgegebenen Aufgabenstellung muß das gewünschte Systemverhalten prinzipiell erreichbar sein.
2. Die Adaption muß in einfacher, der Leistungsfähigkeit der verwendeten Gerätetechnik angepaßter Weise möglich sein.

Die „Adaptierfähigkeit" des Grundsystems ist bei allen Überlegungen zum Entwurf von Adaptivsystemen von vornherein zu berücksichtigen.

Prozeß. Für die Beschreibung von Prozessen werden, wie bereits erwähnt, bevorzugt parametrische Modelle [25] verwendet. Hier sind bei linearen determinierten Prozessen im kontinuierlichen Fall vor allem die Übertragungsfunktion

$$G(p) = \frac{X(p)}{Y(p)} = \frac{B(p)}{A(p)} = \frac{b_m p^m + b_{m-1} p^{m-1} + \ldots + b_1 p + b_0}{a_n p^n + a_{n-1} p^{n-1} + \ldots + a_1 p + 1} \qquad m \leqq n \tag{3.50}$$

und die Beschreibung im Zustandsraum

$$\begin{aligned} \dot{\boldsymbol{x}} &= \boldsymbol{A}\boldsymbol{x} + \boldsymbol{b}u \\ y &= \boldsymbol{c}^{\mathrm{T}}\boldsymbol{x} + du \end{aligned} \tag{3.51}$$

sowie als entsprechende diskrete Beschreibungsformen die z-Transformierte

$$G(z) = \frac{X(z)}{Y(z)} = \frac{B(z^{-1})}{A(z^{-1})} = \frac{b_m^* z^{-m} + b_{m-1}^* z^{-(m-1)} + \ldots + b_1^* z^{-1} + b_0^*}{a_n^* z^{-n} + a_{n-1}^* z^{-(n-1)} + \ldots + a_1^* z^{-1} + 1} \tag{3.52}$$

und die Darstellung im Zustandsraum

$$\begin{aligned} \boldsymbol{x}(k+1) &= \boldsymbol{A}^*\boldsymbol{x}(k) + \boldsymbol{b}^*u(k) \\ y(k) &= \boldsymbol{c}^{\mathrm{T}*}\boldsymbol{x}(k) + d^*u(k)\,; \qquad k = 0, 1, 2, \ldots \end{aligned} \tag{3.53}$$

zu nennen. Aufgrund ihrer großen Bedeutung bei der Beschreibung von zeitdiskreten Systemen im Zeitbereich sei noch die Differenzengleichung angegeben:

$$x(k) + a_1^* x(k-1) + \ldots + a_n^* x(k-n) = b_0^* y(k) + b_1^* y(k-1) + \ldots + b_m^* y(k-m)\,. \tag{3.54}$$

Da bei vielen Prozessen eine Totzeit zu berücksichtigen ist, sollen noch für diesen Fall die entsprechenden Gleichungen angegeben werden. Aus (3.50) wird

$$G(p) = \frac{B(p)}{A(p)}\, e^{-pT_t} \tag{3.55}$$

und mit $T_t = dT_0$ (T_0 Abtastzeit) erhält man für (3.52)

$$H(z) = \frac{B(z^{-1})}{A(z^{-1})}\, z^{-d} \tag{3.56}$$

und für (3.54)

$$\begin{aligned} x(k) + a_1^* x(k-1) + \ldots + a_n^* x(k-n) &= b_0^* y(k-d) + b_1^* y(k-d-1) \\ &\quad + \ldots + b_m^* y(k-d-m)\,. \end{aligned} \tag{3.57}$$

Treten wesentliche stochastische Störungen auf, ist ein zusätzlicher Störfilteransatz (Bild 3.31) zu berücksichtigen. In vielen praktischen Fällen ist anzunehmen, daß zu Beginn des Entwurfs gewisse A-priori-Informationen aufgrund vorangegangener prozeßanalytischer Untersuchungen (Struktur, „Grobcharakteristik“ der Parameter) bereits vorliegen. Dies wird vor allem immer dann der Fall sein, wenn nicht von vornherein ersichtlich ist, ob die Realisierung eines Adaptivsystems unbedingt notwendig ist, und daher in einem ersten Schritt der Entwurf nach nichtadaptiven Verfahren bereits erfolgt ist und die erhaltene Lösung den Güteanforderungen nicht genügt. Unter diesen Bedingungen wird man sicherlich zunächst einmal die Beschreibungsform des bereits vorliegenden Prozeßmodells mit den darin als gesichert anzusehenden A-priori-Informationen über die Struktur sowie den Parametern als Basis für den Entwurf eines Adaptivsystems vorteilhaft verwenden. Bei den im folgenden behandelten Entwurfsverfahren wird davon ausgegangen, daß als minimale A-priori-Information über den Prozeß die Struktur (Ordnung des Zähler- und Nennerpolynoms) und evtl. die Totzeit bekannt sind.

Regelalgorithmen. Bei der Auswahl geeigneter Regelalgorithmen für den Grundkreisregler sind solche Kriterien von Bedeutung wie [14]

1. geringer Aufwand zur Berechnung der Reglerparameter
2. geringer Aufwand zur Berechnung der Stellgröße $y(k)$
3. geringer Speicherbedarf.

Forderung 1 gilt grundsätzlich für sämtliche Arten der gerätetechnischen Realisierung. Aufwendige Entwurfs-(Optimierungs-)Verfahren sind daher nicht geeignet. Die Forderungen 2 und 3 sind vor allem bei der Implementierung auf Mikrorechnern zu beachten. Unter Berücksichtigung dieser Forderungen sind die im Bild 3.54 angegebenen Regelalgorithmen bevorzugt zu verwenden. Ein kritischer Vergleich dieser Regelalgorithmen bezüglich ihrer Leistungsfähigkeit bei determinierten und stochastischen Störsignalen sowie unter Berücksichtigung der bereits genannten Forderungen ist in [14; 22; 25] zu finden.

Ist der Algorithmus des Grundkreisreglers unter Berücksichtigung sowohl des Entwurfskriteriums für das Grundsystem als auch passend zum Prozeßmodellansatz gewählt worden, so ist damit auch der Entscheidungsprozeß prinzipiell in seiner funktionalen Abhängigkeit und im Kompliziertheitsgrad festgelegt. Außerdem erhält man bereits aufgrund der gewählten Beschreibungsform des Prozeß-

Deterministische Regelalgorithmen	Regler mit variablem Kompensatorteil Regler mit Polvorgabe Dead-beat-Regler PID-Regler
Stochastische Regelalgorithmen	Minimalvarianz-Regler erweiterter Minimalvarianz-Regler

Bild 3.54. Zusammenstellung der wesentlichsten Regelalgorithmen, die für Grundkreisregler in Adaptivsystemen besonders gut geeignet sind

modells nützliche Hinweise für eine erste Vorauswahl bezüglich eines geeigneten Identifikationsverfahrens. Somit sind nach der strukturellen Festlegung des Grundsystems bereits wesentliche Vorentscheidungen für die Gestaltung der gesamten Adaptionseinrichtung gefällt worden.

Adaptionseinrichtung

Entscheidungsprozeß. Zur Berechnung der Reglerparameter ist das Adaptionsgesetz — s. auch Gl. (1.2) und Bild 3.52 —

$$\boldsymbol{\beta} = \boldsymbol{f}(I_0, \boldsymbol{\alpha}^{\mathrm{T}}) \; ; \tag{3.58}$$

I_0 Gütekriterium für die Auslegung des Grundsystems
$\boldsymbol{\beta}^{\mathrm{T}} = [\beta_1, \beta_2, ...]$;
β_i Reglerparameter
$\boldsymbol{\alpha}^{\mathrm{T}} = [\alpha_1, \alpha_2, ...]$;
α_i Parameter des Prozeßmodells

zu ermitteln, und aufgrund des vorliegenden Kompliziertheitsgrads ist dann zu entscheiden, ob die Lösung von (3.58) mit regulär- oder suchalgorithmischen Verfahren erfolgen soll (bzw. erfolgen muß). Gl. (3.58) stellt das Adaptivgesetz für die Reglerparameter in allgemeiner Form dar.

Identifikation. Die Wahl des Identifikationsverfahrens erfolgt in Abhängigkeit sowohl von der Art des gewählten Prozeßmodells als auch von der Charakteristik der zu erwartenden Parameteränderungen. Forderungen an die Genauigkeit und insbesondere an die Identifikationsgeschwindigkeit werden die Auswahl wesentlich mitbestimmen. Detailliertere Angaben über die zweckmäßige Wahl der Kombination von Regelalgorithmus (Entscheidungsprozeß) und Identifikationsverfahren sind in [14; 22; 25] zu finden.

Die Eigenschaften der im Bild 3.53 dargestellten Adaptivsteuerung entsprechen denen jeder Art von Steuerungen. Als sehr vorteilhaft wird in der Literatur das dynamisch günstige Verhalten, aber auch die Vermeidung von Stabilitätsproblemen genannt [14; 22]. Man sollte dabei jedoch nicht vergessen, daß dies eine recht allgemeine Einschätzung ist, die nur dann gilt, wenn die Teilprozesse der Adaption sorgfältig aufeinander abgestimmt sind. Ist dies nicht der Fall, so kann aus den unterschiedlichsten Gründen das dynamische Verhalten schlecht sein, sogar Instabilität (z. B. bei numerischer Instabilität des Identifikationsverfahrens, ungenauer Wahl der Prozeßtotzeit u. ä.) auftreten. Während in der Regel eine Einschätzung der Leistungsfähigkeit der entworfenen adaptiven Steuerungen anhand von Rechnersimulationen zweckmäßig und in vielen Fällen ausreichend sein wird, ist in besonderen Anwendungsfällen eine allgemeine Stabilitätsuntersuchung angebracht [14; 22].

Bei Systemen mit Adaption durch eine offene Wirkungskette ist es sinnvoll, in Abhängigkeit sowohl vom Grad der A-priori-Information über den zu automatisierenden Prozeß als auch vom Kompliziertheitsgrad des Entscheidungsprozesses zwei Fälle zu unterscheiden:

1. einfacher Entscheidungsprozeß (Sonderfall)
2. Entscheidungsprozeß komplizierterer Art (allgemeiner Fall).

Der Reihe nach wird in den folgenden Abschnitten der Fall 1 in mehr allgemeiner Form behandelt, und zum Fall 2 werden wegen seiner großen Bedeutung einige spezielle Lösungen detaillierter angegeben.

3.4.6.2. Adaption mit offener Wirkungsschleife und einfachem Entscheidungsprozeß (adaptive Störgrößenaufschaltung)

Die adaptive Störgrößenaufschaltung stellt, wie bereits erwähnt, den einfachsten Fall eines Adaptivsystems dar, der jedoch die größte Anfangsinformation voraussetzt. Die Wirkung der gemessenen Prozeßstörungen (Signal- und/oder Parameteränderungen bzw. die Änderung einer Hilfsprozeßvariablen) auf die Arbeitsweise des Grundsystems muß bekannt sein. Es ist also erforderlich, in Abhängigkeit von den verwendeten meßbaren Prozeßstörungsgrößen eine der folgenden Beziehungen zu ermitteln:

1. $$\boldsymbol{\beta}_{1i}(t) = \boldsymbol{f}_{1i}(I_0, \boldsymbol{\beta}_{1j}, \xi) \tag{3.59}$$

oder

2. $\boldsymbol{\beta}_{2i}(t) = f_{2i}(I_0, \boldsymbol{\alpha}_l^{\mathrm{T}}, \boldsymbol{\beta}_{2j}^{\mathrm{T}}, \boldsymbol{\alpha}_k^{\mathrm{T}}(t), z(t))$; (3.60)

I_0 Gütekriterium, nach dem das Verhalten des Grundsystems ausgelegt wird
$\boldsymbol{\beta}_i(t)$ bzw. $\boldsymbol{\beta}_j$ Vektor der zeitabhängigen (adaptiven Stellgrößen) bzw. konstanten Reglerparameter
$\boldsymbol{\alpha}_k(t)$ bzw. $\boldsymbol{\alpha}_l$ Vektor der zeitabhängigen bzw. konstanten Parameter des Prozeßmodells
$z(t)$ wesentliche Signalstörung des Prozesses
$\xi(t)$ Hilfsprozeßvariable, die mit der Prozeßdynamik gut korreliert.

Vorausgesetzt wird außerdem, daß $\boldsymbol{\alpha}_k(t)$, $z(t)$ bzw. $\xi(t)$ in einfacher Weise meßbar sind und im Fall 2 die Struktur des Prozeßmodells bekannt sei. Durch Aufspaltung des Vektors der Reglerparameter in einen variablen ($\boldsymbol{\beta}_i(t)$) und einen konstanten ($\boldsymbol{\beta}_j$) Teil wird berücksichtigt, daß in den meisten Fällen nur die wirksamsten Reglerparameter für eine Kompensation der Prozeßänderungen auf ein vorgegebenes Gütekriterium verwendet werden (in komplizierteren Fällen z. B. im Ergebnis einer Empfindlichkeitsanalyse).

Nach der bisher verwendeten Bezeichnungsweise werden (3.59) und (3.60) im Ergebnis des Entscheidungsprozesses erhalten und stellen das zu realisierende Adaptivgesetz in allgemeiner Form dar. Während bei der Adaption nach (3.59) die Prozeßinformation über eine geeignete Hilfsprozeßvariable erhalten wird, lehnt sich die Anpassung nach (3.60) hinsichtlich der zu beschaffenden Prozeßinformationen unmittelbar an die übliche parametrische Modellbildung an. Bezüglich einer zweckmäßigen Abgrenzung sollen zum letzten Fall noch einige Erläuterungen gegeben werden. Im Gegensatz zu dem in den nächsten Abschnitten behandelten „allgemeinen" Fall der Adaption durch eine offene Wirkungskette muß (3.60) als einfache Beziehung (im Regelfall durch eine Kennlinie) angebbar sein, also keine komplizierten Rechenoperationen erfordern (Suchalgorithmen sind damit ausgeschlossen). Was die Einfachheit des Entscheidungsprozesses betrifft, so sei noch darauf hingewiesen, daß sie sich sowohl aus Lösungen von Reguläralgorithmen (Bild 3.47 und 3.48) als auch aus einfachen funktionellen Abhängigkeiten, z. B. bei Reglern mit variablem Kompensatorteil, ergeben kann. Die adaptive Störgrößenaufschaltung gemäß (3.60) ist in diesem Sinne nicht an ein bestimmtes Entwurfsprinzip gebunden. Sie stellt lediglich den Sonderfall der einfachen Lösung dar. Obwohl diese Abgrenzung natürlich relativ subjektiv und aus „höherer" systemtheoretischer Sicht unbegründet ist, wird sie doch für den Praktiker wegen ihrer Anschaulichkeit sehr nützlich sein.

Wenn man davon ausgeht, daß die erforderlichen A-priori-Informationen über den Prozeß vorliegen, besteht der eigentliche Entwurf in der Ermittlung von (3.59) bzw. (3.60). Die detaillierte Festlegung der evtl. dann noch existierenden freien Parameter der Adaptivschleife wird in Abhängigkeit von der Art und Weise der Implementierung unter Berücksichtigung der gewählten Gerätetechnik erfolgen. Zur allgemeinen Orientierung sei erwähnt, daß bezüglich der Bezeichnung der hier behandelten System-

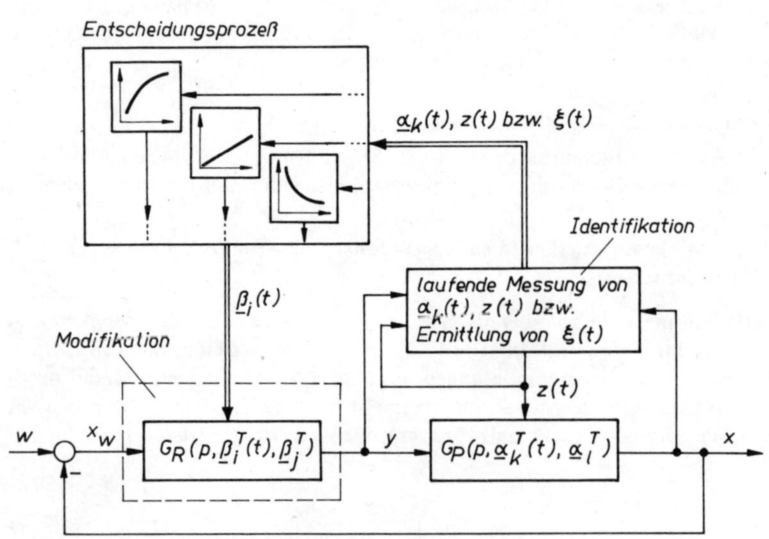

Bild 3.55. Aufbau einer adaptiven Störgrößenaufschaltung

strukturen keine Einheitlichkeit besteht. So wird z. B. bei Systemen, die nach (3.59) entworfen worden sind (häufig auch als „gain scheduling" bezeichnet), darüber gestritten, ob sie zu den Adaptivsystemen gehören oder nicht [27]. Bei der hier gewählten Darstellung wird davon ausgegangen, daß es gleichgültig ist, ob z. B. die Kennlinien, nach denen die Reglerparameter eingestellt werden müssen, unter Verwendung einer Hilfsprozeßvariablen oder Störsignalen bzw. Parameterwerten eines Prozeßmodells ermittelt werden. Den Autoren scheint der Maßstab „durchgehende Einfachheit" beim Entwurf und der Realisierung für die Charakterisierung dieser nützlichen Technik zur Kompensation von Änderungen der Prozeßdynamik anschaulich und zugleich für die Praxis zweckmäßig zu sein. Wie der Entwurf von adaptiven Störgrößensystemen (Bild 3.55) im einzelnen erfolgen kann, ist im Bild 3.56 dargestellt.

Ablaufplan (s. Bild 3.56).

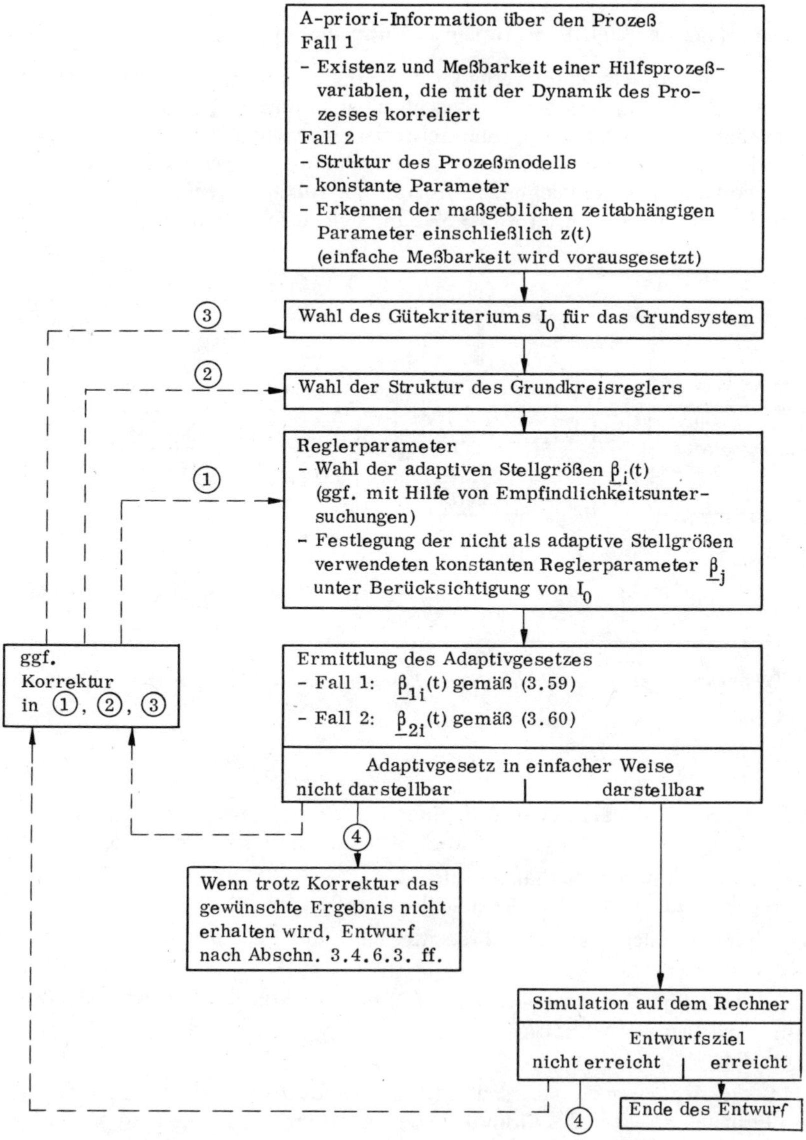

Bild 3.56. Grobablaufplan für den Entwurf einer adaptiven Störgrößenaufschaltung

Einschätzung

Die Realisierung eines Adaptivsystems nach Art der adaptiven Störgrößenaufschaltung ist an die Einfachheit der Adaptionsvorschrift sowie die unkomplizierte meßtechnische Erfassung der variablen Prozeßkennwerte gebunden. Wie schnell ein adaptiver Eingriff über die Reglerparameter zur Kompensation von Änderungen der Prozeßdynamik erfolgen kann, wird wesentlich von der Geschwindigkeit abhängen, mit der diese Änderungen meßtechnisch erfaßt werden können. Ein gewisser Nachteil, der sich besonders beim Entwurf nach Fall 2 — Adaptionsgesetz (3.60) — ergibt, entsteht dadurch, daß die Reglerparameter $\boldsymbol{\beta}_{1i}(t)$ für viele Operationsbedingungen bestimmt werden müssen und die erreichte Güte i. allg. durch viele Simulationen kontrolliert werden muß. Die Anwendung adaptiver Störgrößenaufschaltungen wird i. allg. nur auf relativ einfache Prozeßtypen beschränkt bleiben. Aufgrund ihrer vorteilhaften dynamischen Eigenschaften sollte dennoch stets geprüft werden, ob im konkreten Fall die Anwendung einer derartigen Struktur möglich ist.

3.4.6.3. Adaption bei Anwendung von Reglern mit variablem Kompensatorteil

Die einfachste Lösung für die Adaptionseinrichtung erhält man zweifellos dann, wenn die identifizierten Parameter des Prozeßmodells gleichzeitig die adaptiv einzustellenden Parameter des Grundkreisreglers darstellen. Da die momentanen Parameter des Grundkreisreglers so nicht erst im Ergebnis einer Optimierung erhalten werden, bedeutet dies praktisch eine Umgehung des Entscheidungsprozesses. Ob sich eine derartige, sehr vorteilhafte Vereinfachung realisieren läßt, soll im folgenden genauer untersucht werden. Zunächst einmal wird von dem im Bild 3.57 dargestellten System ausgegangen.

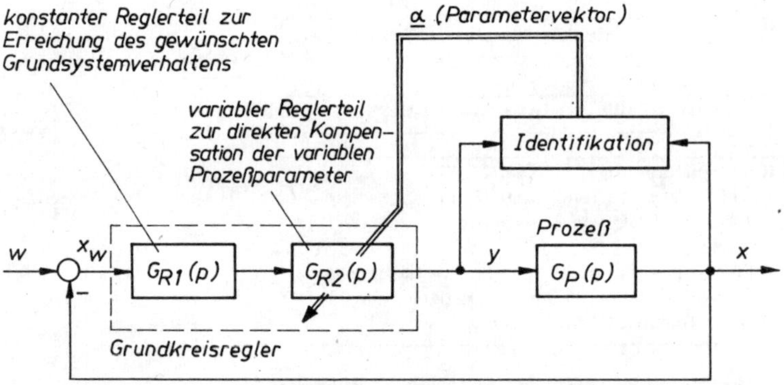

Bild 3.57. Prinzipieller Aufbau eines Adaptivsystems mit direkter Kompensation der zeitabhängigen Prozeßparameter

Grundsystem

Entwurfskriterium. Da die im Bild 3.57 dargestellte Aufteilung des Grundkreisreglers nicht auf einen bestimmten Reglertyp beschränkt ist, können grundsätzlich verschiedenartige Gütekriterien, z. B.

— Einhaltung eines vorgegebenen Führungsverhaltens oder
— Einhaltung einer vorgegebenen Lage der Pole des geschlossenen Systems,

vorgegeben werden. Im folgenden sollen jedoch nur diese zwei Fälle zur Erläuterung der allgemeinen Vorgehensweise näher behandelt werden.

Prozeßmodell. Im Fall der Einhaltung eines vorgegebenen Führungsverhaltens wird als Modellform im vorliegenden Fall die Übertragungsfunktion (3.50) und bei vorgegebener Pollage die Zustandsraumdarstellung (3.51) gewählt.

Grundkreisregler. Unter Berücksichtigung der verwendeten Prozeßmodellform und des zu erfüllenden Gütekriteriums ist die allgemeine Struktur des Grundkreisreglers zu ermitteln. Zunächst behandeln wir den Fall, daß ein vorgegebenes Führungsverhalten des Grundsystems trotz zeitvarianten Prozeßverhaltens eingehalten werden soll. Nach Bild 3.57 erhält man für die Führungsübertragungsfunktion

$$G_w(p) = \frac{X_a(p)}{W(p)} = \frac{G_0}{1 + G_0} \tag{3.61}$$

$$G_0 = G_{R1}(p)\, G_{R2}(p)\, G_P(p)\,.$$

Nehmen wir an, daß im variablen Reglerteil die Inverse der Übertragungsfunktion des Prozeßmodells realisiert werden kann, so erhält man mit

$$G_{R2}(p) = \frac{1}{G_P(p)}$$

für (3.61)

$$G_w(p) = \frac{G_{R1}(p)}{1 + G_{R1}(p)}. \tag{3.62}$$

Damit ist das Führungsverhalten nur noch vom konstanten Reglerteil abhängig, und bei vorgegebenem $G_w(p)$ erhält man durch Auflösen von (3.62) nach $G_{R1}(p)$

$$G_{R1}(p) = \frac{G_w(p)}{1 - G_w(p)} \tag{3.63}$$

und so den im Bild 3.58 dargestellten Aufbau des Grundkreisreglers. Auch dann, wenn eine Trennung der Übertragungsfunktion des Prozesses $G_P(p)$ in einen variablen und konstanten Teil möglich ist, ändert sich dieser strukturelle Aufbau prinzipiell nicht.

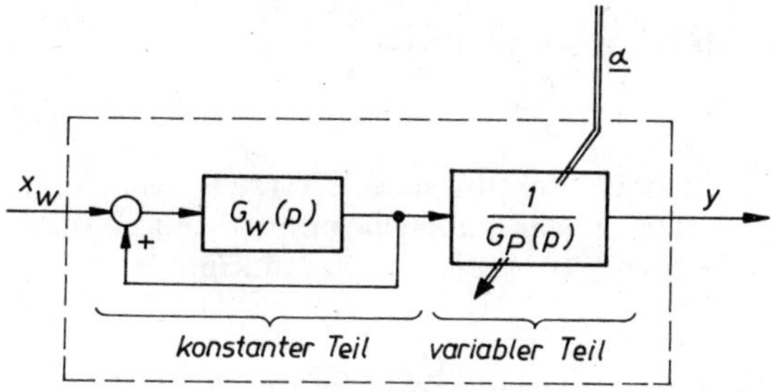

Bild 3.58. Grundkreisregler mit einstellbarem Kompensatorteil

Nun wollen wir prüfen, ob im Zustandsraum, bei vorgegebener Lage der Pole als Entwurfskriterium, eine analoge Darstellung möglich ist. Ausgegangen wird von einem Grundsystem gemäß Bild 3.59. Der Einfachheit halber sei angenommen, daß der vollständige Zustandsvektor zur Verfügung steht und nur zeitabhängige Elemente in der Systemmatrix $\boldsymbol{A}$ enthalten sind. Das Regelungsgesetz hat die Form

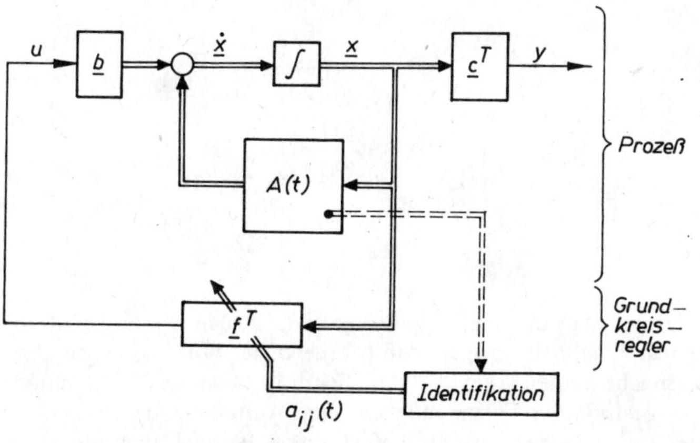

Bild 3.59. Adaptivsystem mit einer Struktur, wie sie unter Verwendung der Zustandsdarstellung erhalten wird

$$u = \boldsymbol{f}^{\mathrm{T}}\boldsymbol{x} = [f_{11} f_{12} f_{13} \cdots f_{1n}] \begin{bmatrix} x_1 \\ x_2 \\ x_3 \\ \vdots \\ x_n \end{bmatrix}.$$

$\boldsymbol{f}^{\mathrm{T}}$ stellt bei linearem zeitinvariantem Prozeß einen Parametervektor dar, der so gewählt werden muß, daß die Eigenwerte der Matrix des geschlossenen Systems $\boldsymbol{A}_{\mathrm{ges}} = (\boldsymbol{A} + \boldsymbol{b}\boldsymbol{f}^{\mathrm{T}})$ den vorgegebenen Polen entsprechen. Bei der vorausgesetzten Zeitvarianz erhält man für diese Matrix [37]

$$\boldsymbol{A}_{\mathrm{ges}} = [\boldsymbol{A}(t) + \boldsymbol{b}\boldsymbol{f}^{\mathrm{T}}(t)].$$

Die Auflösung dieser Gleichung nach $\boldsymbol{f}^{\mathrm{T}}(t)$, in Analogie zu (3.63), ist nicht möglich. Zur Abspaltung eines variablen Kompensatorteils im Sinne der Darstellung nach Bild 3.58 muß daher eine andere Vorgehensweise gewählt werden.

Unter Berücksichtigung der in der Praxis am häufigsten auftretenden Fälle ist es sinnvoll, davon auszugehen, daß nicht alle Elemente in $\boldsymbol{A}(t)$ zeitabhängig bzw. unbekannt sind. Nimmt man an, daß dies nur k Elemente betrifft, so kann man für $\boldsymbol{f}^{\mathrm{T}}(t)$ schreiben

$$\boldsymbol{f}^{\mathrm{T}}(t) = [f_{11}(t)\, f_{12}(t) \ldots f_{1n}(t)]. \tag{3.64}$$

Für die einzelnen Reglerelemente gilt

$$f_{1i}(t) = g_{1i}(\boldsymbol{a}_{ij}^{\mathrm{T}}(t), \boldsymbol{a}_{ij}^{\mathrm{T}}, \boldsymbol{b}_{1i}^{\mathrm{T}})\ ; \tag{3.65}$$

$\boldsymbol{a}_{ij}(t)$ Parametervektor der zeitabhängigen Elemente in $\boldsymbol{A}(t)$ insgesamt k Elemente
$\boldsymbol{a}_{ij}$ Parametervektor der konstanten Elemente von $\boldsymbol{A}(t)$
$\boldsymbol{b}_{1i}$ konstanter Parametervektor der Eingangsmatrix.

Gelingt es nun, für (3.65) eine vergleichsweise einfache Abhängigkeit von den $\boldsymbol{a}_{ij}(t)$ zu finden, ist auch eine einfache Adaption im Sinne der gewünschten direkten Kompensation möglich. Besonders einfach ist dies, wenn eine additive Verknüpfung in der folgenden Weise gefunden werden kann:

$$f_{1i}(t) = f_{1i0} + k_{ij}a_{ij}(t)\ ;$$

f_{1i0} Element des konstanten Reglerteils (berechnet unter Berücksichtigung der vorgegebenen Pollage)
k_{ij} konstanter Faktor.

Hierzu ein sehr einfaches Beispiel:
Gegeben sei

$$\boldsymbol{A}(t) = \begin{bmatrix} a_{11}(t) & a_{12}(t) \\ a_{21} & a_{22} \end{bmatrix}, \qquad \boldsymbol{b} = \begin{bmatrix} 1 \\ 0 \end{bmatrix}.$$

Mit dem Ansatz

$$\boldsymbol{f}^{\mathrm{T}} = |\{f_{11} - a_{11}(t)\}\ \{f_{12} - a_{12}(t)\}|$$

erhält man für

$$\boldsymbol{A}_{\mathrm{ges}} = [\boldsymbol{A}(t) + \boldsymbol{b}\boldsymbol{f}^{\mathrm{T}}] = \begin{bmatrix} a_{11}(t) & a_{12}(t) \\ a_{21} & a_{22} \end{bmatrix} + \begin{bmatrix} 1 \\ 0 \end{bmatrix} [[f_{11} - a_{11}(t)]\ [f_{12} - a_{12}(t)]]$$

$$= \begin{bmatrix} f_{11} & f_{12} \\ a_{21} & a_{22} \end{bmatrix}.$$

Die $a_{ij}(t)$ haben damit, ständige Anpassung im Regler vorausgesetzt, keinen Einfluß auf die Systemmatrix des geschlossenen Systems. Es läßt sich zeigen, daß bei geeigneter Wahl von f_{11} und f_{12} eine vorgegebene Pollage tatsächlich erreicht werden kann [37; 176]. Somit ist es auch bei Anwendung der Methoden des Zustandsraums in bestimmten Fällen möglich, eine Aufteilung des Reglers in einen konstanten und einen variablen Teil vorzunehmen. So einfach dieses Beispiel auch sein mag, es zeigt doch prinzipiell die Richtung, in der vorgegangen werden muß, um zu einem praktikablen

Ergebnis zu kommen. Auf diese Weise können, selbst im Mehrgrößenfall, einfache Lösungen gefunden werden.
Wie sieht es nun mit der Realisierbarkeit von Reglern mit variablem Kompensatorteil aus?
Geht man davon aus, daß für die Übertragungsfunktion $G(p)$ der Grad des Zählerpolynoms kleiner oder gleich dem Grad des Nennerpolynoms ist, wenn sie physikalisch realisierbar sein soll, so ergibt sich daraus auch ein Anhaltspunkt für die Realisierbarkeit von $G_R(p)$ gemäß Bild 3.58. Bei dem allgemeinen Ansatz für das Prozeßmodell und das vorgegebene Führungsverhalten

$$G_P(p) = \frac{B(p)}{A(p)} = \frac{b_m p^m + b_{m-1} p^{m-1} + \ldots + b_1 p + b_0}{a_n p^n + a_{n-1} p^{n-1} + \ldots + a_1 p + 1}\,; \qquad m \leqq n$$

$$G_w(p) = \frac{C(p)}{D(p)} = \frac{c_k p^k + c_{k-1} p^{k-1} + \ldots + c_1 p + c_0}{d_l p^l + d_{l-1} p^{l-1} + \ldots + d_1 p + 1}\,; \qquad k \leqq l$$

erhält man für die Übertragungsfunktion des Reglers

$$G_R(p) = \frac{G_w(p)}{1 - G_w(p)}\,\frac{1}{G_P(p)} = \frac{C(p)}{D(p) - C(p)}\,\frac{A(p)}{B(p)}\,; \quad k + n \leqq m + l\,.$$

Für den Ansatz von $G_w(p)$ hat man im Rahmen der Bedingung $k \leqq l$ noch Freiheitsgrade. Man wird aber trotzdem anstreben, die Ordnung der Polynome möglichst niedrig zu halten. Berücksichtigt man, daß in $G_w(p)$ Nullstellen nicht unbedingt nötig sind ($k = 0$, $c_0 = 1$), so erhält man für $G_R(p)$

$$G_R(p) = \frac{1}{(d_l p^l + \ldots + d_1 p)}\,\frac{(\hat{a}_n p^n + \ldots + \hat{a}_1 p + 1)}{(\hat{b}_m p^m + \ldots + \hat{b}_1 p + \hat{b}_0)}\,; \qquad n \leqq l + m\,.$$

Daraus folgt für die Ordnung von $G_w(p)$

$$l \geqq n - m\,.$$

$\hat{a}_i$ und $\hat{b}_i$ sind die durch die Identifikation geschätzten Parameter des Prozeßmodells, die im variablen Reglerteil laufend zu aktualisieren sind.
Als nächstes soll untersucht werden, wodurch die Realisierbarkeit eines Kompensators bei einem Zustandsregler beschränkt wird. Zur Klärung dieser Frage soll daran erinnert werden, daß der Regler in einer Weise strukturiert sein muß, daß neben der Erreichung der vorgegebenen Lage der Pole in einfacher, leicht einstellbarer Weise die zeitabhängigen Parameter des Prozeßmodells enthalten sein müssen. Dies bedeutet, daß die Funktion für die Reglerelemente (3.65) möglichst einfach sein muß. Betrachtet man diesbezüglich die für Polverschiebungsregler sehr zahlreich entwickelten Entwurfsverfahren [37; 129; 177], so kann man feststellen, daß sich eine derartig einfache Abhängigkeit im Regelfall nicht finden läßt. Dies ist vor allem dadurch begründet, daß die Berechnung des Regelungsgesetzes $\boldsymbol{f}^T$ nach (3.64) unter Verwendung einer oder mehrerer Transformationen erfolgt (z. B. Transformation in die Normalform oder kanonische Form) und diese Transformationsmatrizen wiederum von den zeitabhängigen Parametern abhängig sind. Damit sind nur solche Entwurfsverfahren geeignet, bei denen die Ermittlung der Reglerparameter nach vergleichsweise einfachen Berechnungsschritten erfolgt [37].
Insbesondere spielt die einfache Bestimmung der Transformationsmatrizen eine große Rolle. Außerdem sind gewisse Besonderheiten des Prozeßmodells, z. B. eine besondere Form des Systemeingangsvektors $\boldsymbol{b}$ u. ä., in diesem Sinne vorteilhaft zu nutzen. Darüber hinaus spielt die Anzahl der zeitabhängigen Parameter eine wesentliche Rolle. In der Regel steigt mit zunehmender Anzahl sowohl der Kompliziertheitsgrad von (3.65) als auch der Aufwand für den adaptiven Stelleingriff. Ab einer gewissen Anzahl von zeitabhängigen Parametern geht daher, trotz Umgehung des Entscheidungsprozesses, der Vorteil der direkten Kompensation verloren. Wo hier die Grenze für eine sinnvolle Anwendung liegt, läßt sich in allgemeiner Form nicht angeben. Der Entwurfsingenieur muß diese Entscheidung im konkreten Fall selber treffen, zumal dies im speziellen Anwendungsfall relativ leicht möglich sein wird. Da die maßgebliche Beschränkung im Kompliziertheitsgrad von (3.65) zu sehen ist, erhält man praktikable Lösungen nur dann, wenn

1. ein geeignetes Entwurfsverfahren angewendet wird und
2. die Anzahl der zeitabhängigen Prozeßparameter nicht zu groß ist.

Adaptionseinrichtung

Identifikation. Da der Entscheidungsprozeß umgangen wird, ist nur noch ein geeignetes Identifikationsverfahren zu wählen. Bei den Entwurfsverfahren im Zustandsraum ist hierbei besonders auf die Eignung von adaptiven Beobachtern hinzuweisen, die nicht nur die Identifikation der Elemente $a_{ij}(t)$ gestatten, sondern auch die gleichzeitige Ermittlung des Systemzustands $\boldsymbol{x}(t)$.

Ablaufplan (s. Bild 3.60).

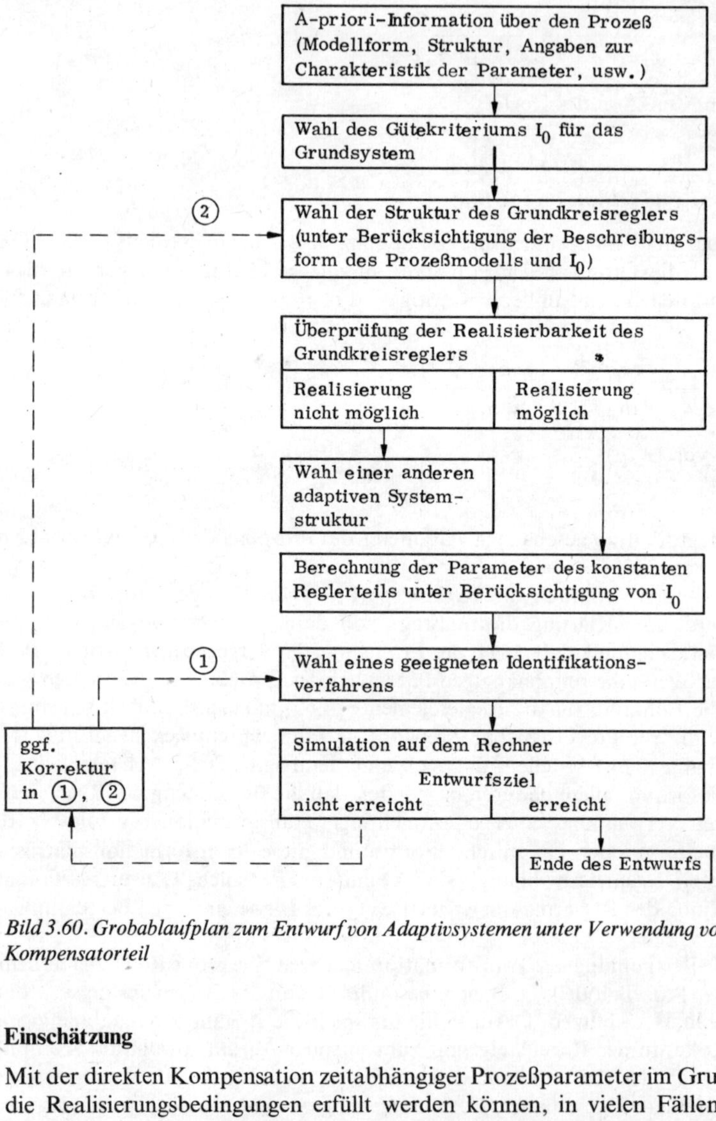

Bild 3.60. Grobablaufplan zum Entwurf von Adaptivsystemen unter Verwendung von Grundkreisreglern mit variablem Kompensatorteil

Einschätzung

Mit der direkten Kompensation zeitabhängiger Prozeßparameter im Grundkreisregler lassen sich, wenn die Realisierungsbedingungen erfüllt werden können, in vielen Fällen sehr einfache, aber dennoch dynamisch wirkungsvolle Lösungen finden. Sie sind, vom geringen Aufwand für den Entwurf und die Realisierung her, mit den adaptiven Störgrößenaufschaltungen vergleichbar. Erwähnenswert ist, daß bei Anwendung von Zustandsreglern durch überschlägliche Empfindlichkeitsuntersuchungen i. allg. die Zahl sowohl der zu berücksichtigenden variablen Prozeßparameter als auch der erforderlichen einstellbaren Reglerparameter (adaptive Stellgrößen) wesentlich herabgesetzt werden kann.

Die Anwendung von Reglern mit variablem Kompensatorteil in Adaptivsystemen hat zwar den großen Vorteil des geringen Syntheseaufwands, trotzdem ist ihr Einsatz beschränkt auf ausreichend gedämpfte, asymptotisch stabile Prozesse mit minimalem Phasenverhalten. Diese Einschränkung ergibt sich aufgrund der möglichen Differenzen bei der Kompensation der Pole und Nullstellen des Prozesses im Regler [25]. Außerdem ist bei zeitdiskreten Signalen zu beachten, daß durch $G_w(z)$ nur das Verhalten in den Abtastzeitpunkten vorgeschrieben ist und bei ungeeigneter Wahl von $G_w(z)$ Abweichungen zwischen den Abtastzeitpunkten auftreten können, die sich als Schwingungen zwischen den Abtastzeitpunkten bemerkbar machen und u. U. mit großen Stellgrößenänderungen verbunden sind. Der interessierte Leser wird nach der hier dargestellten grundsätzlichen Vorgehensweise sehr leicht noch andere günstige Lösungen finden.

3.4.6.4. Adaption bei Anwendung von Reglern mit Polvorgabe

Bei einer Reihe von Automatisierungsaufgaben ohne genauer spezifizierte Güteanforderungen begnügt man sich damit, an den Nenner $1 + G_0(p) = 1 + G_R(p)\, G_P(p)$ der Übertragungsfunktion des geschlossenen Systems gewisse Forderungen zu stellen. Dies ist begründet, weil die Lösungen dieses Polynoms in p, die man als Pole des geschlossenen Systems bezeichnet, das dynamische Verhalten des Grundsystems einschließlich der Stabilität wesentlich bestimmen [25; 129]. Sehr anschaulich läßt sich dies zeigen, wenn man den Einfluß eines Poles an einer Zeitantwort betrachtet:

$$\frac{C_i}{(p - p_i)} \bullet\!\!-\!\!\circ\; C_i\, e^{p_i t}\,.$$

Daraus folgt unmittelbar, daß die Pole des geschlossenen Systems in der linken p-Halbebene liegen müssen, wenn die Stabilität gesichert sein soll. Bei Verwendung der z-Übertragungsfunktion (3.60) ist wegen der Transformation der linken p-Halbebene auf den Einheitskreis zu fordern, daß sich die Pole des geschlossenen Systems innerhalb des Einheitskreises befinden [25]. Nicht berücksichtigt wird bei dieser Vorgehensweise der Einfluß der Nullstellen der Übertragungsfunktion des geschlossenen Systems. Eine nachträgliche Abschätzung dieses Einflusses, der über die Wichtungsfaktoren C_i wirksam wird, kann daher u. U. erforderlich sein [129]. Für den Entwurf von Regelungen nach dem Prinzip der gezielten Polverschiebung sind sowohl für den zeitinvarianten als auch für den zeitvarianten Fall zahlreiche Verfahren entwickelt worden [176; 177]. Da der Systementwurf nach dem Prinzip der Polzuweisung unter Verwendung der Methoden im Zustandsraum eine relativ große Bedeutung erlangt hat und außerdem in vielen Fällen eine einfache Erweiterung auf den Mehrgrößenfall möglich ist, soll im folgenden der Entwurf eines parameteradaptiven Systems im Zustandsraum näher erläutert werden.

Grundsystem

Um die wesentlichen Probleme, die bei der Auslegung des Grundsystems eine Rolle spielen, anschaulich erläutern zu können, ist es zweckmäßig, den Entwurf einer Regelung zur Erreichung einer vorgegebenen Lage der Pole des geschlossenen Systems durch Zustandsgrößenrückführung stark vereinfacht darzustellen.

Entwurfskriterium. Aufgrund überschläglicher Voruntersuchungen bezüglich des gewünschten Verhaltens, die sich vor allem auf die Festlegung des dominierenden konjugiert-komplexen Polpaares beziehen, wird eine Polverteilung (Bild 3.61) vorgegeben.

Prozeßmodell. Um den Aufwand für die Berechnung des gesuchten Regelungsgesetzes möglichst gering zu machen, werden in den meisten Fällen die Gleichungen des Prozeßmodells (3.51) in eine solche spezielle Form transformiert, die eine übersichtliche einfache Berechnung der Parameter des Polverschiebungsreglers gestattet [37]. Der prinzipielle Weg soll hier kurz erläutert werden. Die Transformationsvorschrift hat die Form

$$\boldsymbol{z} = \boldsymbol{T}\boldsymbol{x}\,; \tag{3.66}$$

$\boldsymbol{T}$ Transformationsmatrix, die bestimmten Bedingungen genügen muß
$\boldsymbol{z}$ transformierter Zustandsvektor.

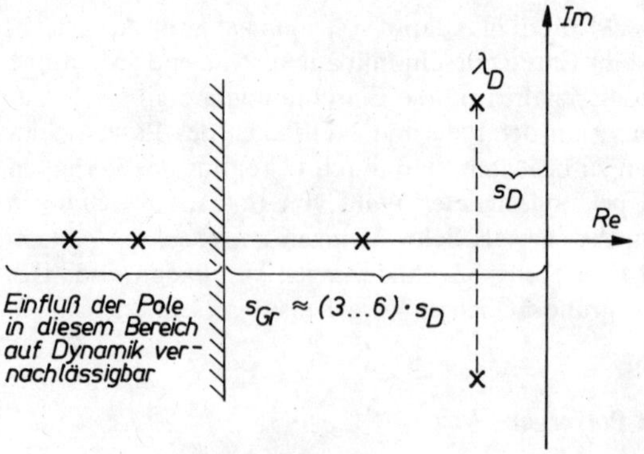

Bild 3.61. Prinzipielle Lage der Pole des geschlossenen Systems

Wird (3.66) in (3.51) eingesetzt, so erhält man nach einigen Umformungen für die Zustandsgleichungen des transformierten Prozeßmodells

$$\dot{z} = \boldsymbol{TAT}^{-1}z + \boldsymbol{Tb}u$$
$$y = \boldsymbol{c}^{\mathrm{T}}\boldsymbol{T}^{-1}z$$

bzw.

$$\dot{z} = \tilde{\boldsymbol{A}}z + \tilde{\boldsymbol{b}}u \qquad (3.67)$$
$$y = \tilde{\boldsymbol{c}}^{\mathrm{T}}z\,.$$

Die einzelnen Entwurfsverfahren unterscheiden sich im wesentlichen durch die jeweils verwendete Transformationsmatrix $\boldsymbol{T}$. Durch geeignete Wahl dieser Transformationsmatrix erhält man sehr spezielle Formen von $\tilde{\boldsymbol{A}}$ bzw. $\tilde{\boldsymbol{A}}$ und $\tilde{\boldsymbol{b}}$ [129], z. B.

$$\tilde{\boldsymbol{A}}_{T1} = \left[\begin{array}{c|cccc} 0 & 1 & & & \mathbf{0} \\ 0 & & 1 & & \\ \vdots & & \mathbf{0} & \ddots & \\ 0 & & & & 1 \\ \hline a_{n1} & a_{n2} & \dots & & a_{nn} \end{array}\right]$$

$$\tilde{\boldsymbol{A}}_{T2} = \left[\begin{array}{c|cccc} a_{11} & 1 & & & \mathbf{0} \\ a_{21} & & 1 & & \\ \vdots & \mathbf{0} & & \ddots & 1 \\ \hline a_{n1} & 0 & 0 & \dots & 0 \end{array}\right]$$

$$\tilde{\boldsymbol{A}}_{T3} = \begin{bmatrix} a_{11} & & & \mathbf{0} \\ & a_{22} & & \\ & & \ddots & \\ \mathbf{0} & & & a_{nn} \end{bmatrix}.$$

$\tilde{\boldsymbol{A}}_{T1}$ wird z. B. als Beobachtungsnormalform bezeichnet, wobei die Elemente a_{ni} die Koeffizienten der charakteristischen Gleichung zur Bestimmung der Eigenwerte der Systemmatrix bzw. der Pole des Systems darstellen.

Geht man nun von einer speziellen Form des Prozeßmodellansatzes aus, so hat dies zwei Vorteile:

1. Die Anzahl der zu identifizierenden Parameter ist relativ gering, und damit bleibt auch der Aufwand für die Parameterschätzung in Grenzen.

2. Da die Transformationen mit dem Ziel durchgeführt werden, die Berechnung der Reglerparameter in möglichst einfacher Weise durchführen zu können, ist der Entscheidungsprozeß, selbst bei Systemen höherer Ordnung, relativ einfach zu realisieren.

Nach den vorangegangenen Ausführungen ergeben sich als Basis für den Entwurf zwei unterschiedliche Modellansätze für den Prozeß:

1. Zustandsgleichungen in der Ausgangsform (3.51)
   Einschätzung:
   — großer Aufwand für die laufende Identifikation infolge der großen Parameteranzahl (Elemente der Beschreibungsmatrizen)
   — Anwendung nur dann zu empfehlen, wenn durch theoretische Prozeßanalyse bereits ein solches Modell ermittelt worden ist und z. B. durch einen vorangegangenen „klassischen" Entwurf festgestellt werden mußte, daß Adaption erforderlich ist.
2. Spezielle Form der Zustandsgleichungen (3.67)
   Einschätzung:
   — selbst bei Systemen höherer Ordnung nur eine kleine Anzahl von Parametern, zu erwartender Aufwand für die Identifikation gegenüber Fall 1 wesentlich geringer
   — Anwendung zu empfehlen bei experimenteller Prozeßanalyse, z. B. durch adaptive Beobachter.

Grundkreisregler. Als Regelungsgesetz benutzen wir die Gleichung

$$u = \boldsymbol{f}^{\mathrm{T}}\boldsymbol{x} \tag{3.68}$$

bzw. in transformierter Form

$$u = \boldsymbol{f}^{\mathrm{T}}\boldsymbol{T}^{-1}\boldsymbol{z} = \tilde{\boldsymbol{f}}^{\mathrm{T}}\boldsymbol{z}\,. \tag{3.69}$$

Mit (3.69) und (3.67) läßt sich die Regelung in transformierter Form darstellen (Bild 3.62). Hat man nun $\tilde{\boldsymbol{f}}^{\mathrm{T}}$ in einfacher Weise anhand der Bestimmungsgleichung (Systemmatrix des geschlossenen Systems)

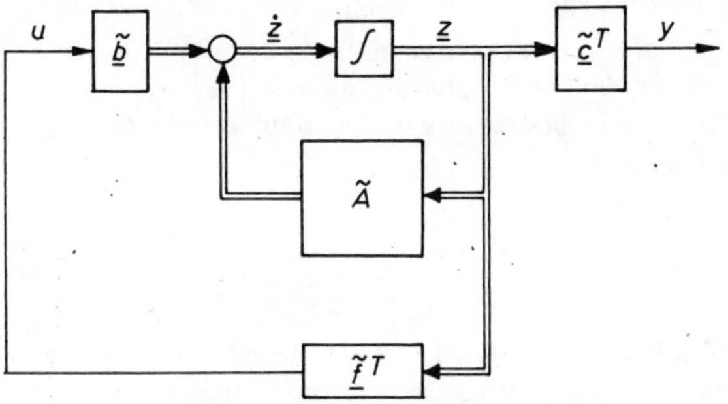

Bild 3.62. Darstellung einer Zustandsregelung in transformierter Form

$$\tilde{\boldsymbol{A}}_{\text{ges}} = (\tilde{\boldsymbol{A}} + \tilde{\boldsymbol{b}}\tilde{\boldsymbol{f}}^{\mathrm{T}})$$

ermittelt, erhält man das gesuchte Regelungsgesetz durch Rücktransformation aus (3.69) zu

$$\boldsymbol{f}^{\mathrm{T}} = \tilde{\boldsymbol{f}}^{\mathrm{T}}\boldsymbol{T}. \tag{3.70}$$

Im Bild 3.63 ist die endgültige Form der gesuchten Reglerstruktur dargestellt.

Obwohl die Anzahl der Reglerparameter f_{ij} und $\tilde{f}_{ij}$ nach (3.70) gleich groß ist, müssen auch hier, analog zum Prozeßmodell, zwei Fälle unterschieden werden:

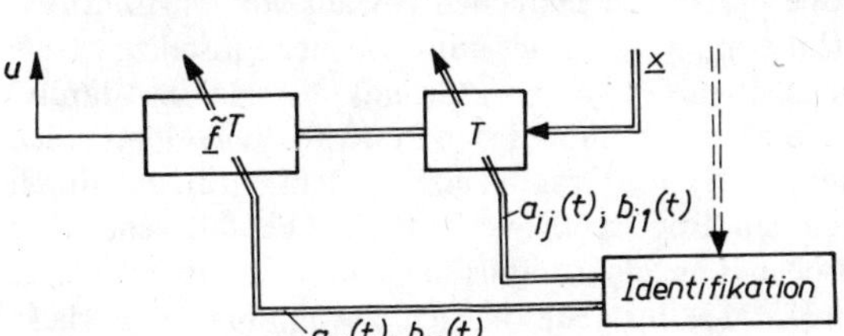

Bild 3.63. Struktur des Grundkreisreglers bei Anwendung der Entwurfsmethoden im Zustandsraum

1. Regelungsgesetz $\boldsymbol{f}^{\mathrm{T}}$ nach (3.68) und Prozeßmodell gemäß (3.51)
   Einschätzung:
   — Bei Änderung der Prozeßparameter ändern sich nicht nur die Elemente von $\tilde{\boldsymbol{f}}^{\mathrm{T}}$, sondern auch die der Transformationsmatrix $\boldsymbol{T}$ (Bild 3.63). Der Aufwand für die adaptive Korrektur erhöht sich dadurch wesentlich.
   — Die Berechnungsvorschriften für $\boldsymbol{T}$ sind, in Abhängigkeit vom jeweiligen Entwurfsverfahren, unterschiedlich kompliziert. Für den Entwurf von parameteradaptiven Systemen kommen nur einfache Berechnungsvorschriften in Frage [37].
2. Regelungsgesetz $\tilde{\boldsymbol{f}}^{\mathrm{T}}$ nach (3.69) und Prozeßmodell gemäß (3.67)
   Einschätzung:
   — Da die Rücktransformation entfällt, ist der Aufwand sowohl beim Entwurf als auch bei der Realisierung gegenüber dem Fall 1 wesentlich geringer. Diese Lösungsvariante ist möglichst anzustreben.

Adaptionseinrichtung

Entscheidungsprozeß. Mit der Wahl der Struktur des Grundkreisreglers liegt der Entscheidungsprozeß bzw. das Adaptionsgesetz prinzipiell fest. Zu beachten ist lediglich, daß bei der Reglerstruktur nach Bild 3.63 zwei Vorschriften für die Adaption zu ermitteln sind:

$$\tilde{\boldsymbol{f}}^{\mathrm{T}} = g_1(\boldsymbol{a}_{ij}^{\mathrm{T}}, \boldsymbol{b}_{i1}^{\mathrm{T}}, I_0)$$

$$\boldsymbol{T} = g_2(\boldsymbol{a}_{ij}^{\mathrm{T}}, \boldsymbol{b}_{i1}^{\mathrm{T}})\ ;$$

$\boldsymbol{a}_{ij}, \boldsymbol{A}_{i1}$ Parametervektor der System- und Eingangsmatrix des Prozeßmodells.

Ob hier evtl. eine Zusammenfassung der beiden Regleranteile durch eine vorherige Multiplikation sinnvoll ist, muß in Abhängigkeit vom Kompliziertheitsgrad der dann entstehenden Berechnungsvorschrift im konkreten Fall entschieden werden. Dies hängt allerdings maßgeblich vom Kompliziertheitsgrad der Berechnungsalgorithmen für die Transformationsmatrix $\boldsymbol{T}$ selbst ab.

Identifikation. Die Identifikation ist auch hier prinzipiell nach den vielfältigsten Methoden möglich [141; 146; 148]. Bei den hier betrachteten parameteradaptiven Systemen, die unter Verwendung der Methoden im Zustandsraum entworfen worden sind, kann die Identifikation in sehr vorteilhafter Weise mit Hilfe von adaptiven Beobachtern (Bild 3.21) erfolgen.

Ablaufplan (s. Bild 3.64).

Einschätzung

Einfache Polverschiebungsregler sind aufgrund des bereits erwähnten relativ unspezifischen Entwurfskriteriums sowie der bleibenden Regelabweichungen (konstante Rückführung) nur begrenzt anwendbar. Trotzdem werden sie wegen ihres relativ einfachen systematischen Entwurfs in vielen Fällen auch als Grundkreisregler in Adaptivsystemen eine akzeptable Lösungsvariante darstellen. Dies bezieht sich insbesondere auf die später noch behandelte Erweiterung für den Mehrgrößenfall bei Verwendung der Entwurfsmethoden im Zustandsraum.

3.4.6.5. Adaption bei Anwendung von Dead-beat-Reglern

Diskrete Regler, mit denen bei bekanntem Prozeßmodell das Nachführen der Ausgangsgröße an eine Führungsgröße bzw. das Ausregeln einer Störgröße nach einer endlichen Anzahl von Tastschritten (endliche Einstellzeit) erreicht werden kann, bezeichnet man als Regler mit endlicher Einstellzeit bzw. als Dead-beat-Regler. Aufgrund ihres sehr einfachen Entwurfs sind sie als Grundkreisregler in Adaptivsystemen geeignet. Sie gehören zu den Algorithmen, die bei kontinuierlichen Systemen kein Gegenstück haben und daher an die diskrete Realisierung gebunden sind. Ihr Grundprinzip besteht darin, daß durch einen Stellgrößenverlauf mit endlicher Einstellzeit ein Regelgrößenverlauf mit ebenfalls endlicher Einstellzeit erreicht wird. Neben dem idealen Dead-beat-Regelalgorithmus sind eine Vielzahl erweiterter bzw. modifizierter Algorithmen bekanntgeworden [23; 178 bis 180], die sich sowohl aus der Berücksichtigung zusätzlicher Bedingungen (z. B. Stellgrößenbeschränkungen) als auch aus den verwendeten

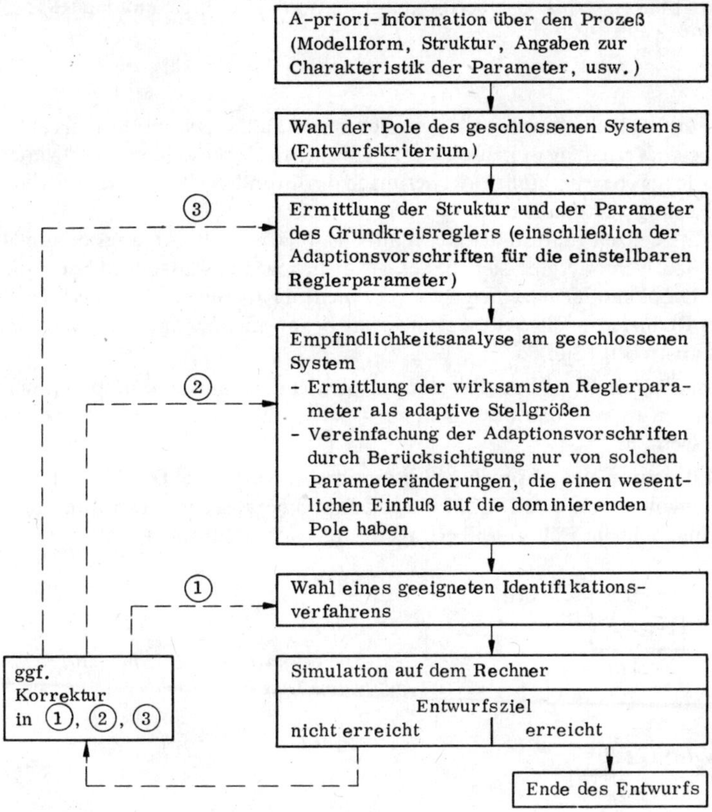

Bild 3.64. Grobablaufplan für den Entwurf von Adaptivsystemen unter Verwendung von Grundkreisreglern mit Polvorgabe

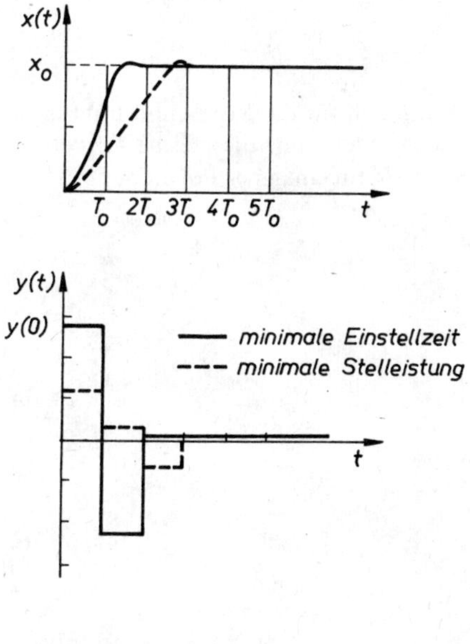

Bild 3.65. Stell- und Regelverhalten bei Anwendung eines Dead-beat-Reglers

unterschiedlichen Systembeschreibungen (z. B. z-Übertragungsfunktion, Zustandsraumdarstellung) ergeben [22; 25].

Grundsystem

Entwurfskriterium. Der Entwurf auf endliche Einstellzeit kann sich sowohl auf das Führungs- als auch auf das Störverhalten oder auf beide Verhaltensweisen gleichzeitig beziehen. Insbesondere im letzteren Fall sind zusätzliche Freiheitsgrade durch strukturelle Erweiterungen des Grundregelkreises erforderlich [22], um zu einer praktikablen Lösung zu kommen.
Die Forderung nach minimaler Einstellzeit führt in der Regel auf eine relativ große Anfangsstellgröße $y(0)$. Zur Reduzierung des Stellaufwands ergibt sich daher als naheliegende Zusatzforderung die Vorgabe der Anfangsstellgröße. Dies kann im einzelnen nach verschiedenen Gesichtspunkten erfolgen. So kann man sich z. B. mit einer Reduzierung der Anfangsstellgröße begnügen oder auch die Minimierung der Stelleistung insgesamt anstreben (Bild 3.65).

Prozeßmodell. Obwohl der Entwurf von Dead-beat-Regelungen nicht unbedingt an eine bestimmte Modellform des Prozesses gebunden ist, soll hier der Einfachheit halber die z-Übertragungsfunktion mit und ohne Totzeit betrachtet werden.

Grundkreisregler. Zunächst soll die prinzipielle Vorgehensweise beim Entwurf einer Dead-beat-Regelung kurz erläutert werden. Wir wollen von einer Struktur nach Bild 3.66 ausgehen. Die Führungsgröße w ändere sich sprungförmig. Für die Führungsübertragungsfunktion erhält man

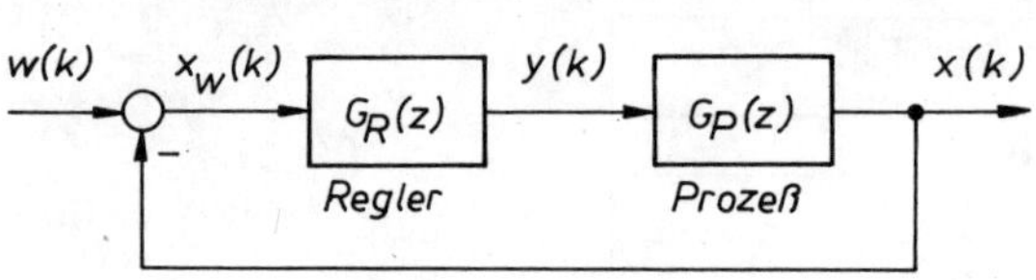

Bild 3.66. Grundregelkreis zum Entwurf für Führungsverhalten

$$G_w(z) = \frac{X(z)}{W(z)} = \frac{G_R(z)\,G_P(z)}{1 + G_R(z)\,G_P(z)}, \tag{3.71}$$

und daraus folgt für den Regler

$$G_R(z) = \frac{G_w(z)}{1 - G_w(z)} \frac{1}{G_P(z)}. \tag{3.72}$$

Mit der Forderung, daß nach endlicher Anzahl von Tastschritten (n_E) die Regelabweichung x_w Null ist, wird bei einem Prozeßmodell nach (3.52) mit $b_0^* = 0$ für $G_w(z)$ ein einfaches Polynom in z^{-1} der Ordnung n_E festgelegt:

$$G_w(z) = \frac{X(z)}{W(z)} = c_1^* z^{-1} + c_2^* z^{-2} + \ldots + c_{n_E}^* z^{-n_E} = C(z^{-1}). \tag{3.73}$$

Der Polynomansatz (3.73) folgt unmittelbar aus den z-Transformierten für die Regel- und Führungsgröße. Da zur Erfüllung des vorgegebenen Gütekriteriums für die Stellgröße die gleiche Forderung besteht, erhält man, analog zu (3.73), für das Stellverhalten ebenfalls ein einfaches Polynom in z^{-1}:

$$G_{St}(z) = \frac{Y(z)}{W(z)} = d_0^* + d_1^* z^{-1} + \ldots + d_{n_E}^* z^{-n_E} = D(z^{-1}). \tag{3.74}$$

Aus (3.73) und (3.74) erhält man die Beziehung

$$\frac{X(z)}{Y(z)} = \frac{C(z^{-1})}{D(z^{-1})} = G_P(z), \tag{3.75}$$

und durch Einsetzen von (3.71) und (3.75) in (3.72) folgt für den Regler

$$G_R(z) = \frac{D(z^{-1})}{1 - C(z^{-1})} = \frac{d_0^* + d_1^* z^{-1} + \ldots + d_{n_E}^* z^{-n_E}}{1 - c_1^* z^{-1} - \ldots - c_{n_E}^* z^{-n_E}}. \tag{3.76}$$

Die Reglerparameter werden bestimmt durch Koeffizientenvergleich aus (3.75) und unter Berücksichtigung zusätzlicher Bedingungen für die Summen der Polynomkoeffizienten. Für den Modellansatz nach (3.52) lassen sich z. B. die Reglerparameter in folgender Weise berechnen:

$$\begin{aligned}
d_0^* &= \frac{1}{b_1^* + b_2^* + \ldots + b_{n_E}^*} \\
d_1^* &= a_1^* d_0^*\,, \qquad c_1^* = b_1^* d_0^* \\
d_2^* &= a_2^* d_0^*\,, \qquad c_2^* = b_2^* d_0^* \\
&\vdots \qquad\qquad\quad \vdots \\
d_{n_E}^* &= a_{n_E}^* d_0^*\,, \qquad c_{n_E}^* = b_{n_E}^* d_0^*\,.
\end{aligned}$$

Bei bekanntem Prozeßmodell können damit die Reglerparameter in sehr einfacher Weise berechnet werden.

Bei Prozessen mit Totzeit sowie bei Stellgrößenvorgabe sind die Reglerparameter in prinzipiell gleich einfacher Weise bestimmbar [25].

So erhält man z. B. für einen Prozeß mit Totzeit, in Analogie zu (3.76), ein Regelungsgesetz der Form

$$G_R(z) = \frac{d_0^* + d_1^* z^{-1} + \ldots + d_{n_E}^* z^{-n_E}}{1 - c_{1+d}^* z^{-(1+d)} - \ldots - c_{n_E+d}^* z^{-(n_E+d)}} \tag{3.77}$$

bzw. unter Berücksichtigung der Polynome $A(z^{-1})$ und $B(z^{-1})$ in (3.56)

$$G_R(z) = \frac{d_0^* A(z^{-1})}{1 - d_0^* B(z^{-1})\, z^{-d}} \tag{3.78}$$

Erhöht man die Schrittzahl von n_E auf $n_E + 1$, so kann man eine Stellgröße beliebig vorgeben. Aufgrund der großen praktischen Bedeutung dieses Falles sollen der Vollständigkeit halber die einfachen Berechnungsvorschriften für $d = 0$ (Prozeß ohne Totzeit) angegeben werden. Erhöht man in (3.76) die Ordnung des Zähler- und Nennerpolynoms auf $(n_E + 1)$, so erhält man für den Regleransatz

$$G_R(z) = \frac{D(z^{-1})}{1 - C(z^{-1})} = \frac{d_0^* + d_1^* z^{-1} + \ldots + d_{n_E}^* z^{-(n_E+1)}}{1 - c_1^* z^{-1} - \ldots - c_{n_E+1}^* z^{-(n_E+1)}}\,.$$

Führt man nun den Koeffizientenvergleich gemäß (3.75) durch, so erhält man nach einigen Umformungen für die Parameter des Dead-beat-Reglers

$$\begin{aligned}
d_0^* &= y(0) \quad \text{(wird gemäß Aufgabenstellung vorgegeben)} \\
d_1^* &= d_0^*(a_1^* - 1) + \frac{1}{\Sigma b_i^*} \\
d_2^* &= d_0^*(a_2^* - a_1^*) + \frac{a_1^*}{\Sigma b_i^*} \\
&\vdots \\
d_{n_E}^* &= d_0^*(a_{n_E}^* - a_{n_E-1}^*) + \frac{a_{n_E-1}^*}{\Sigma b_i^*} \\
d_{n_E+1}^* &= a_{n_E}^* \left(-d_0^* + \frac{1}{\Sigma b_i^*}\right)
\end{aligned} \tag{3.79}$$

und für die c_i^*-Werte

$$\begin{aligned} c_1^* &= d_0^* b_1^* \\ c_2^* &= d_0^*(b_2^* - b_1^*) + \frac{b_1^*}{\Sigma b_i^*} \\ &\vdots \\ c_{n_E}^* &= d_0^*(b_{n_E}^* - b_{n_E}^*) + \frac{b_{n_E-1}^*}{\Sigma b_i^*} \\ c_{n_E+1}^* &= -b_{n_E}^* \left(d_0^* - \frac{1}{\Sigma b_i^*} \right). \end{aligned} \tag{3.80}$$

In analoger Weise lassen sich Gleichungen zur Ermittlung der Reglerparameter bei Prozessen mit Totzeit ableiten. Spezielle Zusatzforderungen an Dead-beat-Regelungen können, wie bereits erwähnt wurde, durch geeignete Wahl der Polynome $C(z^{-1})$ und $D(z^{-1})$ berücksichtigt werden. Da die erste Stellgröße $y(0)$ den größten Wert annimmt, ist es zweckmäßig, diesen Wert zur Verringerung des Stellaufwands vorzugeben. Dabei ist es sinnvoll, $y(0)$ so zu wählen, daß er trotzdem den größten Wert darstellt. So läßt sich z. B. die Führungsübertragungsfunktion nach (3.73) auch in folgender allgemeiner Form darstellen [22]:

$$G_w(z) = B(z^{-1})\, P_w(z^{-1})\, P_0 z^{-d} \; ; \tag{3.81}$$

$P_w(z^{-1})$ frei wählbares Polynom in z^{-1}
P_0 skalarer Faktor.

Mit (3.81) und (3.56) erhält man dann für den Regler

$$G_w(z) = \frac{A(z^{-1})\, P_w(z^{-1})\, P_0}{1 - B(z^{-1})\, P_w(z^{-1})\, P_0 z^{-d}}. \tag{3.82}$$

Durch geeignete Wahl sowohl der Ordnung als auch der Koeffizienten des Polynoms $P_w(z^{-1})$ gelingt es, die unterschiedlichsten Zielstellungen zu realisieren. Dies kann z. B. bei ursprünglicher Auslegung für das Führungsverhalten die minimale Stelleistung sowie eine zusätzliche Optimierung bezüglich des Störverhaltens betreffen. Erfolgt die Optimierung nach einem Summenkriterium zur Berücksichtigung des Stell- und dynamischen Regelverhaltens, so können die notwendigen Berechnungen zur Ermittlung der freien (bzw. der adaptiv einzustellenden) Reglerparameter durchaus so umfangreich werden, daß sie im Echtzeitbetrieb nicht mehr realisierbar sind. In solchen Fällen ist es erforderlich, nach allgemeinen festen Gesetzmäßigkeiten zu suchen, um die Echtzeitfähigkeit des Dead-beat-Algorithmus wieder zu gewährleisten [22].

Adaptionseinrichtung

Entscheidungsprozeß. Mit der Wahl des Grundkreisreglers liegt der Entscheidungsprozeß fest. Aufgrund der einfachen Berechnungsvorschrift bereitet die Ermittlung der Reglerparameter kaum Schwierigkeiten. Trotzdem sei hier darauf hingewiesen, daß eine weitere Vereinfachung in dem Fall möglich ist, wenn sich im Prozeßmodell nur einige wenige Parameter des Nennerpolynoms wesentlich ändern.

Identifikation. Besonders zu beachten ist, daß Dead-beat-Regelungen relativ empfindlich gegenüber Totzeitänderungen sind. Wenn die zu Festlegung der Ordnung des Nennerpolynoms verwendete Totzeit nicht mit der wirklich vorhandenen Prozeßtotzeit übereinstimmt, können sie instabil werden. Leistungsfähige Adaptionsalgorithmen mit Dead-beat-Reglern der Ordnung n_E und $n_E + 1$ werden in Verbindung mit der RMKQ (s. Abschn. 3.4.2.7.) als Parameterschätzmethode erhalten.
Ein Berechnungsbeispiel zur Adaption eines Dead-beat-Reglers in Verbindung mit einem adaptiven Beobachter zur laufenden Identifikation der Prozeßparameter ist im Abschn. 3.4.10.1. angegeben.
Ablaufplan (s. Bild 3.67).

Einschätzung

Der entscheidende Vorteil von Dead-beat-Reglern ist die große Einfachheit des Entwurfs und der dadurch bedingte geringe Syntheseaufwand. Sie sind daher für den Einsatz in Adaptionsalgorithmen

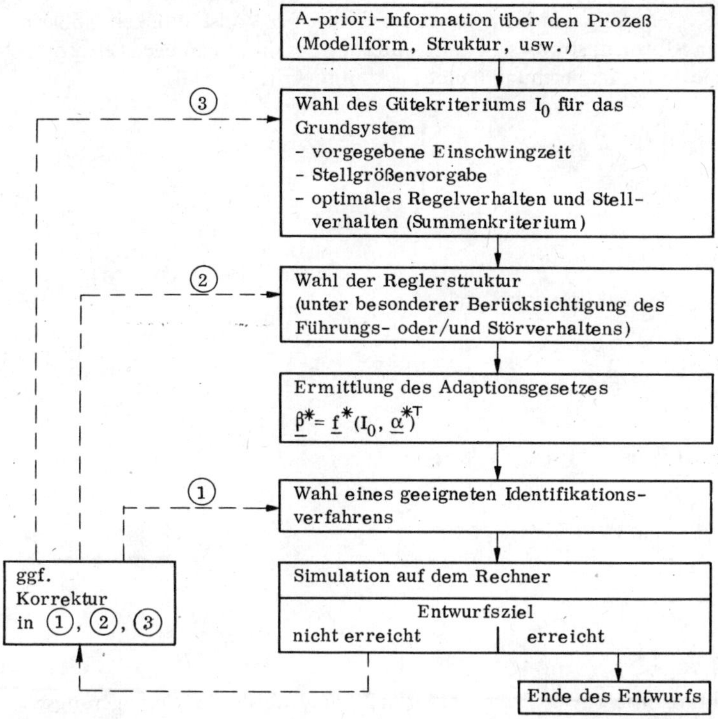

Bild 3.67. Grobablaufplan für den Entwurf von Adaptivsystemen unter Verwendung von Dead-beat-Grundkreisreglern

sehr gut geeignet. Dies trifft allerdings nur noch bedingt zu, wenn erhöhte Güteforderungen zu erfüllen sind und eine numerische Optimierung nicht zu umgehen ist. Wie bei jedem spezialisierten Regler sind jedoch die Einsatzbedingungen zu beachten. Da Dead-beat-Regler die Pole des Prozesses kompensieren, ist ihr Einsatz auf asymptotisch stabile Prozesse zu beschränken [25]. Außerdem ist zu berücksichtigen, daß sie gegenüber Modellungenauigkeiten empfindlicher sind als z. B. die parameteroptimierten PID- und Zustandsregler. Wegen der bereits erwähnten relativ großen Empfindlichkeit gegenüber fehlerhaft gewählter Totzeit sind Dead-beat-Regler bei Prozessen mit großer Totzeit i. allg. nicht zu empfehlen.

3.4.6.6. Adaption bei Anwendung von PID-Reglern

Regler mit P-, PI-, PD- bzw. PID-Verhalten sind in der Praxis weit verbreitet. Bei geeigneter Einstellung der Parameter erhält man mit derartigen Reglern in vielen Fällen eine ausreichende Regelgüte. Wie der Einsatz dieser als parameteroptimierte Regler bezeichneten Algorithmen in Adaptivsystemen erfolgen kann, soll im folgenden am Beispiel des PID-Reglers erläutert werden.

Grundsystem

Entwurfskriterium. Die Einstellung der Reglerparameter kann nach unterschiedlichsten Gesichtspunkten erfolgen:

1. Erfüllung eines vorgegebenen Regelgütekriteriums (Berechnung der Reglerparameter mit Hilfe numerischer Optimierungsverfahren; geschlossene Lösungen sind i. allg. nur bei Prozessen niederer Ordnung möglich)
2. Benutzung von Einstellregeln zur Ermittlung näherungsweise optimaler Reglerparameter
3. Anwendung von Probierverfahren bei geschlossenem Regelkreis.

Prozeßmodell. In Abhängigkeit davon, ob der kontinuierliche oder diskontinuierliche Fall betrachtet wird, ist die Übertragungsfunktion (3.50) oder die z-Übertragungsfunktion (3.52) zu verwenden.

Grundkreisregler. Da der PID-Regler i. allg. gut bekannt ist, sollen hier der Vollständigkeit halber nur einige grundlegende Beschreibungsformen, soweit sie zur Erläuterung des Grundanliegens erforderlich sind, angegeben werden. Die ideale Reglergleichung lautet im kontinuierlichen Fall

$$y(t) = K_R \left[x_w(t) + \frac{1}{T_N} \int_0^t x_w(t)\,dt + T_V \frac{dx_w(t)}{dt} \right]$$

mit

$$x_w(t) = w(t) - x(t)\,.$$

Die dazugehörige Reglerübertragungsfunktion ergibt sich zu

$$G_R(p) = \frac{Y(p)}{X_w(p)} = K_R \left(1 + \frac{1}{T_N p} + T_V p \right) \tag{3.83}$$

oder in Produktform

$$G_R(p) = \frac{K_R(T_{D1}p + 1)(T_{D2}p + 1)}{T_N \cdot p}$$

mit

$$T_N = T_{D1} + T_{D2} \approx T_{D1}$$

$$T_V = \frac{T_{D1}T_{D2}}{T_{D1} + T_{D2}} \approx T_{D2}\,.$$

Die Näherungswerte gelten für $T_{D1} \gg T_{D2}$.
Da der Differentialanteil nicht realisierbar ist, wird dafür näherungsweise ein Verzögerungsglied 1. Ordnung angesetzt, und für die Reglerübertragungsfunktion erhält man dann

$$G_R(p) = K_R \left(1 + \frac{1}{T_N p} + \frac{T_V p}{1 + T_{1R} p} \right). \tag{3.84}$$

Die bereits genannten Reglertypen (P-, PI- usw.) lassen sich aus der PID-Regler-Gleichung durch Wahl von $T_N \to \infty$ bzw. $T_V = 0$ gewinnen.
Für die Beschreibung eines diskontinuierlichen Reglers mit PID-ähnlichem Verhalten (im folgenden der Einfachheit halber als diskontinuierlicher PID-Regler bezeichnet) wird häufig der Ansatz benutzt

$$y(k) = y(k-1) + q_0^* x_w(k) + q_1^* x_w(k-1) + q_2^* x_w(k-2)$$

bzw. die entsprechende z-Übertragungsfunktion

$$G_R(z) = \frac{Y(z)}{X_w(z)} = \frac{q_0^* + q_1^* z^{-1} + q_2^* z^{-2}}{1 - z^{-1}} \tag{3.85}$$

mit

$$X_w(z) = W(z) - X(z)\,.$$

Die Parameter q_i^* können, bei kleinen Abtastzeiten, aus den dynamischen Kennwerten K_R, T_N, T_V nach (3.83) und der gewählten Abtastzeit T_0 berechnet werden [14; 25]:

$$\begin{aligned} q_0^* &= K_R \left(1 + \frac{T_0}{2T_N} + \frac{T_V}{T_0} \right) \\ q_1^* &= K_R \left(-1 + \frac{T_0}{2T_N} - 2\,\frac{T_V}{T_0} \right) \\ q_2^* &= K_R \frac{T_V}{T_0}\,. \end{aligned} \tag{3.86}$$

Analoge Beziehungen lassen sich auch für den Regleransatz (3.84) angeben [25]. Bei der Wahl der Abtastzeit sind gewisse Grenzen zu beachten. Da (3.85) eine diskontinuierliche Variante von (3.83) darstellt, wird die obere Grenze von T_0 durch das Abtasttheorem bestimmt. Sehr kleine T_0-Werte sind unzweckmäßig, weil dies keine wesentliche Verbesserung der Regelgüte zur Folge hat, jedoch die zwischen den Abtastzeitpunkten zur Verfügung stehende Rechenzeit verringert. Aus diesen Gründen hat es sich als zweckmäßig erwiesen, die Wahl von T_0 nach folgender Regel vorzunehmen [25]:

$$\frac{T_0}{T_{95}} = \frac{1}{15} \dots \frac{1}{4} ;$$

T_{95} Zeit, nach der die Übergangsfunktion des betrachteten Prozesses 95 % des Endwertes erreicht hat.

Adaptionseinrichtung

Entscheidungsprozeß. Die Kompliziertheit des Entscheidungsprozesses hängt maßgeblich vom Lösungsweg zur Erfüllung des vorgegebenen Gütekriteriums ab. Die Reglerparameter sind in Adaptionsalgorithmen im Regelfall durch numerische Optimierungsverfahren zu ermitteln. Da dies i. allg. mit einem nicht unerheblichen Aufwand (Rechenaufwand und Speicherkapazität) verbunden ist, sind Überlegungen durchaus angebracht, wie dieser Aufwand verringert werden kann. Als Grundlage für die weiteren Ausführungen sei das Adaptivsystem nach Bild 3.68 betrachtet, das sich an die klassischen kontinuierlichen Entwurfsmethoden anlehnt. Dabei soll zunächst unberücksichtigt bleiben, wie der Parametervektor $\boldsymbol{\beta}$ des kontinuierlichen Reglers im Detail bestimmt wird. Bei der gewählten Darstellung des Grundsystems lassen sich sehr anschaulich die prinzipiellen Lösungsmöglichkeiten für die Adaption in Verbindung mit einem PID-Regler erkennen:

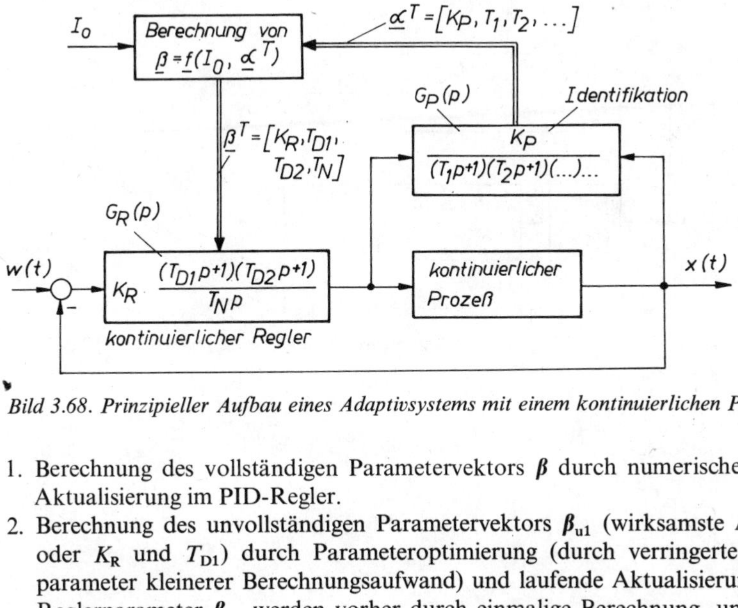

Bild 3.68. Prinzipieller Aufbau eines Adaptivsystems mit einem kontinuierlichen PID-Regler

1. Berechnung des vollständigen Parametervektors $\boldsymbol{\beta}$ durch numerische Optimierung und laufende Aktualisierung im PID-Regler.
2. Berechnung des unvollständigen Parametervektors $\boldsymbol{\beta}_{u1}$ (wirksamste Adaptivstellgrößen, z. B. K_R oder K_R und T_{D1}) durch Parameteroptimierung (durch verringerte Anzahl der Optimierungsparameter kleinerer Berechnungsaufwand) und laufende Aktualisierung im Regler. Die restlichen Reglerparameter $\boldsymbol{\beta}_{u2}$ werden vorher durch einmalige Berechnung, unter Berücksichtigung von I_0 und des Änderungsbereichs von $\boldsymbol{\beta}_{u1}$, ermittelt und im Regler fest eingestellt.
3. Einmalige Berechnung des Parametervektors $\boldsymbol{\beta}$, z. B. zur Erreichung eines vorgegebenen Führungsverhaltens, nach

$$\boldsymbol{\beta}_0 = \boldsymbol{f}(I_0, \boldsymbol{\alpha}_0^T) ;$$

$\boldsymbol{\alpha}_0, \boldsymbol{\beta}_0$ Parametervektoren für einen gewählten Bezugswert innerhalb des möglichen Änderungsbereichs

und Adaption lediglich von $\boldsymbol{\beta}_{u1}$ durch direkte Kompensation in Analogie zu Bild 3.57 (laufende Parameteroptimierung entfällt!). Die Korrekturvorschrift ergibt sich dann bekanntlich zu $\boldsymbol{\beta}_{u1} = \boldsymbol{\alpha}_{u1}$. Diese Lösungsvariante wird immer dann von Interesse sein, wenn die Prozeßänderungen im wesentlichen durch die Verstärkung oder eine dominierende Zeitkonstante des Prozesses verursacht werden und eine direkte Anpassung aufgrund des vorgegebenen Gütekriteriums I_0 möglich ist.

4. Umgehung der laufenden Optimierung, wenn über den Prozeß in ausreichendem Maße A-priori-Informationen vorliegen, durch Realisierung einer adaptiven Störgrößenaufschaltung (s. Abschn. 3.4.6.2.). Die im Abschn. 3.4.10.5. behandelte Anfahrsteuerung für eine Gasturbine mit einem adaptiven PID-Regler ist z. B. prinzipiell dieser Lösungsvariante zuzuordnen.

Wird als Grundkreisregler die diskontinuierliche Version des PID-Reglers (3.85) verwendet, ergibt sich die im Bild 3.69 dargestellte Struktur. Die Berechnung der Reglerparameter q_i kann zunächst einmal, von der prinzipiellen Vorgehensweise her, in gleicher Weise erfolgen wie im kontinuierlichen Fall. Zur Reduzierung des Rechenaufwands wird, speziell für den diskontinuierlichen Fall, in [25] eine qualitativ neue Lösungsvariante angegeben, die eine schnelle, direkte Berechnung (ohne numerische Optimierung) der Reglerparameter q_i gestattet. Bei diesem Verfahren wird, ausgehend von der Ähnlichkeit der Übergangsfunktionen eines diskontinuierlichen PID-Reglers (Bild 3.70) gemäß (3.85) sowie eines Dead-beat-Reglers mit Stellgrößenvorgabe [25], die einfache Berechenbarkeit des Dead-beat-Reglers vorteilhaft für die Ermittlung der Parameter des PID-Reglers genutzt (Bild 3.71). Nach der sehr einfachen Berechnung des Dead-beat-Reglers mit Stellgrößenvorgabe wird anschließend dessen Übergangsfunktion berechnet, und durch Auswertung des Verlaufs für $k = 0$ und $k \to \infty$ werden die Berechnungsgrößen Q_1, Q_2 und Q_3 ermittelt (Bild 3.70) und daraus die q_i^* berechnet.

Dieser Lösungsweg kann natürlich auch zur Ermittlung der Parameter des kontinuierlichen PID-

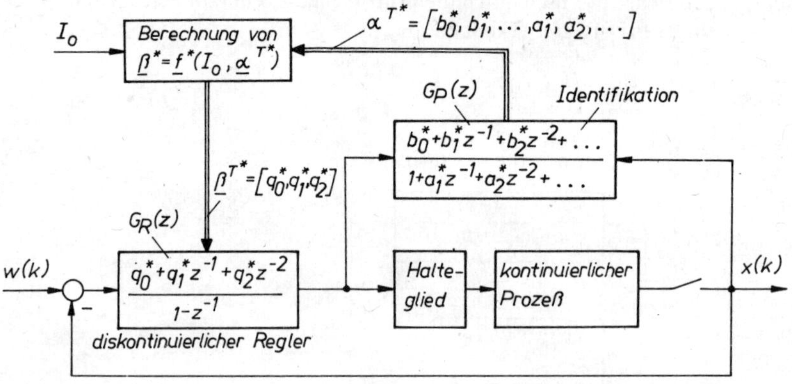

Bild 3.69. Vereinfachte Darstellung des Aufbaus eines Adaptivsystems mit einem diskontinuierlichen PID-Regler (ohne Angabe von Tast- und Haltegliedern)

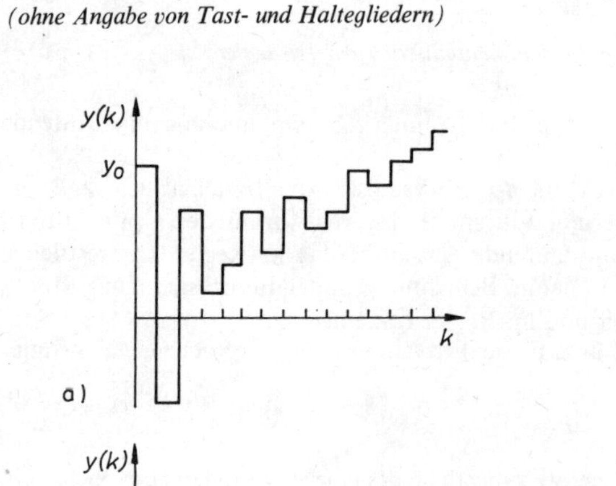

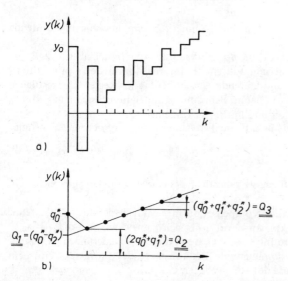

Bild 3.70. Sprungantwortfunktionen

a) eines Dead-beat-Reglers
b) eines diskontinuierlichen PID-Reglers

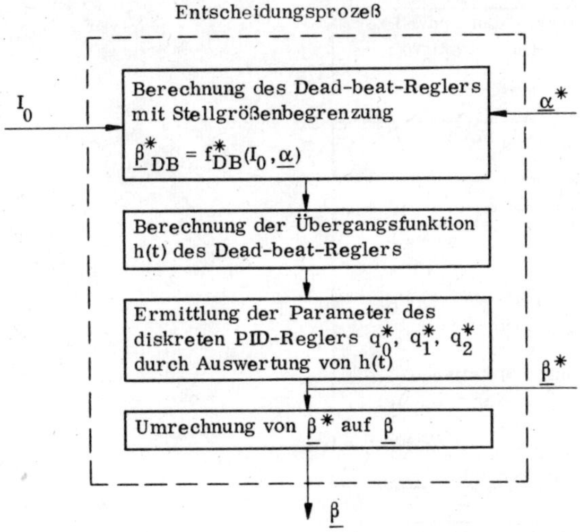

Bild 3.71. Diskontinuierliche Lösungsvariante des Entscheidungsprozesses zur Berechnung der Parameter des kontinuierlichen bzw. diskontinuierlichen PID-Reglers

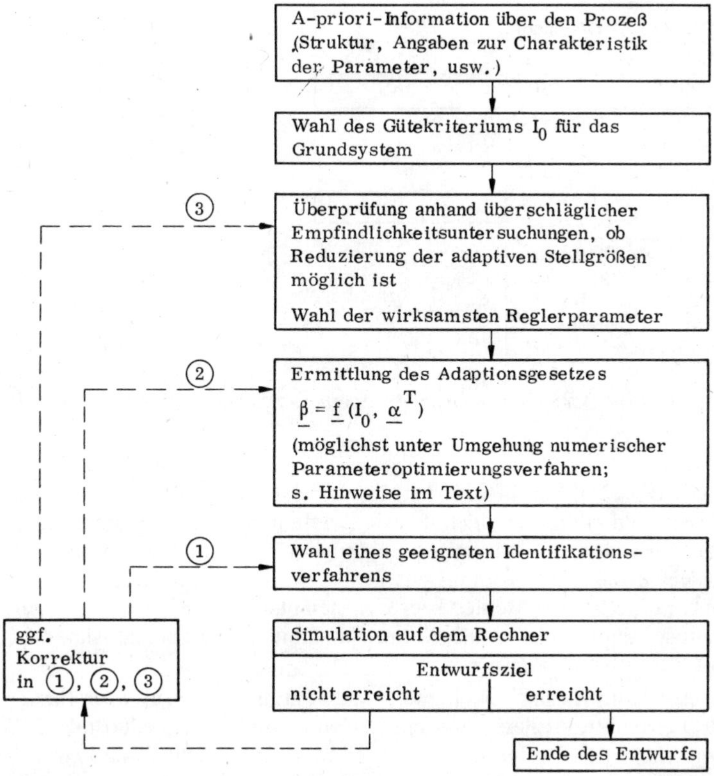

Bild 3.72. Grobablaufplan für den Entwurf von Adaptivsystemen unter Verwendung eines kontinuierlichen PID-Grundkreisreglers

Reglers angewendet werden. Der Entscheidungsprozeß ist dann nur durch die Darstellung im Bild 3.71 zu ersetzen und für den Modellansatz die z-Übertragungsfunktion zu verwenden.

Abschließend sei noch als eine weitere Möglichkeit für einen einfachen Entwurf die Berechnung der Parameter q_i^* über die Koeffizienten der charakteristischen Gleichung des geschlossenen Systems genannt [25]. Hierbei sollten allerdings die Schwierigkeiten bei der Wahl geeigneter Pole nicht übersehen werden.

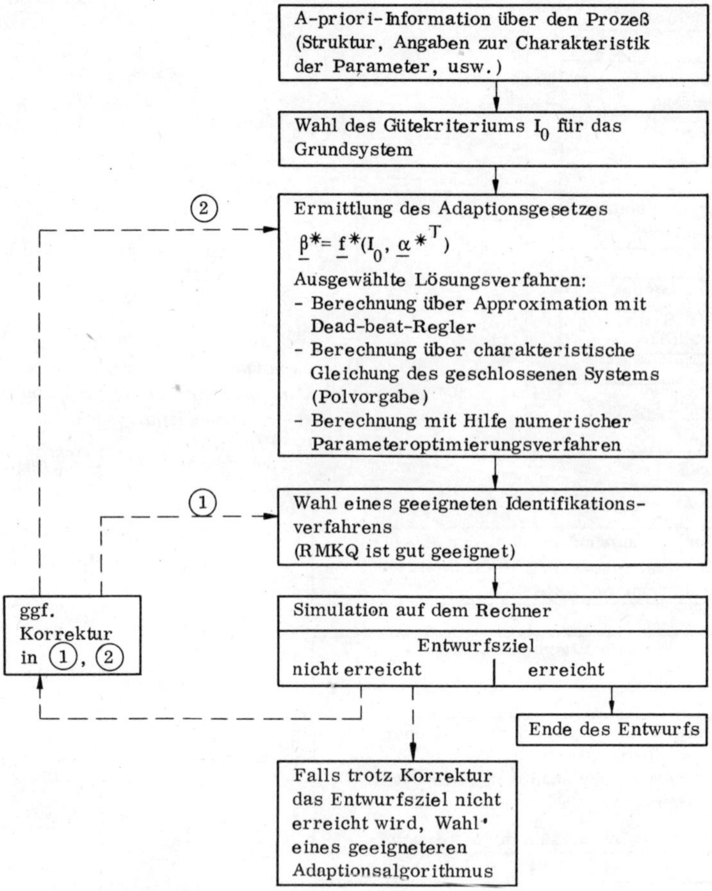

Bild 3.73. Grobablaufplan für den Entwurf von Adaptivsystemen unter Verwendung eines diskontinuierlichen PID-Grundkreisreglers

Identifikation. Je nach Modellansatz sowie Anzahl und Art der unbekannten bzw. zeitabhängigen Prozeßgrößen sind die dafür entwickelten zahlreichen Identifikationsverfahren für den kontinuierlichen bzw. diskontinuierlichen Fall anzuwenden. Hierfür allgemeingültige Grundregeln aufzustellen ist natürlich sehr schwierig. Trotzdem kann in Verbindung mit dem diskontinuierlichen Regleransatz (3.85) als Parameterschätzverfahren die rekursive Methode der kleinsten Quadrate (RMKQ) besonders empfohlen werden. Der so erhaltene Algorithmus ist jedoch nur für stabile Prozesse ohne Allpaßverhalten sowie ohne (bzw. nur mit kleiner) Totzeit geeignet.

Ablaufplan. Für den Entwurf eines Adaptivsystems sowohl mit einem kontinuierlichen als auch für den Fall eines diskontinuierlichen PID-Grundkreisreglers wurde ein Grobablaufplan aufgestellt (Bilder 3.72 und 3.73). Während im kontinuierlichen Fall offenbar mehr Freiraum für spezielle Lösungen, einschließlich der kontinuierlichen Lösung der gesamten Adaptivschleife, vorhanden ist, werden im diskontinuierlichen Fall allgemeiner einsetzbare Verfahren zum Einsatz kommen.

Einschätzung

Adaption bei Anwendung kontinuierlicher PID-Regler wird vor allem dann eine Rolle spielen, wenn derartige Regler bereits eingesetzt worden sind und die Adaption nachträglich realisiert werden soll. Bei neuen Anlagen wird i. allg. die diskontinuierliche Version von vornherein vorgesehen werden. Sehr wichtig für den möglichen Anwendungsbereich dieser parameteradaptiven Algorithmen ist die Leistungsfähigkeit der Gesamtkombination, bestehend aus Regel- und Identifikationsalgorithmus.

Während z. B. der PID/RMKQ-Algorithmus, unter Berücksichtigung der bereits angegebenen Einschränkungen, mit gutem Erfolg einsetzbar ist, zeigt der PID/RMLM-Algorithmus ein wesentlich schlechteres Verhalten. Insgesamt kann eingeschätzt werden, daß die adaptiven PID-Algorithmen, vom Anwendungsbereich (Prozeßtypen) und vom Gesamtaufwand (Rechenaufwand und Speicherkapazität) her, im Vergleich zu anderen diskontinuierlichen Adaptionsalgorithmen (z. B. Dead-beat/RMKQ-Algorithmus) i. allg. ungünstiger sind. (Erläuterung der Kurzbezeichnungen siehe S. 74.)
Schließlich sei noch auf die vorteilhafte Anwendung des PID/RMKQ-Algorithmus zur Ermittlung der optimalen Reglerparameter für fest eingestellte diskontinuierliche und kontinuierliche PID-Regler (automatisches einmaliges Einstellen) hingewiesen [25], im diskontinuierlichen Fall durch direkte Übernahme der mit Hilfe der Adaptivschleife erhaltenen Parameterwerte und im kontinuierlichen Fall nach Umrechnung gemäß (3.86).

3.4.6.7. Adaption bei Anwendung von Minimalvarianzreglern

Bei einer Reihe wichtiger automatisierungstechnischer Aufgaben ist es sinnvoll, die Varianz der Regelgröße (Bild 3.74) als Maß für die Regelgüte zu verwenden. Die Varianz für eine Zufallsgröße x ist bekanntlich definiert als

$$\mathrm{var}\,[x] = E[(x - E[x])^2]$$

und stellt einen gebräuchlichen Kennwert dafür dar, wie stark die Werte der Zufallsgröße um den Erwartungswert streuen. Je kleiner die Varianz ist, um so kleiner ist die Streuung der Zufallsgröße um den Erwartungswert μ. Die Forderung, einen Regler so zu entwerfen, daß die Varianz der Prozeßausgangsgröße minimal wird, ist daher ohne weiteres verständlich. Regler, die mit dieser Zielstellung entworfen worden sind, werden daher als Minimalvarianzregler bezeichnet. Sie gehören zu den stochastischen Regelalgorithmen. Bei ihrem Entwurf wird neben der Charakteristik des Prozesses auch die des stochastischen Störsignals berücksichtigt.

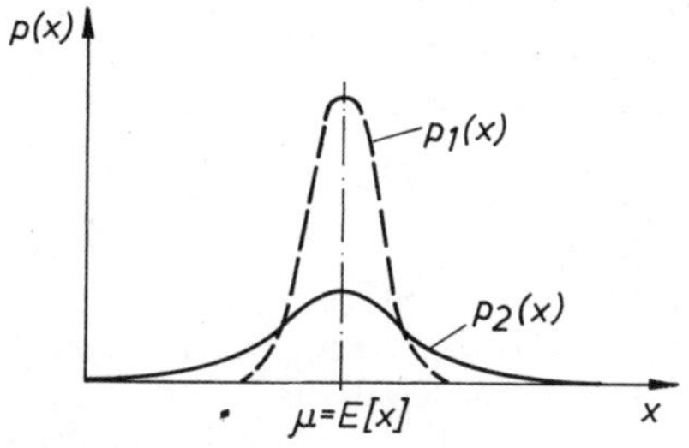

Bild 3.74. Verteilungsdichtefunktionen $p_1(x)$ unterschiedlicher Varianz bei gleichem Erwartungswert μ (kleinere Varianz bei $p_1(x)$)

Grundsystem

Entwurfskriterium. Die Minimalvarianzregelung kann auf die Optimierung eines quadratischen Gütefunktionals zurückgeführt werden. Für den Entwurf von Minimalvarianzreglern ist die Varianz der Regelgröße, hier dargestellt für den diskontinuierlichen Fall,

$$I_0(k) = \mathrm{var}\,[x(k)] = E[x^2(k)] \tag{3.87}$$

zu minimieren. Da hierbei eine Bewertung der Stellgröße $y(k)$ nicht erfolgt, treten häufig zu große Stellamplituden auf [23; 25]. Aus diesem Grunde ist es sinnvoll, ein erweitertes Gütekriterium zu minimieren:

$$I_{0E}(k + 1) = E[x^2(k + 1) + \lambda y^2(k)]\ ; \tag{3.88}$$

λ Wichtungsfaktor.

Die zusätzliche Berücksichtigung der gewichteten Stellgröße bewirkt, daß die Varianz nicht mehr minimal ist. Der auf diese Weise erhaltene Regler, der als verallgemeinerter Minimalvarianzregler bezeichnet wird, genügt aber mehr den Anforderungen der Praxis. Für den verallgemeinerten Minimalvarianzregler existieren, in Abhängigkeit von der speziellen Form des Gütekriteriums, zahlreiche Modifikationen [22; 25; 181].

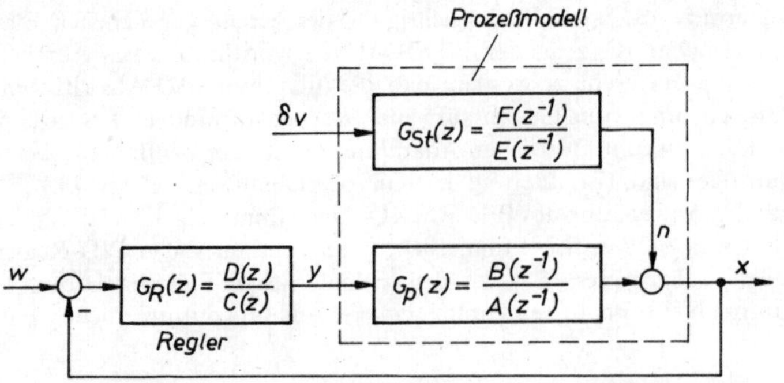

Bild 3.75. Grundsystem für den Entwurf von Minimalvarianzreglern (Prozeß ohne Totzeit)

Prozeß. Da der Entwurf von Minimalvarianzreglern unter besonderer Berücksichtigung stochastischer Störungen erfolgt, ist, gegenüber der bisherigen Vorgehensweise, ein geeigneter Ansatz für die zu erwartenden Störungen mit im Prozeßmodell vorzusehen. Im folgenden wird nur der Entwurf von Minimalvarianzreglern an Prozessen ohne Totzeit in groben Zügen dargestellt. Der verwendete Modellansatz entspricht der Darstellung gemäß Bild 3.75. Während $G_P(z)$ nach (3.52) gewählt wird, hat das Störfilter die Form

$$G_{st}(z) = \frac{N(z)}{V(z)} = \frac{\delta F(z^{-1})}{E(z^{-1})} = \frac{\delta[1 + f_1^* z^{-1} + \ldots + f_m^* z^{-m}]}{1 + e_1^* z^{-1} + \ldots + e_m^* z^{-m}} .$$

Grundkreisregler. Mit $w(k) = 0$ ergibt sich $x_w(k) = -x(k)$. Die Reglerpolynome $C(z^{-1})$ und $D(z^{-1})$ sind so auszulegen, daß mit Hilfe der Steuergröße $y(k)$ die durch $v(k)$ verursachten Fehler bezüglich (3.88) minimiert werden. Als Bedingung für die in diesem Sinne gesuchte optimale Steuergröße $y(k)$ erhält man

$$\frac{\partial I(k+1)}{\partial y(k)} = 0 . \tag{3.89}$$

Für die Ableitung der Reglergleichungen wird von (3.88) ausgegangen (Fall des erweiterten Minimalvarianzreglers). Der einfache Minimalvarianzregler ergibt sich dann als Sonderfall für $\lambda = 0$.
Für die Berechnung des Reglers aus (3.89) sind zunächst einmal $x(k+1)$ und $y(k)$ in (3.88) einzusetzen. $x(k+1)$ — nicht $x(k)$ — wird benötigt, weil mit $y(k)$, wegen $b_0^* = 0$ in (3.52), die Ausgangsgröße nur zum Zeitpunkt $k+1$ beeinflußt werden kann. Der Wert $x(k+1)$ muß daher auf der Basis der Werte $x(k), x(k-1), \ldots$ und $y(k), y(k-1), \ldots$ vorhergesagt (prediction) werden. Einen analytischen Ansatz zur Berechnung dieses Wertes erhält man aus der Beschreibungsgleichung für das Grundsystem (Bild 3.75)

$$X(z) = \frac{B(z^{-1})}{A(z^{-1})} Y(z) + \delta \frac{F(z^{-1})}{E(z^{-1})} V(z) \tag{3.90}$$

unter Berücksichtigung der Verschiebungssätze für die z-Transformation [25] durch Multiplikation mit z:

$$zX(z) = \frac{B(z^{-1})}{A(z^{-1})} zY(z) + \delta \frac{F(z^{-1})}{E(z^{-1})} zV(z) . \tag{3.91}$$

Durch Rücktransformation erhält man z. B.

$$X(z) \bullet\!\!-\!\!\circ\ x(k)$$

$$zX(z) \bullet\!\!-\!\!\circ\ x(k+1)$$

und damit aus (3.91) den gesuchten Wert $x(k+1)$. Außerdem ist ersichtlich, daß $x(k+1)$, wegen

$zV(z)$, auch von $v(k+1)$ abhängig ist, dagegen mit $b_0^* = 0$ in (3.52) jedoch nicht von $y(k+1)$. Für die weitere Berechnung ist es zweckmäßig, (3.91) weiter umzuformen:

$$A(z^{-1})\,E(z^{-1})\,zX(z) = B(z^{-1})\,E(z^{-1})\,zY(z) + \delta A(z^{-1})\,F(z^{-1})\,zV(z)\,. \qquad (3.92)$$

Durch Einsetzen der Polynome, Ausmultiplizieren und schließlich durch Rücktransformation in den Zeitbereich erhält man aus (3.92)

$$x(k+1) = f^*_{x_{k+1}}(\boldsymbol{\alpha}^{T*}, x(k), x(k-1), \ldots; y(k), y(k-1), \ldots; v(k+1), v(k), v(k-1), \ldots; \delta)\,; \qquad (3.93)$$

$\boldsymbol{\alpha}^*$ Parametervektor des Prozeßmodells einschließlich der Parameter des Störsignalmodells.

Durch Einsetzen von (3.93) in (3.88) kann die optimale Steuergröße $y(k)$ und damit das gesuchte Regelungsgesetz aus (3.89) berechnet werden [25]. Da auf weitere Berechnungsdetails hier verzichtet werden muß, sollen im folgenden nur noch das Ergebnis in Form des allgemeinen Regelungsgesetzes sowie einige Spezialfälle, die für die Realisierung von Adaptionsalgorithmen von Bedeutung sind, angegeben werden.

1. Verallgemeinerter Minimumvarianzregler nach (3.88)

$$G_{R1}(z) = \frac{Y(z)}{X(z)} = \frac{D(z^{-1})}{C(z^{-1})} = -\frac{A(z^{-1})\,[F(z^{-1}) - E(z^{-1})]\,z}{zB(z^{-1})\,E(z^{-1}) + \dfrac{\lambda}{b_1}A(z^{-1})\,F(z^{-1})} \qquad (3.94)$$

2. Minimumvarianzregler nach (3.87)
   $G_{R2}(z)$ ergibt sich als Spezialfall von (3.94) für $\lambda = 0$. Zur Reduzierung der Ordnung des Nenner- und Zählerpolynoms dieser Regler wird häufig für den Prozeßmodellansatz (s. Bild 3.75)

   $$E(z^{-1}) = A(z^{-1})$$

   gewählt [25].
3. Verallgemeinerter Minimumvarianzregler nach (3.88) und $E(z^{-1}) = A(z^{-1})$

$$G_{R1}^{E=A}(z) = -\frac{[F(z^{-1}) - A(z^{-1})]\,z}{zB(z^{-1}) + \dfrac{\lambda}{b_1}F(z^{-1})} \qquad (3.95)$$

4. Minimumvarianzregler nach (3.87) und $E(z^{-1}) = A(z^{-1})$
   Spezialfall von (3.95) für $\lambda = 0$.

$$G_{R2}^{E=A}(z) = -\frac{[F(z^{-1}) - A(z^{-1})]\,z}{zB(z^{-1})} \qquad (3.96)$$

Hinsichtlich der Eignung in Adaptivsystemen werden nur die unter Fall 3 und 4 angegebenen Minimumvarianzregler betrachtet. Schließlich sollen, aufgrund ihrer Bedeutung für Adaptionsalgorithmen, für diese zwei Fälle noch die Reglerübertragungsfunktionen für Prozesse mit Totzeit angegeben werden. Da die prinzipielle Vorgehensweise dieselbe ist wie beim Entwurf für Prozesse ohne Totzeit, soll im folgenden nur auf einige Besonderheiten hingewiesen werden.
Gl. (3.88) hat bei Berücksichtigung einer Totzeit die Form

$$I_0(k+1) = E[x^2(k+d+1) + \lambda y^2(k)]\,.$$

Zur Ermittlung von $x(k+d+1)$ erhält man, analog zu (3.90) und (3.91), die Gleichung (s. auch Bild 3.76)

$$z^{(d+1)}X(z) = \frac{B(z^{-1})}{A(z^{-1})}\,zY(z) + \delta\,\frac{F(z^{-1})}{E(z^{-1})}\,z^{(d+1)}V(z)\,.$$

Ohne auf weitere Details eingehen zu wollen, sei hier nur soviel erwähnt, daß die Reglerberechnung mit dem im Bild 3.76 dargestellten veränderten Störsignalmodell erfolgt, wobei die Koeffizienten der Polynome $K(z^{-1})$ und $L(z^{-1})$ durch Koeffizientenvergleich aus der Identitätsgleichung

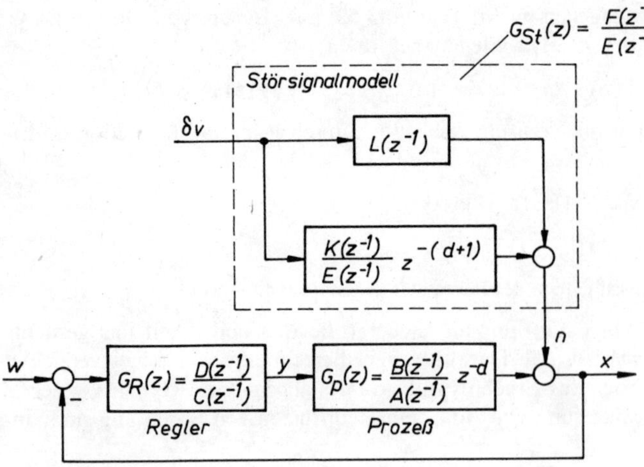

Bild 3.76. Grundsystem für den Entwurf von Minimalvarianzreglern (Prozeß mit Totzeit)

$$F(z^{-1}) = L(z^{-1})\, E(z^{-1}) + z^{-(d+1)}K(z^{-1}) \tag{3.97}$$

berechnet werden können. Gl. (3.97) ergibt sich unmittelbar durch Gleichsetzen der unterschiedlichen Formen der z-Übertragungsfunktionen für das Störsignalmodell (Bild 3.76). Im Ergebnis der weiteren Berechnung erhält man analog zu (3.95)

$$G_{R1d}^{E=A}(z) = -\frac{K(z^{-1})}{zB(z^{-1})\, L(z^{-1}) + \frac{\lambda}{b_1} F(z^{-1})} \tag{3.98}$$

und analog zu (3.96) als Sonderfall aus (3.98) für $\lambda = 0$

$$G_{R2d}^{E=A}(z) = -\frac{K(z^{-1})}{zB(z^{-1})\, L(z^{-1})}\,. \tag{3.99}$$

Adaptionseinrichtung

Entscheidungsprozeß. Nach Festlegung der Reglerstruktur ist der Entscheidungsprozeß natürlich zunächst einmal prinzipiell festgelegt, und die Ermittlung der Reglerparameter erfolgt im Sinne eines indirekten Verfahrens aus dem ermittelten Prozeßmodell (einschließlich Störsignalmodell). Die Möglichkeit, den Entscheidungsprozeß durch direkte Identifikation der Reglerparameter zu umgehen, wird in [22; 25] beschrieben. Da es sich hierbei um einen Algorithmus handelt, der in der Literatur immer wieder als Standardbeispiel angeführt wird, soll der Lösungsweg grob skizziert werden.

Ausgegangen wird von einem Prozeßmodell gemäß Bild 3.76 mit der Spezifikation $F(z^{-1}) = 1$ und $E(z^{-1}) = A(z^{-1})$. Die Gleichung des Prozeßmodells ergibt sich damit zu

$$A(z^{-1})\, X(z) - B(z^{-1})\, z^{-d} Y(z) = V(z)\,. \tag{3.100}$$

Als Regler wird der Ansatz nach (3.99) verwendet:

$$G_{R2d}^{E=A}(z) = \frac{D(z^{-1})}{C(z^{-1})} = -\frac{\hat{K}(z^{-1})}{z\hat{B}(z^{-1})\, \hat{L}(z^{-1})}\,.$$

Die Berechnung von $\hat{K}(z^{-1})$ und $\hat{L}(z^{-1})$ erfolgt durch Koeffizientenvergleich aus der Identitätsgleichung

$$L(z^{-1})\, A(z^{-1}) + z^{-(d+1)}K(z^{-1}) = 1\,, \tag{3.101}$$

die unmittelbar aus (3.97) unter Berücksichtigung der vorgenommenen Spezifikationen erfolgt. Will man nun (3.101) umgehen, um den Rechenaufwand zu reduzieren, so läßt sich dies durch Modifikation des zu schätzenden Modells erreichen [22; 25]. Dieses modifizierte Modell soll nun bestimmt werden. Zunächst wird (3.100) mit $L(z^{-1})$ multipliziert

$$L(z^{-1})\,A(z^{-1})\,X(z) - B(z^{-1})\,L(z^{-1})\,z^{-d}Y(z) = L(z^{-1})\,V(z)\,. \tag{3.102}$$

Nun wird (3.101) in (3.102) eingesetzt:

$$X(z) = K(z^{-1})\,z^{-(d+1)}X(z) + B(z^{-1})\,L(z^{-1})\,z^{-d}Y(z) + L(z^{-1})\,V(z)\,. \tag{3.103}$$

Mit (3.101) wird aus (3.103)

$$X(z) = -D(z^{-1})\,z^{-(d+1)}X(z) + C(z^{-1})\,z^{-(d+1)}Y(z) + L(z^{-1})\,V(z)\,. \tag{3.104}$$

Gl. (3.104) stellt das modifizierte Modell (Bild 3.77) dar, dessen Parameter die Reglerparameter darstellen, die durch Anwendung der RMKQ direkt geschätzt werden können.

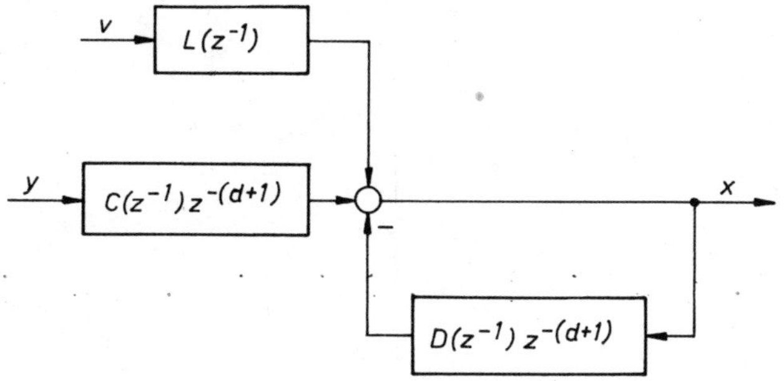

Bild 3.77. Modifiziertes Prozeßmodell gemäß (3.104)

Im Vergleich zum indirekten Verfahren sind bei dieser Lösung (wegen des erforderlichen Ansatzes von $L(z^{-1})$ [22]) d Parameter zusätzlich zu schätzen. Erwähnenswert ist, daß bei der gewählten Kombination $G_{R2d}^{E=A}(z)$/RMKQ aus Gründen der Identifizierbarkeit ein Parameter vorgegeben werden muß. Dies stellt aber kein wesentliches Problem dar, weil die Anforderungen an die Genauigkeit für diesen Wert nicht sehr hoch sind [22]. Bei Anwendung des modifizierten Modells (3.104) sind in Verbindung mit der MKQ biasfreie (d. h. exakte) Schätzungen möglich. Bemerkenswert ist außerdem, daß mit diesem Algorithmus bei $D(z^{-1}) = 1$ zwar nicht mehr biasfreie Parameterschätzungen möglich sind, sich aber dennoch der optimale Minimalvarianzregler einstellt, wenn die Parameterschätzungen überhaupt konvergieren [181]. Das gewünschte Reglergesetz wird also auch bei ungenauen Parameterschätzungen erhalten. (Erläuterung der Kurzbezeichnungen siehe S. 74.)

Identifikation. In Verbindung mit Minimalvarianzreglern sind zunächst nur solche Schätzverfahren geeignet, die auch das Störsignalmodell liefern. Aus dieser Sicht wäre die RMLM geeignet, die RMKQ und die RMHV dagegen nicht. Es läßt sich jedoch zeigen, daß unter bestimmten Voraussetzungen, z. B. $F(z^{-1}) = 1$, auch die zuletzt genannten zwei Schätzmethoden zusammen mit Minimalvarianzreglern mit Erfolg eingesetzt werden können [14; 25]. Trotz der Vielfalt der Lösungen für Minimalvarianzregler kann i. allg. bei geeigneter Wahl der relativ frei zu wählenden Parameter immer erreicht werden, daß die Bedingungen für die Identifizierbarkeit im geschlossenen System erfüllt sind und daher kein externes Testsignal erforderlich ist [14].

Ablaufplan (s. Bild 3.78).

Einschätzung

Da Minimalvarianzregler zur Klasse der Kompensationsregler gehören, ergeben sich natürlich auch für Adaptionsalgorithmen, in denen sie integriert sind, bestimmte, für diese Klasse typische Einschränkungen bezüglich des Anwendungsbereichs [181]. Als Hinweis sei hier lediglich das Problem des näherungsweisen Kürzens von Polen und Nullstellen in den Übertragungsfunktionen vom Regler und Prozeß genannt [25].

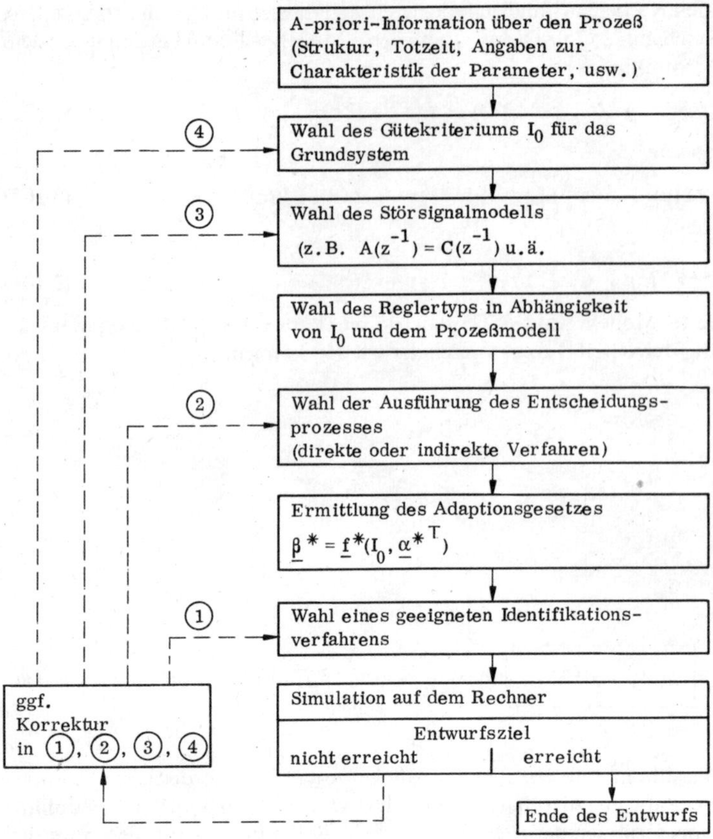

Bild 3.78. Grobablaufplan für den Entwurf von Adaptivsystemen unter Verwendung von Minimalvarianzreglern als Grundkreisregler

Aus Gründen der kleineren Ordnung sollten möglichst die Regler (3.95) und (3.96) mit dem vereinfachten Modellansatz $E(z^{-1}) = A(z^{-1})$ bevorzugt werden. Nachteilig bei Adaptionsalgorithmen mit Minimalvarianzreglern ohne Stellgrößenbeschränkung ist, daß relativ große Stellamplituden auftreten können. Geeigneter ist daher die Variante mit Stellgrößenwichtung. Aus der Sicht der hier angeführten Gründe ist der Minimalvarianzregler mit vereinfachtem Modellansatz und Stellgrößenwichtung am universellsten einsetzbar [4; 14].

3.4.7. Adaption mit geschlossener Wirkungsschleife (Adaptivregelung)

Adaptivsysteme dieser Art werden im folgenden entsprechend der im Bild 3.52 vorgenommenen Einteilung behandelt.

3.4.7.1. Adaptivregelungen mit einem über das Grundsystem realisierten Entscheidungsprozeß

Wie bereits im Abschn. 1. in groben Zügen erläutert, wird bei Adaption durch eine geschlossene Wirkungsschleife für die Anpassung der Reglerparameter ein Maß für die tatsächlich erreichte Regelgüte verwendet. Im Ergebnis der Identifikation werden daher nicht die Struktur und die Parameter eines Prozeßmodells laufend gemessen, sondern ein geeignet gewähltes Gütemaß $I(t)$ ermittelt. Zur Erläuterung der wichtigsten Zusammenhänge, die für den Entwurf der hier betrachteten

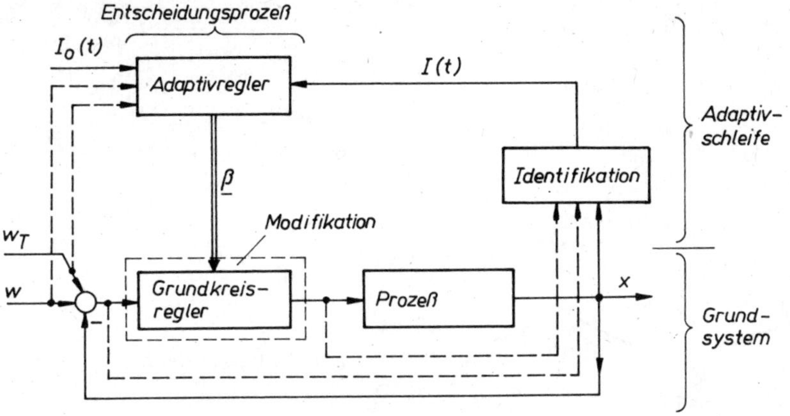

Bild 3.79. Allgemeiner Aufbau eines Regelungssystems mit Adaption durch eine geschlossene Wirkungsschleife und einem Entscheidungsprozeß mit Eingriff in das Grundsystem

Klasse adaptiver Systeme von Bedeutung sind, soll von der allgemeinen Darstellung gemäß Bild 3.79 ausgegangen werden.

Grundlagen, Übersicht

Grundsystem. Ein Prozeßmodell ist nicht unbedingt erforderlich. Das grundsätzliche Übertragungsverhalten (z. B. P- oder I-Verhalten) sollte bekannt sein, um einen geeigneten Reglertyp auswählen zu können. Auch hier gilt natürlich der Grundsatz, daß mit zunehmender A-priori-Information über den Prozeß durch eine genauere Auslegung der Aufwand für den Entwurf und die Realisierung der Adaptivschleife abnimmt. Außerdem wird dadurch die Leistungsfähigkeit des so erhaltenen Adaptivsystems (schnelle Anpaßfähigkeit, erreichte Regelgüte u. ä.) erhöht.
Die Wahl des Grundkreisreglers erfolgt unter Berücksichtigung sowohl der vorhandenen A-priori-Information als auch im Hinblick auf das Gütekriterium für die Auslegung des Grundsystems.

Adaptionseinrichtung. Die Identifikation umfaßt die laufende Ermittlung eines gewählten Gütemaßes $I(t)$ aus den am Grundsystem zur Verfügung stehenden Signalen. $I(t)$ stellt die Regelgröße des Adaptivregelkreises dar und ist, je nach Aufgabenstellung, aus der großen Anzahl der in der Automatisierungstechnik üblichen Gütekriterien (z. B. Integralkriterien, Kenndatenindizes u. a.) in geeigneter Weise zu wählen. Der Einsatz von externen Testsignalen wird dabei oft vorteilhaft sein [182; 183]. Insbesondere sollte darauf geachtet werden, daß sich aus $I(t)$ die erforderlichen Informationen für den adaptiven Stelleingriff in den Grundkreisregler in möglichst einfacher Weise ableiten lassen. Zu beachten ist außerdem, daß bei geeigneter Wahl der Adaptivregelgröße $I(t)$ häufig ein linearer oder linearisierbarer Zusammenhang zwischen dem Parametereingriff (Adaptivstellgröße $\boldsymbol{\beta}$) und $I(t)$ besteht. Die Auslegung des Adaptivreglers kann dann in einfacher Weise durch Anwendung der bekannten Verfahren für lineare Systeme erfolgen. Dies ist deshalb bemerkenswert, weil ja sowohl der Eingriff über die Adaptivschleife in das Grundsystem in nichtlinearer Form erfolgt als auch die Messung von $I(t)$ in der Regel nichtlineare Übertragungsglieder erfordert.
Zur Beeinflussung von $I(t)$ stehen die einstellbaren Reglerparameter zur Verfügung. Gemäß vorgegebener Problemstellung ist aber der Zusammenhang

$$I(t) = \vartheta_I(\boldsymbol{\beta}^{\mathrm{T}}) \tag{3.105}$$

im allgemeinen Fall nicht bzw. nur qualitativ bekannt.
Bei mehreren einstellbaren Reglerparametern sind zur wirkungsvollen Adaption möglichst solche Gütemaße zu verwenden, die voneinander unabhängige Informationen über den Prozeß liefern. Bei zwei adaptiven Stellmöglichkeiten könnten dies z. B. die Amplitude und die Phase eines harmonischen Testsignals sein [183], die bei richtiger Wahl der Testfrequenz jeweils ein Maß für den Einfluß der Verstärkung und einer dominierenden Zeitkonstante darstellen.

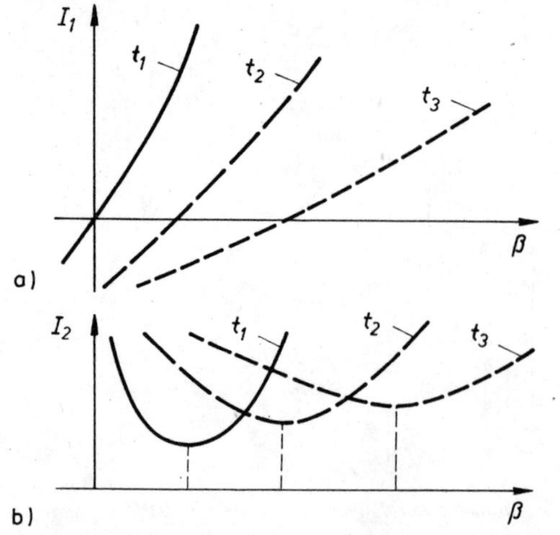

Bild 3.80. Prinzipieller Verlauf von $I(t)$ bei zeitabhängigem Prozeßverhalten

a) ohne und b) mit Extremalcharakteristik

Für die Realisierung des Entscheidungsprozesses ist wichtig, ob (3.105) eine Funktion mit einem Extremwert darstellt oder nicht (Bild 3.80). Vorausgesetzt wird, daß durch die Prozeßänderungen diese Grundcharakteristik nicht verändert wird. Im Fall a kann aus einer Messung von I_1 die Information über Richtung und Größe des erforderlichen Stelleingriffs ermittelt werden. Eine einfache Adaption im Sinne einer konventionellen Regelung ist daher möglich (Bild 3.82). Im Fall b kann dagegen aus einer Messung von I_2 die für einen Stelleingriff erforderliche Information nicht gewonnen werden. Die Anwendung eines sog. Extremwertreglers ist daher i. allg. erforderlich. Bei derartigen Reglern wird durch Verstellen der zu adaptierenden Reglerparameter nach einer geeigneten Suchstrategie die optimale Einstellung ermittelt. Da im folgenden Abschnitt hierzu detailliertere Ausführungen gemacht werden, kann an dieser Stelle auf weitere Angaben verzichtet werden.

Wie zu erkennen ist, erfolgt in beiden Fällen (a und b) die Ermittlung des gesuchten Parametervektors $\boldsymbol{\beta}$ über Veränderungen der einstellbaren Reglerparameter und der Messung des Einflusses dieser Änderungen auf $I(t)$. Dies bedeutet aber, im Gegensatz zu den im Abschn. 3.4.6. behandelten Adaptivsystemen, eine Realisierung des Entscheidungsprozesses unter Einbeziehung des Grundsystems (s. Klassifizierung im Bild 3.52).

Da die Vielfalt der sich auf diese Weise ergebenden Adaptivregelungen sehr groß ist, wird im folgenden zunächst ein allgemeiner Ablaufplan (Bild 3.81) angegeben. Im Anschluß daran werden, stellvertretend für die zahlreichen Lösungsvarianten, Adaptivregelungen unter Verwendung von periodischen Testsignalen zur Identifikation sowie auch der Entwurf von Adaptivregelungen ohne Einsatz externer Testsignale behandelt.

Ablaufplan (s. Bild 3.81).

Adaption bei Anwendung von PI-(PID-)Reglern und Identifikation mit Hilfe harmonischer Testsignale

Adaptivsysteme dieser Art gehören zu den ersten grundlegenden klassischen Lösungsvorschlägen für die Adaption. Aufgrund ihres vergleichsweise einfachen und anschaulichen Entwurfs wurden sie in der ersten Entwicklungsphase der Adaptivsysteme in der Fachliteratur relativ häufig behandelt [183 bis 186]. Das Grundprinzip dieses Verfahrens wurde bereits im Abschn. 1.4.2. (Bild 1.23) kurz erläutert. Im folgenden sollen nun der Aufbau und die Wirkungsweise dieser Systeme, unter Berücksichtigung der vorangestellten allgemeinen Ausführungen (s. auch Bild 3.82), detaillierter erläutert werden.

Durch Benutzung harmonischer Testsignale für die Identifikation sind bestimmte Zusammenhänge, die gemäß Bild 3.79 im allgemeinen Fall erst ermittelt werden müßten, bereits von vornherein qualitativ festgelegt. Dies betrifft das folgende:

1. Wahl von $I(t)$
   Da Testsignale verwendet werden, deren Amplitude A_T und Phase φ_T sich in Abhängigkeit vom Grundsystemverhalten ändern, können diese zwei Signalparameter als Gütemaß direkt verwendet werden:

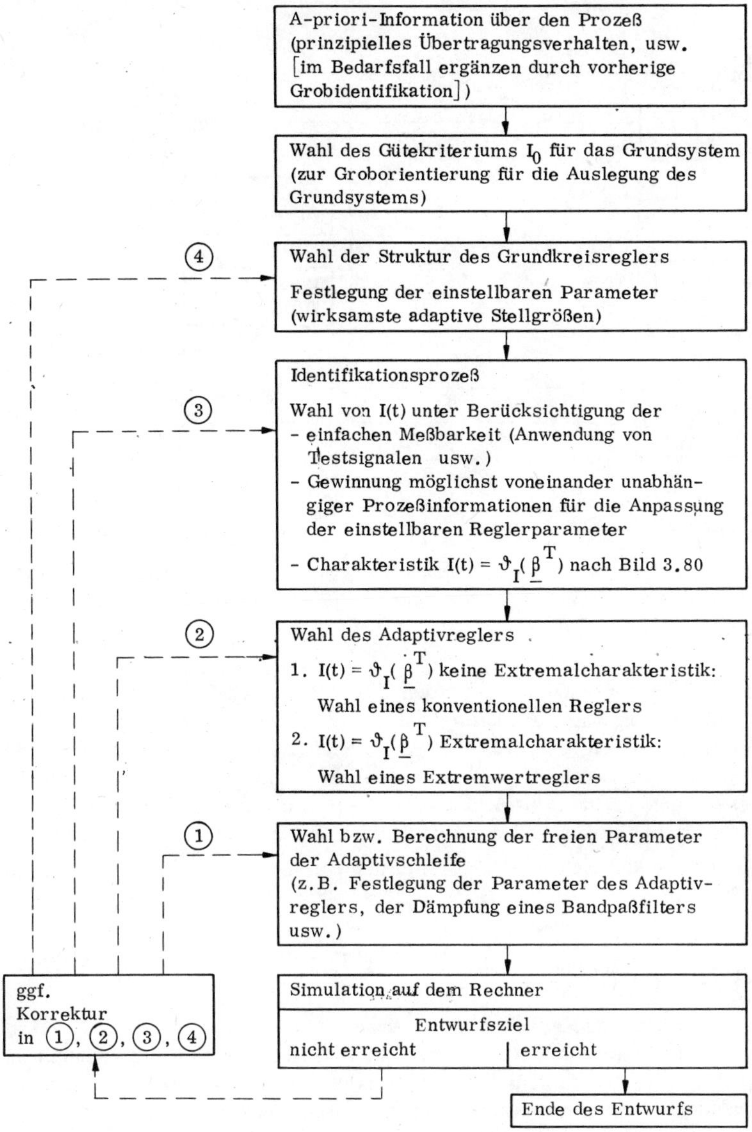

Bild 3.81. Grobablaufplan für den Entwurf von Systemen mit Adaption durch eine geschlossene Wirkungsschleife (Adaptivregelung)

$$I_1(t) = A_T(t) = \vartheta_{AT}(\boldsymbol{\beta}^T)$$
$$I_2(t) = \varphi_T(t) = \vartheta_{\varphi T}(\boldsymbol{\beta}^T) .$$

2. Charakteristik von $I(t) = \vartheta_I(\boldsymbol{\beta}^T)$
   Es läßt sich anhand der Amplituden- und Phasenkennlinien im Frequenzbereich (Bode-Diagramm) leicht nachprüfen, daß hier keine Extremalcharakteristik vorliegt (Fall a nach Bild 3.80) und daher als Adaptivregler grundsätzlich konventionelle Regler angewendet werden können.

Damit ist bei Anwendung eines Testsignals mit der Frequenz ω_T der im Bild 3.79 angegebene prinzipielle Aufbau eines Adaptivsystems möglich. Für den Prozeß und den Grundkreisregler wurden, im Hinblick auf eine anschauliche Erläuterung des Entwurfs, spezielle Übertragungsfunktionen angegeben. Im Bild 3.82 ist der allgemeine Aufbau einer adaptiven 2-Parameter-Regelung dargestellt.

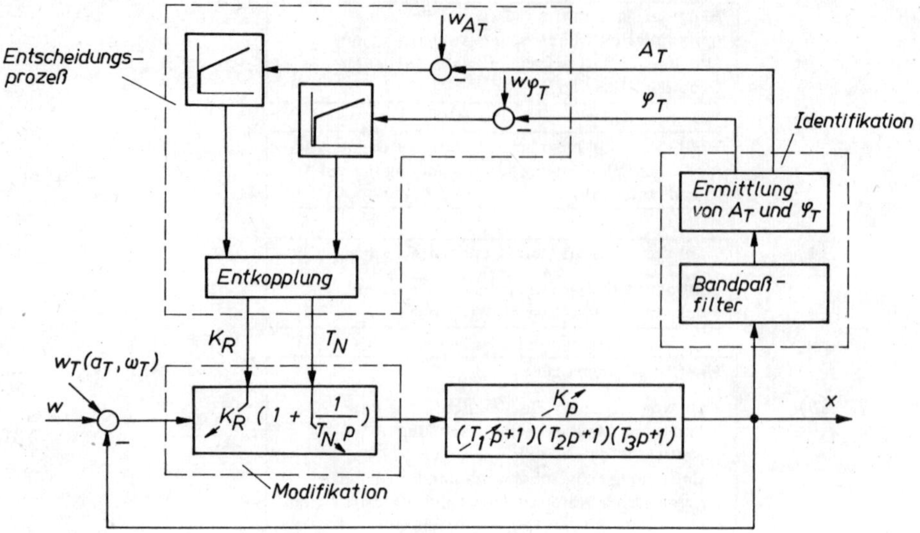

Bild 3.82. Aufbau eines Adaptivsystems mit Anpassung der Parameter des Grundkreisreglers durch eine Adaptivregelung sowie unter Verwendung von harmonischen Testsignalen zur Identifikation (dargestellt für ein spezielles Grundsystem)

Mit Hilfe eines Sinussignals mit der Frequenz ω_T werden die Änderungen im Übertragungsverhalten des Grundsystems, die sich in einer Änderung der Amplitude und der Phase des Testsignals äußern, identifiziert. Nach einem Vergleich der gemessenen Adaptivregelgrößen (A_T und φ_T) mit den vorgegebenen Sollwerten werden unter Verwendung konventioneller Adaptivregler K_R und T_N im Grundkreisregler so lange verstellt, bis ΔA_T und $\Delta\varphi_T$ Null sind (angepaßter Zustand).
Die allgemeine Vorgehensweise beim Entwurf soll nun erläutert werden.

Grundsystem. Es werde angenommen, daß sich der Prozeß, aufgrund von A-priori-Informationen, durch eine Übertragungsfunktion der Form

$$G_P(p) = \frac{K_P}{(T_1 p + 1)(T_2 p + 1)(T_3 p + 1)} \quad \text{mit } T_1 \gg T_2, T_3 \tag{3.106}$$

beschreiben läßt. K_P und die dominierende Zeitkonstante T_1 seien zeitabhängig.
An den Prozeß soll ein Regler derart angepaßt werden, daß ein vorgegebenes Führungsverhalten in Form $G_{w0}(p)$ trotz zeitvarianten Prozeßverhaltens konstant gehalten werden soll. $G_{w0}(p)$ entspricht damit, nach der bisher verwendeten Bezeichnungsweise, dem Entwurfskriterium I_0.
Das gewünschte Führungsverhalten soll mit Hilfe eines PI-Reglers

$$G_R(p) = K_R\left(1 + \frac{1}{T_N p}\right) \tag{3.107}$$

erreicht werden. Bei Anwendung eines PID-Reglers ändert sich die prinzipielle Vorgehensweise nicht [57; 184; 186]. Mit (3.106) und (3.107) erhält man für die Führungsübertragungsfunktion

$$G_w(p) = \frac{G_R(p)\,G_P(p)}{1 + G_R(p)\,G_P(p)} = \frac{G_0(p)}{1 + G_0(p)}\,.$$

Daraus folgt, daß $G_w(p)$ unveränderlich ist, wenn sich $G_0(p)$ nicht ändert. Aus $G_0(p)$ lassen sich damit die Gleichungen für die Adaption ableiten. Mit

$$G_0(p) = \frac{K_R K_P (T_N p + 1)}{T_N p (T_1 p + 1)(T_2 p + 1)(T_3 p + 1)}$$

gilt für die Adaption

$$(T_N p + 1) = (T_1 p + 1)$$

$$K_R K_P = K_0 ,$$

d. h. $T_N = T_1$ und $K_R = K_0/K_P$.

Für $G_0(p)$ erhält man dann im angepaßten Zustand

$$G_{0A}(p) \doteq \frac{K_0}{T_1 p (T_2 p + 1)(T_3 p + 1)} .$$

K_0 ist damit der einzige freie Parameter zur Erreichung des gewünschten vorgegebenen Führungsverhaltens

$$G_{w0}(p) = \frac{G_{0A}(p)}{1 + G_{0A}(p)} .$$

Dies macht zwar einerseits die weitere Bemessung des Grundsystems sehr einfach, zeigt aber andererseits auch die Grenzen bei Anwendung eines PI-Reglers. In [57] wurde gezeigt, daß dennoch ein in vielen Fällen brauchbares Ergebnis erzielt werden kann.

Adaptionseinrichtung. Die wesentlichsten Probleme für die Auslegung des Identifikationsprozesses sind

die Wahl der Testfrequenz ω_T

die Dimensionierung des Bandpaßfilters

die Wahl des Aufbaus der Auswerteeinheit zur Ermittlung von A_T und φ_T.

Das Testsignal muß bezüglich der Amplitudengröße und der Frequenz ω_T so gewählt werden, daß eindeutige Informationen für die erforderliche Korrektur über die Reglerparameter gewonnen werden können. Welche Überlegungen hierbei eine Rolle spielen, soll im folgenden kurz erläutert werden (Bild 3.83).

Wählt man z. B. $\omega_T = \omega_2$, so wird im Bereich $K_{R1} < K_R < K_{R2}$ mit zunehmender Verstärkung eine größere Signalamplitude gemessen. Im Bereich $K_{R2} < K_R < K_{R3}$ wird dagegen mit zunehmender Verstärkung K_0 die Testsignalamplitude kleiner. Eine für den ersten Fall richtig ausgelegte adaptive Regelung würde im zweiten Bereich instabil werden, da der adaptive Verstärkungsregler auf eine kleiner werdende Testsignalamplitude mit einer Verstellung der Grundkreisreglerverstärkung in Richtung zunehmender Werte reagieren würde (Mitkopplung). Bereiche, in denen sich die Amplituden- oder die Phasenkennlinien infolge der Änderung von Parametern des Grundregelkreises schneiden, sind daher für die Wahl der Testfrequenz ungeeignet. In [186] wird angegeben, wie man mit Hilfe von

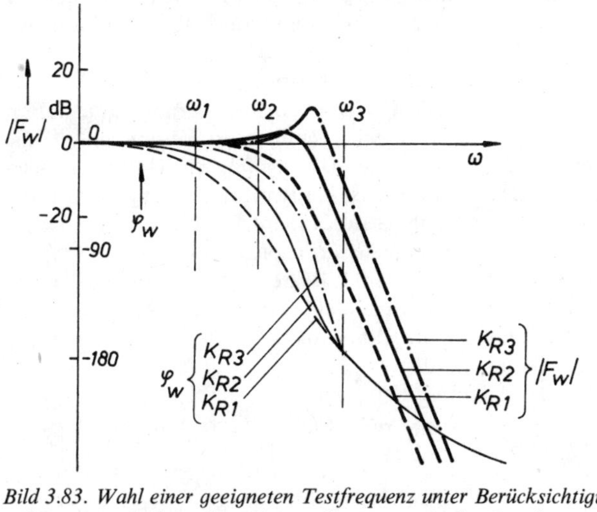

Bild 3.83. Wahl einer geeigneten Testfrequenz unter Berücksichtigung des Einflusses von Verstärkungsänderungen auf Betrag und Phase des Führungsfrequenzgangs des Grundsystems

K_R Reglerverstärkung

Bodeschen Empfindlichkeitsfunktionen (s. Abschn. 2.3.) diese ungünstigen Frequenzbereiche systematisch abgrenzen kann.
Wird $\omega_T = \omega_3$ gewählt, erhält man dagegen eindeutige Informationen für eine Korrektur der Verstärkung. Da eine Änderung der Phase nicht erfolgt, liegt hier der Fall der Entkopplung von Amplitude und Phase vor. Eine Verstärkungsänderung wird nur über den adaptiven Verstärkungsregler korrigiert. Zu beachten ist bei der Festlegung der Testfrequenz im Bereich von ω_3, daß ω_T so gewählt werden muß, daß die Dämpfung des Testsignals nicht so groß ist, daß Schwierigkeiten bei der Gewinnung von ω_T aus $x(t)$ auftreten.
Auch für $\omega_T = \omega_1$ erhält man eindeutige Informationen über die Verstärkungsänderung. In diesem Fall gewinnt man sie aber durch die Phasenauswertung. Vorteilhaft ist hierbei, daß im niederfrequenten Bereich die Dämpfung unwesentlich ist und der Grundregelkreis durch das Testsignal nur geringfügig gestört wird. Im Vergleich zur Anwendung höherfrequenter Signale bereitet jedoch i. allg. das Herausfiltern des niederfrequenten Testsignals aus $x(t)$ einige Schwierigkeiten (Störeinflüsse z. B. durch niederfrequente Anteile in den Sprungantworten). In [186] ist eine Adaptivregelung beschrieben, bei der mehrere niederfrequente Sinussignale verwendet werden. Die Anpassung der Reglerparameter erfolgt dabei durch Phasenauswertung. Jedem einstellbaren Parameter des Grundkreisreglers wird eine spezielle Testfrequenz zugeordnet.
Weitere Hinweise darüber, wie man im konkreten Anwendungsfall die Testfrequenz (bzw. Testfrequenzen) wählen muß, erhält man in sehr anschaulicher Weise dadurch, daß man, in Analogie zur Darstellung des Einflusses von K_R (Bild 3.83), auch den Einfluß der anderen einstellbaren Reglerparameter auf die Amplituden- und Phasencharakteristik von $G_w(p)$ untersucht.
Bezüglich der Dimensionierung des Bandpaßfilters sei hier nur darauf hingewiesen, daß die Dynamik und die Qualitätsparameter des Bandpaßfilters die Übertragungseigenschaften der Adaptivschleife und damit des gesamten Adaptivsystems sehr wesentlich beeinflussen. Eine sehr sorgfältige Auslegung ist daher unbedingt erforderlich. Für die Phasen- und Amplitudenmessung sowie die Umwandlung der erhaltenen Meßwerte in geeignete Eingangssignale für die Adaptivregler gibt es zahlreiche Lösungsvarianten. Bezüglich der Wahl einer geeigneten, auf den konkreten Anwendungsfall zugeschnittenen Lösung sei daher auf die Fachliteratur verwiesen [57; 184].
Als Adaptivregler (Entscheidungsprozeß) kommen, je nach Anwendungsfall, sowohl P- als auch PI-Regler in Frage. Ihre Dimensionierung kann, unter bestimmten Voraussetzungen (z. B. Adaptivschleife dynamisch langsamer als das Grundsystem), mit Hilfe der für den Entwurf linearer Systeme entwickelten Verfahren im Frequenzbereich erfolgen [57]. Dabei wird für die Adaptivregelstrecke (Teile des Grundsystems einschließlich der Identifikationsstufe) ein Ersatzfrequenzgang ermittelt und die Parameter des Adaptivreglers in der allgemein bekannten Weise bestimmt [86; 87]. Ein dem Adaptivregler nachgeschaltetes Entkopplungsglied (Bild 3.82) ist im allgemeinen Fall erforderlich, um aus den Ausgangsgrößen der Adaptivregler die den Parametern des Grundkreisreglers zugeordneten Signale (adaptive Stellgrößen $\boldsymbol{\beta}$) zu ermitteln.
In der Literatur werden verschiedene Lösungsvarianten, die der hier behandelten Klasse von Adaptivsystemen zugeordnet werden können, in erster Linie unter dem Aspekt der Realisierung mit analogen Automatisierungsmitteln untersucht. In [22] wird dagegen in sehr detaillierter Weise auch auf die Realisierung mit Digitalrechnern eingegangen. Im Ergebnis der durchgeführten Untersuchungen wird festgestellt, daß die Richtlinien des kontinuierlichen Entwurfs, bei Berücksichtigung leicht überschaubarer Korrekturen, auch im diskontinuierlichen Fall gültig sind. Außerdem werden, insbesondere im Hinblick auf einen Variantenvergleich mit den nach anderen Prinzipien entworfenen Adaptivsystemen, in sehr vorteilhafter Weise die Möglichkeiten für einen systematischen Entwurf untersucht. Da dieses Lösungsverfahren ein sehr anschauliches Beispiel dafür ist, wie man kontinuierliche Entwurfsprinzipien auf den diskontinuierlichen Fall erweitern kann, sollen die Besonderheiten des in [22] abgeleiteten Verfahrens in groben Zügen erläutert werden.
Dem Verfahren wird ein prinzipieller Aufbau des Adaptivsystems gemäß Bild 3.82 zugrunde gelegt. Alle Regler sind PI-Regler, und als Prozeßmodell wird der für viele technologische Prozesse geeignete Ansatz gewählt:

$$G_P(p) = \frac{K_P}{(\gamma(t)\, T_1 p + 1)\,(T_1 p + 1)^{n-1}} \,.$$

K_P und eine Zeitkonstante ($\gamma(t)$ zeitabhängiger Faktor) sind unbekannt oder zeitabhängig.

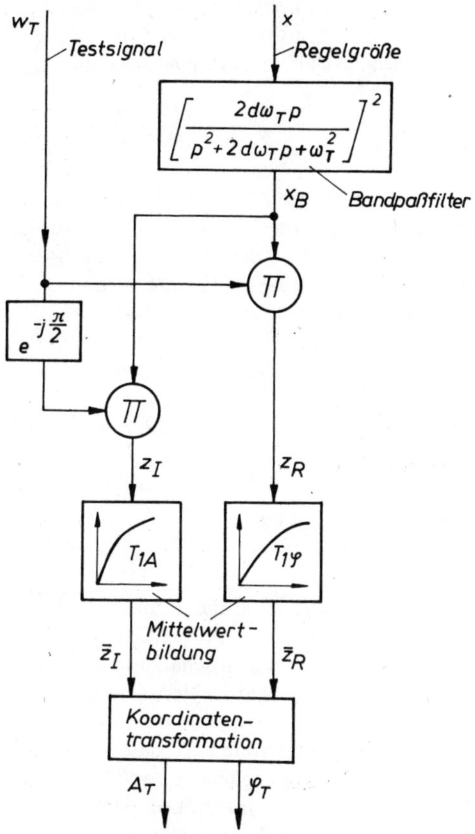

Bild 3.84. Identifikationsstufe zur Ermittlung von A_T und φ_T bei dem Verfahren nach [22] (Testsignal: Rechteckschwingung)

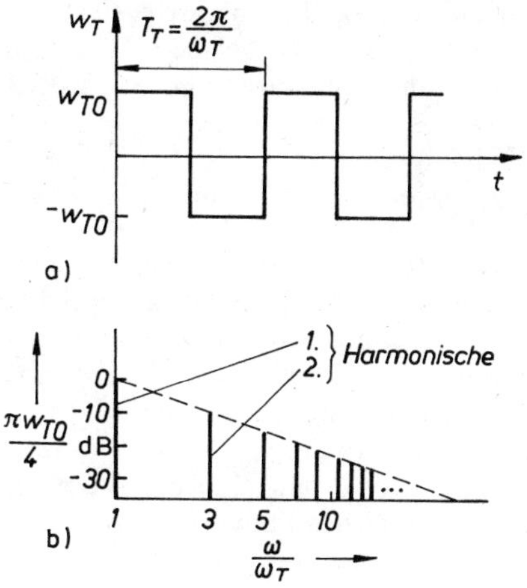

Bild 3.85. Testsignal bei dem Verfahren nach [22]
a) Zeitfunktion; b) Linienspektrum des Rechtecksignals

Bei den in [22] angegebenen Bemessungsvorschriften wird die Ordnung des Prozesses berücksichtigt. Für die Identifikationsstufe wird eine Ausführung gemäß Bild 3.84 gewählt. Gegenüber den meisten der bisher entwickelten Entwurfsverfahren wird, unter Berücksichtigung der Realisierung mit einem Digitalrechner, im Hinblick auf eine einfache Erzeugung als Testsignal eine Rechteckschwingung mit der Grundfrequenz ω_T (Bild 3.85a) verwendet. Der Entwurf erfolgt zweischrittig. Zunächst wird die kontinuierliche Lösung ermittelt und im Anschluß daran, nach geeigneter Wahl der Abtastzeit T_0, die diskontinuierliche Version abgeleitet. Der kontinuierliche Entwurf erfolgt prinzipiell in gleicher Weise, wie er bereits für harmonische Testsignale erläutert wurde. Einige Besonderheiten ergeben sich jedoch aus der Anwendung der Rechteckschwingung. Infolge der Filterwirkung der offenen Kette $G_0(p)$ sowie durch geeignete Dimensionierung des Bandpaßfilters (Bild 3.84) werden die Oberwellen so stark gedämpft, daß sie sich nicht nachteilig auf den Adaptivkreis auswirken. Am Ausgang des Bandpaßfilters erhält man dann, wie gewünscht, ein in der Amplitude verändertes, phasenverschobenes Sinussignal. Zur Unterdrückung der von der Testfrequenz abweichenden Signale wird die Mittelwertbildung nicht durch eine Integration über eine Signalperiode ausgeführt, sondern durch Glättung mit Tiefpaßfiltern 1. Ordnung, deren Auslegung auch unter Berücksichtigung des Oberwellengehalts des Testsignals erfolgt.

Bei der Auslegung des Bandpaßfilters wird angestrebt, neben einer hohen Trennschärfe (Dämpfung der höheren Harmonischen des Rechtecktestsignals sowie von Störungen) auch ein schnelles Einschwingverhalten zu erreichen. Da jedoch eine hohe Trennschärfe ein langsames Einschwingen des Filters bedingt, muß hier ein brauchbarer Kompromiß gefunden werden.

Freie Entwurfsparameter der Adaptivkreise sind zunächst einmal die Zeitkonstanten T_{1A} und $T_{1\varphi}$ der Tiefpaßfilter, die Dämpfung d des Bandpaßfilters (Bild 3.84) sowie die Parameter der Adaptivregler. Eine einfache Dimensionierung der PI-Regler der Adaptivkreise unter Verwendung der linearen Frequenzgangmethoden ist, wie bereits bei den allgemeinen Ausführungen erwähnt wurde, nur möglich, wenn die Adaptivregelkreise dynamisch wesentlich langsamer sind als das Grundsystem. Dies läßt sich durch geeignete Wahl von d, T_{1A} und $T_{1\varphi}$ immer erreichen. Da dann T_{1A} und $T_{1\varphi}$ die größten Zeitkonstanten innerhalb der Adaptivregelkreise darstellen, ist es zweckmäßig,

$$T_{NA} = T_{1A} \quad \text{und} \quad T_{N\varphi} = T_{1\varphi};$$

T_{NA}, $T_{N\varphi}$ Nachstellzeiten der PI-Regler der Adaptivregelkreise

zu wählen. Damit verbleiben die Dämpfung d und die Verstärkungen der Adaptivregler als freie Entwurfsparameter zur Erreichung der vorgegebenen Güte der Adaptivregelkreise. Als Maß für die Güte der Adaption wird die minimale Adaptionszeit $t_{Ad,\,min}$ (Ausregelzeit für die Amplitude bzw. Phase) verwendet. In [22] wird nun gezeigt, daß sich, bei Festlegung auf eine bestimmte Ordnung des Prozeßmodells, ein Zusammenhang zwischen der Adaptionszeit t_{Ad}, der Dämpfung d und der Adaptionskreisverstärkung K_{0Ad} angeben läßt. Damit können bei vorgegebener $t_{Ad,\,min}$ die freien Entwurfsparameter d und K_{0Ad} des Adaptivkreises ermittelt werden. — Soviel zu den Besonderheiten des kontinuierlichen Entwurfs.

Auf der Basis der kontinuierlichen Lösung wird nun in der folgenden Weise die diskontinuierliche Version ermittelt:

1. Wahl der Abtastzeit T_0
2. Berechnung der z-Übertragungsfunktionen der einzelnen Übertragungsglieder des Adaptivsystems
3. Abschätzung der Amplituden- und Phasenfehler infolge der Diskretisierung und Beseitigung dieser Fehler durch geeignete Korrekturmaßnahmen.

Da diejenigen Teilsysteme einen Einfluß auf die Wahl der Abtastzeit haben, die Signale mit hohen Frequenzen übertragen, werden das Grundsystem und das Bandpaßfilter hinsichtlich der Festlegung von T_0 näher untersucht. Im Ergebnis dieser Untersuchungen ist eine Abschätzung der oberen Schranke für die Abtastzeit möglich (Bild 3.86). Sie wird, ebenso wie die Adaptionszeit, durch die Dämpfung d des Bandpaßfilters bestimmt.

Zur Beschreibung der Signale im Grundregelkreis für die diskrete Realisierung wird das im Bild 3.87 dargestellte mathematische Modell verwendet. $H_0(p)$ und $H_1(p)$ stellen Halteglieder dar [25].

Zur Ermittlung der diskreten Beschreibungsform des PI-Reglers erfolgt die Integration nach der Trapezregel (z-Transformation unter Berücksichtigung eines Halteglieds 1. Ordnung). Dies entspricht der Annahme eines linearen Verlaufs der Regelabweichung zwischen den Abtastzeitpunkten. Die z-Übertragungsfunktion des diskreten PI-Reglers lautet

$$G_R(z) = \frac{d_1 + d_2 z^{-1}}{1 - z^{-1}}.$$

n	2	3	4	5
$\left[\frac{T_0}{T_1}\right]_{max}$	0,05	0,157	0,272	0,379

Bild 3.86. Obere Schranke des Verhältnisses T_0/T_1 zur Festlegung der Abtastzeit T_0 nach [22]

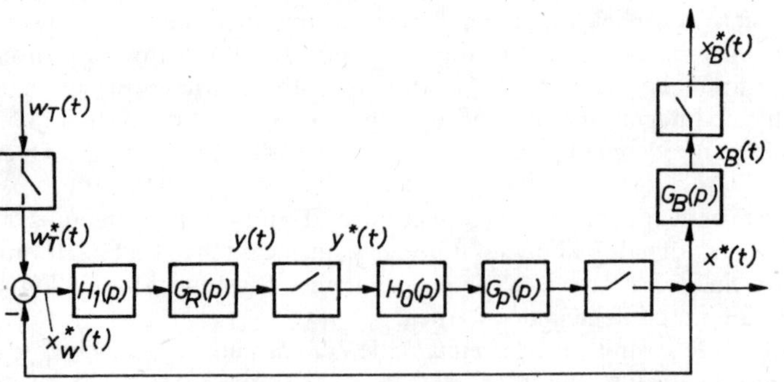

Bild 3.87. Blockschaltbild zum mathematischen Modell des Grundsystems zur Beschreibung der Signale für die diskrete Realisierung

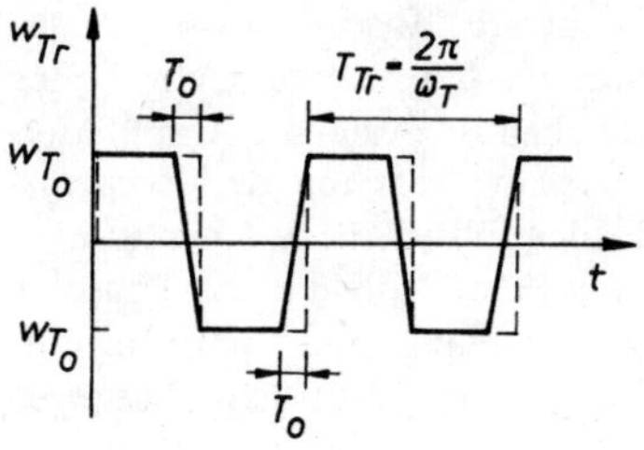

Bild 3.88. Veränderung des Rechtecktestsignals durch Diskretisierung mit der Abtastzeit T_0 (dargestellt am Zeitverlauf $w_T(t)$)

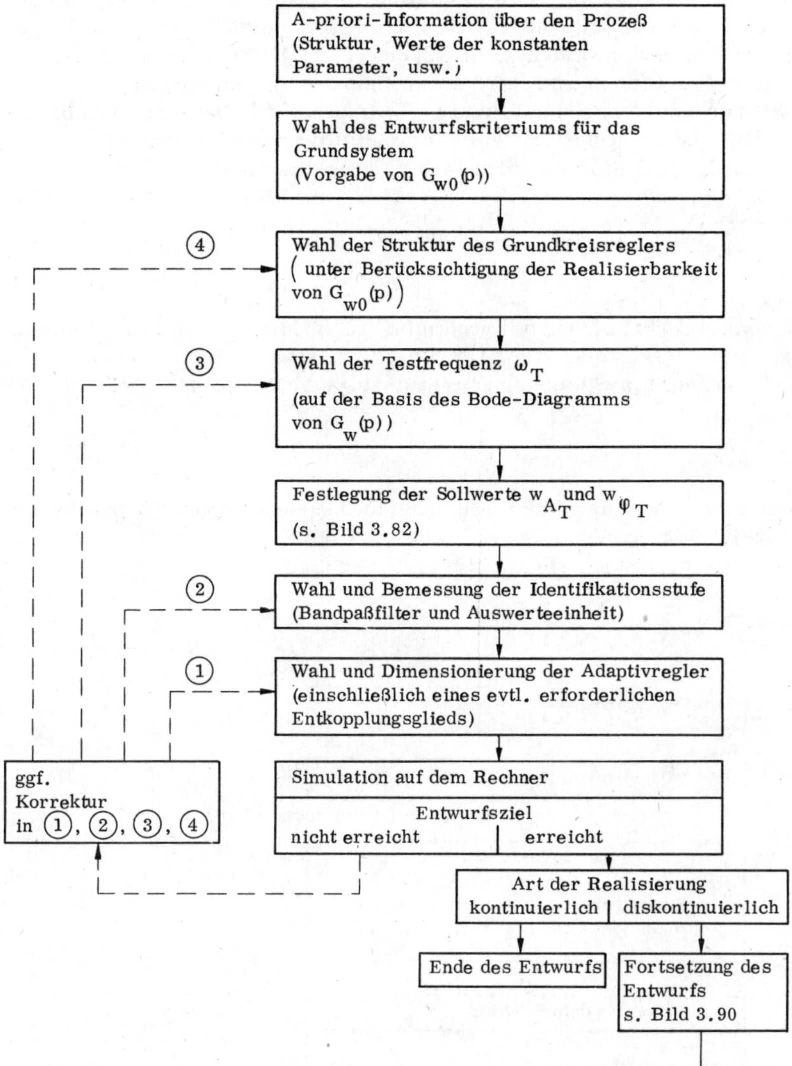

Bild 3.89. Grobablaufplan für den Entwurf von Adaptivreglern unter Verwendung von harmonischen Testsignalen zur Identifikation. Teil 1: kontinuierliche Lösung

Da das Testsignal in der Regelabweichung enthalten ist und ein linearer Verlauf zwischen den Abtastzeitpunkten vorausgesetzt wird, entsteht durch Diskretisierung aus der Rechteckschwingung ein Trapezsignal (Bild 3.88), dessen erste Harmonische um $T_0/2$ verschoben ist. Auch die Amplituden, gemäß Bild 3.85b, verändern sich. Da in der Identifikationsstufe nach wie vor mit der Rechteckschwingung korreliert wird, würde dies zu einem systematischen Fehler führen. Eine Korrektur ist daher erforderlich. In [22] wird gezeigt, daß es in vielen Fällen ausreicht, lediglich die Phase zu korrigieren. Der durch die Diskretisierung bedingte Betrag der Phasenvoreilung muß zur Ermittlung des tatsächlichen Phasenbetrags von dem φ-Wert, der im Bild 3.82 angegeben ist, abgezogen werden.

Betrachtet man das Grundsystem, so resultieren die Amplituden- und Phasenabweichungen gegenüber dem kontinuierlichen Fall vor allem aus den eingeführten Haltegliedern (Bild 3.87). Dabei entsteht eine nicht zu vernachlässigende Phasennacheilung in erster Linie durch den Einfluß der Halteglieder 0. Ordnung $H_0(p)$. Sollen die für den kontinuierlichen Entwurf vorgegebenen Anforderungen nach wie vor eingehalten werden, ist eine Korrektur über die Sollwerte w_{AT}, $w_{\varphi \mathrm{T}}$ (Bild 3.82), u. U. einschließlich der Testfrequenz, erforderlich. In [22] sind dafür Diagramme angegeben, aus denen die erforderlichen Korrekturwerte in einfacher Weise entnommen werden können.

Schließlich wird für das Bandpaßfilter eine modifizierte z-Übertragungsfunktion angegeben, bei der die auftretenden Amplituden- und Phasenabweichungen, gegenüber dem kontinuierlichen Fall, vernachlässigbar klein sind. Für die Tiefpaßfilter werden einfache z-Übertragungsfunktionen der Form

$$G_{\mathrm{TF}}(z) = \frac{1 - a_{\mathrm{TF}}}{1 - a_{\mathrm{TF}} z^{-1}} \quad \text{mit} \quad a_{\mathrm{TF}} = \mathrm{e}^{-T_0/T_{1\mathrm{A}}} \quad \text{oder} \quad a_{\mathrm{TF}} = \mathrm{e}^{-T_0/T_{1\varphi}}$$

(Bild 3.84) verwendet.

Der diskontinuierliche Entwurf besteht also im vorliegenden Fall aus mehreren, leicht überschaubaren Korrekturmaßnahmen sowie der Berechnung von z-Übertragungsfunktionen. Dies ist natürlich nur möglich, weil die Entwurfsunterlagen in vollständig ingenieurmäßig aufbereiteter Form vorliegen.

Ablaufplan (s. Bild 3.89 und 3.90).

Einschätzung

Nach dem hier vorgestellten Entwurfsprinzip lassen sich, wenn die Voraussetzungen für die Anwendbarkeit erfüllt sind, in relativ einfacher Weise leistungsfähige Adaptivsysteme entwerfen und realisieren. Die Einfachheit und Anschaulichkeit ist vor allem begründet durch die Wahl der verwendeten

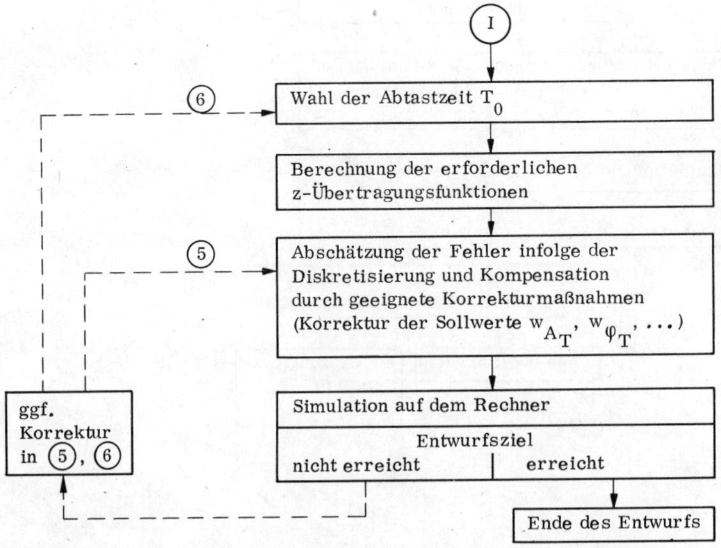

Bild 3.90. Erweiterung des Grobablaufplans nach Bild 3.89 auf den diskontinuierlichen Fall

Adaptivregelgrößen in Form der Amplitude und Phase des verwendeten Sinussignals (bzw. mit einigen Modifikationen auch des verwendeten periodischen Rechtecksignals) sowie des sich daraus unmittelbar anbietenden Entwurfs mit Hilfe des allgemein bekannten Frequenzgangverfahrens (Bode-Diagramm). Hierbei ist bemerkenswert, daß trotz des an sich nichtlinearen Charakters von Adaptivsystemen mit ausreichender Näherung auch der Entwurf der Adaptivschleife nach Methoden für lineare Systeme erfolgen kann. Dies ist nur möglich, wenn der Adaptivkreis gegenüber dem Grundsystem in einem bestimmten Maße dynamisch langsamer ist.
Zur Abgrenzung des Anwendungsbereichs ist zu bemerken, daß derartige Adaptivsysteme natürlich nur dann angewendet werden können, wenn die Störung des Grundsystems infolge des Testsignals zulässig ist. Außerdem sollte das Grundsystem durch Anpassung eines geeigneten Grundkreisreglers dynamisch hinreichend schnell gemacht werden können, so daß mit der, voraussetzungsgemäß, langsameren Adaptivschleife die im konkreten Anwendungsfall geforderte Adaptionsgeschwindigkeit auch realisierbar ist. Erwähnenswert ist außerdem, daß sich ein solches Adaptivsystem, unabhängig von den auf das Grundsystem wirkenden Signalen, stets im angepaßten Zustand befindet (Anpaßvorgang erfolgt nur durch die ständig auf das Grundsystem wirkenden Testsignale). Im Gegensatz zu den im Abschn. 3.4.6. behandelten Adaptivsystemen mit offener Wirkungsschleife wird bei den hier betrachteten Adaptivregelungen weder ein parametrisches Modell ermittelt noch der automatische Reglerentwurf durchgeführt. Die bei Anwendung dieses Entwurfsprinzips erreichbare Adaptionsgeschwindigkeit kann als „mittelschnell" bezeichnet werden (adaptive Störgrößenaufschaltung als Vergleich: sehr schnell).
Insgesamt kann eingeschätzt werden, daß die hier vorgestellte Klasse von Adaptivregelungen, aufgrund ihrer Leistungsfähigkeit sowie der Möglichkeit eines relativ systematischen Entwurfs, als eine innerhalb eines abschätzbaren Anwendungsbereichs akzeptable Lösungsvariante anzusehen ist.

Adaption der Parameter von Grundkreisreglern durch Anwendung des Gradientenverfahrens und Identifikation ohne Einsatz von Testsignalen

Im folgenden soll untersucht werden, wie ohne Testsignale und ohne Suchbewegung der Reglerparameter eine Adaption der Parameter des Grundkreisreglers mit einer geschlossenen Wirkungsschleife realisiert werden kann. Betrachtet wird der allgemeine Fall, daß $I(t)$ (s. Bild 3.80 b) ein Gütekriterium mit einer Extremwertcharakteristik (z. B. Mittelwert der quadratischen Regelabweichung) darstellt und die Adaption mit dem Ziel durchgeführt wird, daß die Reglerparameter stets optimal im Sinne des gewählten Gütekriteriums an den zeitabhängigen bzw. unbekannten Prozeß angepaßt sind. Die Aufgabe des Adaptivkreises besteht also darin, die einstellbaren Parameter des Grundkreisreglers so zu verstellen, daß der gewählte Gütewert einen Extremwert annimmt. Als notwendige und hinreichende Bedingung für ein Extremum des Gütewerts wird in den meisten Arbeiten [17; 61; 62] das Verschwinden des Gradienten des Gütewerts verwendet (Nullsetzen der partiellen Ableitungen des Gütekriteriums nach den einstellbaren Parametern des Grundsystems). Dies bedeutet, daß keine mehrfachen Extrema auftreten und auch keine Sattelpunkte vorhanden sind. In der Mehrzahl der praktischen Anwendungsfälle werden diese Voraussetzungen erfüllt sein.
Während die Wahl eines geeigneten Gütemaßes $I(t)$ i. allg. keine große Schwierigkeit darstellt, ist die Ermittlung des Gradienten oft mit einem nicht unerheblichen Aufwand verbunden. Für die Realisierung einer Adaptivschleife, mit der die vorgegebene Aufgabenstellung gelöst werden kann, ist also neben der Wahl von $I(t)$ die Ermittlung erforderlich von

$$E^I_{\beta_i} = \frac{\partial I(t)}{\partial \beta_i} .$$

Zur Bestimmung der $E^I_{\beta_i}$ gibt es prinzipiell zwei Methoden:

1. Berechnung aus den Betriebssignalen des Grundsystems (ohne Testsignale und Suchbewegungen der einstellbaren Parameter)
2. Ermittlung aus den Änderungen des Gütekriteriums infolge gezielter Variation der beeinflußbaren Parameter.

Da der zweite Lösungsweg im Abschn. 3.4.7.2. behandelt wird, soll im folgenden die Berechnung der $E^I_{\beta_i}$ aus den Betriebssignalen des Grundsystems näher betrachtet werden.
Während bei der adaptiven Identifikation mit Hilfe des Gradientenverfahrens die einstellbaren Modell-

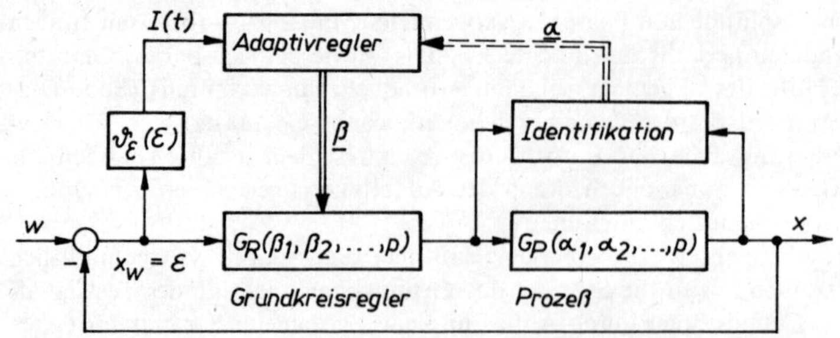

Bild 3.91. Aufbau einer Adaptivregelung zur Optimierung der Parameter des Grundkreisreglers nach dem Gradientenverfahren

parameter die zu optimierenden Größen darstellen (s. Abschn. 3.4.2.6.), sind es im vorliegenden Fall die einstellbaren Parameter des Grundkreisreglers. Da die Grundlagen des Gradientenverfahrens im Abschn. 3.4.3.3. behandelt worden sind, sollen hier nur die Besonderheiten genannt werden, die sich aus der hier betrachteten Aufgabenstellung ergeben. Zur Erläuterung des Verfahrens wird, ausgehend von der im Bild 3.79 dargestellten Systemstruktur, von dem Aufbau nach Bild 3.91 ausgegangen.
Für den allgemeinen Ansatz (3.105)

$$I(t) = \vartheta_{\mathrm{I}}(\boldsymbol{\beta}^{\mathrm{T}}) \quad \text{mit} \quad \boldsymbol{\beta}^{\mathrm{T}} = \boldsymbol{\beta}^{\mathrm{T}}(t) = [\beta_1, \beta_2, \ldots, t]$$

kann man unter Verwendung des Mittelwerts (Ausgangssignal eines Tiefpaßfilters 1. Ordnung mit endlicher Zeitkonstante) einer Fehlerfunktion $\vartheta_\varepsilon(\varepsilon)$ schreiben

$$I(t) = \overline{\vartheta_\varepsilon[\varepsilon(\beta_1, \beta_2, \ldots, t)]}\,. \tag{3.108}$$

Für die einstellbaren Parameter des Grundsystems gilt, in Analogie zu (3.46) im Abschn. 3.4.3.2., das Adaptionsgesetz zu

$$\beta_i(t) = \beta_i(0) - h \int\limits_0^t \frac{\partial}{\partial \beta_i}\, I(\beta_1, \beta_2, \ldots, \tau)\, \mathrm{d}\tau$$

und unter Berücksichtigung von (3.108)

$$\beta_i(t) = \beta_i(0) - h \int\limits_0^t \frac{\partial}{\partial \beta_i}\, \overline{\vartheta_\varepsilon[\varepsilon(\beta_1, \beta_2, \ldots, \tau)]}\, \mathrm{d}\tau\,. \tag{3.109}$$

Für den Integranden läßt sich, wegen der Glättung mit einem Tiefpaßfilter 1. Ordnung, auch schreiben

$$\frac{\partial}{\partial \beta_i}\, \overline{\vartheta_\varepsilon[\varepsilon(\beta_1, \beta_2, \ldots, \tau)]} = \overline{\frac{\partial}{\partial \beta_i}\, \vartheta_\varepsilon[\varepsilon(\beta_1, \beta_2, \ldots, \tau)]}\,,$$

und (3.109) hat dann die Form

$$\beta_i(t) = \beta_i(0) - h \int\limits_0^t \overline{\frac{\partial}{\partial \beta_i}\, \vartheta_\varepsilon[\varepsilon(\beta_1, \beta_2, \ldots, \tau)]}\, \mathrm{d}\tau\,, \tag{3.110}$$

d. h. das Signal

$$\frac{\partial}{\partial \beta_i}\, \vartheta_\varepsilon[\varepsilon(\beta_1, \beta_2, \ldots, \tau)$$

wird zunächst geglättet und dann integriert. Da die Reihenfolge dieser zwei linearen Operationen vertauschbar ist, läßt sich schließlich (3.110) auch angeben in der Form

$$\beta_i(t) = \beta_i(0) - h \int_0^t \frac{\partial}{\partial \beta_i} \vartheta_\varepsilon[\varepsilon(\beta_1, \beta_2, \ldots, \tau)] \, d\tau .$$

Für die ungeglätteten Werte gilt

$$\tilde{\beta}_i(t) = \beta_i(0) - h \int_0^t \frac{\partial}{\partial \beta_i} \vartheta_\varepsilon[\varepsilon(\beta_1, \beta_2, \ldots, \tau)] \, d\tau . \tag{3.111}$$

Mit $x_w = \varepsilon = x - w$ sowie unter Berücksichtigung der Tatsache, daß die Führungsgröße w von den einstellbaren Reglerparametern unabhängig ist, kann man für den Integranden in (3.111) schreiben

$$\frac{\partial}{\partial \beta_i} \vartheta_\varepsilon[\varepsilon(\beta_1, \beta_2, \ldots, t)] = \frac{d}{d\varepsilon} \vartheta_\varepsilon(\varepsilon) \frac{\partial}{\partial \beta_i} \varepsilon(\beta_1, \beta_2, \ldots, t) = -\frac{d}{d\varepsilon} \vartheta_\varepsilon(\varepsilon) \frac{\partial}{\partial \beta_i} x(\beta_1, \beta_2, \ldots, t) .$$

Als Fehlerfunktionen können z. B. verwendet werden

$$\vartheta_\varepsilon(\varepsilon) = \varepsilon^2 , \qquad \frac{d\vartheta_\varepsilon}{d\varepsilon} = 2\varepsilon$$

oder

$$\vartheta_\varepsilon(\varepsilon) = |\varepsilon| , \qquad \frac{d\vartheta_\varepsilon}{d\varepsilon} = \operatorname{sgn} \varepsilon .$$

$\partial x/\partial \beta_i$ ist sowohl von $w(t)$ als auch von den Übertragungseigenschaften des geschlossenen Regelkreises abhängig. Im folgenden soll angegeben werden, wie man die $E^I_{\beta_i} = \partial x/\partial \beta_i$ aus den Signalen des Grundsystems gewinnen kann (Bild 3.91). Dabei wird vorausgesetzt, daß die Parameteränderungen gegenüber den dynamischen Ausgleichsvorgängen hinreichend langsam erfolgen, so daß durch die Übertragungsfunktionen $G_R(p)$ und $G_P(p)$ das Verhalten des Reglers und des Prozesses genügend genau beschrieben werden.
Durch Laplace-Transformation von $E^I_{\beta_i}$ erhält man

$$L\left\{\frac{\partial}{\partial \beta_i} x(t)\right\} = \frac{\partial}{\partial \beta_i} X(p) . \tag{3.112}$$

$X(p)$ läßt sich aus der Führungsübertragungsfunktion berechnen

$$X(p) = W(p) \frac{G_R(\beta_1, \beta_2, \ldots, p) \, G_P(p)}{1 + G_R(\beta_1, \beta_2, \ldots, p) \, G_P(p)} .$$

Gemäß (3.112) ist nun die Ableitung nach β_i durchzuführen, d. h.

$$\frac{\partial}{\partial \beta_i} X(p) = W(p) \frac{\partial}{\partial \beta_i} \frac{G_R(\beta_1, \beta_2, \ldots, p) \, G_P(p)}{1 + G_R(\beta_1, \beta_2, \ldots, p) \, G_P(p)} .$$

Durch formale Anwendung der Kettenregel sowie nach einigen Umformungen [59] erhält man

$$\frac{\partial}{\partial \beta_i} X(p) = \underbrace{W(p) \underbrace{\left[\frac{1}{1 + G_R(p) \, G_P(p)}\right]}_{\frac{E(p)}{W(p)}}}_{E(p)} \underbrace{\left[\frac{G_P(p)}{1 + G_R(p) \, G_P(p)}\right]}_{G_z(p)} \frac{\partial}{\partial \beta_i} G_R(\beta_1, \beta_2, \ldots, p) .$$

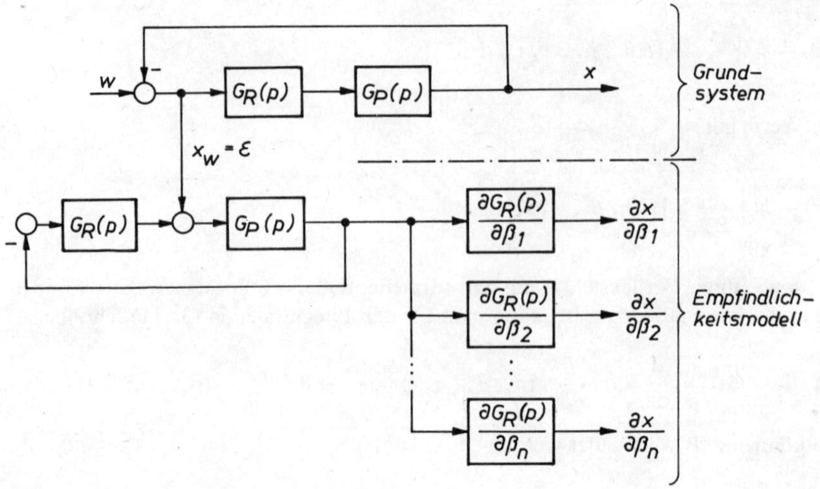

Bild 3.92. Gewinnung der Ableitungen der Regelgröße aus dem Grundsystem

Mit diesen Vereinfachungen wird schließlich

$$\frac{\partial}{\partial \beta_i} X(p) = E(p)\, G_z(p) \frac{\partial}{\partial \beta_i} G_R(\beta_1, \beta_2, \ldots, p)\,,$$

und für die Ermittlung der gesuchten Ableitungen erhält man das im Bild 3.92 dargestellte Blockschaltbild. Aus der Struktur des Empfindlichkeitsmodells lassen sich einige wichtige Schlußfolgerungen ziehen. Im Idealfall müßten $G_R(p)$ und $G_P(p)$ bekannt sein, um die Empfindlichkeitsfunktionen $\partial x/\partial \beta_i$ ermitteln zu können. Gemäß Aufgabenstellung ist nun aber $G_P(p)$ unbekannt oder veränderlich. Eine wesentliche Voraussetzung für die Anwendung des Gradientenverfahrens zur automatischen Einstellung der Reglerparameter ist daher die laufende Identifikation des Prozesses sowie die ständige Korrektur von $G_P(p)$ im Empfindlichkeitsmodell. Da durch die Adaption auch $G_R(p)$ ver-

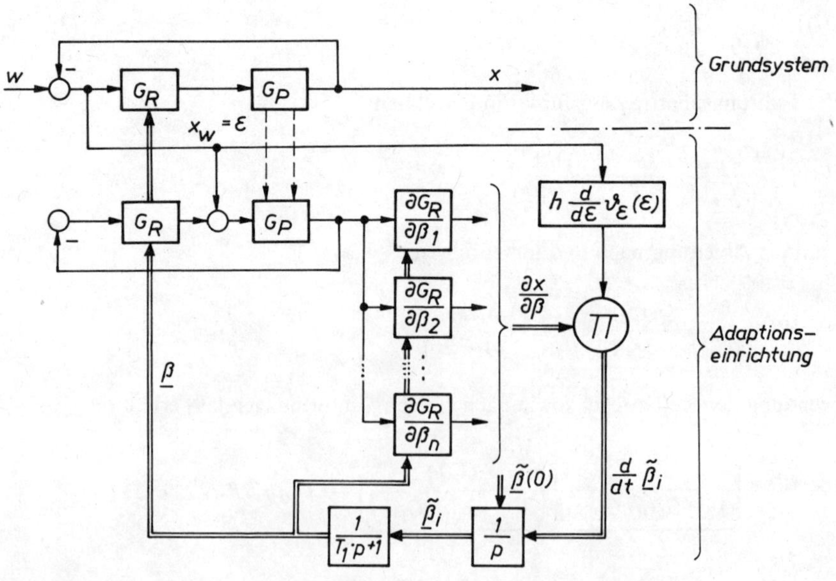

Bild 3.93. Prinzipieller Gesamtaufbau der Adaptivregelung zur Optimierung des Grundsystemverhaltens nach dem Gradientenverfahren

ändert wird, muß $G_R(p)$ im Empfindlichkeitsmodell gleichfalls ständig aktualisiert werden. Unter Berücksichtigung dieser Kopplungen sowie des Adaptionsgesetzes (3.110) ergibt sich der im Bild 3.93 dargestellte allgemeine Aufbau des gesamten Adaptivsystems.

Grundsystem. Wie gerade gezeigt wurde, ist zur Optimierung des Grundsystemverhaltens durch Adaption nach dem Gradientenverfahren die Kenntnis des Verhaltens der einzelnen Regelkreisglieder erforderlich. Dies ist im allgemeinen Fall nur für den Regler gegeben. Für die laufende Identifikation des Prozesses ist daher ein geeignetes Verfahren zu wählen, u. U. ebenfalls durch adaptive Identifikation mit Hilfe eines einstellbaren Modells sowie unter Verwendung des Gradientenverfahrens. Bemerkenswert ist, daß die Identifikation des Prozesses nicht Teil der Adaptivschleife, sondern eine unumgängliche Voraussetzung zur Anwendung des Gradientenverfahrens für die Optimierung des Grundsystemverhaltens überhaupt ist.

Da für die meisten Anwendungsfälle ein geeignetes Identifikationsverfahren gewählt werden kann und diese Identifikation zunächst einmal völlig separat vom Entwurf der Adaptivschleife erfolgt, wird im folgenden der Prozeß als bekannt angenommen.

Dabei wird vorausgesetzt, daß die Prozeßidentifikation so schnell erfolgt, daß der Adaptivkreis zur Einstellung der Reglerparameter dadurch nicht wesentlich verlangsamt oder behindert wird. Berücksichtigt man, daß die Adaptivschleife, vor allem infolge der notwendigen Meßzeit zur Bestimmung von Kennwerten regelloser Vorgänge, eine relativ große Trägheit aufweist, so ist diese Annahme durchaus gerechtfertigt. In [17] wird zur Groborientierung angegeben, daß meist die Identifizierungssysteme um eine und die Optimierungssysteme (selbsttätige Optimierung der Reglerparameter) um drei Zehnerpotenzen träger sind als das jeweilige Grundsystem.

Schließlich ist noch unter Berücksichtigung des gewünschten Grundsystemverhaltens, soweit dies auf der Basis der über den Prozeß vorliegenden A-priori-Informationen möglich ist, eine geeignete Struktur des Grundkreisreglers zu wählen.

Adaptionseinrichtung. Die Identifikation als Teilprozeß der Adaption wird, aufgrund des im vorliegenden Fall verwendeten allgemeinen Ansatzes (3.105), nicht durch direkte Messung von $I(t)$, sondern durch laufende Ermittlung der gewählten Fehlerfunktion $\vartheta_\varepsilon(\varepsilon)$ realisiert. Als Fehlerfunktion sind, aufgrund ihrer Einfachheit, $\vartheta_\varepsilon(\varepsilon) = \varepsilon^2$ und $\vartheta_\varepsilon(\varepsilon) = |\varepsilon|$ gut geeignet. Zur Realisierung des Entscheidungsprozesses müssen alle Glieder des Empfindlichkeitsmodells ermittelt werden. Dies beinhaltet vor allem die Berechnung der Filterglieder, an deren Ausgängen die Ableitung der Regelgröße nach den Reglerparametern abgenommen werden kann (Bild 3.92). Zu beachten ist, daß wegen der Änderung von $G_R(p)$ infolge der Adaption auch die in den Filtergliedern auftretenden Reglerparameter zu korrigieren sind.

Mit der Wahl der Fehlerfunktion sowie der Ermittlung des Empfindlichkeitsmodells stehen alle für die Realisierung des Adaptivgesetzes (3.110) erforderlichen Größen zur Verfügung (Bild 3.93). Die Wahl der restlichen freien Parameter der Adaptivschleife (z. B. Zeitkonstanten der Tiefpaßfilter, Schrittweitenfaktor u. a.) erfolgt in Abhängigkeit von der erforderlichen Adaptionsgeschwindigkeit sowie den im konkreten Anwendungsfall vorliegenden Bedingungen.

Ablaufplan (s. Bild 3.94).

Einschätzung

Im Abschn. 3.4.3. wurde bereits darauf hingewiesen, daß die Gradientenmethode ein relativ universelles Verfahren für den Entwurf von Adaptivsystemen darstellt.

Hier wurde die Anwendung dieses Entwurfsprinzips auf die Klasse der Adaptivregelungen ohne Vergleichsmodell gezeigt. Auf die im Gegensatz dazu etwas veränderte Vorgehensweise beim Entwurf von Adaptivregelungen mit Vergleichsmodell nach dem Gradientenverfahren wird im Abschn. 3.5.2. eingegangen.

Bei den hier betrachteten Adaptivregelungen, die nach dem Gradientenverfahren entworfen worden sind, ist vorteilhaft, daß zur Gewährleistung ihrer Funktionsfähigkeit keine besonderen Anforderungen an die Signale des Grundsystems gestellt werden (ohne Testsignale oder Probeschritte der einstellbaren Parameter). Nachteilig ist, daß zur Realisierung der Adaptivschleife die Kenntnis des zu optimierenden Grundsystems erforderlich ist und infolge von Änderungen im Prozeßverhalten nicht nur die einstellbaren Parameter des Grundkreisreglers, sondern alle Übertragungsglieder des Empfindlichkeitsmodells laufend korrigiert werden müssen. Dieser Nachteil wird prinzipiell auch dann bestehen bleiben,

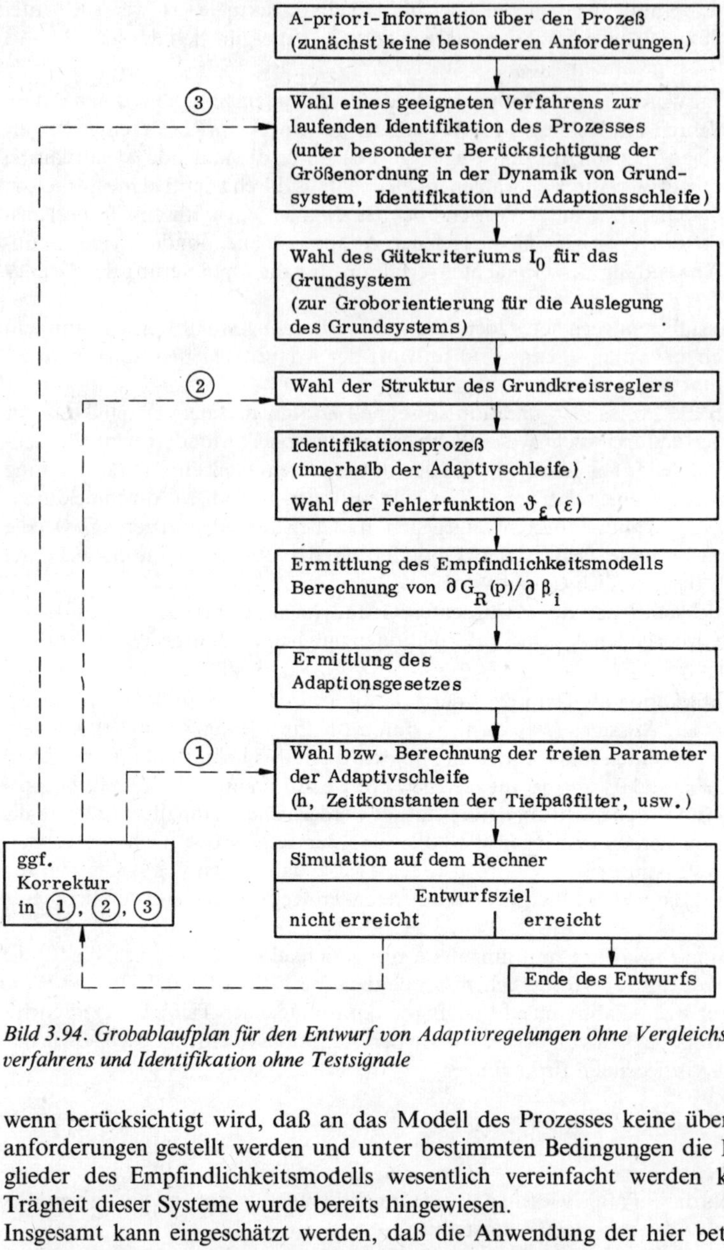

Bild 3.94. Grobablaufplan für den Entwurf von Adaptivregelungen ohne Vergleichsmodell mit Hilfe des Gradientenverfahrens und Identifikation ohne Testsignale

wenn berücksichtigt wird, daß an das Modell des Prozesses keine übertrieben hohen Genauigkeitsanforderungen gestellt werden und unter bestimmten Bedingungen die Korrektur der Übertragungsglieder des Empfindlichkeitsmodells wesentlich vereinfacht werden kann. Auf die relativ große Trägheit dieser Systeme wurde bereits hingewiesen.

Insgesamt kann eingeschätzt werden, daß die Anwendung der hier betrachteten Adaptivregelungen aus den bereits genannten Gründen sicherlich auf sehr spezielle Problemstellungen beschränkt bleiben dürfte. Dies ist ohne weiteres verständlich, wenn man z. B. bedenkt, daß man auf der Basis des Prozeßmodells (muß ja im betrachteten Fall ebenfalls ermittelt werden) in vielen Fällen günstigere Lösungsvarianten erhalten kann, als dies nach dem hier betrachteten Verfahren möglich ist.

Ausgewählte Beispiele für einfache Adaptivregelungen

Wie bereits wiederholt erwähnt wurde, gibt es auf dem Gebiet der adaptiven Systeme eine kaum überschaubare Anzahl spezieller, relativ einfacher Lösungen, die häufig aus der Besonderheit einer bestimmten Aufgabenstellung heraus entwickelt worden sind und die keinen großen Anwendungsbereich haben. Die Beschäftigung auch mit diesen Lösungsvarianten ist aus mehreren Gründen nützlich. Zum einen können derartige Adaptivsysteme im konkreten Fall tatsächlich eine sehr wirtschaft-

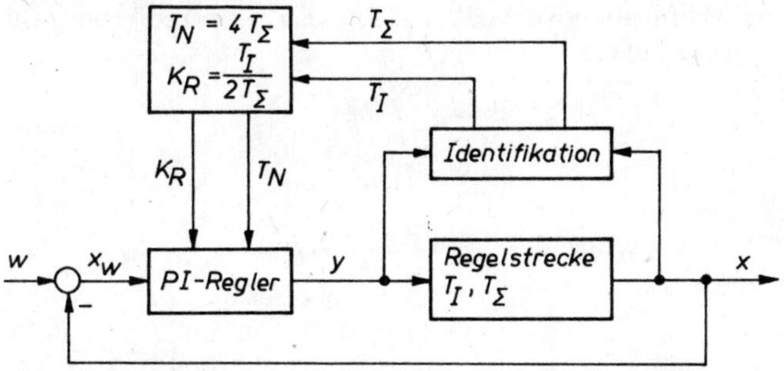

Bild 3.95. Einfaches Adaptivsystem mit PI-Grundkreisregler

liche Lösung darstellen; zum anderen kann man häufig aus ihrem prinzipiellen Aufbau sowie aus den evtl. vorhandenen Erfahrungen des industriellen Einsatzes wichtige Hinweise für die Verbesserung von solchen Lösungen erhalten, die nach allgemeiner gültigen, systematischen Verfahren entworfen worden sind.

Da es nicht möglich ist, auch nur annähernd einen Eindruck von der Vielfalt dieser speziellen Lösungen zu geben, sollen im folgenden einige einfache Beispiele behandelt werden, die den Adaptivsystemen ohne Vergleichsmodell zugeordnet werden können.

Adaption bei Anwendung eines PI-Reglers (spezielle Lösung). Für die Synthese des adaptiven Systems (Bild 3.95) wird angenommen, daß der Prozeß beschrieben werden kann durch [187]

$$G_P(p) = \frac{1}{T_I p(T_\Sigma p + 1)} = \frac{1}{A_1 p^2 + A_2 p}; \tag{3.113}$$

T_I Integrationszeit
T_Σ Summenzeitkonstante.

Für die Regelung wird ein PI-Regler

$$G_R(p) = K_R \left(1 + \frac{1}{T_N p}\right) = K_R \frac{(T_N p + 1)}{T_N p}$$

angewendet, dessen Parameter (Nachstellzeit T_N und Verstärkung K_R) sich nach dem verallgemeinerten symmetrischen Optimum [188], das gegenüber einer ungenauen Parametereinstellung vorteilhaft unempfindlich ist, nach folgender Vorschrift ergeben:

$$T_N = 4T_\Sigma \quad \text{und} \quad K_R = \frac{T_I}{2T_\Sigma}. \tag{3.114}$$

Mit (3.114) liegt das Adaptionsgesetz fest, nach dem die Reglerparameter in Abhängigkeit von den Parametern des Prozeßmodells zu korrigieren sind. Von der bisher verwendeten Einordnung her handelt es sich damit um eine Adaption mit offener Wirkungsschleife (s. Abschn. 3.4.6.).

Zur Identifikation der Parameter T_Σ und T_I (bzw. A_1 und A_2 gemäß (3.113)) wird das Prinzip des reziproken Modells angewendet (s. Abschn. 3.4.2.6.). Die Übertragungsfunktion des Prozesses wird durch ein nachgeschaltetes einstellbares Filter $F_1(p)$ (Bild 3.96) mittels der Parameter B_1 und B_2 kom-

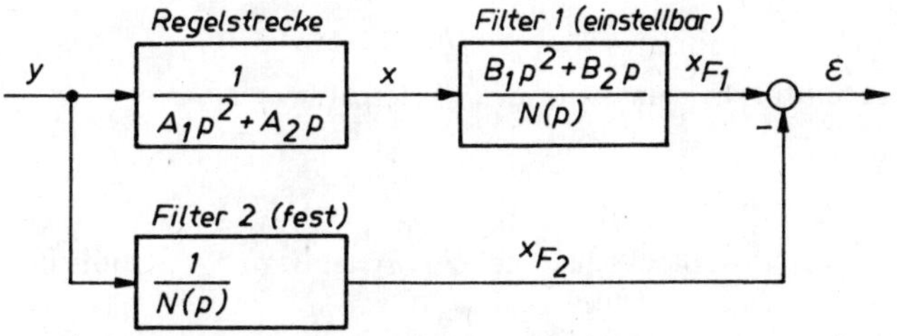

Bild 3.96. Identifikation der Prozeßparameter nach dem Prinzip des reziproken Modells

pensiert. Da reine differenzierende Filter nicht realisierbar sind, muß $F_1(p)$ ein Nennerpolynom $N(p)$ enthalten. Bei richtigem Abgleich des Filters $F_1(p)$ gilt

$$\frac{X_{F_1}(p)}{Y(p)} = \frac{1}{N(p)},$$

und das Fehlersignal ε verschwindet.
Zur Realisierung des Abgleichs wird für die Bewertung des Fehlers das Integral

$$I = \int_0^\infty \varepsilon^2 \, dt$$

verwendet, dessen Minimum die gesuchten Parameter B_1 und B_2 liefert. Für die Minimumsuche werden gemäß Gradientenverfahren die Empfindlichkeitsfunktionen gebildet:

$$\frac{\partial I}{\partial B_1} = 2 \int_0^\infty \varepsilon \frac{\partial \varepsilon}{\partial B_1} \, dt$$
$$\frac{\partial I}{\partial B_2} = 2 \int_0^\infty \varepsilon \frac{\partial \varepsilon}{\partial B_2} \, dt \, . \qquad (3.15)$$

Zur Realisierung des adaptiven Reglers werden nun entsprechende Filterschaltungen ermittelt. Aus Bild 3.96 folgt

$$\frac{E(p)}{Y(p)} = \frac{1}{N(p)} \left[\frac{B_1 p^2 + B_2 p}{A_1 p^2 + A_2 p} - 1 \right],$$

und unter Berücksichtigung von

$$\frac{X(p)}{Y(p)} = \frac{1}{A_1 p^2 + A_2 p}$$

ergibt sich

$$E(p) = \frac{Y(p)}{N(p)} \left[\frac{X(p)}{Y(p)} (B_1 p^2 + B_2 p) - 1 \right] = \frac{B_1 p^2}{N(p)} X(p) + \frac{B_2 p}{N(p)} X(p) - \frac{Y(p)}{N(p)} \, .$$

Die Empfindlichkeitsfunktionen im Integranden nach (3.115) ergeben sich dann zu

$$\frac{\partial E(p)}{\partial B_1} = \frac{p^2}{N(p)} X(p)$$
$$\frac{\partial E(p)}{\partial B_2} = \frac{p}{N(p)} X(p) \, .$$

Durch die Identifikation wird der Abgleich

$$B_1 = A_1 \quad \text{und} \quad B_2 = A_2$$

erreicht. Nach (3.113) und (3.114) erhält man für die einzustellenden Reglerparameter

$$T_N = 4 \frac{B_1}{B_2} \quad \text{und} \quad K_R = \frac{B_2^2}{2B_1} \, .$$

Aus den hier abgeleiteten Beziehungen folgt das Blockschaltbild des Systems zur Adaption der Parameter eines PI-Reglers (Bild 3.97).
Dieses im Bild 3.97 mit analoger Schaltungstechnik dargestellte, relativ kompliziert erscheinende Adaptivsystem wurde auch industriell eingesetzt [187].

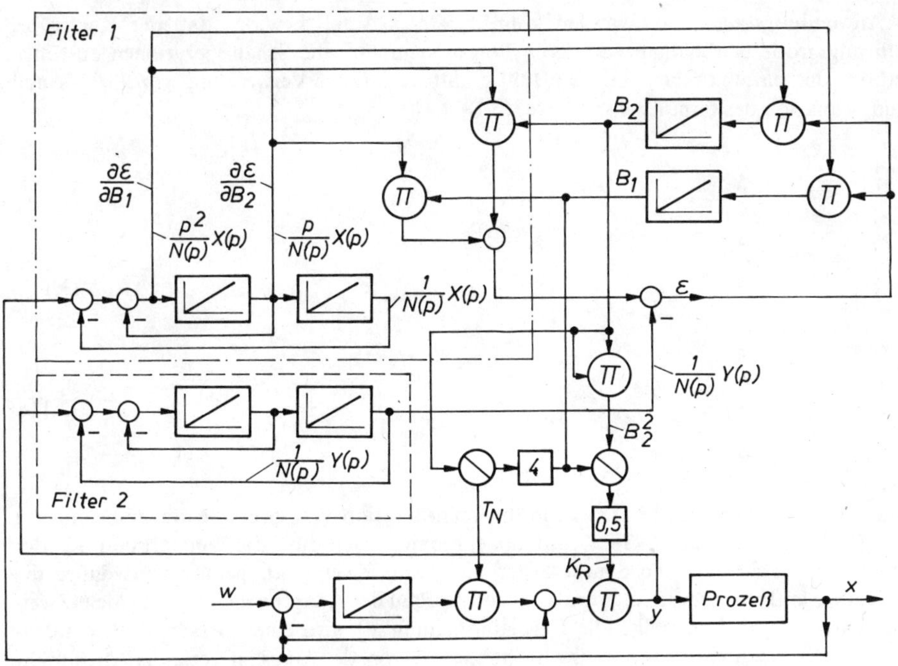

Bild 3.97. Darstellung des gesamten adaptiven Systems

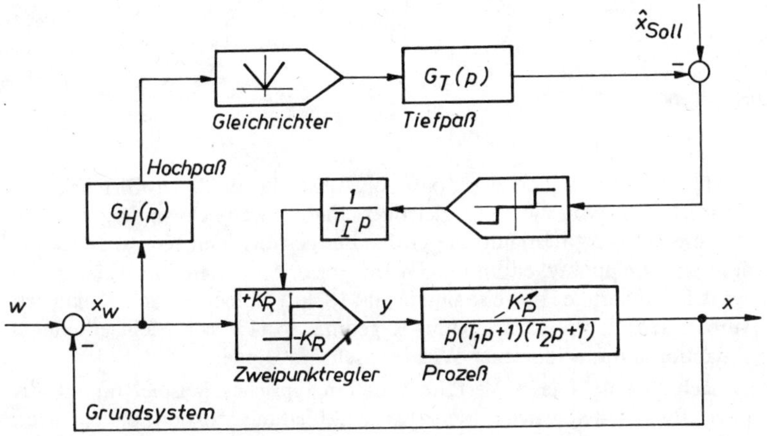

Bild 3.98. Adaptive Zweipunktregelung

Adaption bei Anwendung eines Zweipunktreglers. Sehr einfache Lösungen für adaptive Systeme kann man erhalten, wenn der Grundkreisregler oder die Regelstrecke eine Nichtlinearität aufweist und der Regelkreis infolge dieser Nichtlinearität stationäre Schwingungen erzeugt, die für die Identifikation verwendet werden können. Ein typisches Beispiel hierfür ist der Zweipunktregelkreis, der stabile Grenzschwingungen ausführt, deren Amplitude $\hat{x}$ und Frequenz ω_0 von den Parametern des Regelkreises abhängen. Der Grundregelkreis besteht aus einem Zweipunktregler, der je nach Vorzeichen der Regelabweichung x_w (Bild 3.98) mit der Stellgröße $y(t) = +K_R$ oder $-K_R$ auf die Regelstrecke einwirkt. Die Regelstrecke habe die Übertragungsfunktion

$$G_P(p) = \frac{K_P}{p(T_1p + 1)(T_2p + 1)}, \tag{3.116}$$

mit der viele Anwendungsfälle erfaßt werden können. Der I-Anteil bewirkt, daß der Regler bei konstanter Führungsgröße unabhängig von deren Betrag symmetrische Schaltoperationen ausführt. Nach der Methode der harmonischen Balance [189] erhält man unter Verwendung von (3.116) und der Beschreibungsfunktion des Grundkreisreglers [36; 182]

$$N_B(x) = \frac{4K_R}{\pi \hat{x}}$$

die Amplitude

$$\hat{x} = \frac{4}{\pi} \frac{T_1 T_2}{T_1 + T_2} K_P K_R \tag{3.117}$$

und die Frequenz

$$\omega_0 = \frac{1}{\sqrt{T_1 T_2}} \tag{3.118}$$

der Grenzschwingung.

Unter Verwendung von (3.117) und (3.118) kann die Identifikation von zwei der drei unbekannten Parameter K_P, T_1 und T_2 erfolgen. Hier wird angenommen, daß nur die Verstärkung K_P der Regelstrecke veränderlich ist. Für die Synthese der adaptiven Zweipunktregelung wird daher die Gl. (3.117) verwendet. Im Bild 3.98 ist der grundsätzliche Aufbau der Adaptivregelung mit einem Zweipunktregler im Grundsystem dargestellt. Die Regelabweichung x_w wird einem Hochpaßfilter aufgeschaltet, das die relativ hochfrequente Grenzschwingung ω_0 von der langsam veränderlichen Führungsgröße w (ω_w Grundfrequenz der Änderung von w) trennt. Das Hochpaßfilter hat die Übertragungsfunktion

$$G_H(p) = \frac{T_H p}{T_H p + 1}.$$

Für die Dimensionierung des Filters gilt

$$\omega_w T_H \ll 1 \ll \omega_0 T_H .$$

Das gefilterte Signal wird gleichgerichtet und einem Tiefpaß zugeführt, der die beim Gleichrichten entstehenden Oberwellen unterdrückt. Der Mittelwert der gleichgerichteten Grenzschwingung wird mit dem Sollwert $\hat{x}_{Soll}$ verglichen. Dieser Sollwert bestimmt die Größe der gewünschten Kreisverstärkung des Grundregelkreises, die über ein Dreipunktglied und einen Integrator am Zweipunktregler durch Änderung von K_R eingestellt wird. Detailliertere Hinweise sind in [36; 182] zu finden. Betrachtet man den im Bild 3.98 dargestellten Aufbau der adaptiven Zweipunkt-Regelung, so läßt sich leicht erkennen, daß es sich hierbei um eine Adaption mit geschlossener Wirkungsschleife handelt.

Adaptives Regelungsverfahren nach Maršik. Dieses Verfahren ist ein typisches Beispiel für intuitiv gefundene Adaptionsprinzipien. Eine systematische theoretische Ableitung existiert daher nicht. Im Bild 3.99 ist der prinzipielle Aufbau einer derartigen Adaptivregelung dargestellt. Bezüglich des

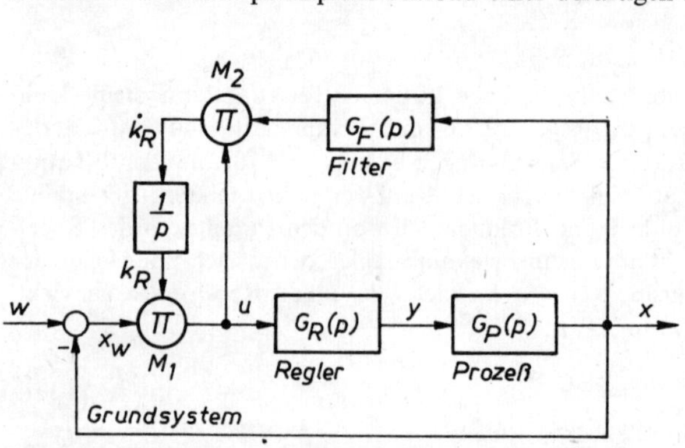

Bild 3.99. Blockschaltbild einer Adaptivregelung nach Maršik

Prozeßtyps sind keine besonderen Beschränkungen erforderlich. Es wird lediglich gefordert, daß der Prozeß stabil ist [84].
Über den Multiplikator M_1 wird die Verstärkung des Grundkreisreglers adaptiv verstellt. Die Adaptivschleife besteht aus einem Multiplikator, einem Integrator und einem Filterglied $G_{\mp}(p)$. Wenn $G_0(p) = G_R(p)\, G_P(p)$ keinen I-Anteil aufweist, ist es zweckmäßig, zur Unterdrückung der Gleichkomponente von x das Filterglied als Hochpaßfilter zu wählen. Auf die Wirkungsweise der adaptiven Regelung hat aber $G_{\mp}(p)$ keinen wesentlichen Einfluß. Von der allgemeinen Einordnung her handelt es sich bei der hier betrachteten Automatisierungsstruktur um ein System mit Adaption durch eine geschlossene Wirkungsschleife (s. auch Bild 3.52). Das Stellsignal k_R des adaptiven Regelkreises ergibt sich, gemäß Bild 3.99, durch Multiplikation und anschließende Mittelung zu

$$\overline{xu} = \sum_{i=0}^{\infty} \overline{x_i u_i}$$

mit den einzelnen, zur Frequenz ω_i gehörenden Komponenten

$$\overline{x_i u_i} = X(\omega_i)\, U(\omega_i) \cos \varphi_i \,.$$

Dabei gilt

$$0 < \varphi_i < \frac{\pi}{2}, \qquad \overline{x_i u_i} > 0$$

$$\frac{\pi}{2} < \varphi_i < \frac{3}{2}\pi, \qquad \overline{x_i u_i} < 0\,.$$

Der sich bezüglich des adaptiven Stellsignals einstellende Arbeitspunkt folgt aus der Differentialgleichung für die Reglerverstärkung

$$\dot{k}_R = \delta(w - x)\, x k_R; \tag{3.119}$$

δ Proportionalitätsfaktor.

Die Lösung von (3.119) hat die allgemeine Form

$$k_R(t) = k_R(0)\, e^{\delta[\int wx\,dt - \int x^2\,dt]}. \tag{3.120}$$

Dies ist eine implizite Lösung, da x noch eine Funktion von k_R ist.
Für die adaptive Verstärkungseinstellung gilt bei erfolgtem Abgleich (s. auch (3.120))

$$k_R(\infty) = k_R(0)\,. \tag{3.121}$$

Diese Bedingung ist gültig für einen sich wiederholenden Regelungsprozeß, dessen Charakter sich nicht ändert (z. B. wiederholt auftretende Führungsgrößensprünge). Aus (3.120) folgt, daß der Abgleich des adaptiven Regelkreises erreicht wird für

$$\int_0^\infty wx\,dt = \int_0^\infty x^2\,dt\,. \tag{3.122}$$

Mit $w - x = x_w$ kann (3.122) umgeformt werden zu

$$\int_0^\infty x_w^2\,dt - 2\int_0^\infty x_w w\,dt + \int_0^\infty w^2\,dt = \int_0^\infty w^2\,dt - \int_0^\infty x_w w\,dt\,,$$

und unter Berücksichtigung eines Einheitssprungs für die Führungsgröße $w(t) = 1(t)$ lautet die Abgleichvorschrift für den adaptiven Regelkreis

$$\int_0^\infty x_w^2\,dt = \int_0^\infty x_w\,dt\,. \tag{3.123}$$

Diese Gleichung kann aufgefaßt werden als Gütekriterium für das von *Maršik* vorgeschlagene adaptive Regelungsprinzip. Im Bild 3.100 ist (3.123) grafisch dargestellt. Man kann erkennen, daß $k_{R(Abgl.)}$ kleiner ist als der dem Minimum der quadratischen Regelfläche entsprechende Wert. Dies ist sicherlich vorteilhaft, da beim Minimum von $\int x_w^2\,dt$ relativ große Überschwingweiten zu erwarten sind.

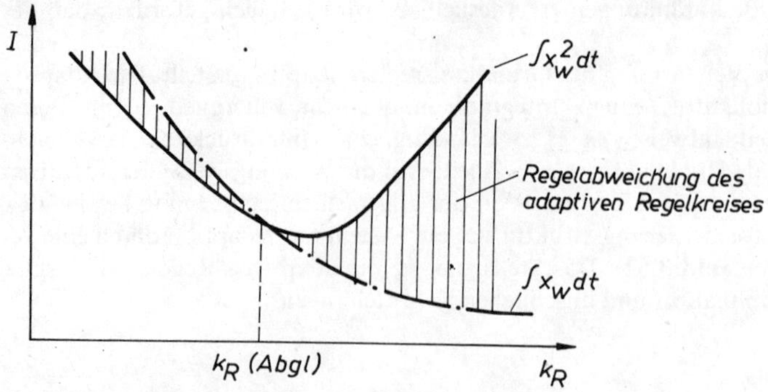

Bild 3.100. Abgleichvorschrift der Adaptivregelung nach Maršik

Das hier vorgestellte Adaptionsprinzip ist für autonome Regler mit niedrigen Ansprüchen an die Adaption infolge seiner einfachen Überschaubarkeit und Realisierbarkeit zu empfehlen.

Verstärkungsadaption auf der Basis der normierten Regelabweichung. Grundlage dieses Verfahrens ist ein Adaptionsprinzip, das eine gewisse Ähnlichkeit zu dem bereits vorgestellten adaptiven Regler nach *Maršik* hat. Es handelt sich hier ebenfalls um ein heuristisch gefundenes Verfahren[1]), das in sehr einfacher Weise technisch realisiert werden kann und das für Störungs- und Führungsverhalten in gleicher Weise gut geeignet ist. Der Aufbau eines derartigen Adaptivsystems ist im Bild 3.101 a dargestellt. Das Adaptionsgesetz lautet

$$\dot{k}_R = \gamma_1 k_R \bar{x}_w (1 - \bar{x}_w) ; \tag{3.124}$$

γ_1 Adaptionskonstante
$\bar{x}_w$ normierte Regelabweichung.

Unter der normierten Regelabweichung wird der Wert

$$\bar{x}_{wi} = \frac{x_{wi}(t)}{M_i}$$

verstanden. M_i stellt den im betrachteten Zeitabschnitt größten positiven oder negativen Wert der Regelabweichung $x_w(t)$ dar (Bild 3.101 b).

Mit der Wahl der Adaptionskonstante γ_1 wird die Adaptionsgeschwindigkeit beeinflußt (großer γ_1-Wert — hohe Adaptionsgeschwindigkeit und umgekehrt). Durch Einführung der normierten Regelabweichung $\tilde{x}_w(t)$ im Adaptionsgesetz wird erreicht, daß die Verstärkungsanpassung weitgehend unabhängig von der Größenordnung der Regelabweichung in allen Zeitabschnitten mit gleicher Güte erfolgt. Da Änderungen von x_w nicht direkt für die Adaption von k_R verwendet werden, wird auch bei großen x_w-Änderungen ein relativ „weiches" Verstellen erreicht. Diesem Vorteil steht der Nachteil gegenüber, daß bei großen γ_1-Werten, die zur Beherrschung schneller, großer Änderungen im Prozeßverhalten erforderlich sein können, durch die damit verbundene hohe Änderungsgeschwindigkeit der Reglerverstärkung k_R sehr kleine Werte annehmen kann und die Adaptionsschleife so ihre Funktionstüchtigkeit verliert. Diese Schwachstelle des Adaptivgesetzes nach (3.132) läßt sich jedoch leicht durch einen erweiterten Ansatz beseitigen:

$$\dot{k}_R = \gamma_1 k_R \bar{x}_w (1 - \bar{x}_w) + \gamma_2 \bar{x}_w^2 . \tag{3.125}$$

Durch den zweiten Term im Adaptionsgesetz, der immer positiv ist, wird bei geeigneter Wahl der Konstante γ_2 erreicht, daß die Adaptionsschleife auch bei großen γ_1-Werten (große Adaptionsgeschwindigkeit) voll funktionsfähig bleibt. Für die Adaptionskonstanten γ_1 und γ_2 lassen sich geeignete Werte sehr schnell durch Simulationsuntersuchungen finden. Da γ_1 und γ_2 vom Verhältnis der Abtastzeit zur Schwingungsperiode der Regelgröße bzw. der Regelabweichung abhängig sind, wäre auch eine grobe Vorwahl dieser Werte anhand von Überschlagsformeln denkbar.

Dieses einfache Adaptionsverfahren (Bild 3.101) läßt sich sehr vorteilhaft bei einschleifigen Regelkreisen

[1]) Die Überlassung der Unterlagen zu diesem Verfahren einschließlich der untersuchten Beispiele verdanken die Verfasser Herrn Dr.-Ing. *H. Krüger* von der TU Magdeburg, Sektion Technische Kybernetik und Elektrotechnik.

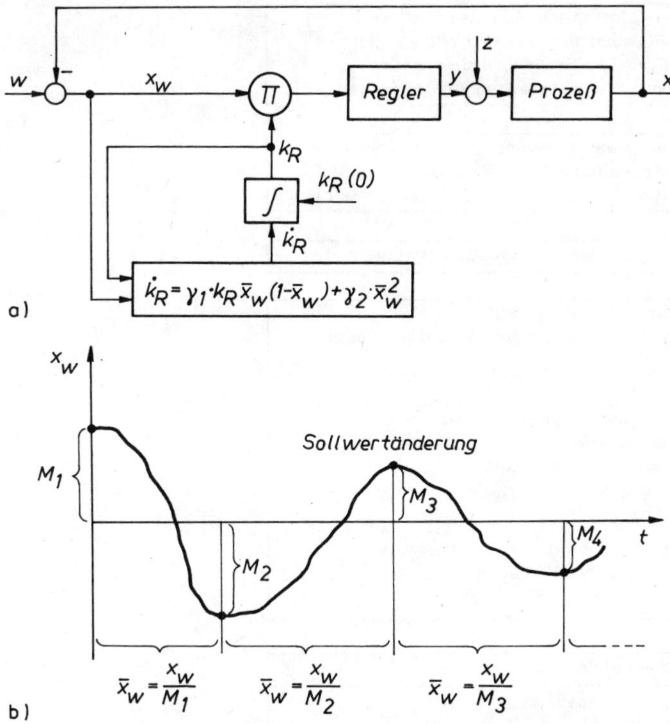

Bild 3.101. Verstärkungsadaption auf der Basis der normierten Regelabweichung

a) Aufbau des Adaptivsystems; b) Ermittlung der normierten Regelabweichung

in Verbindung mit den allgemein üblichen konventionellen Reglertypen (P-, PI-, . . . Regler) anwenden. A-priori-Informationen über den Prozeß müssen nur in dem Maße vorhanden sein, wie sie für die begründete Wahl eines im konkreten Anwendungsfall benötigten Reglertyps erforderlich sind.

Die technische Realisierung einer solchen Adaptivregelung, einschließlich der für die Ermittlung der Maximalwerte erforderlichen Spitzenwertlogik, ist mit Hilfe handelsüblicher Mikrorechnerregler (z. B. Ursamar 5000, S 2000, Ursacordkompaktregler) ohne Schwierigkeiten möglich. Dieses Adaptionsverfahren kann auf die gleichzeitige Anpassung mehrerer Reglerparameter erweitert werden. In diesem Fall ist für jeden einstellbaren Reglerparameter eine Adaptivschleife gemäß Bild 3.101 a zu realisieren.

Als wesentlichste Vorzüge der hier vorgestellten Adaptivregelung können genannt werden

— die Einfachheit des Adaptionsverfahrens, verbunden mit leichter Überschaubarkeit der Wirkung der einzelnen Einflußgrößen
— vom Anwender werden keine komplizierten theoretischen Kenntnisse verlangt
— sehr geringe A-priori-Informationen über den Prozeß
— die einfache Realisierbarkeit mit industriell gefertigten und im Handel angebotenen Mikrorechnerreglern.

Beim Einsatz solcher einfacher Adaptionsverfahren ist allerdings zu beachten, daß ihre Leistungsfähigkeit begrenzt ist. Dies wird besonders dann spürbar, wenn höhere Forderungen, z. B. in Form vorgegebener Kennwerte, an die Regelgüte gestellt werden müssen. Hier wirkt sich nachteilig aus, daß bei diesem Verfahren eine klare Aussage über die im angepaßten Zustand erreichte Regelgüte nur schwer möglich ist.

Trotz dieser begrenzten Leistungsfähigkeit werden sich jedoch gerade für diese einfachen Adaptionsverfahren in Zukunft die vielfältigsten Anwendungsmöglichkeiten ergeben. Da zu erwarten ist, daß nicht nur das hier vorgestellte Adaptionsverfahren, sondern auch andere, ähnlich einfache, heuristisch gefundene Adaptionsmethoden als Standardlösungen vom Reglerhersteller mit angeboten werden, soll im folgenden ein Grobablaufplan für den Entwurf solcher einfacher Adaptionsalgorithmen an-

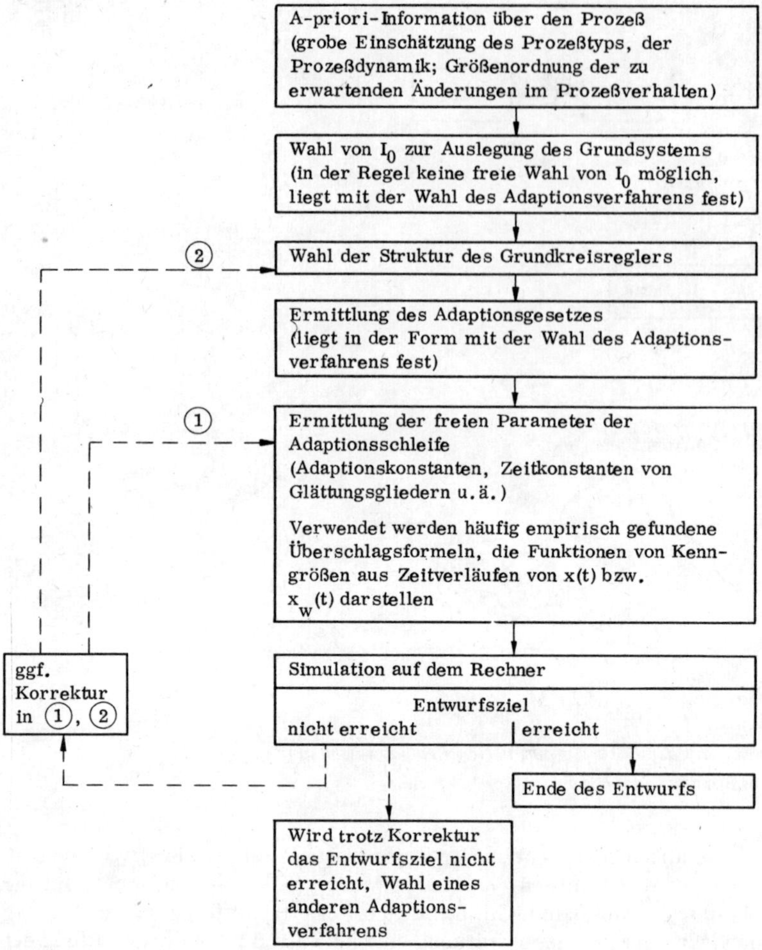

Bild 3.102. Grobablaufplan für den Entwurf von adaptiven Regelungen ohne Vergleichsmodell bei Anwendung einfacher heuristisch gefundener Adaptionsprinzipien

gegeben werden (Bild 3.102). Unter Entwurf ist hier allerdings mehr die Vorgehensweise für die Anpassung eines Adaptionsalgorithmus an einen konkreten Anwendungsfall zu verstehen.
Geht man nun davon aus, daß der Gerätehersteller bestimmte Standardlösungen für die Adaption mit anbietet, so hätte man als Anwender i. allg. lediglich zwei Entscheidungen zu treffen: die Wahl der Struktur des Grundkreisreglers und die Festlegung der freien Parameter. Alle anderen Entwurfsparameter ergeben sich automatisch mit der Wahl des speziellen Adaptionsverfahrens.
Die Wirkungsweise einer Adaptivregelung ohne Vergleichsmodell auf der Basis der normierten Regelabweichung wird im Abschn. 3.4.10.4. an einem einfachen Beispiel demonstriert.

3.4.7.2. Adaptivregelungen mit einem Entscheidungsprozeß innerhalb des Signalwegs des Grundsystems (Extremwertregelungen)

Das Grundprinzip dieser (auch als Extremwertregelungen bzw. Extremalregelungen bezeichneten) Adaptivsysteme wurde bereits im Abschn. 3.4.3.1. (Bild 3.38) erläutert. Vergleicht man den Aufbau gemäß Bild 3.38 mit dem prinzipiellen Aufbau eines Adaptivsystems ohne Vergleichsmodell (z. B. Bild 3.53), so fällt zunächst einmal auf, daß die dem Grundsystem übergeordnete Adaptivschleife fehlt. Betrachtet man nun die Wirkungsweise dieser Systeme, so kann man feststellen, daß sie durchaus in der Lage sind, sich veränderlichen Bedingungen selbsttätig in der Weise anzupassen, daß ein

vorgegebenes Gütemaß unabhängig von den einwirkenden Störungen eingehalten wird (hier: Einhaltung eines Extremwerts). Damit können auch die Extremalsysteme, gemäß der im Abschn. 1.2.1. angegebenen Definition, den Adaptivsystemen zugeordnet werden. Bei der auf diese Weise angestrebten einheitlichen Betrachtungsweise steht also das für adaptive Systeme definierte Verhalten im Vordergrund und nicht der gleichartige strukturelle Aufbau. In dem gleichen Bemühen, hier eine tragfähige Verbindung herzustellen, wurde bereits in [32] darauf hingewiesen, daß man ein Extremalsystem auch als entarteten Typ eines parameteradaptiven Systems betrachten kann.
Welche prinzipiellen Besonderheiten sich beim Aufbau und dem Entwurf von Extremalregelungen ergeben, kann der Leser den nachfolgenden Ausführungen entnehmen. Unter Berücksichtigung der Sonderstellung der Extremalsysteme innerhalb der Klasse der Adaptivsysteme werden zunächst einige grundlegende Bemerkungen vorangestellt und im Anschluß daran einige wichtige Lösungsvarianten erläutert.

Grundlagen, Übersicht

Die zwei prinzipiellen Aufgaben adaptiver Systeme im Rahmen der Automatisierung technologischer Prozesse sollen anhand des Bildes 3.103 noch einmal anschaulich erläutert werden, um die grundsätzlichen Anwendungsmöglichkeiten von Extremalregelungen aufzuzeigen. Der technologische Prozeß bestehe aus einem Anlagenteil A, der nicht geregelt wird, und einem Anlagenteil S, der durch die Regelung beeinflußt wird. Alle Maßnahmen der Automatisierung dienen dem Ziel, die Prozeßvariablen u_i so einzustellen, daß die Prozeßausgangsgröße im Sinne eines Gütekriteriums optimal ist.
Drei typische Störungen haben einen Einfluß auf die Prozeßausgangsgröße (Bild 3.103):

- Störung z_u (Schwankungen des Wertes von Eingangsgrößen, z. B. Heizwertschwankungen), deren Einfluß mit Hilfe der Prozeßvariablen u_i beseitigt wird
- Störung z_p (Änderungen der Prozeßdynamik), deren Einfluß durch Korrektur der Reglerparameter ausgeglichen wird
- Störung z_s, deren Einfluß durch den Grundregelkreis reduziert bzw. beseitigt wird.

Für den Einsatz von Adaptivsystemen ergeben sich damit im allgemeinen Fall die zwei Aufgabenstellungen:

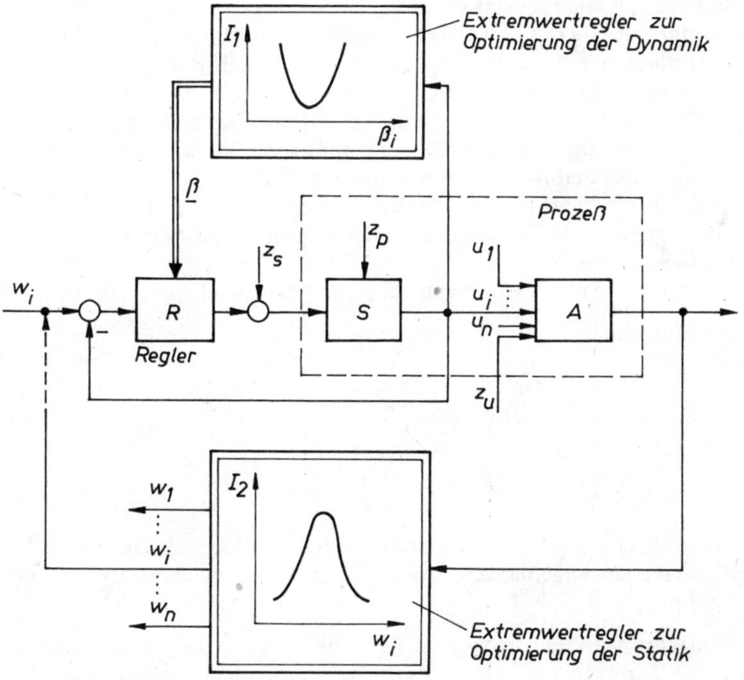

Bild 3.103. Prinzipielle Einsatzmöglichkeiten von Extremwertregelungssystemen

1. Optimierung des dynamischen Verhaltens
2. Optimierung des statischen Verhaltens.

Beide Optima sind durch Extremwerte der Gütekriterien I_1 und I_2 gekennzeichnet (Bild 3.103). Das Ziel der Synthese besteht nun darin, ein adaptives System derart zu entwerfen, daß diese Extremwerte automatisch ermittelt und trotz Störungen aufrechterhalten werden.

Dieses Syntheseziel stellt natürlich keine Besonderheit des Entwurfs von Extremwertregelungen dar. Schon beim Entwurf adaptiver Regelungen nach dem Gradientenverfahren erfolgte die Synthese nach dem Minimum eines Fehlerkriteriums (s. Abschn. 3.4.7). Während früher gewisse Kenntnisse über die analytische Form des Gütekriteriums vorausgesetzt wurden, um z. B. Empfindlichkeitsfunktionen abzuleiten, sind bei einem Extremwertregelungssystem nur noch relativ allgemeine Kenntnisse über das Gütekriterium erforderlich (z. B. Symmetrie in bezug auf die Extremwertkoordinate). Der Prozeß, auf den die Extremwertregelung wirkt, wird als „schwarzer Kasten" angesehen. Vorausgesetzt wird nur noch, daß durch Änderung der Eingangsgrößen dieses Prozesses und Messung der dazugehörigen Ausgangsgrößenänderungen die relative Lage des momentanen Arbeitspunktes in bezug auf das Extremum ermittelt werden kann.

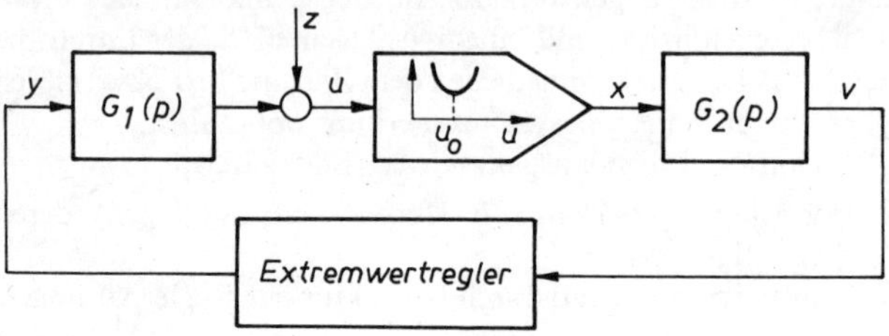

Bild 3.104. Blockschaltbild einer Extremwertregelung

Für eine Synthese von Extremwertregelungssystemen, die wenigstens die Stabilität dieser Regelung sichern muß, sind bestimmte strukturelle Annahmen über den Extremwertregelkreis notwendig. Dazu wird in den meisten Fällen von einer Struktur nach Bild 3.104 ausgegangen, die eine Behandlung der Optimierung sowohl des dynamischen als auch des statischen Verhaltens zuläßt. Die Regelstrecke weist eine Nichtlinearität auf, die in lineare Übertragungsglieder eingebettet ist. Im Fall der statischen Optimierung (wird wegen der einfachen Übertragbarkeit auf den dynamischen Fall hier nur betrachtet) repräsentiert $G_1(p)$ die natürlichen Trägheiten des technologischen Prozesses, während $G_2(p)$ z. B. die Dynamik der Meßglieder darstellt. Durch die unbekannte Störung z (Bild 3.104) wird u so verändert, daß nicht mehr $u = u_0$ gilt (u_0 Extremwertkoordinate) und ein Suchvorgang ausgelöst werden muß, der den ursprünglichen Zustand ($u = u_0$) wiederherstellt.

Da z, voraussetzungsgemäß, nicht meßbar ist, muß durch den Suchvorgang zunächst die Lage des momentanen Arbeitspunktes in bezug auf das Extremum ermittelt werden. Hierzu wird von der Definition des Extremwerts ausgegangen:

$x = f(u)$ hat an der Stelle $u = u_0$ einen Extremwert, wenn bei beliebigem Δu gilt

$$f(u_0 + \Delta u) < f(u_0) \quad \text{Maximum}$$

$$f(u_0 + \Delta u) > f(u_0) \quad \text{Minimum}$$

bzw.

$$\left.\frac{dx}{du}\right|_{u=u_0} = 0 .$$

(Wendepunkte usw. können hier ausgeschlossen werden, da eine Extremalcharakteristik nach Bild 3.80b vorausgesetzt wird.) Zur Bestimmung der Lage des Arbeitspunktes existieren damit bei Extremwertregelungssystemen zwei Möglichkeiten:

1. y (Bild 3.104) wird um einen Wert Δy verändert und die Reaktion Δx am Ausgang des Prozesses gemessen:

$$\Delta x = x(y + \Delta y) - x(y) .$$

2. dx/du wird näherungsweise durch Überlagerung der Eingangsgröße y mit einem Testsignal y_T ermittelt:

$$\Delta x = x(y + y_T) .$$

Die probeweise Änderung des Eingangssignals wird Test- oder Probebewegung genannt. Dabei sind *determinierte* und *stochastische* Probebewegungen zu unterscheiden.
Δx enthält Informationen über die Größe und die Richtung der Abweichung des momentanen Arbeitspunktes vom Extremum. Demzufolge ist durch Auswertung der Probebewegung eine sog. Arbeitsbewegung durchführbar, die den Arbeitspunkt zum Extremum führt und so den Einfluß der Störung z beseitigt.
Falls nur die Richtungsinformation aus der Probebewegung für die Arbeitsbewegung herangezogen wird, besitzt das Extremwertregelungssystem einen *unabhängigen* Suchprozeß.
Der Arbeitspunkt nähert sich in diesem Fall mit konstanter Geschwindigkeit dem Extremum. Das Regelungsgesetz kann z. B. lauten

$$y[(k + 1) T_0] = y[kT_0] + \gamma_1 \operatorname{sign} \Delta x ;$$

T_0 Abtastzeit
γ_1 Konstante.

Werden die Informationen über Größe und Richtung der Abweichung des Arbeitspunktes vom Extremum zur Festlegung der Arbeitsbewegung verwendet, so entstehen Extremwertregelungssysteme mit *abhängigem* Suchprozeß, deren Annäherungsgeschwindigkeit der Entfernung zwischen Arbeitspunkt und Extremum proportional ist. Als Regelungsgesetz kann z. B.

$$y[(k + 1) T_0] = y[kT_0] + \gamma_2 \Delta x$$

verwendet werden.
Ein weiteres Unterscheidungsmerkmal von Extremwertregelungssystemen ergibt sich durch Einbeziehung des zeitlichen Zusammenhangs zwischen Probe- (y_T) und Arbeitsbewegung (H) in die Klassifizierung:

1. Probe- und Arbeitsbewegung sind überlagert
   $y(t) = H(t) + y_T(t)$.
2. Probe- und Arbeitsbewegung sind identisch (d. h., die Arbeitsbewegung wird als Probebewegung verwendet)
   $y(t) = H(t)$.
3. Probe- und Arbeitsbewegung folgen zyklisch aufeinander
   $y(t) = y_T(t)\,, \qquad kT_0 \leqq t < kT_0 + t_1$
   $y(t) = H(t)\,, \qquad kT_0 + t_1 \leqq t < (k + 1)\, T_0\,.$

Entsprechend der technischen Realisierung kann die Informationsverarbeitung *kontinuierlich* oder *diskontinuierlich* erfolgen. Aus diesen Klassifizierungsmerkmalen ergeben sich die im Bild 3.105 zusammengefaßten theoretischen Möglichkeiten zur Organisation des Suchvorgangs in Extremalsystemen. Die Vielfalt der Kombinationen macht nun eine Wertung dieser Prinzipien erforderlich. Suchverfahren mit determinierter sind denen mit stochastischer Probebewegung bezüglich der Suchzeit für weniger als vier Eingangsgrößen überlegen. Da die optimale Fahrweise der meisten technologischen Prozesse von nicht mehr als vier Haupteinflußgrößen abhängt, können die Verfahren mit stochastischer Probe- oder Arbeitsbewegung aus den weiteren Betrachtungen zunächst ausgeklammert werden. Bei den verbleibenden determinierten Verfahren konzentriert sich das Interesse sowohl aus der Sicht einer theoretischen Behandlung als auch bezüglich der Anwendung auf die im Bild 3.105 hervorgehobenen Typen von Extremalsystemen. Davon wurde das System mit diskontinuierlicher Arbeitsweise, abhängigem Suchprozeß, determinierter Probebewegung und zyklischem Wechsel von Probe- und Arbeitsbewegung bereits als sog. Gradientenverfahren im Abschn. 3.4.3.3. behandelt. Die Arbeitsprinzipien der restlichen drei Arten von Extremwertregelungssystemen werden im folgenden erläutert.

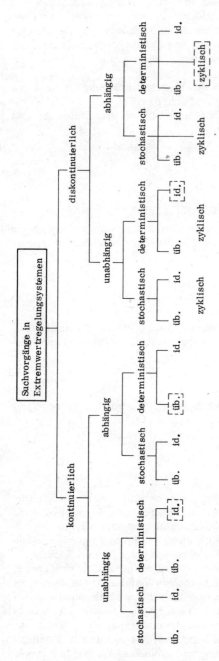

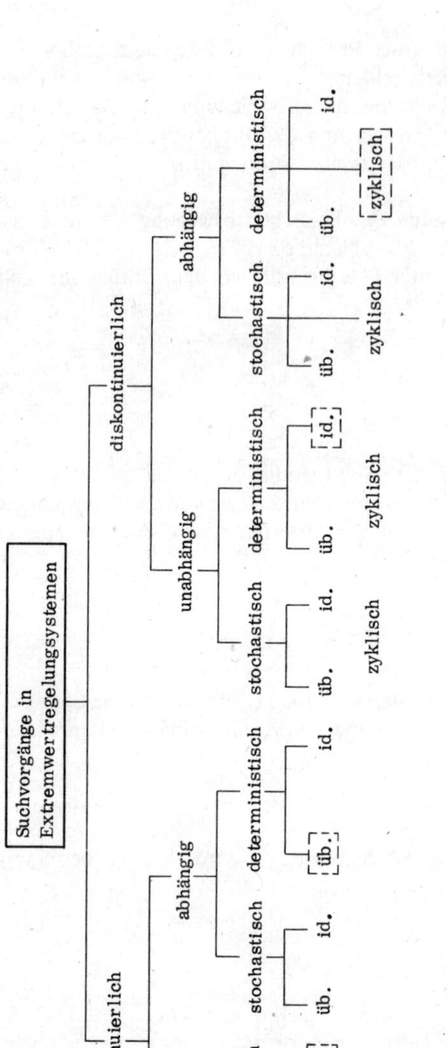

Bild 3.105. Zusammenstellung der Prinzipien von Suchvorgängen für Extremwertregelungssysteme

Extremwertregelung mit periodischem Testsignal

Zur Erläuterung der Wirkungsweise des im Bild 3.106 dargestellten Systems wird angenommen, daß sich der Arbeitspunkt im Extremalpunkt befindet. Nun wirke eine sprungförmige Störung z auf das System. Ihr Einfluß auf u soll durch eine gezielte Änderung von y ausgeglichen werden. Dazu wird ein periodisches Testsignal

$$y_T = a \sin \omega_0 t$$

auf den Eingang der Regelstrecke geschaltet. Nach Bild 3.106 liegt dann am Eingang der Nichtlinearität das Signal

$$u = z + A \sin (\omega_0 t + \varphi_1) . \tag{3.126}$$

Die Phasen- und Amplitudenänderung von y_T durch $G_1(p)$ wurde dabei berücksichtigt.

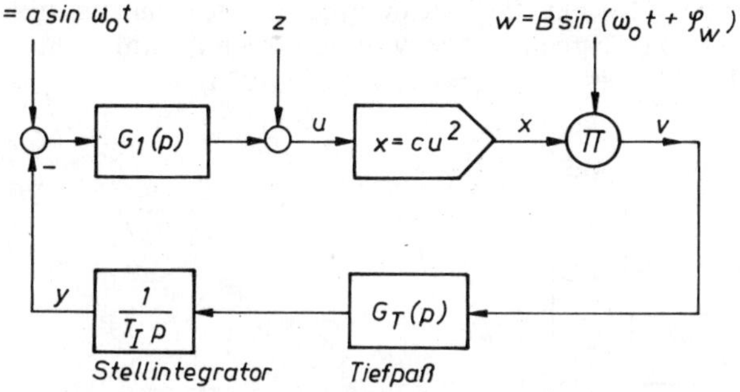

Bild 3.106. Extremwertregelung mit periodischem Testsignal

Bei der Untersuchung von Extremwertregelungen haben sich Ansätze für die Nichtlinearitäten der Form

$$x = cu^2 \tag{3.127}$$

bewährt. Mit (3.126) und (3.127) folgt

$$x = x_G + \underbrace{2czA \sin (\omega_0 t + \varphi_1)}_{\text{Nutzsignal}} + x_P \cos 2(\omega_0 t + \varphi_1) . \tag{3.128}$$

In (3.128) stellt x_G eine Gleichkomponente und x_P einen periodischen Anteil dar. Wie gefordert wurde, ist das Nutzsignal nach (3.128) der Ableitung der Nichtlinearität an der Stelle $u = z$ proportional; s. Gl. (3.127).
Durch Multiplikation von x mit $w = B \sin (\omega_0 t + \varphi_w)$ wird das Nutzsignal als Gleichkomponente gewonnen:

$$v = \underbrace{cABz \cos (\varphi_1 - \varphi_w)}_{\text{Nutzsignal}} + f_P(\omega_0, 2\omega_0, 3\omega_0) .$$

Die periodischen Anteile f_P werden durch den Tiefpaß $G_T(p)$ hinreichend stark gedämpft, so daß nur noch das der Ableitung proportionale Signal die Veränderung von y bewirkt.
Nach Ausregelung der Störung z befindet sich der Arbeitspunkt wieder im Extremum, so daß gilt

$$u = A \sin (\omega_0 t + \varphi_1) .$$

Mit (3.127) folgt

$$x = A^2 c \sin^2 (\omega_0 t + \varphi_1) = \frac{A^2 c}{2} (1 - \cos 2(\omega_0 t + \varphi_1)) .$$

Damit tritt ein unvermeidlicher maximaler Fehler

$$\Delta x_{max} = \frac{A^2 c}{2} \tag{3.129}$$

auf. Bei Vorgabe des zulässigen Fehlers Δx kann (3.129) zur Festlegung der maximalen Amplitude des Testsignals verwendet werden. Weitere Informationen über diese Klasse von Extremwertregelungssystemen sind in [32; 185] enthalten.

Schrittextremalsysteme

Schrittextremalsysteme wurden bisher sehr ausführlich untersucht [32; 106; 190] und dabei eine große Zahl Varianten betrachtet bzw. neuentwickelt. Die einzelnen Systeme sind infolge ihrer starken Spezialisierung kaum noch miteinander vergleichbar. Die einzelnen Varianten gehen aus dem im Bild 3.107a dargestellten Grundtyp durch Modifikation hervor.
Der Extremwertregler tastet die Ausgangsgröße v mit dem Tastintervall T_0 ab (Bild 3.107a). Zur Vereinfachung der Darstellung wurde die Wirkung der Trägheitsglieder $G_1(p)$ und $G_2(p)$ vernachlässigt. Aus aufeinander folgenden Tastwerten werden die Differenzen

$$\Delta v = v[k] - v[k-1]$$

gebildet. Falls $\Delta v < 0$ ist, bewegt sich der Arbeitspunkt zur Extremwertkoordinate (Minimumsuche). Für $\Delta v > 0$ entfernt sich der Arbeitspunkt vom Extremum. Das Vorzeichen von Δv wird daher zur Festlegung des Vorzeichens der Stellgeschwindigkeit von y verwendet (Bild 3.107a).

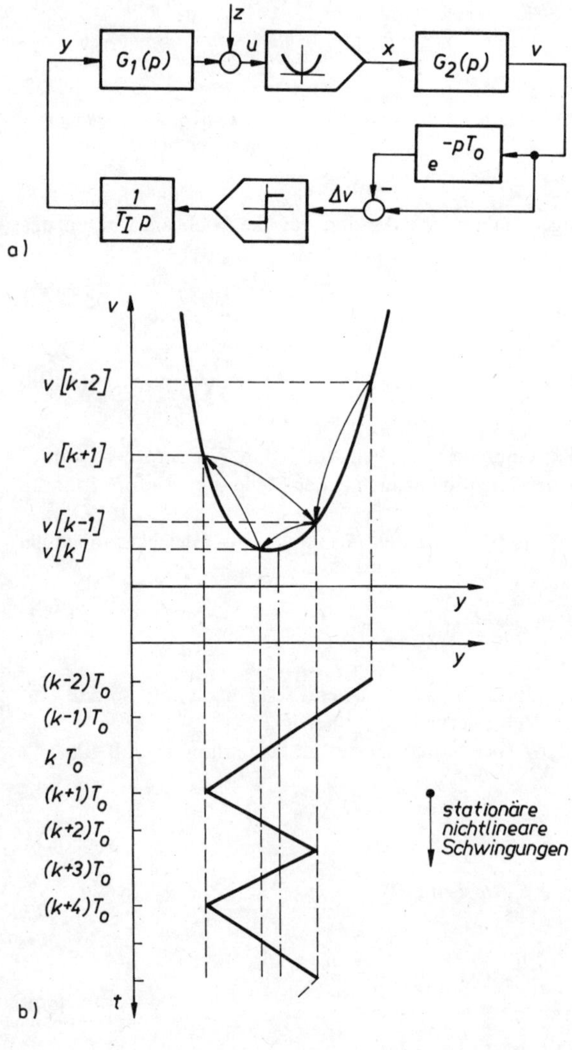

Bild 3.107. Aufbau und Wirkungsweise eines Schrittextremalsystems

Für diese Extremwertregelungssysteme ist der im Bild 3.107b skizzierte Suchvorgang charakteristisch. Nach Annäherung des Arbeitspunktes an das Extremum treten um das Extremum stationäre nichtlineare Schwingungen auf, wobei z. B. die Koordinaten $v[k-1]$, $v[k]$ und $v[k+1]$ zyklisch wiederholt werden.
Das Entwurfsproblem besteht nun bei diesen Systemen z. B. darin, daß eine Erhöhung der Stellgeschwindigkeit zwar die Ausregelung der Störungen verbessert, aber infolge der Trägheitsglieder $G_1(p)$ und $G_2(p)$ gleichzeitig die Schwingungsamplituden und damit die mittlere Abweichung des Arbeitspunktes vom Extremum vergrößert wird.
Zur Lösung des Problems wurde daher der Zusammenhang zwischen der Schwingungsform, der Stellgeschwindigkeit, den Störungen und den Trägheitsgliedern untersucht [172; 185]. Die Ergebnisse hängen aber z. B. sehr stark von der für die jeweilige Betrachtung gewählten Struktur der Trägheitsglieder ab. Demzufolge haben die vorliegenden Ergebnisse, für einen speziellen Anwendungsfall, nur den Wert einer ersten Abschätzung der einzustellenden Parameter des Extremwertreglers. Diese Abschätzungen sind, unter Berücksichtigung der speziellen Trägheitseigenschaften des Prozesses, durch experimentelle Untersuchungen zu ergänzen.

Extremwertregelung mit gespeichertem Extremum

Für bestimmte Anwendungsfälle hat sich die Extremwertregelung mit gespeichertem Extremum sehr gut bewährt. Diese Regelung hat folgendes Wirkungsprinzip: Am Eingang des Prozesses (Bild 3.108) wirkt ein konstantes Signal u_0, das über einen Integrator das Stellsignal u_1 erzeugt. Angenommen, die Stellbewegung erfolgt so, daß u in Richtung zum Extremum geändert wird (Bild 3.109), so wirkt der Extremwertspeicher wie ein Übertragungsglied mit einem Übertragungsfaktor $K_R = 1$, d. h.

$$\Delta v = v - v_S = 0\,.$$

Wird der Extremwert $v = v_{Ex}$ erreicht (z. B. für $t = t_1$; s. Bild 3.109), so erfolgt dessen Einspeicherung in den Extremwertspeicher ($v_S = v_{Ex}$), womit nun die Differenz

$$\Delta v = v - v_{ex} < 0 \qquad \text{(Maximumsuche)}$$

aufgebaut wird.

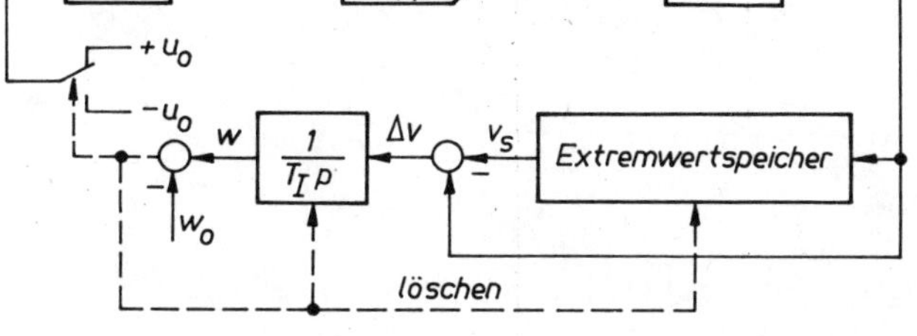

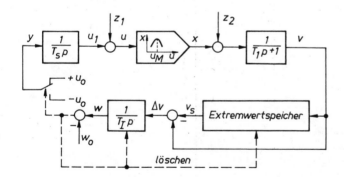

Bild 3.108. Blockschaltbild der Extremwertregelung mit gespeichertem Extremum

Zur Unterdrückung von Störungen wird diese Differenz so lange integriert, bis der Schwellwert w_0 (Bild 3.108) erreicht ist und demzufolge das Stellsignalvorzeichen geändert wird. Damit bewegt sich der Arbeitspunkt auf der Kennlinie wieder in Richtung zum Extremum. Außerdem erfolgt mit der Vorzeichenänderung des Stellsignals die Löschung der Speicher, so daß der Extremwertregler wieder auf den nächsten Umschaltvorgang vorbereitet ist. Im Bild 3.109 sind die wesentlichen Signalverläufe zusammengefaßt. Das Regelungssystem pendelt demnach mit der Periode T_P, der maximalen Abweichung Δ und der mittleren Abweichung D um den Extremwert.
Die digitale Realisierung des Extremwertreglers bereitet keine Schwierigkeiten. Eine entsprechende Schaltung mit analogen Rechenelementen soll der Vollständigkeit halber angegeben werden (Bild 3.110). Solange v zunimmt, sind die Dioden D_2 und D_3 geöffnet, während D_1 und D_4 gesperrt werden, d. h., der Wert von v wird in C eingespeichert. Bei Überschreitung des Extremwerts werden D_2, D_3 gesperrt

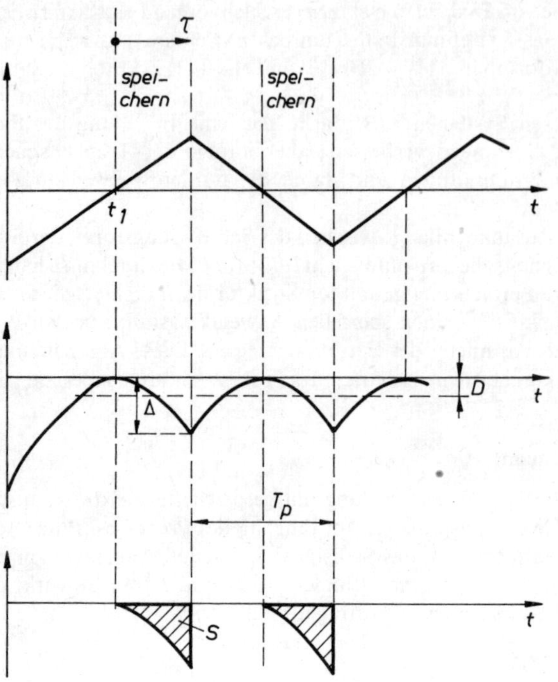

Bild 3.109. Signalverläufe bei der Extremwertregelung mit gespeichertem Extremum

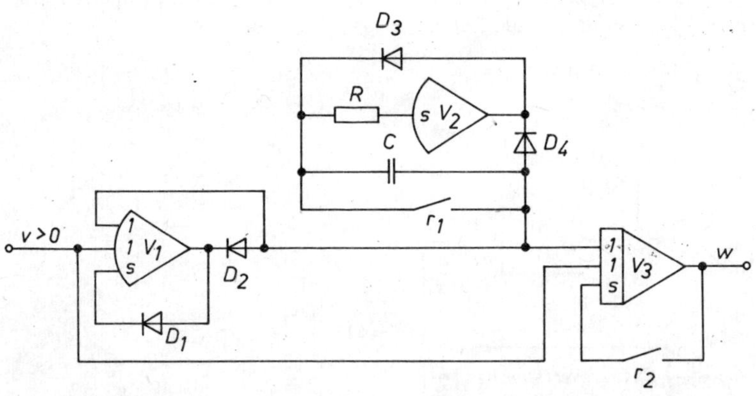

Bild 3.110. Realisierung des Reglers mit Extremwertspeicherung mit analogen Elementen

und D_4, D_1 geöffnet, d. h., V_2 arbeitet als Halteglied. Das Löschen der Speicher erfolgt durch Schließen der Kontakte r_1 und r_2.

Beim Entwurf des hier betrachteten Extremwertreglers sind die freien Parameter T_S, u_0, T_I und w_0 festzulegen (Bild 3.108).

Das Grundanliegen des Entwurfs besteht darin, eine möglichst hohe Stellgeschwindigkeit für die Beherrschung der Störung z_1 bei kleinem Fehler Δ (Bild 3.109) zu erreichen. Dieses Ziel führt zu widersprüchlichen Forderungen an die Einstellung der freien Parameter. Hohe Stellgeschwindigkeiten sind nämlich mit relativ großen Fehlern Δ verknüpft. Eine Verkleinerung von Δ ist durch Herabsetzung von T_I und w_0 möglich. Dabei ist allerdings zu beachten, daß dann die Störungen z_2 schlechter gedämpft werden. Infolge einer unzureichenden Dämpfung treten dann Fehlschaltungen auf, d. h., die Richtungsumkehr der Stellbewegung erfolgt, bevor der Extremwert erreicht ist. Der Regler verliert damit seine Arbeitsfähigkeit.

Aus diesem Grunde muß für den Entwurf der Zusammenhang

$$\Delta = f_\Delta(T_I, T_S, w_0, u_0) \tag{3.130}$$

untersucht werden, um eine Kompromißlösung zu finden. Durch Einbeziehung von Trägheiten des Prozesses wird das Entwurfsproblem sehr kompliziert. Analytische Lösungen sind i. allg. nicht angebbar. Es ist daher zweckmäßig, den Entwurf in zwei Schritten durchzuführen. Im ersten Schritt werden die Trägheiten vernachlässigt (s. Bild 3.108; $T_1 = 0$) und der Zusammenhang nach (3.130) analytisch abgeschätzt. Der zweite Schritt beinhaltet den experimentellen Feinabgleich. Dabei wird der Extremwertregler an ein Modell, das die Trägheiten enthält, oder direkt an den Prozeß angeschlossen. Die probeweise Änderung der Reglerparameter, innerhalb der im ersten Schritt abgeschätzten Intervalle, führt dann schließlich zur endgültigen Parametereinstellung.
Die Ergebnisse des zweiten Schrittes hängen demnach von den speziellen Trägheitseigenschaften des Prozesses im jeweiligen Anwendungsfall ab. Im Gegensatz dazu läßt sich der erste Entwurfsschritt in allgemeiner Form angeben.
Vorausgesetzt werden (s. Bild 3.108)

$$z_1 = z_2 = 0 \quad \text{und} \quad T_1 = 0 \,.$$

Demnach gilt

$$v = cu^2 \,. \tag{3.131}$$

Die Betrachtung des Signalverlaufs beginnt beim Durchgang des Stellsignals u durch das Extremum (s. Bild 3.109; $t = t_1$)

$$u = \frac{u_0}{T_S} \tau \,. \tag{3.132}$$

Mit (3.131) folgt

$$v = c \left(\frac{u_0}{T_S} \right) \tau^2 \,. \tag{3.133}$$

Für die Fläche S (Bild 3.109) ergibt sich

$$S = \int_0^{\frac{T_P}{2}} v \, d\tau = w_0 T_I \,.$$

Mit (3.133) und nach Lösung des Integrals erhält man

$$\frac{c}{24} \left(\frac{u_0}{T_S} \right)^2 T_P^3 = w_0 T_I \,. \tag{3.134}$$

Für den Fehler gilt

$$\Delta = c \, \Delta u^2 \tag{3.135}$$

$$\Delta u = u_\tau \,; \qquad \tau = \frac{T_P}{2}$$

Mit (3.132) wird daraus

$$\Delta u = \frac{u_0}{T_S} \frac{T_P}{2} \,. \tag{3.136}$$

Nach Einsetzen von (3.136) in (3.135) erhält man

$$\Delta = \frac{c}{4} \left(\frac{u_0}{T_S} \right)^2 T_P^2 \,. \tag{3.137}$$

Aus (3.137) folgt nach Umformung

$$T_P = 2 \frac{T_S}{u_0} \sqrt{\frac{\Delta}{c}} \,. \tag{3.138}$$

Durch Einsetzen von (3.138) in (3.134) ergibt sich nach Umformung die gesuchte Beziehung

$$\Delta = \sqrt[3]{c}\left(3 w_0 u_0 \frac{T_{\mathrm{I}}}{T_{\mathrm{S}}}\right)^{2/3}. \tag{3.139}$$

Die Gl. (3.139) wird nun mit der Stellgeschwindigkeit u_0/T_{S} als Kurvenparameter ausgewertet (Bild 3.111). Es wird angenommen, daß im konkreten Anwendungsfall der maximal zulässige Fehler $\Delta_{\max}$ und die auftretende größte Änderungsgeschwindigkeit der Störung z_1 bekannt sind. Diese Vorgaben schränken das erlaubte Parametergebiet ein, da die Stellgeschwindigkeit mindestens gleich der Änderungsgeschwindigkeit der Störung z_1 gewählt werden muß (Kurve *1*). Die untere Grenze für $w_0 T_{\mathrm{I}}$ folgt aus der notwendigen Dämpfung der Störung z_2 [191].

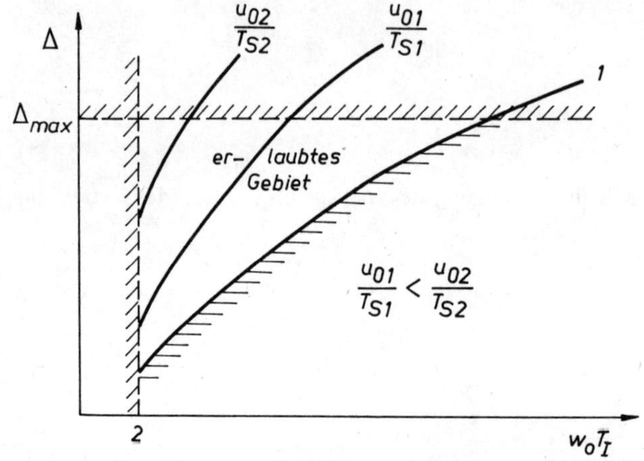

Bild 3.111. Abschätzung der Parameter für einen Extremwertregler mit Extremwertspeicherung

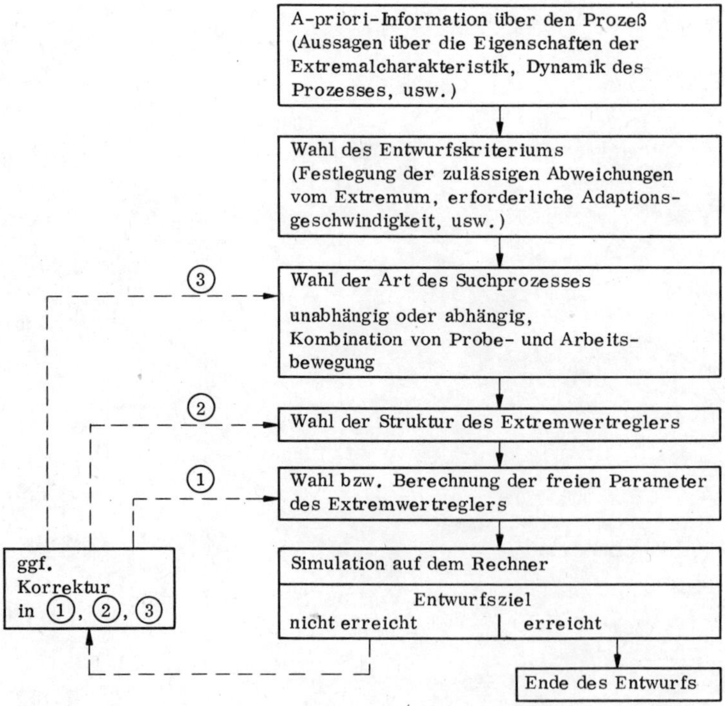

Bild 3.112. Grobablaufplan für den Entwurf von Adaptivregelungen mit einem Entscheidungsprozeß innerhalb des Signalwegs des Grundsystems (Extremwertregelung)

Entwurfsablauf

Da der Entwurf nach den einzelnen Verfahren in sehr spezieller Weise abläuft, ist im Bild 3.112 nur ein grober Ablaufplan zur allgemeinen Orientierung angegeben. Im konkreten Einsatzfall muß der Leser die erforderlichen Detailkenntnisse den entsprechenden Spezialarbeiten entnehmen.

Einschätzung

Das Hauptanwendungsgebiet von Extremwertregelungen liegt dort, wo wenig Prozeßkenntnisse vorliegen und eine meßbare Größe (Ausgangsgröße eines Prozesses oder eine Berechnungsgröße in Form eines Gütekriteriums) trotz nicht vorhersehbarer (nicht meßbarer) Störungen auf einem Extremwert gehalten werden soll. Es muß gesichert sein, daß eine Extremalcharakteristik vorliegt und die Störung des Prozesses infolge des Suchvorgangs zulässig ist. Nachteilig wird sein, daß die Adaptionsgeschwindigkeit (Nachführen des Arbeitspunktes in den Extremalpunkt) infolge des Suchvorgangs relativ klein ist. Auch die bei den meisten Ausführungsarten vorhandene ständige Arbeitsbewegung um den Extremwert — auch im eingeschwungenen Zustand — kann von Nachteil sein. Obwohl die Realisierung von Extremwertreglern mit Mikrorechnern kein Problem darstellt, werden sie relativ selten angewendet. Ein Grund für diese Situation ist sicherlich auch darin zu sehen, daß durch den Einsatz der Mikrorechentechnik in zunehmendem Maße sehr leistungsfähige Methoden der Echtzeitmodellierung angewendet werden und dadurch dynamisch günstigere Adaptionsverfahren wirtschaftlich realisiert werden können. Der Einsatz von Extremalsystemen dürfte daher auch in absehbarer Zeit auf ausgewählte Sonderfälle beschränkt bleiben [192 bis 194].
Ein ausführliches Beispiel für die Anwendung eines Extremwertreglers wird im Abschn. 3.4.10.3. behandelt.

3.4.8. Spezielle Klassen von Adaptivsystemen ohne Vergleichsmodell

Bisher wurde im Abschn. 3. nur die große Klasse der parameteradaptiven Systeme behandelt. Wie bereits im Abschn. 1. erwähnt, existieren daneben aber noch die sog. signal- und strukturadaptiven Systeme sowie solche Strukturen, bei denen der Adaptionsebene eine weitere Ebene mit Koordinierungsaufgaben übergeordnet ist. Auf diese speziellen adaptiven Systemarten soll im folgenden kurz eingegangen werden. Entsprechend ihrem vergleichsweise kleineren Anwendungsbereich werden hier nur der prinzipielle Aufbau und die Wirkungsweise erläutert. Detailliertere Hinweise über spezielle Entwurfsverfahren sind der Fachliteratur zu entnehmen.

3.4.8.1. Signaladaptive Systeme

Der Aufbau eines signaladaptiven Systems ist im Bild 3.113 dargestellt. Die Änderung der Signalcharakteristik wird laufend ermittelt, und in Abhängigkeit von den gemessenen Größen, die das Eingangssignal charakterisieren, erfolgt eine Korrektur der Reglerparameter in der Weise, daß die vorgegebenen Güteforderungen erfüllt sind. In [33] wird ein derartiges System beschrieben (Bild 3.114).

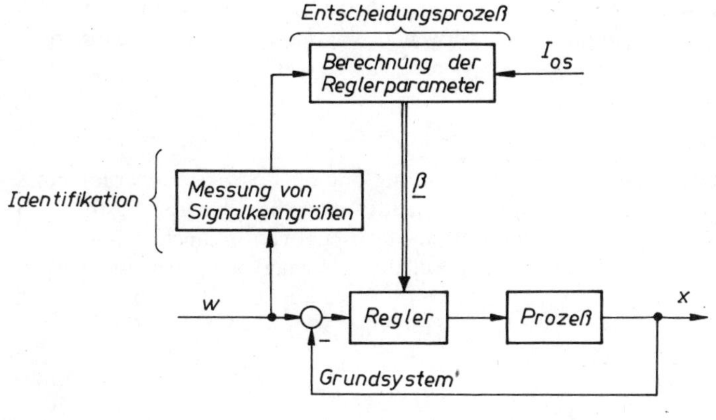

Bild 3.113. Prinzipieller Aufbau eines signaladaptiven Systems

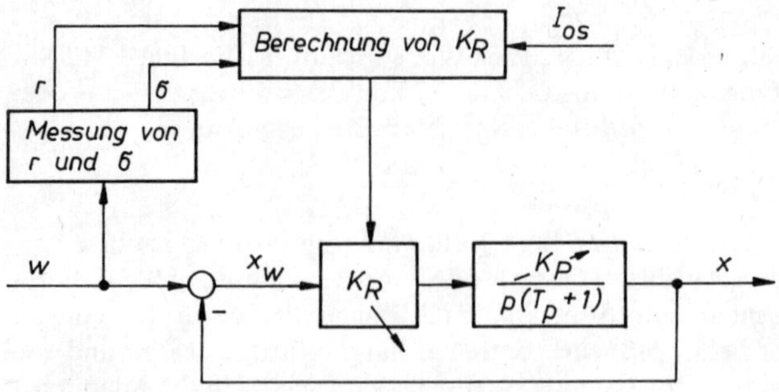

Bild 3.114
Signaladaptives System nach [33]

w besteht aus zwei Anteilen: einer Rampenfunktion und einem weißen Rauschen $n(t)$ mit dem Leistungsdichtespektrum $\sigma^2/2$

$$w(t) = w_{\text{det}} + w_{\text{stoch}} \tag{3.140}$$

mit

$$w_{\text{det}} = \begin{cases} 0 & \text{für} \quad t < 0 \\ rt & \text{für} \quad t \geqq 0 \end{cases} \tag{3.141}$$

$$w_{\text{stoch}} = n(t)\,. \tag{3.142}$$

Das Ziel der Adaption besteht darin, K_R optimal auf das Übertragungsverhalten des Prozesses für stochastische Eingangssignale einzustellen. Unter Berücksichtigung der konkreten Güteforderung, daß die mittlere quadratische bleibende Regelabweichung ein Minimum sein soll, erhält man als Berechnungsvorschrift für die optimale Verstärkung $K_{R(opt)}$ nach [33]

$$K_0 = K_{R(opt)}\, K_P = \frac{2r^{2/3}}{\sigma^{2/3}}\,. \tag{3.143}$$

Ein anderes signaladaptives System, das auch praktisch realisiert worden ist, wird in [195] beschrieben. In einer Bodenstation soll mit Hilfe eines schmalbandigen Filters ein schwaches, sinusförmiges und vom Rauschen überdecktes Signal eines Satelliten empfangen werden. Weil sich durch den Doppler-Effekt beim Überfliegen scheinbar die Frequenz ändert, muß die Mittenfrequenz des Filters in Abhängigkeit von den Eigenschaften des empfangenen Signals nachgestellt werden. Da auch dies ein sehr spezieller Anwendungsfall ist, bei dem sich keine allgemeingültigen Regeln ableiten lassen, sollen hierzu keine weiteren Ausführungen gemacht werden.

Insgesamt kann eingeschätzt werden, daß signaladaptive Systeme in der Automatisierungstechnik bei weitem nicht die Bedeutung haben wie die parameteradaptiven Systeme. Da auch keine systematischen Entwurfsverfahren existieren, wird hier auf eine detailliertere Behandlung verzichtet.

Im Hinblick auf die Bemerkungen zur Bezeichnung von Adaptivsystemen im Abschn. 1.2.2. sei noch erwähnt, daß der Begriff „signaladaptiv“ hier in der ursprünglich definierten Weise im Sinne von „Anpassen an eine Änderung der Signalcharakteristik“ verwendet wurde. Die Art der Realisierung des Anpaßvorgangs im Grundsystem steht also nicht im Vordergrund.

3.4.8.2. Strukturadaptive Systeme

Die Anwendung des Adaptionsprinzips kann auch in Verbindung mit einer Strukturänderung eines Prozesses oder eines Automatisierungsgesetzes erfolgen. Betrachtet man die Übertragungsfunktion eines Prozesses oder eines Reglers, so kann man erkennen, daß eine Strukturänderung auch als Sonderfall von Parameteränderungen aufgefaßt werden kann. Sehr anschaulich erkennt man dies am Beispiel eines kontinuierlichen PID-Reglers

$$G_R(p) = K_R\left(1 + \frac{1}{T_N p} + T_V p\right), \tag{3.144}$$

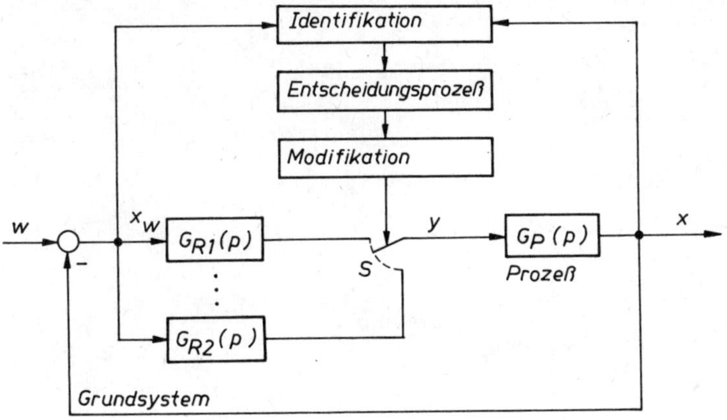

Bild 3.115. Prinzipieller Aufbau eines strukturadaptiven Systems

den man, je nach Wahl der Parameter, als PID-, PI- ($T_V = 0$) oder sogar als P-Regler ($T_N \to \infty$, $T_V = 0$) verwenden kann. Auf diese Weise ist es zunächst einmal möglich, aus einer vorhandenen Grundstruktur eine bestimmte Anzahl unterschiedlicher Strukturen zu erhalten.

Strukturänderungen, z. B. in Reglern, lassen sich aber auch dadurch realisieren, daß über einen Schalter wahlweise unterschiedliche Strukturen mit konstanten Parametern angesteuert werden. Während Strukturänderungen bei den meisten der in der Vergangenheit betrachteten kontinuierlichen Prozessen relativ selten festzustellen waren, sind Automatisierungssysteme mit variabler Reglerstruktur, besonders im Rahmen der Theorie strukturvariabler Systeme [38; 39; 40], sehr ausführlich behandelt worden.

Im folgenden soll nun erläutert werden, was unter einem strukturadaptiven System verstanden wird. Der prinzipielle Aufbau eines solchen Systems ist im Bild 3.115 dargestellt. Anstelle einer kontinuierlichen Änderung der Parameter des Grundkreisreglers wird, in Abhängigkeit von dem momentanen Prozeßverhalten, über einen Schalter S die Auswahl einer Reglerstruktur R_i aus n zur Verfügung stehenden Strukturen vorgenommen. Vorausgesetzt wird, daß die Anfangskenntnisse bezüglich der Parameterempfindlichkeit des Grundsystems, der zulässigen Toleranzen des Gütekriteriums sowie der Struktur der Regelstrecke und der Änderungsintervalle ihrer Parameter ausreichen, um eine Menge von Reglern R_n im voraus festlegen zu können. Unter diesen Voraussetzungen ist das komplizierte Identifikations- und Optimierungsproblem in das sehr viel einfachere Klassifizierungsproblem überführbar. Aus den Eigenschaften von Prozeßsignalen können dann direkt Reglerparameter abgeleitet werden. Dies soll im folgenden an einem einfachen Beispiel nach [196] gezeigt werden.

Es wird vorausgesetzt, daß der Prozeß durch die Differentialgleichung

$$\alpha_2\ddot{x} + \alpha_1\dot{x} + \alpha_0 x = y \tag{3.145}$$

und der Regler durch

$$\beta_1\dot{y} + \beta_0 y = x_w \tag{3.146}$$

beschrieben werden kann.

Zur Ermittlung der Schaltvorschrift für die Logikeinheit (Bild 3.116) werden Kombinationen von jeweils vier Werten der Reglerparameter β_1 und β_0 zugelassen. Zur Auswahl dieser Kombinationen werden die Vorzeichen der Signale x, $\dot{x}$, x_w und $\dot{x}_w$ binär verschlüsselt:

$$\operatorname{sgn} x \begin{cases} > 0 \mathrel{\hat{=}} 1 \\ < 0 \mathrel{\hat{=}} 0 \end{cases}$$

$$\operatorname{sgn} \dot{x} \begin{cases} > 0 \mathrel{\hat{=}} 1 \\ < 0 \mathrel{\hat{=}} 0 \end{cases}$$

$$\operatorname{sgn} x_w \begin{cases} > 0 \triangleq 1 \\ < 0 \triangleq 0 \end{cases}$$

$$\operatorname{sgn} \dot{x}_w \begin{cases} > 0 \triangleq 1 \\ < 0 \triangleq 0\,. \end{cases} \tag{3.147}$$

Demnach ist der Systemzustand durch eine vierstellige Dualzahl beschreibbar:

	1.	2.	3.	4.
	sgn x	sgn $\dot{x}$	sgn x_w	sgn $\dot{x}_w$
Dualzahl:	…	…	…	…
	1.	2.	3.	4. Stelle

Die durch diese Dualzahl beschreibbaren 16 möglichen Parameterkombinationen $[\beta_{1i}, \beta_{0j}]$ werden im vorliegenden Beispiel auf 8 notwendige Kombinationen reduziert (Bild 3.116). Der allgemeine Aufbau des sich auf diese Weise ergebenden strukturadaptiven Systems ist im Bild 3.117 dargestellt.
In diesem Beispiel deutet sich die Möglichkeit der Anwendung einer diskreten Zustandserkennung, die häufig an technologischen Prozessen z. B. aus Gründen der Sicherheit ohnehin notwendig ist, für die Adaption an.
Strukturadaptive Systeme werden vor allem dann angewendet, wenn sich das Übertragungsverhalten des zu automatisierenden Prozesses in kurzer Zeit sehr stark ändert und aufgrund der vorhandenen A-priori-Informationen eine Vorauswahl der erforderlichen Reglerstrukturen möglich ist. Eine Abgrenzung der strukturadaptiven Systeme gegenüber den in der Literatur als Systeme mit variabler Struktur bezeichneten Automatisierungssystemen ergibt sich nach der in [40] vorgenommenen Defini-

	β_{11}	β_{12}	β_{13}	β_{14}
β_{01}	0000 1111			0100 1011
β_{02}		0001 1110	0101 1010	
β_{03}		0110 1001	0010 1101	0011 1100
β_{04}	0111 1000			

Bild 3.116. Schaltvorschrift für die Logikeinheit nach Bild 3.117

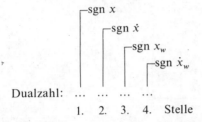

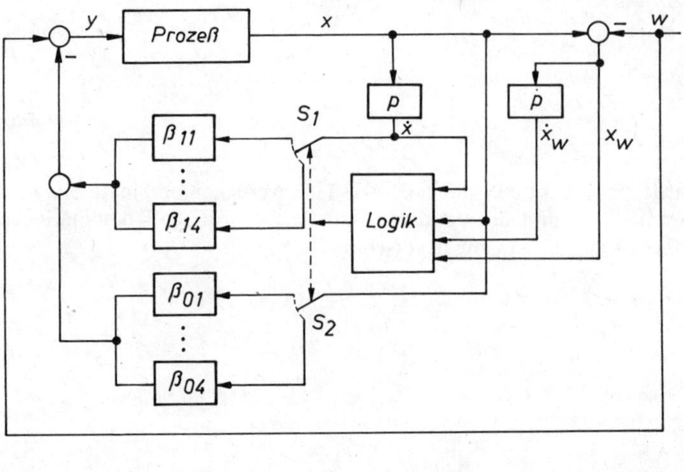

Bild 3.117. Strukturadaption für eine Regelstrecke 2. Ordnung

tion dadurch, daß mit den zuletzt genannten Systemen eine Verbesserung des dynamischen Verhaltens durch Nutzung von Entwurfsprinzipien erreicht wird, die nicht dem Adaptionsprinzip (Identifikation, Entscheidungsprozeß, Modifikation) entsprechen. Erwähnt sei hier lediglich der Fall bei Regelungssystemen mit variabler Struktur bei Arbeitsweise im sog. Gleitzustand [39], daß es mit Hilfe eines geeigneten Schaltgesetzes durch ständiges Hin- und Zurückschalten zwischen zwei Reglerstrukturen gelingt, Eigenschaften eines Regelungssystems zu erzeugen, die nicht mit denen von einer der beiden benutzten Strukturen übereinstimmen. Wie bereits im Abschn. 1.2.2. erwähnt wurde, lassen sich auch bei strukturadaptiven und speziellen strukturvariablen Systemen bei entsprechender Betrachtungsweise gewisse Überschneidungen im Aufbau und in der Wirkungsweise nachweisen [85]. Darauf soll jedoch hier nicht näher eingegangen werden.

3.4.8.3. Adaptivsysteme mit hierarchischem Aufbau

Obwohl ein Adaptivsystem in seiner Grundform bereits ein relativ kompliziertes System darstellt, kann es in bestimmten Fällen zweckmäßig sein, der Adaptivschleife noch eine weitere Automatisierungsebene überzuordnen (Bild 3.118). Dadurch kann mit Hilfe spezieller Koordinierungs- und Überwachungsfunktionen die Leistungsfähigkeit eines Adaptivsystems erhöht bzw. der Anwendungsbereich erweitert werden. Die Notwendigkeit für die Anordnung einer solchen Koordinierungs- und Überwachungsebene kann sich aus den verschiedensten Gründen ergeben. So können z. B. beim Auftreten sehr großer Parameteränderungen, verbunden mit großer Änderungsgeschwindigkeit, in der Anpaßphase die Parameterschätzwerte mit unzulässig großen Fehlern behaftet sein. Die auf der Basis dieser falschen Werte berechneten Regler führen dann u. U. zu einem schlechten bzw. sogar instabilen Verhalten des Grundsystems. Solche Fälle lassen sich mit Hilfe von Überwachungsfunktionen (dritte Ebene) ausschließen. Dabei werden die Parameterschätzwerte auf ihre Eignung für die Reglersynthese überprüft und die erforderlichen Eingriffe in die Adaptivschleife koordiniert. Auch dann, wenn die Identifikationsbedingungen verletzt sind (z. B. durch unzureichende Systemanregung), können die sich daraus ergebenden kritischen Systemzustände durch geeignete Maßnahmen (z. B. Abschalten der Identifikation, variabler Gedächtnisfaktor u. a.) über die dritte Ebene vermieden werden.

In [25; 98] wird auch auf die Möglichkeit hingewiesen, die für die Auslegung der Adaptionseinrichtung festzulegenden Entwurfsparameter (z. B. Abtastzeit, Wichtungsfaktoren u. a.) automatisch zu ermitteln. Mit Hilfe der Koordinierungs- und Überwachungsebene kann u. U. eine wirksame Reduzierung der Anzahl der Entwurfsparameter auf ein oder zwei Werte erreicht werden (z. B. Dämpfungskoeffizient, Varianzverhältnis u. a.).

Schließlich ist es auch möglich, spezielle Aufgaben über die Koordinierungs- und Überwachungsebene zu realisieren. In [98] wird z. B. ein gesteuertes Führungsgrößenfilter vorgeschlagen (Bild 3.119), mit

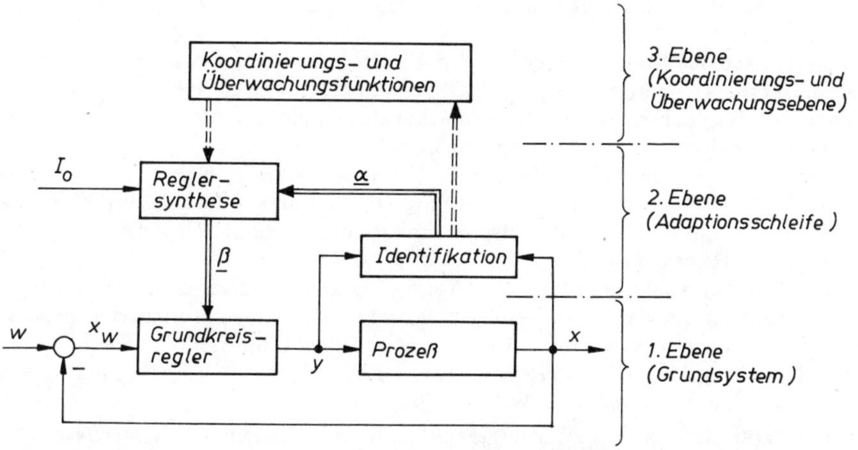

Bild 3.118. Prinzipieller Aufbau eines Adaptivsystems mit Koordinierungs- und Überwachungsebene

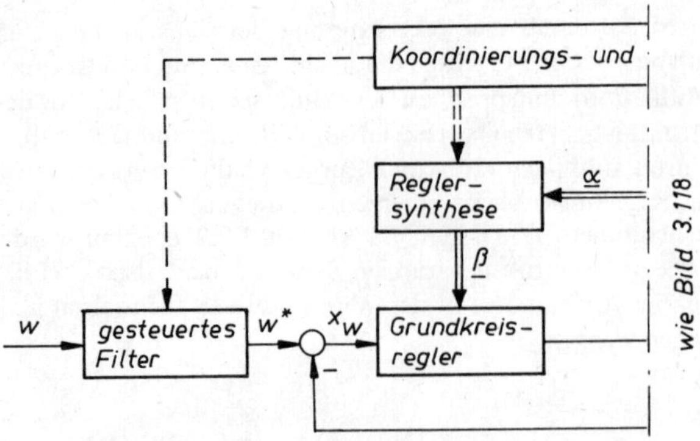

Bild 3.119. Anordnung eines gesteuerten Filters zur Verbesserung des Führungsverhaltens

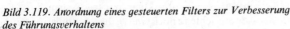

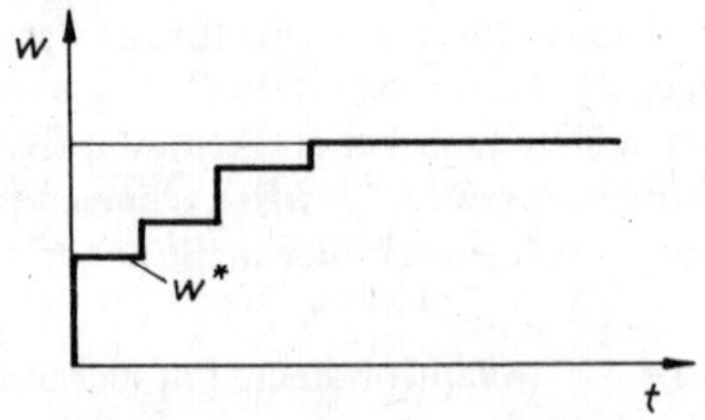

Bild 3.120. Wirkungsweise des variablen Führungsgrößenfilters nach Bild 3.119

dem größere Sollwertsprünge derart über mehrere kleine Sollwertsprünge realisiert werden (Bild 3.120), daß ein starkes Eingreifen des Reglers vermieden wird. Auf diese Weise wird bei stark nichtlinearen Prozessen in vielen Fällen eine relativ kurze Ausregelzeit bei günstigem Verlauf der Regelgröße erreicht (im Vergleich zum Einwirken der vollen Sollwertänderung in einem Schritt).

Welche Aufgaben sich insgesamt mit einem Automatisierungssystem nach Bild 3.118 in sinnvoller Weise realisieren lassen, kann beim gegenwärtigen Entwicklungsstand nicht eingeschätzt werden. Abgesehen von dem größeren Realisierungsaufwand, dürfte dies zumindest eine wirksame Möglichkeit sein, um Adaptionsalgorithmen noch besser als bisher an den jeweiligen praktischen Einsatzfall anpassen zu können. Auch die Erhöhung der Robustheit von adaptiven Algorithmen wird dabei eine Rolle spielen.

3.4.9. Stabilität von Adaptivsystemen ohne Vergleichsmodell

Bei Adaptivsystemen handelt es sich durchweg um nichtlineare, meist auch zeitvariante Systeme. Aufgrund der kaum überschaubaren Lösungsvielfalt dieser Klasse von Automatisierungssystemen kann für den Stabilitätsnachweis keine einheitliche Vorgehensweise bzw. kein allgemein anwendbares Verfahren angegeben werden. Eine gewisse Sonderstellung haben diejenigen adaptiven Automatisierungsstrukturen, die direkt nach bestimmten Stabilitätskriterien entworfen worden sind (s. Abschn. 3.5.) und bei denen die Stabilität unter bestimmten Voraussetzungen von vornherein gesichert ist [197; 198]. In den übrigen Fällen werden für ausgewählte Klassen adaptiver Strukturen spezielle Verfahren zum Stabilitätsnachweis herangezogen, die größtenteils aus der Theorie nichtlinearer Systeme bekannt geworden sind [189; 199; 200].

Werden Adaptivsysteme nach den Methoden der linearen Theorie entworfen, so ist die Stabilität des Gesamtsystems an die Voraussetzung gebunden, daß die Adaption der Reglerparameter so langsam erfolgt, daß sie während eines Einschwingvorgangs als konstant angenommen werden können. Dasselbe gilt natürlich auch für die Änderungen von Prozeßparametern.

Diese Voraussetzungen sind zwar in vielen Fällen erfüllt, trotzdem ist aber eine allgemeine Aussage zur Stabilität und Adaptionsgeschwindigkeit nicht möglich. Als einziger Lösungsweg bleibt die Simulation. Die analytische Lösung des Stabilitätsproblems ist daher nur durch Anwendung von Verfahren der nichtlinearen Theorie möglich.

Für den Stabilitätsnachweis bei Adaptivsystemen ohne Vergleichsmodell sind verschiedene Verfahren und Vorgehensweisen bekannt geworden. So werden z. B. unter bestimmten Voraussetzungen die Stabilitätsuntersuchungen nur auf den für die Adaption wesentlichen Teilprozeß der Identifikation beschränkt [22]. Im allgemeineren Fall wird dagegen das gesamte Adaptivsystem in die Stabilitätsuntersuchung einbezogen. Dabei sind wiederum zwei Wege möglich:

1. Die Stabilität des Adaptivsystems wird zwar insgesamt analysiert, trotzdem erfolgt der Nachweis schrittweise. In einem ersten Schritt wird eine Konvergenzuntersuchung für die Identifikation durch-

geführt, und anschließend werden in einem zweiten Schritt auf der Basis dieser Ergebnisse bestimmte Reglerbedingungen abgeleitet werden, die erfüllt sein müssen, wenn die Stabilität des Gesamtsystems gewährleistet sein soll [200; 201].

2. Das Adaptivsystem wird von vornherein als Einheit betrachtet und die Stabilitätsbedingungen für das Gesamtsystem abgeleitet [22; 198].

Der Nachweis der Konvergenz von Identifikationsalgorithmen ist damit in vielen Fällen eine wichtige Teilaufgabe zur Überprüfung der Stabilität eines Adaptivsystems. Im Fall der in Adaptivsystemen ohne Vergleichsmodell sehr häufig verwendeten rekursiven Schätzverfahren sind hierfür folgende Methoden geeignet:

1. Direkte Methode von *Ljapunov* [64; 65] (s. auch Abschn. 3.5.3.)
2. Methode der Hyperstabilität [70; 73; 198] (s. auch Abschn. 3.5.4.)
3. ODE-Verfahren nach *Ljung* [202] (ODE ordinary differential equation).

Bei den ersten beiden Verfahren muß der Algorithmus auf eine Form gebracht werden, die den Zugang für die Anwendung dieser Methoden ermöglicht. Bei dem ODE-Verfahren werden dem rekursiven Schätzalgorithmus unter bestimmten Voraussetzungen der Stationarität gewöhnliche Differentialgleichungen zugeordnet, deren Stabilitätseigenschaften Aussagen über die Konvergenz der Schätzalgorithmen ermöglichen.

In [200] werden z. B. die Konvergenz und die Stabilität von digitalen parameteradaptiven Regelalgorithmen behandelt. Betrachtet wird der Fall der Regleranpassung an einen unbekannten Prozeß. Dabei wird in einem ersten Schritt mit Hilfe von Ljapunov-Funktionen die Konvergenz ausgewählter rekursiver Parameterschätzverfahren im determinierten und stochastischen Fall untersucht. Auf der Basis der erhaltenen Ergebnisse wird dann, unter Berücksichtigung allgemeiner Annahmen über den verwendeten Grundkreisregelalgorithmus, die Konvergenz des gesamten parameteradaptiven Systems eingeschätzt. Solche Voraussetzungen, die der Regler erfüllen muß, sind [200; 201]

— Stabilisierbarkeit des geschätzten Prozeßmodells
— Beschränktheit der Stellgrößen.

Sind alle Stabilitätsbedingungen sowohl beim Schätz- als auch Regelalgorithmus erfüllt, so weist das

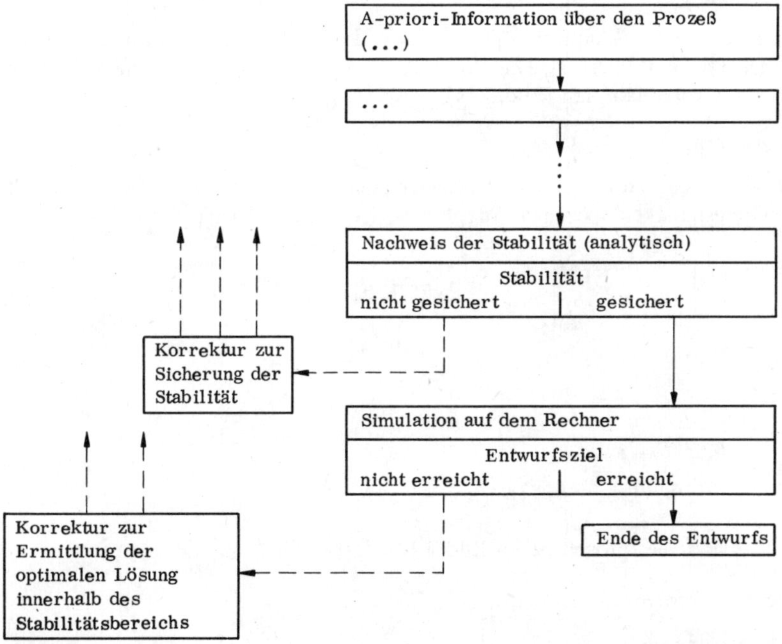

Bild 3.121. Einordnung des Stabilitätsnachweises innerhalb des Entwurfsablaufs

untersuchte parameteradaptive System für $k \to \infty$ das Verhalten eines asymptotisch stabilen Systems auf (s. auch Abschn. 3.5.3).
Im Gegensatz zu dieser weitgehend getrennten Betrachtungsweise von Identifikations- und Regelalgorithmus kann der Nachweis der Stabilität des als eine Einheit betrachteten Gesamtsystems [200] nach der direkten Methode von *Ljapunov* oder der Methode der Hyperstabilität erfolgen (s. Abschnitte 3.5.3. und 3.5.4.). Auch hier ist, wie bereits beim Konvergenznachweis eines Schätzalgorithmus erwähnt wurde, das zu untersuchende System so umzuformen, daß die Anwendung dieser Verfahren möglich ist. In [22] wird z. B. gezeigt, wie das Konvergenzverhalten bzw. die Stabilität eines Adaptionsalgorithmus, der durch Kombination eines Minimalvarianzreglers und eines rekursiven Schätzalgorithmus entsteht, mit Hilfe der Methode der Hyperstabilität nachgewiesen werden kann. Bei dieser Vorgehensweise werden nicht nur die sonst üblichen komplizierten mathematischen Untersuchungen [201] umgangen, sondern gleichzeitig neue Einsichten in das dynamische Verhalten solcher Systeme gewonnen.
Da die Stabilitätsnachweise dennoch in der Regel relativ kompliziert und aufwendig sind, empfiehlt es sich, die Stabilität anhand von Simulationsuntersuchungen einzuschätzen. Am effektivsten wird auch hier zweifellos eine auf überschlägliche theoretische Voruntersuchungen gezielt durchgeführte Simulation sein. Ob im Einzelfall eine solche theoretische Vororientierung erfolgen sollte, um den Umfang der Simulationen von vornherein einzuschränken, muß von Fall zu Fall entschieden werden.
Die gegenwärtig wieder verstärkt durchgeführten Untersuchungen hinsichtlich einer besseren ingenieurmäßigen Aufbereitung der Verfahren für den Stabilitätsnachweis [22; 200] lassen zumindest erwarten, daß zukünftig eine solche Vorgehensweise nicht nur sinnvoll, sondern auch praktisch durchführbar sein wird.
In den Grobablaufplänen der vorangegangenen Abschnitte wurde der Stabilitätsnachweis nicht extra ausgewiesen. Dabei ist immer stillschweigend vorausgesetzt worden, daß er im Teil „Simulation auf dem Rechner" mit enthalten ist. Wenn eine analytische Vorabschätzung mit vertretbarem Aufwand möglich ist, muß dieser Nachweis nach einem vorangegangenen Entwurf erfolgen und erst danach die Simulation auf dem Rechner durchgeführt werden (Bild 3.121).

3.4.10. Beispiele

3.4.10.1. Adaptiver Zustandsregler

Im folgenden wird der Entwurf eines Adaptionsalgorithmus erläutert, bei dem ein Zustandsregler mit einem adaptiven Beobachter kombiniert ist. Die Vorgehensweise erfolgt in Anlehnung an den im Abschn. 3.4.6.4. angegebenen Grobablaufplan (Bild 3.64).

A-priori-Information über den Prozeß

Für die Untersuchungen wurde ein Testprozeß gewählt, der auch in der Literatur [25] wiederholt für den Nachweis der Leistungsfähigkeit spezieller Adaptivlösungen verwendet wurde:

$$\boldsymbol{x}(k+1) = \begin{bmatrix} 1{,}5 & 1 \\ -0{,}7 & 0 \end{bmatrix} \boldsymbol{x}(k) + \begin{bmatrix} 1 \\ 0{,}5 \end{bmatrix} u(k)\,, \qquad \boldsymbol{x}(0) = \boldsymbol{0} \tag{3.148}$$

$$y(k) = [1 \quad 0]\, \boldsymbol{x}(k)$$

bzw.

$$G_P(z) = \frac{X(z)}{Y(z)} = \frac{0{,}5z^{-2} + z^{-1}}{0{,}7z^{-2} - 1{,}5z^{-1} + 1}\,. \tag{3.149}$$

Die Übergangsfunktion für diesen Testprozeß ist im Bild 3.122 dargestellt.

Wahl der Pole des geschlossenen Systems

$$z_{1/2} = 0{,}3224 \pm 0{,}3224\,\mathrm{j}\,. \tag{3.150}$$

Mit diesen Polen wird etwa ein Δh von 10% vorgegeben.

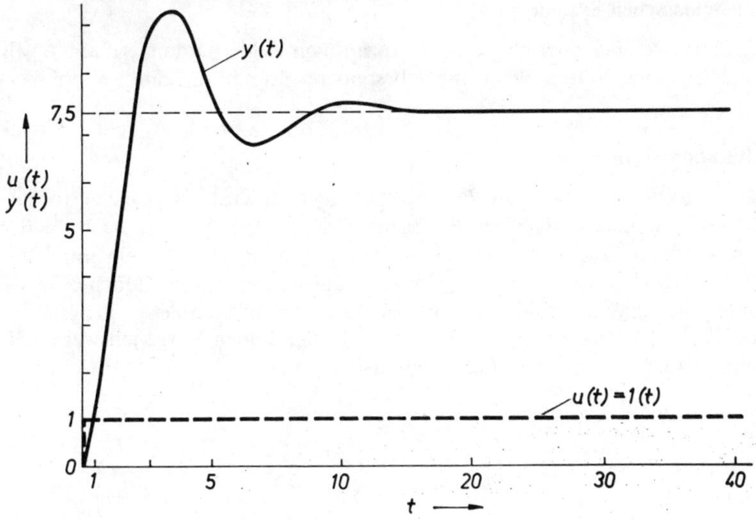

Bild 3.122. Übergangsfunktion des Testprozesses

Ermittlung der Struktur und der Parameter des Grundkreisreglers

Struktur. Verwendet wird ein Regelungsgesetz

$$f_{1j}^{T*}(k) = [f_{11}^{*}(k)\ f_{12}^{*}(k)]\,, \qquad (3.151)$$

das nach dem Prinzip der Zustandsrückführung erhalten wird (s. Abschn. 3.4.6.4.).

Reglerparameter. Die Berechnung der $f_{1j}^{*}(k)$ erfolgt auf der Basis der vorgegebenen charakteristischen Gleichung des geschlossenen Systems, die sich unmittelbar aus (3.150) ergibt:

$$C_P(z) = (z - z_1)(z - z_2) = z^2 - 0{,}6448z + 0{,}2079\,.$$

Die Berechnung der Reglerparameter erfolgt nach dem später noch angegebenen Adaptionsalgorithmus [203].

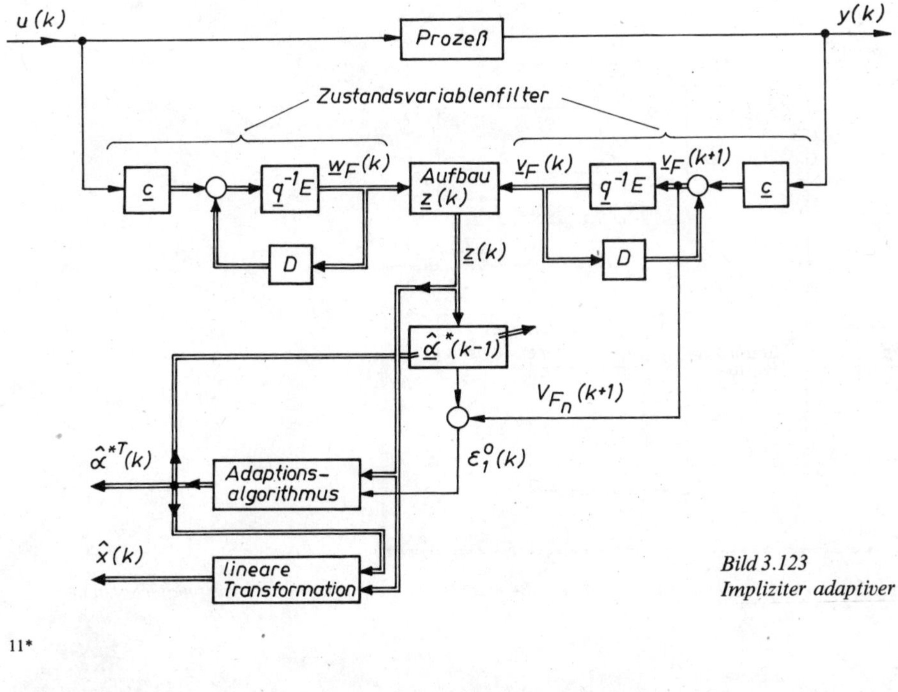

Bild 3.123
Impliziter adaptiver Beobachter

Empfindlichkeitsanalyse am geschlossenen System

Sie wurde hier nicht durchgeführt, weil bei einer so geringen Anzahl von Reglerparametern alle f_{1j}^* als adaptive Stellgrößen verwendet werden sollten, wenn nicht besondere Gründe für eine weitere Vereinfachung vorliegen.

Wahl eines geeigneten Identifikationsverfahrens

Da zur Realisierung des Adaptionsgesetzes sowohl die Parameter als auch die Zustandsgrößen erforderlich sind, wurde für die Identifikation ein adaptiver Beobachter verwendet. Aus der Vielzahl der möglichen Lösungsvarianten wurde anhand von überschläglichen Voruntersuchungen ein impliziter Beobachter mit einem Aufbau nach Bild 3.123 gewählt. Die Auswahl war in relativ einfacher Weise möglich, da für die Berechnung der unterschiedlichsten Beobachtertypen ein komplettes Programmsystem zur Verfügung stand [203]. Die Berechnung erfolgt, von der allgemeinen Vorgehensweise her, so wie dies bereits im Abschn. 3.4.2.6. an einem Beispiel demonstriert wurde.

Angaben zum gewählten Beobachtertyp:
— seriell-parallele Struktur
— implizite Zustandsrekonstruktion
— variable Adaptivverstärkung (MKQ)
— skalarer Gleichungsfehler
— einfacher adaptiver Modellansatz.

Auf die Angabe des Berechnungsalgorithmus für den Beobachter soll hier verzichtet werden, da dies aus dem im folgenden angegebenen gesamten Berechnungsablauf für den Adaptionsalgorithmus ersichtlich ist.

Simulation auf dem Rechner

Zur Simulation auf dem Rechner sowie zur späteren praktischen Umsetzung ist aus den in den einzelnen Entwurfsschritten getroffenen Festlegungen bzw. ermittelten Berechnungsvorschriften ein Adaptionsalgorithmus zu erstellen. Es ist also ein Algorithmus zur Berechnung der Stellgröße $u(k)$ zu ermitteln (Bild 3.124).

Rekursiver Adaptionsalgorithmus (adaptiver Beobachter/Zustandsregler)
Um eine Vorstellung von dem Umfang der erforderlichen Berechnungsschritte zu erhalten, wird im

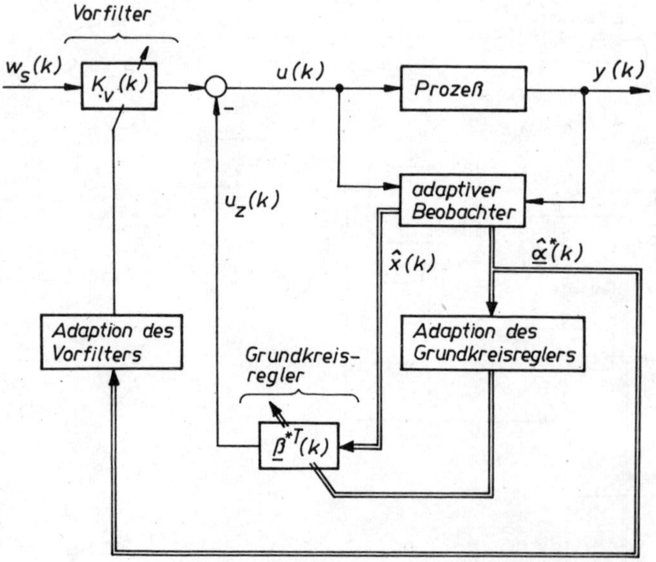

Bild 3.124. Adaptive Zustandsregelung mit adaptivem Beobachter zur Parameter- und Zustandsschätzung

folgenden der Adaptionsalgorithmus, der die Automatisierungsstruktur nach Bild 3.124 rechentechnisch realisiert, in den wesentlichen Teilen angegeben [203]:

1. Übernahme der aktuellen Werte der Signale vom Prozeßeingang und -ausgang
2. Adaptiver Beobachter (Identifikation der Prozeßparameter $\boldsymbol{\alpha}(k)$; Zustandsrekonstruktion $\boldsymbol{x}(k)$)

2.1. Erzeugung spezieller Zustandsgrößen mit Hilfe von Zustandsvariablenfiltern

$$\boldsymbol{v}_{\mathrm{F}}(k+1) = \boldsymbol{D}_{\mathrm{F}}^{*}\boldsymbol{v}_{\mathrm{F}}(k) + \boldsymbol{c}_{\mathrm{F}}^{*}y(k)\,, \qquad \boldsymbol{v}_{\mathrm{F}}(0) = \mathbf{0}$$

$$\boldsymbol{w}_{\mathrm{F}}(k+1) = \boldsymbol{D}_{\mathrm{F}}^{*}\boldsymbol{w}_{\mathrm{F}}(k) + \boldsymbol{c}_{\mathrm{F}}^{*}u(k)\,, \qquad \boldsymbol{w}_{\mathrm{F}}(0) = \mathbf{0}$$

mit

$$\boldsymbol{D}|_{\mathrm{F}}^{*} = \begin{bmatrix} \mathbf{0} & \boldsymbol{E} \\ \hline \multicolumn{2}{c}{-\boldsymbol{d}_{\mathrm{F}}^{\mathrm{T}*}} \end{bmatrix}, \qquad \boldsymbol{d}_{\mathrm{F}}^{*} = \begin{bmatrix} d_{n-1}^{*} \\ \vdots \\ d_{1}^{*} \end{bmatrix}, \qquad \boldsymbol{c}_{\mathrm{F}}^{*} = \begin{bmatrix} 0 \\ \vdots \\ 0 \\ 1 \end{bmatrix}$$

$$\boldsymbol{v}_{\mathrm{F}}^{\mathrm{T}}(k) = [v_1(k), \dots, v_{n-1}(k)]\,, \qquad \boldsymbol{w}_{\mathrm{F}}^{\mathrm{T}}(k) = [w_1(k), \dots, w_{n-1}(k)]\,;$$

d_i^* Koeffizienten der charakteristischen Gleichung der Zustandsvariablenfilter

2.2. Aufbau eines erweiterten Zustandsvektors

$$\boldsymbol{z}^{\mathrm{T}}(k) = [v_n(k), \dots, v_1(k), -w_n(k), \dots, -w_1(k)]$$

2.3. Berechnung des A-priori-Fehlers $e_1^0(k)$

$$e_1^0(k) = \boldsymbol{z}^{\mathrm{T}}(k)\,\hat{\boldsymbol{\alpha}}^*(k-1) + v_n(k+1)$$

2.4. Berechnung des A-posteriori-Fehlers $e_1(k)$

$$e_1(k) = e_1^0(k)/[1 + \boldsymbol{z}^{\mathrm{T}}(k)\,\boldsymbol{G}^*(k-1)\,\boldsymbol{z}(k)]$$

2.5. Berechnung der Parameterschätzung

$$\hat{\boldsymbol{\alpha}}^*(k) = \hat{\boldsymbol{\alpha}}^*(k-1) - \boldsymbol{G}^*(k-1)\,\boldsymbol{z}(k)\,e_1(k)$$

$$\hat{\boldsymbol{\alpha}}^*(k) = [\hat{\boldsymbol{a}}^{\mathrm{T}*}(k), \hat{\boldsymbol{b}}^{\mathrm{T}*}(k)]\,;$$

$\hat{\boldsymbol{a}}(k)$, $\hat{\boldsymbol{b}}^*(k)$ Prozeßparametervektoren (Koeffizienten der z-Übertragungsfunktion bzw. der Beobachtungsnormalform der Zustandsraumdarstellung)
$\boldsymbol{G}^*(k)$ Matrix der Adaptivverstärkungen

2.6. Berechnung der Adaptivverstärkungen

$$\boldsymbol{G}^*(k) = \frac{1}{\lambda_1}\left[\boldsymbol{G}^*(k-1) - \frac{\boldsymbol{G}^*(k-1)\,\boldsymbol{z}(k)\,\boldsymbol{z}^{\mathrm{T}}(k)\,\boldsymbol{G}^*(k-1)}{\lambda_1 + \boldsymbol{z}^{\mathrm{T}}(k)\,\boldsymbol{G}^*(k-1)\,\boldsymbol{z}(k)}\right]$$

$$0 < \lambda_1 \leqq 1\,, \qquad \boldsymbol{G}^*(k) = \boldsymbol{G}^{\mathrm{T}*}(k) > \mathbf{0}$$

2.7. Berechnung von Hilfsmatrizen zur Zustandsrekonstruktion

$$\boldsymbol{R}_1(\boldsymbol{f}^* - \hat{\boldsymbol{a}}^*(k)) = \boldsymbol{U}_{\boldsymbol{F}^*,(\boldsymbol{f}^* - \hat{\boldsymbol{a}}^*(k))}\boldsymbol{N}^*$$

$$\boldsymbol{R}_2(\hat{\boldsymbol{b}}^*(k)) = \boldsymbol{U}_{\boldsymbol{F}^*,\hat{\boldsymbol{b}}^*(k)}\boldsymbol{N}^*$$

mit

$$\boldsymbol{F}^* = \boldsymbol{T}^*\boldsymbol{D}^{\mathrm{T}*}\boldsymbol{T}^*\,, \qquad \boldsymbol{T}^* = \begin{bmatrix} \mathbf{0} & & 1 \\ & \cdot^{\cdot^{\cdot}} & \\ 1 & & \mathbf{0} \end{bmatrix}$$

$$\boldsymbol{U}_{\boldsymbol{F}^*,\boldsymbol{x}} = [\boldsymbol{x}, \boldsymbol{F}^*\boldsymbol{x}, \dots, \boldsymbol{F}^{n-1*}\boldsymbol{x}]$$

$$N^* = \begin{bmatrix} f^*_{n-1} & f^*_{n-2} & \cdots & f^*_1 & 1 \\ f^*_{n-2} & \cdots & f^*_1 & & \\ \vdots & & & & \\ f^*_1 & & & \mathbf{0} & \\ 1 & & & & \end{bmatrix}$$

$$f^*_1 = d^*_1$$
$$f^*_2 = d^*_2$$
$$\vdots$$
$$f^*_n = d^*_n$$

2.8. Implizite Zustandsrekonstruktion

$$\hat{\boldsymbol{x}}(k) = \boldsymbol{R}_1(\boldsymbol{f}^* - \hat{\boldsymbol{a}}^*(k))\, \boldsymbol{v}_{\mathrm{F}}(k) + \boldsymbol{R}_2(\hat{\boldsymbol{b}}^*(k))\, \boldsymbol{w}_{\mathrm{F}}(k)$$

3. Adaptive Zustandsregelung mit Vorgabe eines charakteristischen Polynoms [78]

3.1. Berechnung einer Matrix $\boldsymbol{M}^*(\hat{\boldsymbol{a}}^*, \hat{\boldsymbol{b}}^*)$

$$\boldsymbol{M}^*[\hat{\boldsymbol{a}}^*(k), \hat{\boldsymbol{b}}^*(k)] = \boldsymbol{M}^*_1[\hat{\boldsymbol{b}}^*(k)]\, \boldsymbol{M}^*_2[\hat{\boldsymbol{a}}^*(k)] - \boldsymbol{M}^*_1[\hat{\boldsymbol{a}}^*(k)]\, \boldsymbol{M}^*_3[\hat{\boldsymbol{b}}^*(k)]$$

mit

$$\boldsymbol{M}^*_1[\hat{\boldsymbol{b}}^*(k)] = \begin{bmatrix} \hat{b}^*_1(k) & \cdots & \hat{b}^*_n(k) \\ \vdots & \cdot^{\cdot^{\cdot}} & \\ \hat{b}^*_n(k) & & \mathbf{0} \end{bmatrix}, \qquad \boldsymbol{M}^*_1[\hat{\boldsymbol{a}}^*(k)] \quad \text{analog zu} \quad \boldsymbol{M}^*_1[\hat{\boldsymbol{b}}^*(k)]$$

$$\boldsymbol{M}^*_2[\hat{\boldsymbol{a}}^*(k)] = \begin{bmatrix} 1 & \hat{a}^*_1(k) & \cdots & \hat{a}^*_n(k) \\ & \ddots & \ddots & \vdots \\ & & \ddots & \hat{a}^*_1(k) \\ \mathbf{0} & & & 1 \end{bmatrix}$$

$$\boldsymbol{M}^*_3[\hat{\boldsymbol{b}}^*(k)] = \begin{bmatrix} 0 & \hat{b}^*_1(k) & \cdots & \hat{b}^*_{n-1}(k) \\ \vdots & \ddots & \ddots & \vdots \\ \vdots & & \ddots & \hat{b}^*_1(k) \\ 0 & \cdots & \cdots & 0 \end{bmatrix}$$

3.2. Rekursive Berechnung der zu adaptierenden Reglerparameter (Adaptivgesetz)
Im folgenden wird der Reglerparametervektor $\boldsymbol{f}^*(k)$ gemäß (3.151) aus Gründen einer einheitlichen Bezeichnungsweise wieder durch $\boldsymbol{\beta}^*(k)$ gekennzeichnet.

$$\boldsymbol{\beta}^*(k) = [\boldsymbol{E} + \boldsymbol{\Gamma M}^*(k)\, \boldsymbol{M}^*(k)]^{-1}\, \{\boldsymbol{\beta}^*(k-1) - \boldsymbol{\Gamma M}^*(k)\, [\hat{\boldsymbol{a}}^*(k) - \boldsymbol{c}^*_{\mathrm{R}}]\}$$
$$\boldsymbol{\beta}^*(0) = \boldsymbol{\beta}^*_0, \qquad \boldsymbol{\Gamma} = \boldsymbol{\Gamma}^{\mathrm{T}} \geqq \mathbf{0};$$

$\boldsymbol{c}^*_{\mathrm{R}}$ Koeffizienten des vorgegebenen charakteristischen Polynoms

3.3. Adaption eines statischen Vorfilters
Zur Vermeidung stationärer Fehler bei sprungförmigen Führungsgrößenänderungen wird ein adaptives Vorfilter angeordnet werden (Bild 3.124). Die Berechnung erfolgt mit Hilfe von

$$\delta_{\mathrm{F}}(k) = \left[\delta_{\mathrm{F}}(k-1) + \gamma_{\mathrm{F}} \sum_{i=1}^{n} \hat{b}^*_i(k)\right] \Big/ \left\{1 + \gamma_{\mathrm{F}} \left[\sum_{i=1}^{n} \hat{b}^*_i(k)\right]^2\right\}$$

$$\delta_{\mathrm{F}}(0) = \delta_{\mathrm{F0}}\,. \tag{3.152}$$

Der Ansatz (3.152) wird verwendet, um Instabilität bei bestimmten Parameterkombinationen zu vermeiden. Aus gleichen Gründen wird er auch im nächsten Berechnungsbeispiel wieder verwendet.

Mit $\gamma_F > 0$ erhält man

$$K_v^*(k) = \left(1 + \sum_{i=1}^{n} c_{Ri}^*\right) \delta_F(k) .$$

3.4. Berechnung der Stellgröße

$$u(k) = -\boldsymbol{\beta}^{T*}(k)\, \boldsymbol{x}(k) + K_v^*(k)\, w_s(k) ;$$

$w_s(k)$ Führungsgröße

4. Fortsetzung bei 1. mit $t = (k + 1)\, T_0$.

Wahl der freien Parameter. Für die Untersuchungen an dem vorgegebenen Testprozeß wurden folgende Werte gewählt:
A-priori-Information: $n = 2$ (Ordnung des Systems)
Dimensionierung des Beobachters:

$$\boldsymbol{v}_F(0) = [0 \quad 0]^T , \qquad w_F(0) = [0 \quad 0]^T$$

$$\boldsymbol{G}^*(0) = 10^3 \begin{bmatrix} 1 & 0 \\ 0 & 1 \end{bmatrix} , \qquad \lambda = 0{,}5 ,$$

$$\hat{\boldsymbol{\alpha}}^*(0) = [0 \quad 0 \quad 0 \quad 0]^T .$$

Zur Systemanregung wurde ein PRBS als Testsignal verwendet.

Dimensionierung Zustandsregler:

$$\boldsymbol{\Gamma} = \begin{bmatrix} 1 & 0 \\ 0 & 1 \end{bmatrix} , \qquad \frac{1}{\delta_F(0)} = 10 ,$$

$$\boldsymbol{\beta}^*(0) = [0 \quad 0]^T , \qquad \gamma_F = 1 .$$

Ergebnisse. Anhand der im Bild 3.125 dargestellten Verläufe kann man erkennen, daß nach einer relativ kurzen Anlaufzeit das vorgegebene Soll-Verhalten erreicht wird. Dies wird auch ersichtlich aus dem Verlauf des Parameterfehlers $\varepsilon_\Sigma(k)$, der nach folgender Beziehung berechnet wird:

$$\varepsilon_\Sigma(k) = \sqrt{\sum_{i=1}^{m} \left[\frac{\hat{\beta}_i^*(k) - \beta_i^*}{\beta_i^*}\right]^2} ; \tag{3.153}$$

m Anzahl der Reglerparameter
$\hat{\beta}_i^*$ geschätzter Reglerparameter
β_i^* tatsächlicher Wert des Reglerparameters.

Ob das in der Anlaufzeit auftretende Überschwingen der Regelgröße noch vertretbar ist, muß im konkreten Anwendungsfall entschieden werden. Eventuell muß aus diesen Gründen eine Korrektur an der Lage der Pole des geschlossenen Systems vorgenommen werden. Aus dieser Sicht wäre es vielleicht sogar sinnvoll, im Grobablaufplan nach Bild 3.64 auch die Korrektur der Pollage anzugeben, zumal die Zuordnung Pollage—Regelgüte und Stellverhalten mit angemessenem Aufwand nicht genau vorhersehbar ist.
Wenn die Simulationsergebnisse den vorgegebenen Güteanforderungen entsprechen, ist der Entwurf beendet.

3.4.10.2. Adaptiver Dead-beat-Regler

Analog zu dem im Abschn. 3.4.10.1. behandelten Beispiel wird im folgenden ein Adaptionsalgorithmus, der aus einem Dead-beat-Grundkreisregler und einem adaptiven Beobachter (derselbe wie im vorangegangenen Beispiel) besteht, näher untersucht (Bild 3.126). Der adaptive Beobachter wurde hier für die Prozeßidentifikation aus zwei Gründen gewählt:

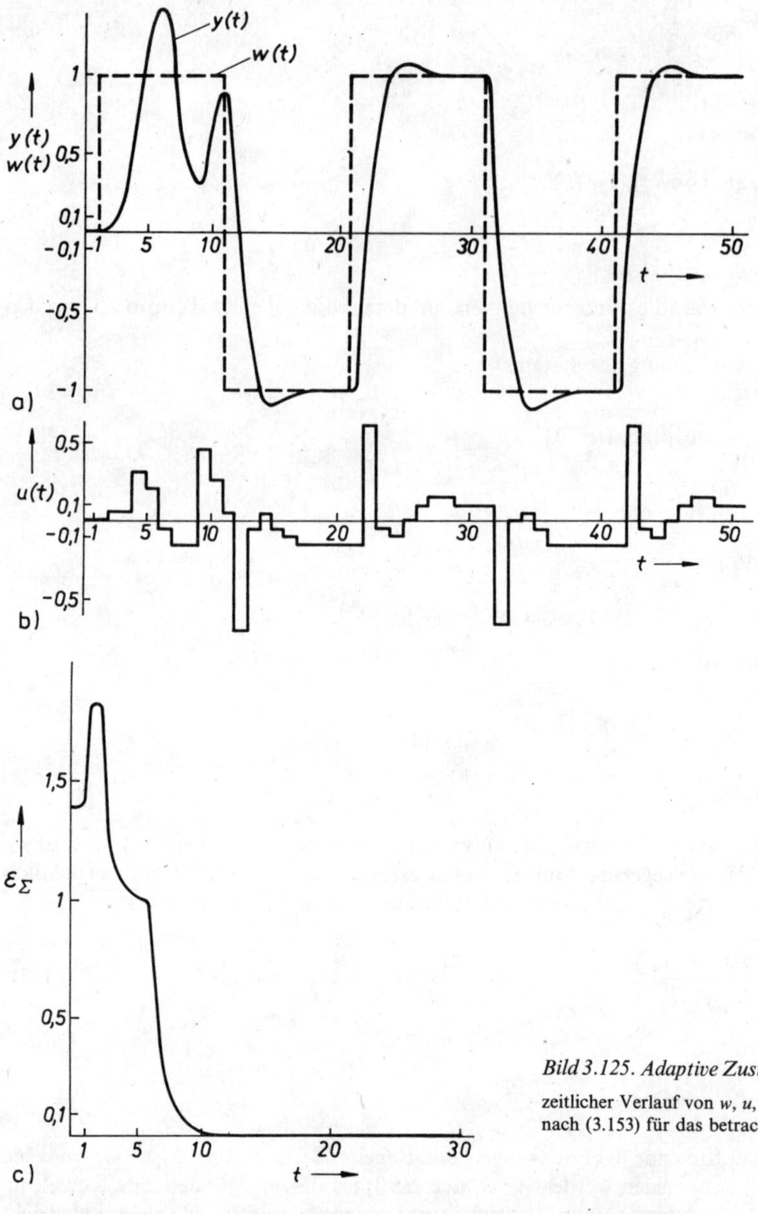

Bild 3.125. Adaptive Zustandsregelung nach Bild 3.124
zeitlicher Verlauf von w, u, y und des Parameterfehlers nach (3.153) für das betrachtete Zahlenbeispiel

1. Einschätzung der Leistungsfähigkeit von adaptiven Beobachtern als Identifikator (d. h. ohne Zustandsschätzung, nur zur Parameterschätzung) in Adaptionsalgorithmen
2. Zusammenstellung von Hinweisen zur Wahl der geeignetsten Beobachtertypen für den Einsatz als Identifikator (Einordnung und Vergleich mit anderen rekursiven Identifikationsverfahren).

Der hier verwendete implizite adaptive Beobachter (Bild 3.123) ist für den Einsatz als adaptiver Identifikator zur Realisierung parameteradaptiver Regelalgorithmen deshalb besonders gut geeignet, weil bei diesem Typ die Parameterschätzung ohne vorherige Ermittlung des Zustandsvektors erfolgt. In dem hier betrachteten Fall verringert sich dadurch der numerische Aufwand (im Adaptionsalgorithmus des Beispiels aus Abschn. 3.4.10.1. entfallen die unter 2.7. und 2.8. angegebenen Berechnungsschritte).
Die Vorgehensweise beim Entwurf erfolgt in Anlehnung an den im Bild 3.67 angegebenen Grobablaufplan.

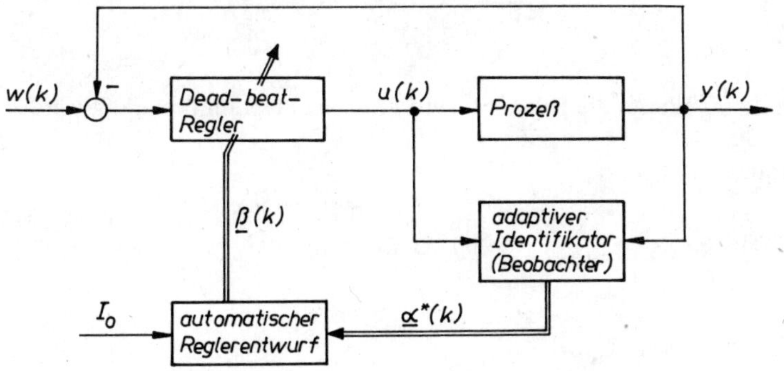

Bild 3.126. Adaptive Dead-beat-Regelung mit adaptivem Beobachter als Identifikator (nur zur Parameterschätzung)

A-priori-Information über den Prozeß

Der bereits im Beispiel des Abschnitts 3.4.10.1. benutzte Testprozeß (3.148) und (3.149) wird auch hier verwendet.

Wahl des Gütekriteriums I_0 für das Grundsystem

Gefordert wird die minimale Einschwingzeit bei einem vorgegebenen Stellgrößenverhältnis von

$$\gamma_u = \frac{u(1)}{u(0)} = 1 \; .$$

Wahl der Reglerstruktur

Unter Berücksichtigung der Informationen über den Prozeß sowie der vorgegebenen Güteforderungen hat der Dead-beat-Regler nach [25] die folgende Form (s. auch Gl. (3.76)):

$$G_R(z) = \frac{d_0^*(k) + d_1^*(k)\, z^{-1} + d_2^*(k)\, z^{-2} + d_3^*(k)\, z^{-3}}{1 - c_1^*(k)\, z^{-1} - c_2^*(k)\, z^{-2} - c_3^*(k)\, z^{-3}} \; .$$

Ermittlung des Adaptionsgesetzes

Unter Verwendung der einfachen Abhängigkeiten der Reglerparameter von den Prozeßparametern erhält man die Adaptionsgesetze für die einzelnen Reglerparameter. Die detaillierte Berechnung ist in dem später noch angegebenen Adaptionsalgorithmus dargestellt.

Wahl eines geeigneten Identifikationsverfahrens

Zur laufenden Parameterschätzung wird der bereits im vorangegangenen Beispiel erläuterte implizite adaptive Beobachter verwendet (Bild 3.123).

Simulation auf dem Rechner

Die Aufstellung eines Adaptionsalgorithmus erfolgt analog zum Beispiel im Abschn. 3.4.10.1.

Rekursiver Adaptionsalgorithmus. Bis zur Ermittlung der Prozeßparameter ist der Algorithmus mit dem im Abschn. 3.4.10.1. angegebenen identisch (hier ohne Zustandsschätzung). Im folgenden wird daher nur der Teil angegeben, der sich durch die Wahl eines anderen Grundkreisreglers ergibt.

1. bis 2.6. s. Abschn. 3.4.10.1.

3. Adaptiver Dead-beat-Regler

3.1. Berechnung von $\delta_F(k)$ nach (3.152)

Zur Berechnung der geschätzten Reglerparameter wird u. a. auch der Ausdruck $1/\Sigma\hat{b}_i^*(k)$ verwendet. Um Instabilität wegen $\Sigma\hat{b}_i^*(k) = 0$ zu verhindern, erfolgt die Berechnung über $\delta_F(k)$ mit einem Ausdruck nach (3.152). Für die Parametersumme gilt

$$\lim_{k\to\infty} \delta_F(k) = \frac{1}{\Sigma \hat{b}_i^*(k)} .$$

Außerdem kann mit Hilfe des δ_F-Wertes die Dynamik der Parameteradaption beeinflußt werden [203].

3.2. Berechnung des Reglerparameters $d_0^*(k)$

$$d_0^*(k) = \frac{1}{[\varrho - \hat{a}_1^*(k)]} \delta_F(k)$$

mit

$$\varrho_0 = \hat{a}_1^*(k) \Rightarrow \varrho = \varepsilon_R \varrho_0 ; \qquad \varepsilon_R \neq 1$$

$$\varrho_0 \neq \hat{a}_1^*(k) \Rightarrow \varrho = \varrho_0 .$$

Vorgabe: $\varrho_0 = \dfrac{u(1)}{u(0)}$.

3.3. Berechnung der restlichen Reglerparameter
Siehe hierzu auch die Ausführungen im Abschn. 3.4.6.5., insbesondere (3.79) und (3.80).

$$d_1^*(k) = [\hat{a}_1^*(k) - 1]\, d_0^*(k) + \delta_F(k)$$

$$d_2^*(k) = [\hat{a}_2(k) - \hat{a}_1(k)]\, d_0^*(k) + \hat{a}_1^*(k)\, \delta_F(k)$$

$$d_3^*(k) = \hat{a}_2^*(k)\, [\delta_F(k) - d_0^*(k)]$$

$$c_1^*(k) = \hat{b}_1^*(k)\, d_0^*(k)$$

$$c_2^*(k) = [\hat{b}_2^*(k) - \hat{b}_1^*(k)]\, d_0^*(k) + \hat{b}_1^*(k)\, \delta_F(k)$$

$$c_3^*(k) = -\hat{b}_2^*(k)\, [d_0^*(k) - \delta_F(k)]$$

3.4. Berechnung der Regelabweichung

$$y_w(k) = w(k) - y(k)$$

3.5. Berechnung der Stellgröße

$$u(k) = \sum_{i=1}^{3} c_i^*(k)\, u(k-i) + \sum_{i=0}^{3} d_i^*(k)\, y_w(k-i)$$

4. Fortsetzung bei 1. mit $t = (k + 1)\, T_0$.

Wahl der freien Parameter. Bezogen auf den gewählten Testprozeß sind die Werte für den adaptiven Beobachter dem Beispiel im Abschn. 3.4.10.1. zu entnehmen.
Dimensionierung Dead-beat-Regler:

$$\frac{1}{\delta_F(0)} = 10 , \quad \gamma_F = 1 , \quad \varrho_0 = \frac{u(1)}{u(0)} = 1 ,$$

$$\boldsymbol{d}^*(0) = [0\ \ 0\ \ 0]^T , \qquad \boldsymbol{c}^*(0) = [0\ \ 0\ \ 0]^T .$$

Ergebnisse. Aus den im Bild 3.127 dargestellten Verläufen ist ersichtlich, daß zwar der Parameterfehler gleich schnell wie im Fall des Zustandsreglers abnimmt, jedoch das gewünschte Soll-Verhalten für die Regelgröße erst nach einer längeren Anlaufzeit erreicht wird. Bei der Einschätzung dieser Ergebnisse ist jedoch zu beachten, daß aufgrund der verwendeten Startwerte (Null für alle Parameterwerte) ein relativ ungünstiger Fall betrachtet wird. Außerdem kann durch gezielte Variation der freien Parameter das eine oder andere Gütemaß im Hinblick auf eine konkrete Aufgabenstellung verbessert werden.

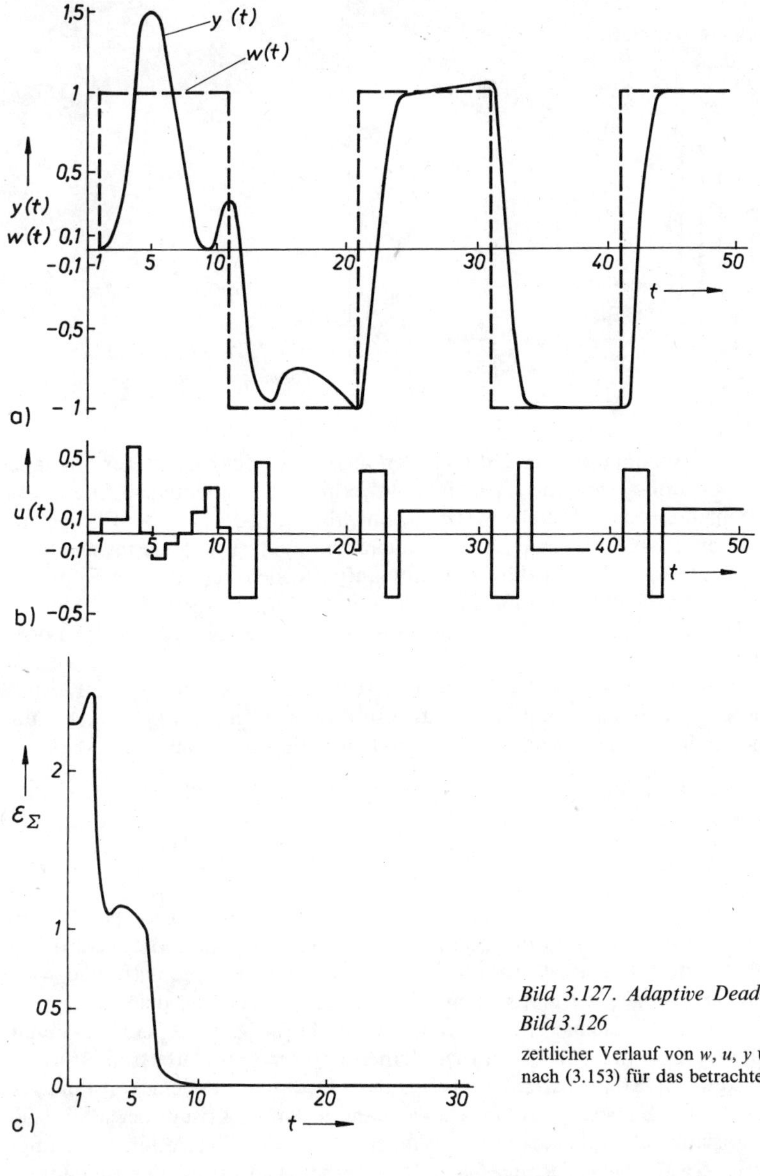

Bild 3.127. Adaptive Dead-beat-Regelung nach Bild 3.126

zeitlicher Verlauf von *w*, *u*, *y* und des Parameterfehlers nach (3.153) für das betrachtete Zahlenbeispiel

3.4.10.3. Extremwertregelung zur automatischen Bragg-Winkelnachführung für die Lang-Topographie

Problem- und Aufgabenstellung

Die Kristalltopographie ist eine seit langem bekannte Methode zur Untersuchung der Struktur von Kristallen [204]. Dieses Verfahren basiert auf der Braggschen Gleichung, wobei hier der an den Gitterebenen des Kristalls reflektierte Röntgenstrahl auf einer Fotoplatte registriert wird und so durch unterschiedliche Schwärzung des Fotomaterials Rückschlüsse auf die Kristallstruktur zuläßt. Dieses Verfahren hat technische und ökonomische Bedeutung bei der Herstellung von Halbleitern, weil damit der Einfluß von Dotierungen mit der Aufgabe einer zielstrebigen Erzeugung gewünschter Halbleitereigenschaften untersucht werden kann. Die Vervollkommnung und Entwicklung funktionstüchtiger Topographieeinrichtungen ist daher für die Industrie von großem Interesse. Herkömmliche Topographieeinrichtungen erlauben nur die Untersuchung von nahezu einwandfreien Kristallen, d. h. von Kristallen, die keine wesentlichen Verspannungen der Gitterebenen aufweisen. Die meisten Untersuchungsobjekte zeichnen

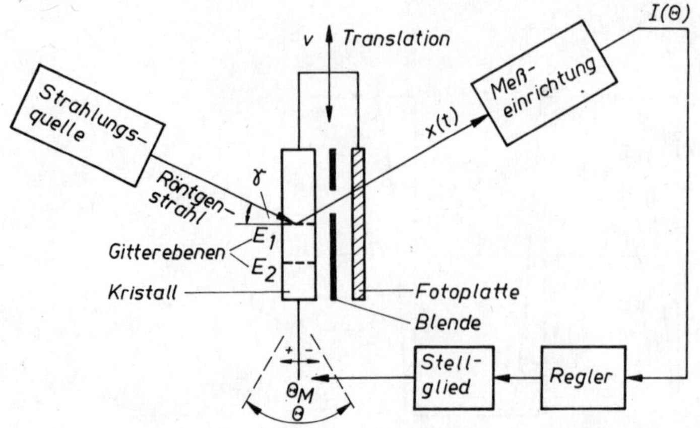

Bild 3.128. Meßprinzip der Lang-Topographie und Regelungsstruktur

sich aber gerade durch solche Verspannungen der Gitterebenen aus. Diese Eigenschaft der Kristalle schränkt die Möglichkeit der Kristalltopographie stark ein bzw. verhindert eine Untersuchung dieser Kristalle vollständig. Die Verspannung der Gitterebenen bewirkt nämlich, daß die Lage der Ebenen zur Geometrie des Kristalls und damit auch zur Geometrie der Meßeinrichtung starken Änderungen unterworfen ist. Dadurch weist die Intensität des auf die Fotoplatte auftreffenden, reflektierten Röntgenstrahls ebenfalls große Schwankungen auf. Die Größe dieser Intensitätsschwankungen ist so erheblich, daß die dadurch hervorgerufene Überbelichtung bzw. Unterbelichtung keine Auswertung des Fotos zuläßt.

Das Meßprinzip der Lang-Topographie ist aus Bild 3.128 ersichtlich. Der zu untersuchende Kristall wird in der sog. Lang-Anordnung so justiert, daß der Röntgenstrahl unter dem Bragg-Winkel γ auf eine Gitterebene E_1 trifft und an dieser Ebene gemäß der Braggschen Reflexionsbedingung

$$n\lambda = 2d \sin \gamma\,, \qquad n = 1, 2, \ldots;$$

λ Wellenlänge des Röntgenstrahls
d Gitterebenenabstand
γ Bragg-Winkel

reflektiert wird. Im Unterschied zur optischen Reflexion tritt dabei eine selektive Reflexion auf, bei der nur eine Wellenlänge und ihre Oberschwingungen gemäß dem gewählten Winkel γ die Reflexionsbedingung erfüllen. Der reflektierte Strahl wird ausgeblendet, durchdringt die Fotoplatte und wird gemessen [204]. Am Ausgang des Meßglieds ergibt sich ein stochastisches Signal, aus dem durch Verstärkung und Mittelwertbildung das Meßsignal $I(\Theta)$ gewonnen wird, das bei $\Theta = \Theta_M$ ein Maximum aufweist. Während des Meßvorgangs wird der Kristall zusammen mit der Fotoplatte translatorisch mit konstanter Geschwindigkeit am Röntgenstrahl vorbeigeführt. Dadurch wird ein vollständiges Topogramm des Kristalls erhalten. Die bereits erwähnten Verspannungen im Kristall bewirken eine Abhängigkeit des auf die Translationsrichtung bezogenen Winkels Θ von der Translationsbewegung. Dies führt dann zu der bereits erwähnten schlechten Qualität der erhaltenen Fotos. Zur Einhaltung einer konstanten, auf dem Fotomaterial nutzbaren Strahlintensität ist daher eine Bragg-Winkelnachführung während der gesamten Translationsbewegung des Kristalls erforderlich, die durch eine automatische Änderung des Winkels Θ zu realisieren ist. Das Problem besteht also darin, den Winkel Θ während der Translationsbewegung automatisch so nachzuführen, daß eine konstante und aus Gründen der Meßzeitverkürzung maximale Amplitude des Meßsignals $I(\Theta)$ erzielt wird. Dies führt dann auf eine Regelungsstruktur, wie sie im Bild 3.128 dargestellt ist. Die Automatisierungsaufgabe besteht darin, die Regelung so zu entwerfen, daß die Bragg-Winkel-Nachführung in allen Betriebsphasen des Gerätes sicher und mit ausreichend hoher Güte gewährleistet ist.

Aufgrund der Vorinformationen, die sich aus der Erläuterung der Problematik ergeben (Extremalcharakteristik von $I(\Theta)$, Einhalten des Maximums trotz unvorhersehbarer Störungen auf diese Charakteristik infolge wechselnder Verspannungen der Gitterebenen, Änderung der Form der Extremalcharakteristik in Abhängigkeit von der Kristallart, u. ä.) folgt, daß zur Lösung des vorliegenden Problems eine Extremwertregelung vorteilhaft verwendet werden kann.

Entwurf der Extremwertregelung

In bezug auf die Ausführungen des Abschnitts 3.4.7.2. erfolgt die Vorgehensweise beim Entwurf im wesentlichen nach den einzelnen Schritten des im Bild 3.112 angegebenen Grobablaufplans.

A-priori-Information über den Prozeß. Für den Entwurf liegen über die zu regelnde Topographieeinrichtung folgende Anfangsinformationen vor:

- Die Intensitätskurve $I(\Theta)$ ist eine Extremalcharakteristik (Bild 3.129) mit einem Hauptextremum (Θ_1-Extremum).
- Die Form der Extremalkurve $I(\Theta)$ (Höhe des Θ_1-Extremums, Untergrund, Öffnungswinkel der Extremwertkurve) ist veränderlich (Bild 3.130). Sie ist von dem zu untersuchenden Kristall und den experimentellen Bedingungen (Intensität, Divergenz des Primärstrahls u. ä.) abhängig.
- Bei bestimmten Kristallen tritt neben dem Hauptextremum ein mehr oder weniger stark ausgeprägtes, störendes Nebenextremum (Θ_2-Extremum) auf.

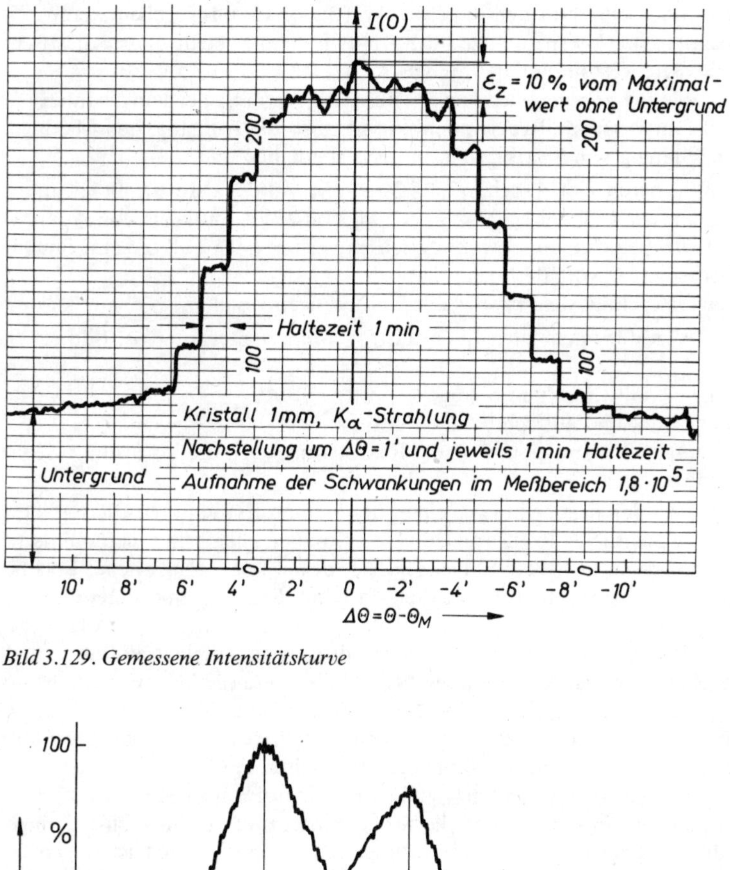

Bild 3.129. Gemessene Intensitätskurve

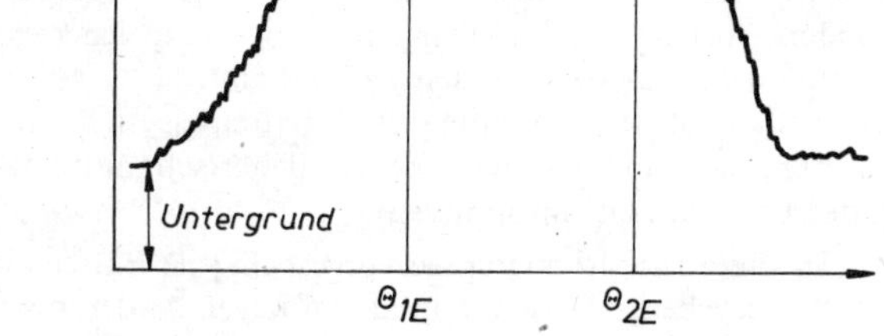

Bild 3.130. Prinzipieller Verlauf der Intensitätskurve

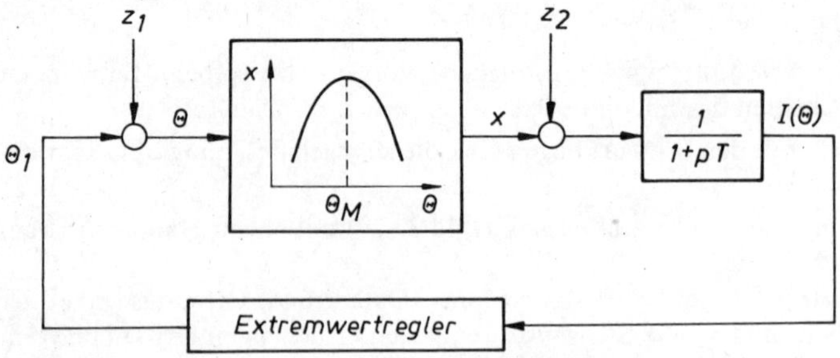

Bild 3.131. Blockschaltbild des Extremalsystems

— Infolge der nichtidealen Mittelwertbildung verbleibt ein stochastischer Störeinfluß im Meßsignal $I(\Theta)$.
— Die Mittelwertbildung kann durch ein Verzögerungsglied 1. Ordnung realisiert werden.

Mit diesen Angaben kann das Blockschaltbild der Regelstrecke (Bild 3.131) angegeben werden. z_1 ist die Störung infolge makroskopischer Verspannungen der Kristalle, und z_2 stellt die stochastische Störung infolge der genäherten Mittelwertbildung des Signals I dar.

z_1 bewirkt eine Veränderung des Winkels Θ gegenüber dem gewünschten Wert Θ_M, bei dem die Intensität I ein Extremum aufweist. Die zu entwerfende Regeleinrichtung hat also die Aufgabe, den Maximalwert der Intensität $I = I_{max}$ unabhängig von Störungen z_1 aufrechtzuerhalten.

Wahl des Entwurfskriteriums. Wie bereits im Abschn. 3.4.7.2. gezeigt wurde, wird die Bezeichnung „Entwurfskriterium" aus Gründen einer einheitlichen Darstellungsweise des Entwurfs von Adaptivsystemen unterschiedlichen Aufbaus beibehalten, obwohl es sich im vorliegenden Fall um eine Summe von Einzelforderungen, teilweise sogar in verbaler Form, handelt.

An die zu entwerfende Extremwertregelung werden folgende Forderungen gestellt:

— Die zulässige Abweichung ε_z von der maximalen Intensität I_{max} (ohne Untergrund; s. Bild 3.129) beträgt etwa $\varepsilon_z = 10\% = 0{,}1 I_{max}$.
— Die Translationsgeschwindigkeit soll 1 mm/min betragen.
— Nur das Θ_1-Extremum soll gesucht und aufrechterhalten werden.
— Die Extremwertregeleinrichtung soll mit möglichst wenig Realisierungsaufwand herzustellen sowie zuverlässig und leicht bedienbar sein.

Wahl der Art des Suchprozesses. Bei der Festlegung auf einen bestimmten Extremwertreglertyp kann die Art des Suchprozesses eine wesentliche Rolle spielen. Da Extremalsysteme mit determinierter Suchbewegung, zumindest bei Prozessen mit einer Eingangsgröße, denen mit stochastischer Suchbewegung überlegen sind, können wir uns im vorliegenden Fall auf Systeme mit determinierter Suchbewegung beschränken.

Diskontinuierliche Extremalsysteme sind vor allem bei Strecken mit großem Trägheitseinfluß vorteilhaft. Sie erfordern aber i. allg. einen höheren Realisierungsaufwand als kontinuierliche Extremalsysteme. Bei unabhängigem Suchprozeß ist im Vergleich zu Extremalsystemen mit abhängigem Suchprozeß allgemein ein geringerer Realisierungsaufwand zu erwarten sowie eine höhere Störstabilität gegenüber stochastischen Störungen festzustellen. Systeme mit abhängigem Suchprozeß weisen dagegen eine größere Genauigkeit der Extremwerteinstellung und gewöhnlich eine kleinere Suchzeit auf.

In dem hier betrachteten Beispiel sind in erster Linie die Störstabilität und ein möglichst geringer gerätetechnischer Aufwand für die Realisierung von Bedeutung. Eine kurze Suchzeit ist wegen der geringen Translationsgeschwindigkeit der Kristallbewegung weniger von Interesse. Diesen Gesichtspunkten tragen demnach kontinuierliche Extremalsysteme mit unabhängigem Suchprozeß am besten Rechnung. Innerhalb dieser Systemklasse sind hinsichtlich des Realisierungsaufwands die Systeme mit identischer Such- und Arbeitsbewegung besonders vorteilhaft (Extremalsysteme mit gespeichertem Extremum). Diese spezielle Lösungsvariante wurde daher im vorliegenden Fall gewählt.

Über die Lösung der hier betrachteten Aufgabenstellung unter Verwendung eines Extremalsystems mit periodischem Testsignal, das einen hohen Realisierungsaufwand erfordert, aber zur Beherrschung relativ schneller Störungen z_1 geeignet ist, kann sich der Leser in [205] informieren.

Wahl der Struktur des Extremwertreglers. Das für die Kristalltopographie vorgeschlagene Extremalsystem [206] entspricht dem bereits im Bild 3.108 angegebenen System mit geringfügigen Änderungen

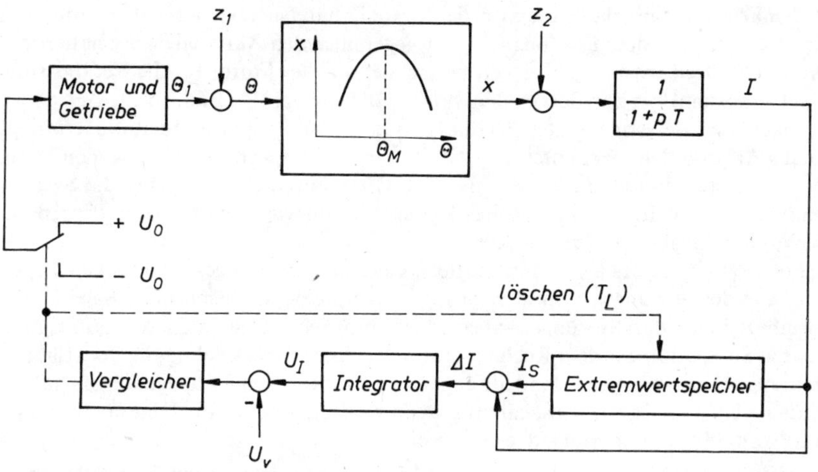

Bild 3.132. Prinzip der Extremwertregelung

(Bild 3.132). Die prinzipielle Wirkungsweise wird hier noch einmal, bezogen auf die vorliegende Aufgabenstellung, kurz erläutert. Der mit einer konstanten Spannung $\pm U_0$ betriebene Gleichstrommotor bewirkt über ein Getriebe die Verstellung des Winkels Θ_1 mit einer dem Betrag nach konstanten Stellgeschwindigkeit

$$\frac{\mathrm{d}\Theta_1}{\mathrm{d}t} = \pm \frac{U_0}{T_s};$$

U_0 Motorspannung
T_s Motor- und Getriebekonstante.

Zur Erläuterung sei angenommen, daß das Vorzeichen der Motorspannung U_0 so gewählt wurde, daß der Winkel Θ_1 in Richtung auf das Maximum der Intensität I verstellt wird. I wirkt am Eingang des Extremwertspeichers. Solange I ansteigt, ist die Ausgangsgröße des Speichers $I_s = I$ und die Differenz

$$I - I_s = |\Delta I|$$

gleich Null. Sobald aber I nach Überschreiten des Extremwerts $I = I_{max}$ wieder abnimmt, wird dieser Extremwert $I_{max} = I_s$ gespeichert, so daß $|\Delta I|$ ansteigt. Bei den einfachsten Extremalsystemen mit gespeichertem Extremum wird $|\Delta I|$ direkt zur Reversierung des Stellmotors benutzt. Zur Verringerung des Einflusses der stochastischen Störungen z_2 auf den Suchvorgang wird bei dem hier verwendeten System das Integral U_I der Größe $|\Delta I|$ zur Auslösung der Stellrichtungsumkehr verwendet. Dazu löst der Vergleicher die Stellrichtungsumkehr aus, sobald U_I einen vorgegebenen Schwellwert U_v überschreitet, so daß sich Θ erneut in Richtung des Extremwerts $I = I_{max}$ bewegt. Gleichzeitig wird der Integrator gelöscht, d. h. U_I auf den Wert Null zurückgeführt, und der im Extremwertspeicher festgehaltene Wert $I = I_{max}$ auf den in diesem Zeitpunkt tatsächlich vorhandenen Wert I gebracht. Unterschreitet die Größe I wieder den Extremwert I_{max}, so wiederholt sich die Stellrichtungsumkehr nach Überschreiten der Schwelle U_v, so daß die angegebenen Systemgrößen Θ, x und ΔI Schwingungen ausführen, die den Verläufen im Bild 3.109 entsprechen. Dabei sind Θ und ΔI durch u und Δv zu ersetzen.

Wahl bzw. Berechnung der freien Parameter des Extremwertreglers. Da im Abschn. 3.4.7.2. bereits einige Erläuterungen zur Ermittlung der freien Parameter dieses speziellen Typs von Extremalregelungen gegeben worden sind, sollen im folgenden nur noch einige ergänzende Bemerkungen hinzugefügt und die für den konkreten Anwendungsfall erhaltenen Ergebnisse angegeben werden. Die wesentlichen freien Parameter sind im vorliegenden Fall die Löschzeit T_L, die Vorspannung des Komparators U_v und die Geschwindigkeit der Winkeländerung U_0/T_s. Zu beachten ist, daß die Winkelgeschwindigkeit von der Breite der Intensitätscharakteristik (Bild 3.129) und damit von dem jeweils zu untersuchenden Kristall abhängt. Sie ist eine Variable, die daher nicht im voraus festgelegt werden kann. Als

Bezugsgröße für die Winkelgeschwindigkeit, die von dem jeweils untersuchten Kristall unabhängig ist, wird eine Stellzeit T_{ST} definiert, deren optimaler Wert gegenüber den Materialeigenschaften des Prüflings invariant ist. Als Stellzeit wird diejenige Zeit bezeichnet, die der Motor für die Veränderung des Drehwinkels vom Untergrund bis zur maximalen Intensität benötigt (im Bild 3.129: $\Delta\Theta \approx 8'$). Der Wert $\Delta\Theta$ kann nach der Befestigung des Kristalls in der Topographieeinrichtung ermittelt werden, so daß dann aus $\Delta\Theta$ und dem bekannten T_{ST} die Stellgeschwindigkeit ermittelt werden kann. Die zu optimierenden Parameter sind damit T_L, U_v und T_{ST}. Diese Parameter sind über die Systemeigenschaften miteinander verkoppelt, so daß ihre Festlegung ein langwieriger, iterativer Prozeß ist, auf den daher hier nicht eingegangen werden soll [206].
Da die optimale Wahl der Parameter des Extremwertreglers, vor allem der Stellgeschwindigkeit U_0/T_s, nur unter Berücksichtigung der Störungen z_1 und z_2 erfolgen kann, eine mathematische Behandlung des Systems unter Einbeziehung der Störungen aber kaum möglich ist, wurden die günstigsten Reglereinstellungen durch Simulation auf dem Rechner ermittelt. Unter Berücksichtigung der erläuterten theoretischen Zusammenhänge gelingt es, den Umfang der experimentellen Untersuchungen auf ein sinnvolles Maß zu reduzieren. Eine grobe Abschätzung der freien Parameter mit Hilfe analytischer Berechnungen als Startwerte für die Experimente erfolgte nicht.

Simulation auf dem Rechner. Zur Optimierung der freien Systemparameter wurden der für die Regelung interessierende Teil der Topographieeinrichtung sowie der Extremwertregler auf dem Rechner simuliert und die Systemeigenschaften experimentell untersucht. Zur Bestimmung der optimalen Werte wurden $T = 6$ s und die maximale Änderungsgeschwindigkeit des Intensitätssignals mit $0{,}01 I_{max}$/s angenommen. Folgende Ergebnisse wurden erhalten:

$$U_v = 0{,}002 U_E \,;$$

U_E Rechenspannung des verwendeten Rechners

$$T_{ST} = 2 \text{ s}$$

$$T_L = 1{,}2 \text{ s} \,.$$

Mit diesen Reglerparametern wurden die vorgegebenen Güteforderungen erfüllt.

Blockschaltbild des Gerätes zur automatischen Bragg-Winkel-Nachführung. Das Intensitätsmeßsignal wird auf einen Eingangsverstärker (Bild 3.133) gegeben, der mittels seiner veränderlichen Verstärkung und einer Nullpunktunterdrückung die Ausblendung der Intensitätsparabel gestattet. Die Differenz der Ausgangsspannungen von Eingangsverstärker und Extremwertspeicher wird im Schwellwertgeber integriert und mit der Vorspannung U_v verglichen, bei deren Erreichen der Motor umgesteuert wird. Gleichzeitig wird das Zeitglied 1 erregt, das die Dauer des Löschvorgangs für die Speicher fest-

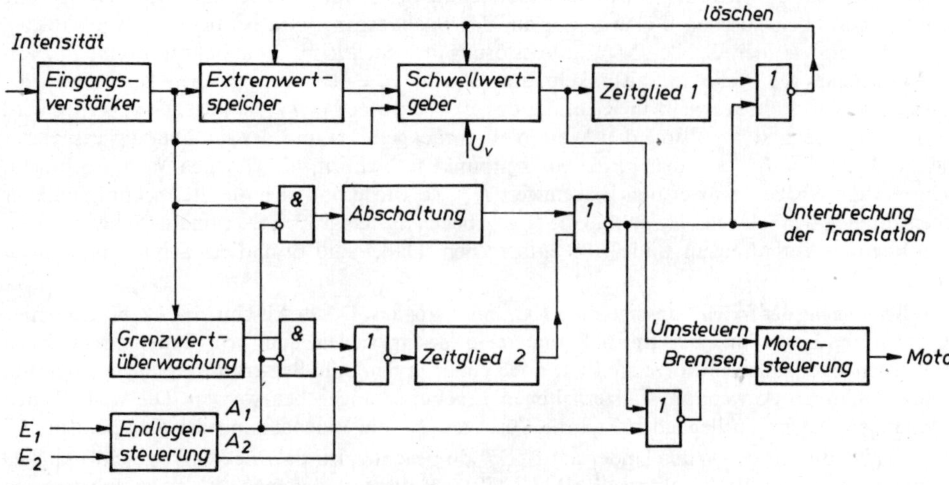

Bild 3.133. Blockschaltbild des Gerätes

legt. Dadurch erfolgt, wie bereits beschrieben, erneut eine Stellbewegung in Richtung des Extremwerts. Überschreitet die Intensität eine zulässige Abweichung vom Maximum, spricht die Grenzüberwachung an. Durch sie wird der momentane Arbeitspunkt des Reglers fixiert und damit ein definierter Neubeginn des Suchvorgangs bewirkt, so daß die Abweichung vom Maximum beseitigt werden kann. Dazu werden die Translation unterbrochen, der Motor gebremst und die Speicher gelöscht. Die Unterbrechung des Suchvorgangs wird durch das Zeitglied 2 so festgelegt, daß die dynamischen Vorgänge der Regelstrecke und des Reglers abklingen. Sollte infolge einer Funktionsstörung des Gerätes das Maximum nicht aufrechterhalten werden können, sinkt die Intensität bis auf den Untergrund ab, spricht die Abschaltung an, und die Translation sowie die Motorbewegung werden unterbrochen. Bevor der Kristall am Ende der Translation aus dem Strahl herausläuft, erhält der Eingang E_1 der Endlagensteuerung ein Signal, das über den Ausgang A_1 die Abschaltung und das Zeitglied 2 blockiert. Damit wird in diesem speziellen Fall eine Reaktion des Reglers verhindert, wenn das Intensitätssignal verschwindet. Außerdem wird der Motor gebremst, um den Arbeitspunkt in der Nähe des Maximums zu halten. Der Kristall wird dann durch einen Endlagenschalter reversiert und gelangt damit wieder in den Strahl. Am Eingang E_2 wird ein Signal erzeugt, das über den Ausgang A_2 den Suchvorgang startet. Weitere Einzelheiten zur elektronischen Realisierung des Reglers sind in der Patentschrift zu diesem Gerät [207] enthalten.

Erprobung an der Topographieeinrichtung

Der entwickelte Extremwertregler wurde einer umfangreichen Erprobung unterzogen. Im Bild 3.134 ist der Verlauf der Intensität I vor und nach dem Einschalten des Extremwertreglers dargestellt. Man kann sehr deutlich die Wirkungsweise der Extremwertregelung erkennen. Ohne Regelung schwankt die Intensität I sehr stark. Nach dem Einschalten des Extremwertreglers wird der Wert I_{max} des geforderten Θ_1-Maximums schnell erreicht und gehalten. Ein Überwechseln auf das Θ_2-Nebenmaximum wird durch die Grenzwertüberwachung verhindert.

Betrachtet man nun die Wirkungsweise des Extremwertreglers anhand von Röntgentopogrammen, so läßt sich sehr anschaulich zeigen, daß mit Hilfe des realisierten Gerätes die Qualität der erhaltenen Topogramme wesentlich verbessert werden kann. Bild 3.135a stellt das Röntgentopogramm einer großflächig verspannten Si-Scheibe ohne Regelung dar. Trotz sorgfältiger Justierung sind nur etwa 20% der Aufnahme auswertbar. Bei Verwendung eines Extremwertreglers wird ein nahezu vollständig auswertbares Topogramm erhalten (Bild 3.135b).

Entsprechende Ergebnisse wurden auch für andere Proben gefunden, so z. B. auch bei sehr stark makroskopisch verspannten Si-Scheiben aus der Halbleiterfertigung (Bild 3.136a ohne Regelung und Bild 3.136b mit Regelung).

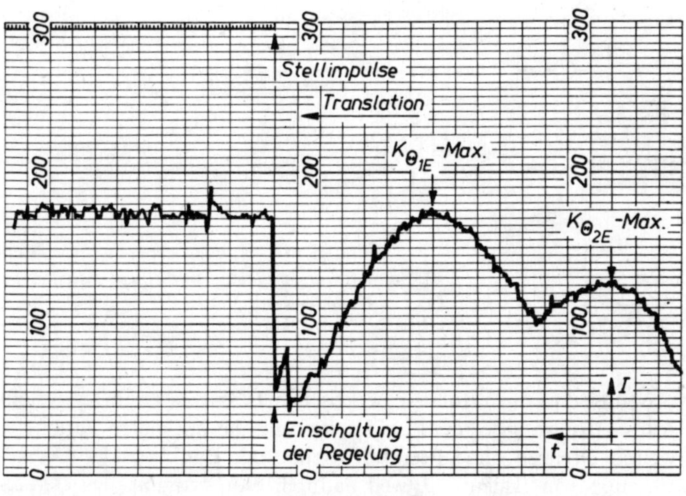

Bild 3.134. Verlauf der Intensität I mit und ohne Extremwertregler

a)

b)

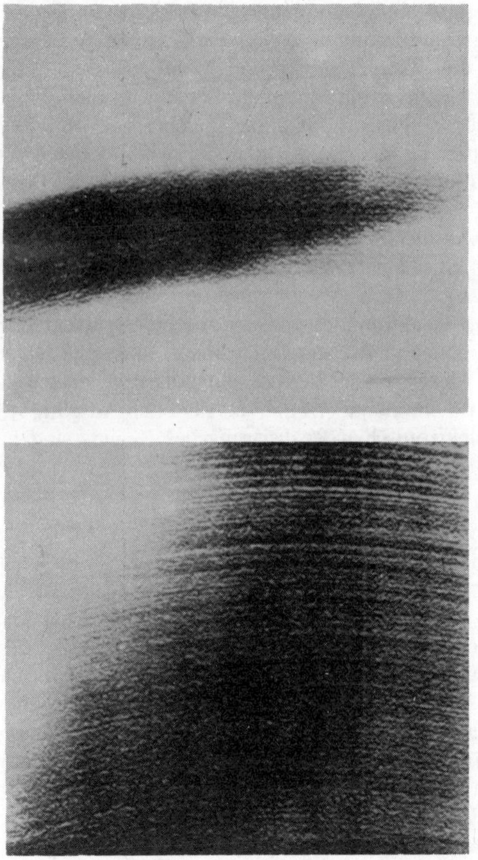

Bild 3.135. Röntgentopogramm einer getrennten Si-Scheibe

a) ohne Regelung; b) mit Regelung

a)

b)

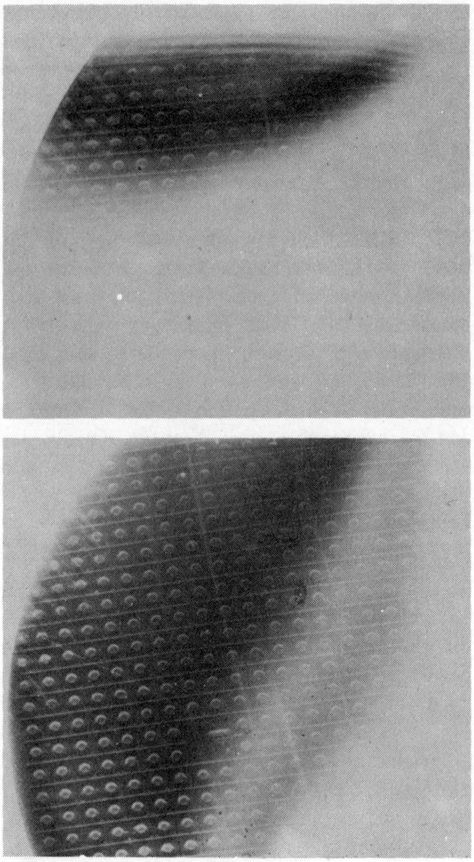

Bild 3.136. Röntgentopogramm einer Si-Scheibe aus der Halbleiterfertigung

a) ohne Regelung; b) mit Regelung

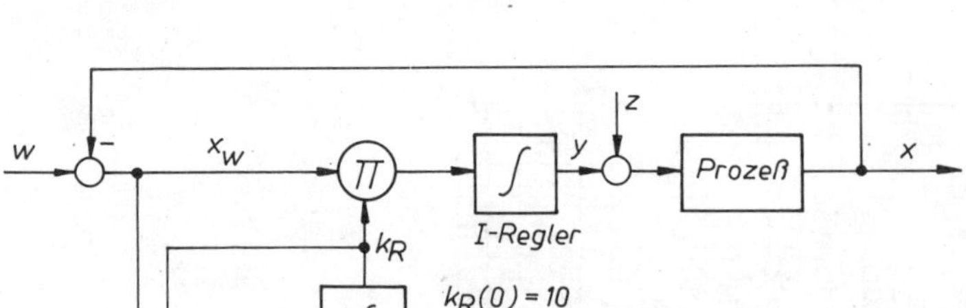

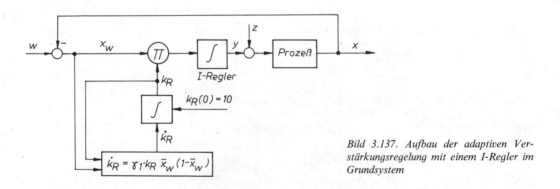

Bild 3.137. Aufbau der adaptiven Verstärkungsregelung mit einem I-Regler im Grundsystem

Im Ergebnis der umfassenden Erprobung und des erfolgten praktischen Einsatzes kann festgestellt werden, daß sich die entwickelte Automatisierungslösung bewährt hat und die optimalen Parameter des Extremwertreglers in relativ weiten Grenzen ohne Beeinträchtigung der Funktion des Gerätes geändert werden dürfen. Dies ist deshalb von Bedeutung, weil dadurch die Fertigung des Gerätes wesentlich erleichtert wird.

3.4.10.4. Verstärkungsadaption auf der Basis einer normierten Regelabweichung

Obwohl sich die Freiheitsgrade beim Entwurf in dem hier betrachteten Fall im wesentlichen nur auf die Wahl der Struktur des Grundkreisreglers und den γ_1-Wert beziehen, soll der Ablauf doch in Anlehnung an den im Bild 3.102 angegebenen Grobablaufplan erfolgen.

A-priori-Information über den Prozeß. Da die adaptive Regelungsstruktur nach Bild 3.137 auf Änderungen im Verhalten des gesamten geschlossenen Regelkreises reagiert, d. h. unabhängig davon, ob sie im Prozeß oder im Regler auftreten, werden hier keine Änderungen von Prozeßparametern betrachtet. Damit wird hier der Fall untersucht, daß der zu automatisierende Prozeß in seinem Verhalten zwar konstant, aber im Detail unbekannt ist. Als bekannt wird lediglich vorausgesetzt, daß aufgrund der vorhandenen Prozeßkenntnisse entschieden werden kann, mit welchem Reglertyp ein funktionstüchtiger Grundregelkreis zu realisieren ist. Liegen weitere Informationen über die zu erwartenden Änderungen im Regelkreis vor, können diese selbstverständlich vorteilhaft bei der Ermittlung des γ_1-Wertes verwendet werden. Als Testprozesse kommen in Betracht

$$G_P(p) = \frac{1}{(p+1)^4} \tag{3.154}$$

und

$$G_P(p) = \frac{1}{(p+1)^2}\,. \tag{3.155}$$

Wahl des Gütekriteriums I_0. I_0 liegt mit dem hier gewählten Verfahren fest (s. Ausführungen hierzu im Abschn. 3.4.7.1., u. a. auch zum Verfahren nach *Maršik*).

Wahl der Struktur des Grundkreisreglers. Verwendet wird bei den beiden Prozeßtypen ein I-Regler

$$G_R(p) = \frac{k_R}{p}$$

mit k_R als adaptive Stellgröße (Bild 3.137).

Ermittlung des Adaptivgesetzes. Wenn man die Ausgangsform (3.124) und die erweiterte Form (3.125) des Adaptivgesetzes als zwei Lösungsvarianten eines Verfahrens betrachtet, dann ergibt sich hier doch noch eine Wahlmöglichkeit. Obwohl man sich in der Regel sicherlich für die erweiterte Form (3.125) entscheiden wird, soll im folgenden aus Gründen der Einfachheit das Adaptionsgesetz (3.124) verwendet werden.

Ermittlung des freien Parameters der Adaptionsschleife. Da geeignete Überschlagsformeln beim gegenwärtigen Bearbeitungsstand noch nicht vorliegen, wird der γ_1-Wert durch Simulation auf dem Rechner in Abhängigkeit von dem Prozeßtyp bestimmt:

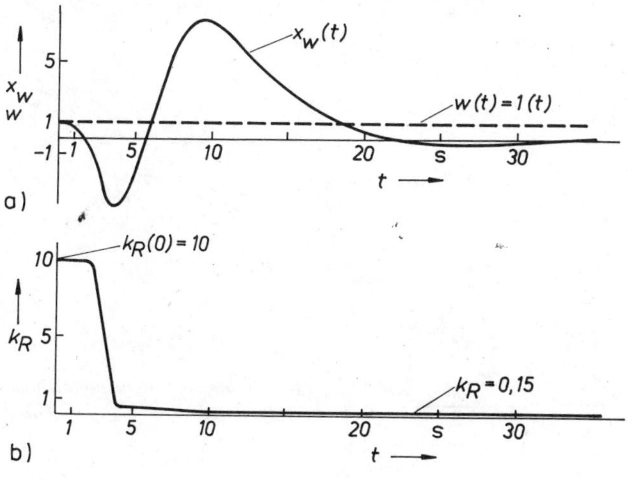

Bild 3.138. Verlauf der Regelabweichung x_w und der Reglerverstärkung k_R im Fall 1

Prozeß nach (3.154) $\gamma_1 = 0{,}1$
Prozeß nach (3.155) $\gamma_1 = 0{,}5$.

Simulation auf dem Rechner. Um die Leistungsfähigkeit dieses Adaptionsverfahrens einschätzen zu können, wurde mit $k_R(0) = 10$ eine relativ große Anfangsverstärkung gewählt. Die Realisierung des adaptiven Reglers auf dem Rechner erfolgte mit einer Abtastzeit $T_0 = 0{,}2$ s. Die Regelabweichung x_w und die Reglerverstärkung k_R wurden in Abhängigkeit von der Zeit für die folgenden Fälle ermittelt und die Kurvenverläufe dargestellt.

Fall 1

Prozeß nach (3.154) $\gamma_1 = 0{,}1$

$$w(t) = 1(t)\,, \qquad z(t) = 0$$

Darstellung der Verläufe von $x_w(t)$ und $k_R(t)$ s. Bild 3.138.

Fall 2

Prozeß nach (3.155) $\gamma_1 = 0{,}5$

$$w(t) = 5(t)\,, \qquad z(t) = 0$$

Darstellung der Verläufe von $x_w(t)$ und $k_R(t)$ s. Bild 3.139.

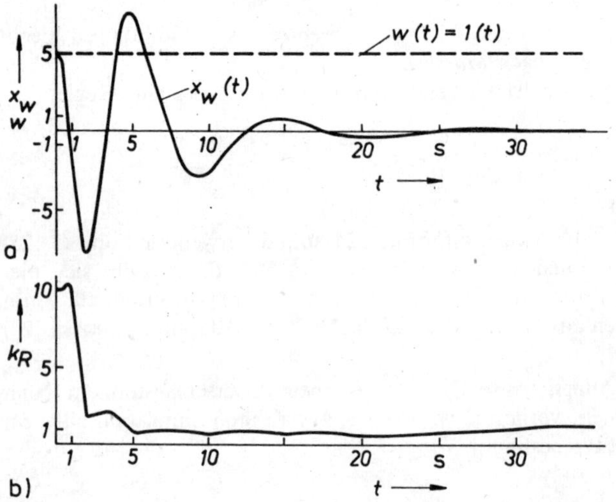

Bild 3.139. Verlauf der Regelabweichung x_w und der Reglerverstärkung k_R im Fall 2

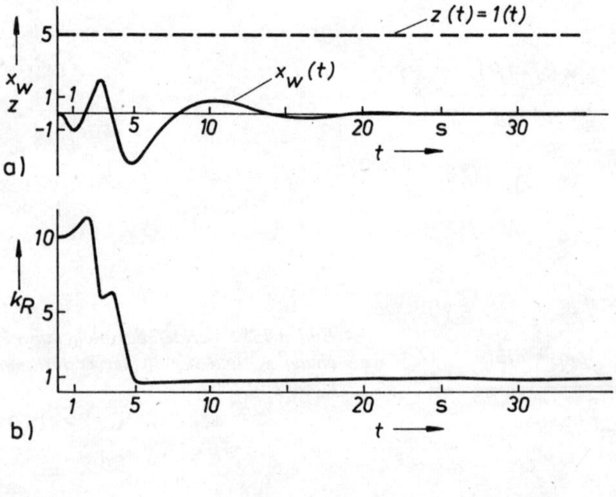

Bild 3.140. Verlauf der Regelabweichung x_w und der Reglerverstärkung k_R im Fall 3

Fall 3
Prozeß nach (3.155) $\gamma_1 = 0{,}5$

$$w(t) = 0\,, \qquad z(t) = 5(t)$$

Darstellung der Verläufe von $x_w(t)$ und $k_R(t)$ s. Bild 3.140.

Schlußbemerkungen. Aus den in den Bildern 3.138 bis 3.140 dargestellten Verläufen kann man sehr gut erkennen, daß dieses Verfahren bei sprungförmigen Führungs- und Störgrößen ein gleich gutes Verhalten des so entworfenen Systems bedingt. Es ist auch ersichtlich, daß sich die relativ große Anfangsverstärkung des Reglers sehr schnell auf den Wert einstellt, der zur Erreichung des diesem Verfahren entsprechenden Güteverhaltens erforderlich ist. Zur allgemeinen Einordnung der Ergebnisse sei hier noch erwähnt, daß im Fall 1 die kritische Verstärkung etwa bei $k_R = 0{,}5$ und in den Fällen 2 und 3 etwa bei $k_R = 2{,}0$ liegt.
Zur Einschätzung der Leistungsfähigkeit des Verfahrens ist der Fall der Regleranpassung an einen unbekannten, aber konstanten Prozeß gewählt worden. Da das Adaptivsystem bei Änderungen im Prozeßverhalten in gleicher Weise reagieren wird, wurde dieser Fall hier nicht dargestellt.

3.4.10.5. Adaptive Anfahrsteuerung einer Gasturbine

Problemstellung

Im folgenden wird ein Projekt dargestellt, das als Experiment realisiert wurde [1 bis 3; 9; 208; 209], um Möglichkeiten des Einsatzes der Mikrorechentechnik für adaptive Systeme in Automatisierungsanlagen zu erkunden und den Aufwand zur Einführung adaptiver Regler in ein Gesamtkonzept der Automatisierung von Anfahrvorgängen zu ermitteln.
Als spezieller Anwendungsfall wurde die Automatisierung einer Gasturbinenanlage gewählt. An diesem aufgrund der hohen Geschwindigkeit der Parameteränderungen automatisierungstechnisch besonders schwierigen Beispiel wurde gezeigt, daß unter Verwendung der verfügbaren 8-Bit-Technik und vorhandener Informationen über die Anlage mit angemessenem Aufwand eine funktionsfähige Lösung entwickelt und erfolgreich erprobt werden kann. Bei der folgenden Beschreibung des Projekts soll aber nicht nur die adaptive Steuerung einer Gasturbinenanlage als spezieller Anwendungsfall erläutert werden. Für den potentiellen Anwender sollen vielmehr auch Hinweise für eine allgemeine Vorgehensweise bei der Lösung ausgewählter Aufgabenstellungen, die für den Einsatz von Adaptivsystemen typisch sind, abgehoben werden. Bei der Lösung der vorliegenden Aufgabenstellung wurde wie folgt vorgegangen:

- Einarbeitung in die Technologie der Anlage
- Ermittlung der statischen und dynamischen Parameter der Anlage in Abhängigkeit vom Arbeitspunkt
- Entwurf einer geeigneten adaptiven Automatisierungsstruktur
- Aufbau eines Mikrorechnerreglers
- Implementierung der Basissoftware
- Implementierung der Anwendersoftware
- Erprobung der adaptiven Automatisierungsstruktur am Modell der Gasturbinenanlage
- Erprobung an der Anlage.

Bei der volkswirtschaftlichen Zielstellung müssen zwei Faktoren berücksichtigt werden, die insgesamt die Ökonomie eines solchen Projekts bestimmen:

1. effektive Bearbeitung des Projekts von der Vorbereitung bis zur technischen Realisierung (Kosten des Projekts)
2. Lösung einer ökonomisch bedeutsamen wissenschaftlich-technischen Aufgabe (Nutzen des Projekts).

Die Beachtung des Zusammenhangs zwischen diesen beiden Faktoren ist vor allem deshalb wichtig, weil sich adaptive Systeme trotz der nachgewiesenen guten Eigenschaften in der Prozeßautomatisierung noch nicht in technisch sinnvollem Maße durchgesetzt haben. Der Grund dafür ist u. a. darin zu suchen, daß auf ein in der Praxis auftretendes Problem forschungsseitig mit universellen Methoden reagiert wurde, deren Entwicklung — gemessen an der Aktualität des Problems — zu lange dauerte. Außerdem führten die für den Entwurf der adaptiven Systeme benutzten anspruchsvollen theoretischen Methoden in der Regel zu relativ komplizierten Echtzeitalgorithmen, deren Realisierung aus Gründen der Verfügbarkeit und der Kosten nicht ökonomisch vertretbar war. Der insgesamt für die Voruntersuchungen und die technische Realisierung notwendige Aufwand überstieg in den meisten Fällen den zu erwartenden Nutzen. Die genaue Betrachtung der Gesamtökonomie ist beim Einsatz von adaptiven Systemen auch insbesondere deswegen notwendig, weil ihre technische Vorbereitung an einen speziellen Prozeß gebunden ist und die technische Realisierung adaptiver Regler keine hohen Produktionszahlen erwarten läßt. Derartige Überlegungen standen im Vordergrund bei der Bearbeitung des hier dargestellten Projekts.

Als Randbedingungen für den Einsatz eines Adaptivsystems für die Anfahrsteuerung einer Gasturbinenanlage waren zunächst folgende Forderungen der Automatisierungspraxis zu berücksichtigen:

- Anschließbarkeit der verfügbaren oder bereits installierten Gerätetechnik an die neue adaptive Systemkonfiguration
- Realisierung der zusätzlich für die Adaption notwendigen Technik auf der Basis leicht verfügbarer Schaltkreise und Baugruppen
- technische Erweiterbarkeit der Lösung bei evtl. nachträglich zu erwartenden Forderungen an den Automatisierungsgrad und die Güte der Regelung
- Realisierung der adaptiven Regelung mit möglichst geringem Umfang an Echtzeitinformationsverarbeitung, um den technischen Aufwand gering zu halten
- Anwendung des vorhandenen Ingenieurwissens über die Produktionsanlage für den Entwurf und den Betrieb des adaptiven Systems, um den technischen Aufwand bei der Realisierung für den Spezialfall möglichst gering zu halten
- Verwendung des vorhandenen Wissens über die Anlagentechnologie und der Erfahrungen über den bisherigen Betrieb zur Reduzierung des für die Identifikation notwendigen materiellen und zeitlichen Aufwands.

Um den Leser schon vorab auf die im nachstehenden Text näher begründete Automatisierungslösung einzustimmen, ist im Bild 3.141 der prinzipielle Aufbau des Adaptivsystems angegeben, der für die meisten typischen Anfahrvorgänge gut geeignet ist und daher auch zur Lösung der vorliegenden Aufgabenstellung verwendet werden soll.

Anhand der im Abschn. 3.4.6. vorgestellten Verfahren kann man leicht erkennen, daß es sich hierbei um eine Adaption mit offener Wirkungskette handelt. Die Besonderheit besteht darin, daß es sich um ein Systemkonzept mit 2-Schleifen-Adaption handelt, das durch die wiederholte Nutzung einmal gewonnener Identifikations- und Optimierungsergebnisse gekennzeichnet ist und eine Trennung der erforderlichen Informationsverarbeitung in Echtzeit und Nichtechtzeit ermöglicht [209]. Dabei ist in

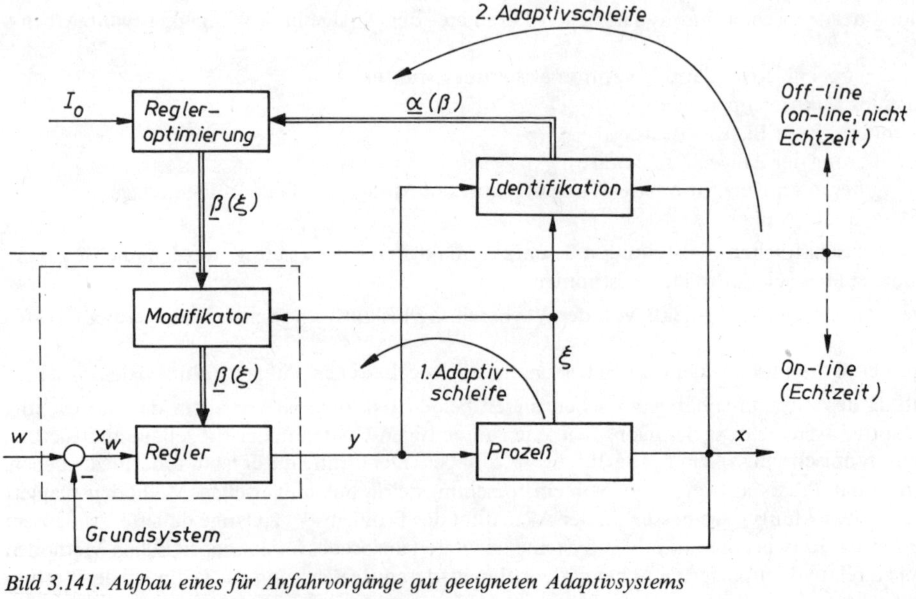

Bild 3.141. Aufbau eines für Anfahrvorgänge gut geeigneten Adaptivsystems

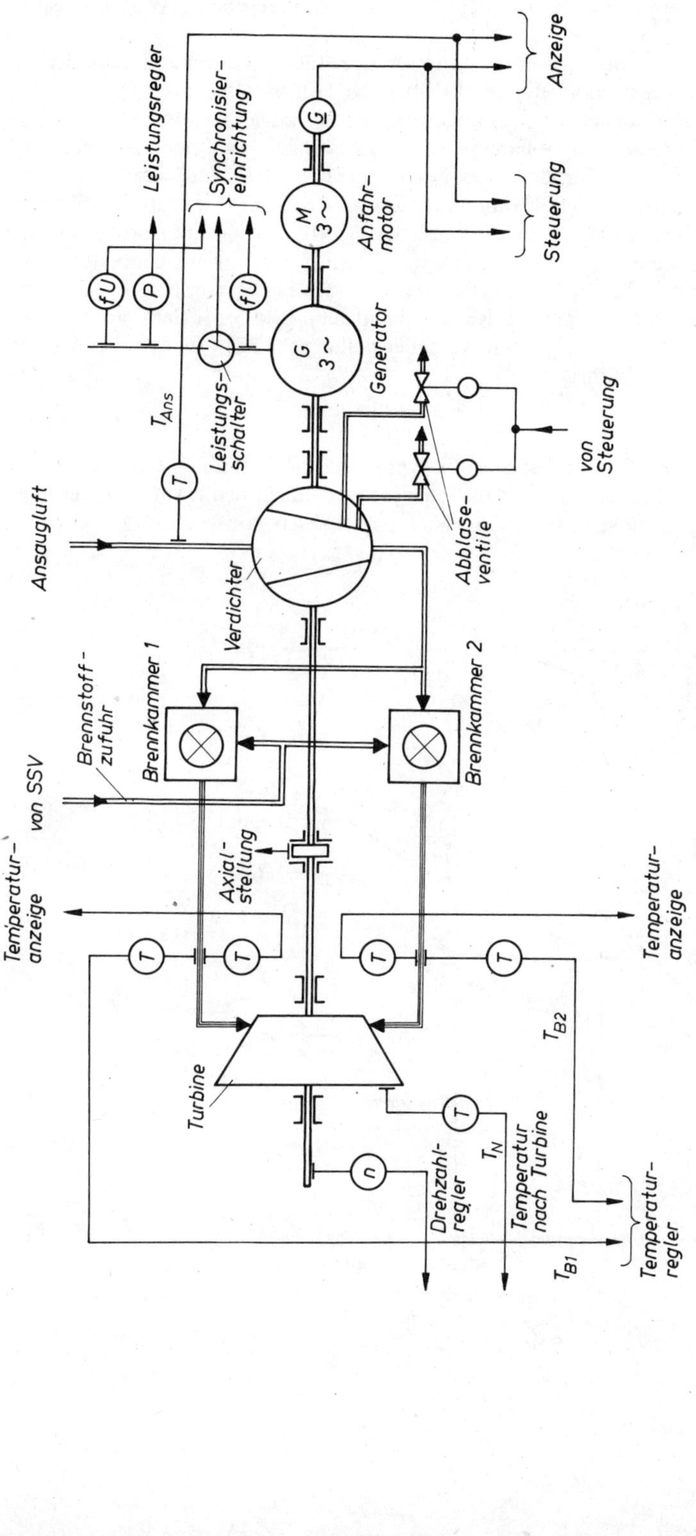

Bild 3.142. Vereinfachtes technologisches Schema der Gasturbinenanlage

der ersten Realisierungsstufe eine adaptive Störgrößenaufschaltung (s. Abschn. 3.4.6.2.) vorgesehen. Dies wird angestrebt, weil aufgrund vorhandener Anfangsinformationen zu erwarten ist, daß die schnellen arbeitspunktabhängigen Parameteränderungen während des Anfahrvorgangs der Gasturbine durch eine gemessene Hilfsvariable ξ hinreichend genau beschrieben werden können und die Identifikations- und Optimierungsergebnisse ($\boldsymbol{\alpha}$, $\boldsymbol{\beta}$) in eindeutiger Zuordnung den ξ-Werten entsprechen.

Ist das Adaptionsgesetz $\beta(\xi)$ ermittelt worden, kann der Umweg über Identifikation und Optimierung entfallen und die Korrektur der Reglerparameter direkt über die Hilfsvariable ξ erfolgen. ξ wird dem Modifikator, in dem das Adaptionsgesetz $\boldsymbol{\beta}(\xi)$ abgespeichert ist, zugeführt. Ist der Prozeß in seinem Verhalten nicht nur stark arbeitspunktabhängig, sondern zusätzlich auch noch zeitabhängig, so muß in gewissen Zeitabständen eine Korrektur des Adaptivgesetzes $\boldsymbol{\beta}(\xi)$ und somit auch eine Umprogrammierung des Modifikators erfolgen. Damit wird die zweite Schleife des adaptiven Systems wirksam, die nicht unbedingt on line realisiert werden muß (Bild 3.141). Die on line und in Echtzeit arbeitende gerätetechnische Basis dieses 2-Schleifen-Konzepts besteht damit nur aus dem parametersteuerbaren Grundkreisregler und dem Modifikator, in dem das Parametersteuerungsgesetz gespeichert ist. Beide Einheiten zusammen bilden den adaptiven Regler. Wie das im Bild 3.141 dargestellte Automatisierungskonzept bei der Lösung der vorliegenden Aufgabenstellung realisiert worden ist, wird zu einem späteren Zeitpunkt genauer ausgeführt.

Erläuterung der Technologie

Der Anfahrvorgang einer Gasturbine ist trotz aller Spezifik typisch für die Technologie des Anfahrens von Anlagen an sich. Gasturbinen stellen dabei besonders hohe Anforderungen an die Automatisierungstechnik, weil der Anfahrvorgang sehr schnell verläuft und physikalisch sowie chemisch kritische Reaktionsintervalle zu durchfahren sind.

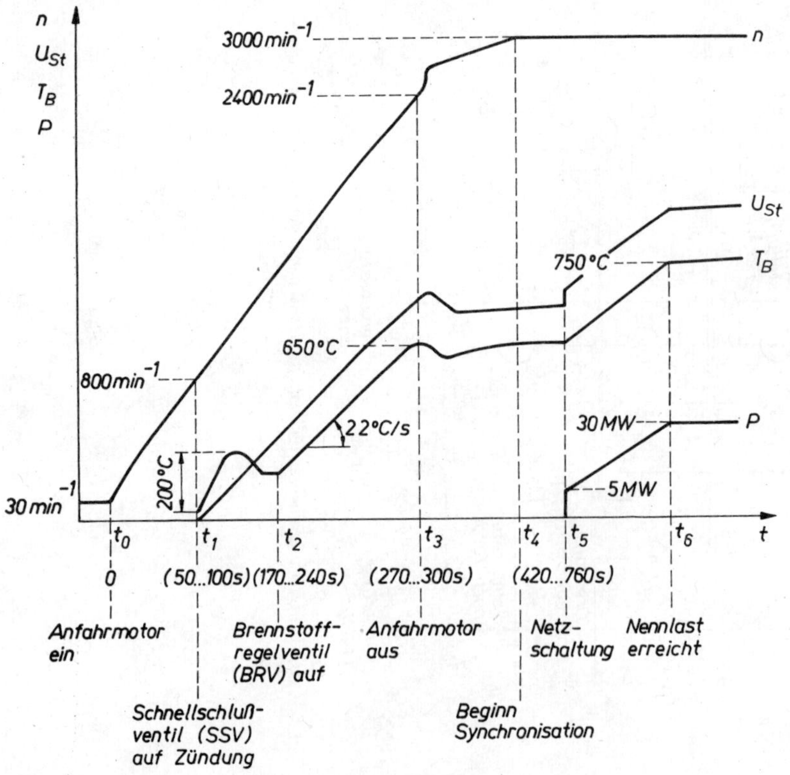

Bild 3.143. Schematisiertes Anfahrdiagramm

Das vereinfachte technologische Schema des Hauptteils der Gasturbine ist im Bild 3.142 dargestellt. Ein Verdichter saugt die Luft aus der Atmosphäre an, komprimiert sie und führt sie zwei Brennkammern zu, in denen sie durch Verbrennen des aus der Heizölleitung eingespritzten Öles auf die Arbeitstemperatur gebracht wird. Dieses heiße Arbeitsmedium (Rauchgas) gelangt in die Turbine, in der es sich unter Abkühlung entspannt; dabei wird ein Teil der Wärmeenergie in mechanische Arbeit umgewandelt. Daraus entsteht das antreibende Moment für den Generator, der dieses in elektrische Energie umformt und in das Netz einspeist.

Außer der thermischen Beanspruchung des Turbinenmaterials wirken sich die durch Temperaturunterschiede hervorgerufenen Wärmespannungen ungünstig auf die Lebensdauer der Gasturbine aus. Da sich bei langer Außerbetriebnahme die Turbine auf nahezu Umgebungstemperatur abkühlt, kann zur Einhaltung des maximal zulässigen Temperaturgradienten eine bestimmte Anfahrzeit nicht unterschritten werden. Um einen möglichst konstanten zulässigen Temperaturgradienten während des Anfahrens zu erreichen, wobei je nach vorhergehender Betriebsdauer von sehr unterschiedlichen Wärmezuständen ausgegangen werden muß, ist eine spezielle Anfahrtechnologie erforderlich.

Beim Betrieb der Anlage werden acht technologische Stufen unterschieden [210 bis 212] (vgl. mit den Bildern 3.143 und 3.144):

Stufe I (Turnen). Bereitschaftszustand zwischen den Arbeitsphasen (Leistungsbetrieb). Inbetriebnahme der zentralen Versorgungsaggregate (Lagerölpumpen, Wasserversorgung, Lüfter u. a.) Einschalten des Turnmotors, der die Turbine mit der Turndrehzahl von $n = 30 \ldots 50$ U/min bewegt.

Stufe II (Vorbereitung). Vorbereiten der Brennstoffversorgung, Inbetriebnahme der Ölversorgung, Einschalten der Generatorerregung. Die Stufe II ist die erste Anfahrstufe, da die Turbine in den Betriebspausen ständig geturnt wird, um die Lagerbelastung zu verteilen.

Stufe III (Anfahren). Beschleunigen der Turbine mit dem Anfahrmotor, Zünden des Brennstoffs und Hochfahren bis in die Nähe der Synchrondrehzahl von etwa 3000 U/min.

Stufe VI (Entlastung). Reduzierung der Generatorleistung, bis der GLS gerade noch nicht ausschaltet torleistungsschalters (GLS).

Stufe V (Vollast). Einschalten der Wirk- und Blindleistungsregelung, Dauerbetrieb der Turbine entsprechend dem vorgegebenen Leistungs-Sollwert.

Stufe VI (Entlastung). Reduzierung der Generatorleistung bis der GLS gerade noch nicht ausschaltet (entspricht nahezu dem Leerlauf der Turbine am Netz).

Stufe VII (Rückkehr zum Turnen). Schließen des Schnellschlußventils (SSV), Löschen der Brennkammern, Auslösen des GLS, Schließen des Brennstoffregelventils (BRV), Auslauf der Turbine und Einschalten des Turnmotors bei Erreichen der Turndrehzahl.

Stufe VIII (Stillstand). Außerbetriebsetzung aller Aggregate. Diese Stufe wird nur für Reparaturarbeiten bzw. bei Ausfall der Notstromversorgung, die den Lagerölkreislauf sichert, angewählt.

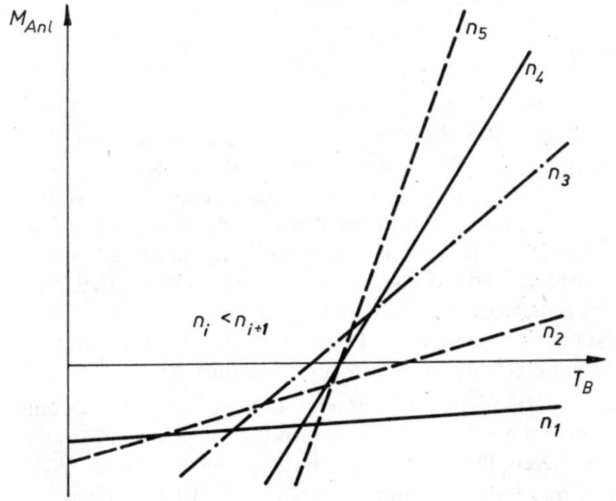

Bild 3.144. Qualitativer Verlauf des Anlagenmoments in Abhängigkeit von der Drehzahl n und der Brennkammertemperatur T_B

Zum besseren Verständnis des Regelungsproblems müssen die Stufen III, IV und V genauer betrachtet werden:

Zum Anfahren wird die Turbine mit Hilfe des Anfahrmotors solange beschleunigt, bis der Verdichter die für die Bildung eines zündfähigen Brennstoff-Luft-Gemisches erforderliche Luftmenge fördert. Diese sog. Zünddrehzahl beträgt etwa 800 U/min. Zuvor werden die Brennkammern gespült, um Explosionen zu vermeiden, und die Zündstäbe in die Brennkammern eingefahren. Nach Erreichen der Zünddrehzahl wird das Schnellschlußventil (SSV) geöffnet. Am Zündventil wird die zur Zündung erforderliche Brennstoffmenge von Hand eingestellt. Dieser Wert liegt aus empirisch aufgestellten Diagrammen vor und hängt hauptsächlich von der beim Anfahren herrschenden Temperatur in der Brennkammer ab. Die eingestellte Brennstoffmenge bestimmt wesentlich die Höhe des beim Einsetzen der Zündung eintretenden Temperatursprungs, der etwa 20 s nach Zündung auftritt und einen Maximalwert von 200 °C nicht überschreiten soll. Zum Abbau der dadurch besonders in den Turbinenschaufeln hervorgerufenen Temperaturspannungen wird eine sog. Zündbeharrung von 100 bis 120 s benötigt, nach der die Gastemperatur je nach Ausgangspunkt zu Beginn des Anfahrens 100 bis 400 °C beträgt. Da die Verbrennungsgase die Turbine jetzt noch nicht allein antreiben können, bleibt der Anfahrmotor eingeschaltet, und die Turbinendrehzahl wird etwa zeitlinear weiter gesteigert. Gleichzeitig wird das Brennstoffregelventil (BRV) mit Hilfe der zeitlich ansteigenden Anfahrspannung U_{St} automatisch derart geöffnet, daß die Temperatur der Verbrennungsgase mit dem vorgeschriebenen Temperaturgradienten von etwa 2 °C/s ansteigt.
Bei 600 °C wird dieser Anstieg nochmals durch eine Beharrung unterbrochen (U_{St} bleibt konstant), damit ein Temperaturausgleich im Aggregat erfolgen kann. Sobald die Turbine eine Drehzahl von 2400 U/min erreicht hat, wird der Anfahrmotor abgeschaltet, da diese Drehzahl und die zugeführte Brennstoffmenge ausreichen, um die Turbine ohne fremde Antriebsenergie weiter zu beschleunigen. Bei einer Drehzahl von 2650 U/min wird die Temperaturregelung durch eine Drehzahlregelung ersetzt. Bei etwa 3000 U/min erfolgt die Synchronisierung der Maschine mit der Netzfrequenz. Die Synchronisiereinrichtung korrigiert zu diesem Zweck so lange die Brennstoffmenge, bis Frequenz und Phasenlage der Generatorspannung mit den entsprechenden Werten des Netzes übereinstimmen. In diesem Zustand wird der Generatorleistungsschalter (GLS) geschlossen und durch weiteres Öffnen des Brennstoffregelventils (BRV) eine Grundlast von etwa 5 MW eingestellt, um die Turbine sicher am Netz zu halten.
Die Leistungssteigerung bis zur gewünschten Sollast erfolgt mit einem vorgeschriebenen Gradienten von 3 MW/min [9]. Sie wird durch Verstellen der Brennstoffmenge erreicht, wobei die Turbinendrehzahl nur noch von der Netzfrequenz abhängt. Die von der Maschine maximal lieferbare Leistung wird durch die Temperatur in der Turbine begrenzt. Da diese Temperatur von der Ausgangstemperatur der Verbrennungsluft abhängt, ist die maximale Leistung der Turbine bei niedrigen Außentemperaturen am größten. Der Vollastbereich schwankt zwischen 18 und 30 MW. Mit der Brennstoffmenge kann unter Beachtung des Temperaturgrenzwerts $T_B = 750$ °C jede gewünschte Leistung zwischen Grund- und Vollast eingestellt werden.

Modellierung der Anlage

Allgemeine Bemerkungen. Bevor auf die Modellbildung näher eingegangen wird, soll nochmals darauf hingewiesen werden, daß die Einführung einer adaptiven Regelung in eine Anlage Projektcharakter hat. Ihre Einführung führt nämlich, selbst wenn sie nur Teile der gesamten Regelung betrifft, zur Veränderung der Regelungsstruktur insgesamt und muß unter strenger Beachtung des Aufwand-Nutzen-Verhältnisses erfolgen. Auch der Aufwand für die notwendige Modellbildung ist daher zu berücksichtigen. Daraus folgt, daß der Aufwand für die theoretische und experimentelle Modellbildung nur so weit zu treiben ist, wie die für ein ausgewähltes Adaptionsprinzip notwendigen Prozeßinformationen dies unbedingt erfordern. Daraus ergibt sich wiederum, daß gute Grundkenntnisse über den zu erwartenden Einsatzerfolg eines Adaptionsprinzips vorliegen müssen, um die Gesamtökonomie abschätzen zu können. Aus der Projekterfahrung ergeben sich drei Schlußfolgerungen:

1. Schon eine aus der Sicht der modernen Thermodynamik einfache Beschreibung der Grundtechnologie der Anlage reicht aus, um eine theoretische Modellstruktur zu ermitteln, die es gestattet, die Anlage genügend genau zu simulieren. Die adaptive Steuerung konnte auf diese Weise im Labor so eingehend erprobt werden, daß ihre Kopplung mit der Anlage gefahrlos möglich war.

Die beim Betreiber und Entwickler der Anlagentechnologie vorliegenden Daten reichten, bis auf Angaben über die Regelstreckendynamik im vorgesehenen Adaptionsbereich, aus, um die Simulation mit Hilfe eines Rechners so genau zu ermöglichen, daß der Verlauf der simulierten physikalischen Größen von denen an der realen Anlage kaum zu unterscheiden war. Durch die gezielte Nutzung der Simulationsuntersuchungen konnten die Entwicklungskosten wesentlich herabgesetzt werden.

2. Für den Entwurf der adaptiven Regelung mußte nur ein kleiner Teil der Anlage in einem eng begrenzten zeitlichen Intervall des Anfahrvorgangs hinsichtlich der dynamischen Eigenschaften des Prozesses genauer untersucht werden. Dafür reichte die Verwendung einfacher linearer Modelle, die durch eine Prozeßvariable umgeschaltet werden, völlig aus. Nicht zuletzt war dieses adaptive Prinzip für den Anfahrvorgang auch deshalb vorteilhaft geeignet, weil es sich in das Gesamtkonzept der Fahrweise der Anlage gut einordnete (ausgeprägtes Steuerungsprinzip).
3. Insgesamt wurde deutlich, daß die Einführung der Adaption in die technologische Anlage die Betrachtung der Gesamtanlage erforderlich machte. Es mußte das gesamte Umfeld des einzuführenden adaptiven Systems modelliert werden. Die Abrüstung dieses „Umfeldmodells" auf das für die Erprobung der Adaption unbedingt notwendige Maß stellte eine besondere Schwierigkeit dar und war nur mit Hilfe der theoretischen Modellbildung und unter gezielter Nutzung von A-priori-Informationen möglich.

Die Anlagenmodellierung diente also im vorliegenden Fall zwei voneinander wesentlich verschiedenen Zielstellungen:

Anlagenmodellierung für die Reglersynthese. Hier geht es um die Ermittlung einer Menge $\mathfrak{M}$ von Modellen M_i und um die Ermittlung einer meßbaren Prozeßhilfsvariablen ξ, die zur automatischen Auswahl des jeweils aktuellen Modells $M_i \in \mathfrak{M}$ herangezogen werden kann. Bei der Modellmenge $\mathfrak{M}$ handelt es sich um lineare, zeitinvariante Modelle mit konstanten Parametern, die in ihrer Gesamtheit eine Approximation der veränderlichen Prozeßdynamik zum Zwecke der Aufstellung des Adaptivgesetzes für die Reglerparameter liefern. Diese Modellierung betrifft also den Bereich des theoretischen Entwurfs des adaptiven Systems zur Temperaturregelung.

Anlagenmodellierung für die Anlagensimulation. Das Ziel besteht darin, ein Modell zu ermitteln, das es gestattet, das gesamte Betriebsverhalten der Gasturbinenanlage für den Anfahr- und Leistungsbereich in Echtzeit zu simulieren. Diesem Simulationsmodell kommt eine große Bedeutung für die Laborerprobung der neu zu entwickelnden Automatisierungsstrukturen sowie deren Realisierung auf der Basis von Mikrorechnern zu. Ein solches Simulationsmodell wird benötigt, um die Funktionsfähigkeit und die Funktionssicherheit der modernen Steuerungssoftware und -hardware vor ihrer Ersterprobung an der realen Anlage sowohl für den normalen Anfahr- und Leistungsbetrieb als auch in speziellen Havariesituationen bereits im Labor umfassend testen zu können. Nur auf diese Weise gelingt es, das Einsatzrisiko bei der Ersterprobung neuer Automatisierungseinrichtungen an der Anlage möglichst klein zu halten.
Wegen dieser im Rahmen der Anlagenmodellierung verfolgten zwei unterschiedlichen Zielstellungen ergibt sich die Notwendigkeit, sowohl eine theoretische als auch eine experimentelle Prozeßanalyse durchzuführen. Die zur Reglersynthese benötigte Modellmenge kann nach dem Black-box-Prinzip durch Messung und Auswertung des Eingangs-Ausgangs-Verhaltens ermittelt werden. Das Simulationsmodell für die Anlage ist dagegen auf diese Weise nicht bestimmbar, da die echten nichtlinearen Zusammenhänge zwischen den Prozeßgrößen berücksichtigt werden müssen, um eine gute Analogie zwischen Modell und Realität im gesamten praktisch vorkommenden Wertebereich dieser Prozeßgrößen zu erhalten. Aus diesem Grunde ist eine zusätzliche theoretische Prozeßanalyse erforderlich. Bezüglich der anzustrebenden Genauigkeit bei der Modellbildung wird zunächst nur gefordert, daß die Modellmenge die wesentlichen Änderungen der arbeitspunktabhängigen Prozeßdynamik widerspiegelt und daß mit Hilfe des Simulationsmodells das gesamte Anlagenverhalten nachgebildet und somit als Laborprozeß für Echtzeituntersuchungen von adaptiven Algorithmen herangezogen werden kann. Feinheiten hinsichtlich der Struktur von dynamischen Übertragungsgliedern sowie besondere technologische Details des Prozesses bzw. des Verhaltens von Anlagenteilen sind von untergeordneter Bedeutung. Es wird also im Hinblick auf die beiden genannten Zielstellungen eine erste Anlagenmodellierung angestrebt, die im Verlauf der weiteren Arbeit ggf. schrittweise soweit verfeinert wird, wie es die zu lösende Gesamtaufgabe verlangt. Mit dieser Vorgehensweise wird der Forderung nach einer rationellen und ökonomischen Projektbearbeitung Rechnung getragen.

Theoretische Prozeßanalyse. Aus den vorangegangenen Ausführungen zur Modellierung folgt die Forderung nach einem theoretischen Anfahrmodell der Gasturbinenanlage, das auf Feinheiten verzichtet und sich bewußt auf das wesentliche Verhalten dieser Anlage beschränkt. Dabei entspricht die Verknüpfung experimenteller Ergebnisse mit theoretisch begründeten Ansätzen der beim Projekt verfolgten Strategie einer bewußten Verarbeitung relevanter A-priori-Informationen im Interesse eines technisch und ökonomisch vertretbaren Aufwands bei der praktischen Realisierung adaptiver Systeme.
Das Ziel der theoretischen Untersuchungen besteht in der Ermittlung der Bewegungsgleichungen für das Anfahren einer Gasturbinenanlage unter Berücksichtigung der Einflüsse der Turbine, des Verdichters, des Anfahrmotors, der mechanischen Anlagenträgheit, der Energiezuführung durch das Heizöl und der Wärmespeicherung in den Heißteilen der Brennkammer. Obwohl es nicht möglich ist, auf alle Einzelheiten der Modellbildung einzugehen, sollen jedoch im folgenden die wichtigsten Grundbeziehungen angegeben werden.

Momentenbilanzen an der Welle. Zur Beschreibung des Anfahrverhaltens der Gasturbinenanlage muß von der Momentenbilanz an der Welle ausgegangen werden. Grundsätzlich gilt für die Summe aller Momente M_i mit Berücksichtigung ihres Vorzeichens

$$\sum_i M_i = 0\,.$$

Die wesentlichen Momente an der Gasturbinenanlage sind

M_A antreibendes Moment des Anfahrmotors
M_T antreibendes Moment der Turbine
M_V bremsendes Moment des Verdichters
M_R bremsendes Moment infolge Reibungsverluste
M_D dynamisches Moment infolge Massenträgheit, das einer Bewegungsänderung entgegenwirkt
M_E bremsendes Moment infolge abgegebener elektrischer Leistung.

Da für das Anfahren $M_\mathrm{E} = 0$ und für den Leistungsbereich $M_\mathrm{A} = 0$ gilt, erhält man für das Anfahren die Momentenbilanz

$$M_\mathrm{A} + M_\mathrm{T} - M_\mathrm{V} - M_\mathrm{R} - M_\mathrm{D} = 0$$

und für den Leistungsbereich die Momentenbilanz

$$M_\mathrm{T} - M_\mathrm{V} - M_\mathrm{R} - M_\mathrm{D} - M_\mathrm{E} = 0\,.$$

Moment des Anfahrmotors. Das Moment des Anfahrmotors M_A ist abhängig von der Anlassersteuerung und der speziellen Motorschaltung. Es läßt sich durch eine Funktion der Drehzahl n

$$M_\mathrm{A} = M_\mathrm{A}(n)$$

darstellen.

Dynamisches Moment. Für das dynamische Moment M_D gilt mit der Kreisfrequenz ω der Wellenrotation

$$M_\mathrm{D} = I_\mathrm{G}\dot{\omega} = \frac{\pi}{30} I_\mathrm{G}\dot{n}\,.$$

I_G ist das Trägheitsmoment für die Gesamtanlage, d. h. für alle an der Welle befindlichen Teile (Anfahrmotor, Verdichter, Turbine mit Generator).

Anlagenmoment. Bei der theoretischen Modellbildung mußte stets darauf geachtet werden, daß zwischen den Parametern des theoretischen Modells und den vorhandenen, gemessenen Parametern ein Zusammenhang herstellbar ist. So war es z. B. notwendig, das Anlagenmoment (Drehmoment der Gasturbine)

$$M_\mathrm{Anl} = M_\mathrm{T} - M_\mathrm{V} - M_\mathrm{R}$$

einzuführen, das sich in der Form

$$M_\mathrm{Anl} = m(n)\,[T_\mathrm{B} - T_0(n)] \tag{3.156}$$

mit der Drehzahl n als Parameter eines Kennlinienfelds angeben läßt (Bild 3.144). Dabei sind sowohl

die Steigung der Geraden m als auch die Schnittemperatur T_0 mit der Drehzahl veränderlich. T_B bedeutet die Brennkammertemperatur.
Da aus physikalischer Sicht nicht die Drehzahl n, sondern die den Turbinenschaufeln zugeführte Masse heißer Luft $\dot{m}_L$ den Antrieb verursacht, ist es zweckmäßig, in (3.156) anstelle der Drehzahl n die Luftmenge $\dot{m}_L$ als Parameter zu verwenden. Dies ist durch Auswertung spezieller Anfahrkurven möglich, und für (3.156) kann man dann schreiben

$$M_{\text{Anl}} = m(\dot{m}_L)\,[T_B - T_0(\dot{m}_L)]\,.$$

Verdichtercharakteristik. Bei der Verdichtercharakteristik ist der Einfluß der Schließung der Abblaseventile zu berücksichtigen, der in Abhängigkeit von der Außentemperatur bei unterschiedlichen Drehzahlen beginnt. Bezeichnet man mit $\dot{m}_{\text{Lan}}$ die gesamte vom Verdichter angesaugte Luft, so gilt

$$\dot{m}_{\text{Lan}} = \dot{m}_L + \dot{m}_{\text{Lab}}\,. \tag{3.157}$$

$\dot{m}_L$ ist die den Brennkammern zugeführte Luft und $\dot{m}_{\text{Lab}}$ die gesamte abgeblasene Luft. Für die beabsichtigte Modellierung ist der Zusammenhang zwischen der Drehzahl n und der den Brennkammern zugeführten Luftmenge $\dot{m}_L$ von Interesse. Mit Hilfe von verfügbaren Kennlinien lassen sich die Beziehungen

$$\dot{m}_{\text{Lan}} = f_{\text{Lan}}(n)$$
$$\dot{m}_{\text{Lab}} = f_{\text{Lab}}(n)$$

ermitteln, so daß mit (3.157) die gesuchte Luftmenge als Funktion der Drehzahl in der Form

$$\dot{m}_L(n) = f_{\text{Lan}}(n) - f_{\text{Lab}}(n) \tag{3.158}$$

dargestellt werden kann. Diese Beziehung ist bis zum Schließbeginn der Abblaseventile gültig. Von diesem Zeitpunkt an werden die Abblaseventile mit einer bestimmten drehzahlabhängigen Schließgeschwindigkeit zugefahren, wobei der abgeblasene Luftstrom gegen Null geht. Bezeichnet n_{ASB} die Drehzahl bei Schließbeginn der Abblaseventile, so muß man für eine über den gesamten Drehzahlbereich gültige Beziehung (3.158) durch den Parameter n_{ASB} ergänzen.
Die Verdichtercharakteristik hat dann die Form

$$\dot{m}_L(n, n_{\text{ASB}}) = f_{\text{Lan}}(n) - f_{\text{Lab}}(n, n_{\text{ASB}})\,.$$

Wärmebilanz und Wärmespeicherung der Brennkammern. Für die im folgenden angegebene analytische Beschreibung werden die aus der realen Anlage vorhandenen zwei Brennkammern zu einer Brennkammereinheit zusammengefaßt. In der Brennkammer erfolgt eine Mischung des Brennstoffstroms $\dot{m}_B$ mit der Eintrittstemperatur T_{EB} und einem Luftstrom $\dot{m}_L$ mit der Eintrittstemperatur T_{EL}. Infolge der durch die Verbrennung freigesetzten immanenten Wärmemenge des Brennstoffs tritt mit diesem ein Wärmestrom $\dot{q}_B$ ein, der ein Aufheizen des resultierenden Gasstroms $\dot{m}_G = \dot{m}_L + \dot{m}_B$ auf eine Brennkammertemperatur T_B bewirkt. Da beim Anfahren der Gasturbinenanlage die Gastemperatur T_B und die Brennkammergehäusetemperatur T_G nicht übereinstimmen, ergibt sich ein weiterer zu berücksichtigender Wärmestrom $\dot{q}_G$, der vom Wärmeübergang und Wärmespeichervermögen der Brennkammer abhängt.
Bezeichnet man mit c_L und c_B die spezifischen Wärmen von Luft und Brennstoff sowie mit k_q den Brennstoffheizwert und mit k_w den Brennkammerwirkungsgrad, so gilt unter Vernachlässigung der latenten Wärme des Brennstoffs für die Brennkammer die folgende Wärmebilanz:

$$\dot{q}_B = k_w k_q \dot{m}_B = \dot{m}_L c_L (T_B - T_{EL}) + \dot{m}_B c_B (T_B - T_{EB}) + \dot{q}_G\,.$$

Daraus erhält man für die Brennkammertemperatur die Beziehung

$$T_B = \frac{\dot{m}_L c_L T_{EL} + \dot{m}_B (k_w k_q + c_B T_{EB}) - \dot{q}_G}{\dot{m}_L c_L + \dot{m}_B c_B}\,.$$

Der Wärmestrom $\dot{q}_G$ stellt einen Wärmeübergang zwischen dem Brennkammergehäuse mit der Temperatur T_G und dem Gasstrom mit der Temperatur T_B dar. Bedeuten a_G die Wärmeübergangszahl und F_G die für den Wärmeübergang wirksame Fläche, so gilt

$$\dot{q}_G = a_G F_G (T_B - T_G)\,. \tag{3.159}$$

Soll die Temperatur des Brennkammergehäuses um ΔT_G erhöht werden, so ist dazu eine Wärmemenge Δq_G von

$$\Delta q_G = K_G \, \Delta T_G \tag{3.160}$$

erforderlich. K_G ist die Wärmekapazität der Brennkammer. Durch Bezug auf die Zeit erhält man aus (3.160) für den Wärmestrom

$$\dot{q}_G = \frac{dq_G}{dt} = K_G \frac{dT_G}{dt} \,. \tag{3.161}$$

Aus (3.159) und (3.161) folgt für die Brennkammergehäusetemperatur die Differentialgleichung

$$\frac{K_G}{a_G F_G} \frac{dT_G}{dt} + T_G = T_B \,.$$

Die Wärmekapazität K_G und die wirksame Wärmeübergangsfläche F_G sind Anlagenkonstanten. Die Wärmeübergangszahl a_G ist nur bei freier Konvektion eine Konstante. Im vorliegenden Fall liegt jedoch erzwungene Konvektion vor, und die Abhängigkeit von der Strömungsgeschwindigkeit des heißen Arbeitsgases ist zu berücksichtigen.

Während die Eintrittstemperatur des Brennstoffs T_{EB} konstant ist, unterliegt die Eintrittstemperatur der Luft T_{EL} beim Anfahrvorgang wesentlichen Änderungen, die in der Wärmebilanz berücksichtigt werden müssen. Unter Verwendung entsprechender Anfahrkennlinien läßt sich die Brennkammereintrittstemperatur der Luft in der Form

$$T_{EL} = f_{EL}(\dot{m}_L)$$

als Funktion der in die Brennkammer eintretenden Luftmenge angeben.

Bei der im Detail relativ komplizierten theoretischen Modellbildung wurde das Ziel — Einführung eines adaptiven Automatisierungssystems — nicht aus den Augen verloren, sondern alle Vereinfachungen wurden immer unter dem Gesichtspunkt eingeführt, daß die Genauigkeit des Modells ausreichen muß, um das adaptive System unter den der Realität entsprechenden Bedingungen zu erproben. Die theoretische Prozeßanalyse hat schließlich zu einem Anlagenmodell geführt, das die Kenntnisse über die Gasturbinenanlage wesentlich verbessert hat. Dadurch konnte nicht nur das adaptive System ausreichend genau getestet, sondern auch Vorschläge für eine geeignetere Steuerung der Anlage abgeleitet werden. Das erhaltene Anlagenmodell ist von Turndrehzahl bis Vollast im Rahmen der angestrebten Genauigkeit gültig. Es gliedert sich in die folgenden Teilmodelle:

— Modell Brennkammern
— Modell Verdichter-Turbine
— Modell Anfahrmotor mit Anlaßeinrichtung
— Modell Generator- und Netzverhalten
— Modell Stelleinrichtung
— Modell Meßfühler und Meldeeinrichtungen.

Da das gesamte Anfahrmodell wegen seines Umfangs hier nicht angegeben werden kann, sollen im folgenden nur die wichtigsten Ergebnisse und Zusammenhänge erläutert werden.

Der regelungstechnische Stelleingriff erfolgt über das Stellsignal U_{St} für das Brennstoffregelventil. Als Störgrößen für das später noch zu betrachtende Automatisierungssystem wurden Brennstoffmengen- und Heizwertstörungen berücksichtigt. Der Anfangszustand des Modells liegt bei Turndrehzahl $n = n_{turn}$. Beim Anfahren wird die Drehzahl n unter der Wirkung des Anfahrmotormoments M_A bis zum Erreichen der Freilaufdrehzahl gesteigert. Der Anfahrmotor wird danach wieder abgeschaltet. Der Synchronisiervorgang wird in dem Anlagenmodell nicht nachgebildet. Das Ergebnis der Synchronisation, nämlich Leistungsschalter „Ein", wird durch Einspeisen eines negativen Nutzmoments $M_{Nutz} = M_E$ in der Momentenbilanz berücksichtigt. Da die Gasturbinenanlage die Netzfrequenz nicht beeinflußt, sondern von dieser geführt wird, entsteht das Nutzmoment durch Vergleich von Anlagendrehzahl mit der Netzdrehzahl und einer hohen Verstärkung dieser Differenz. Auf diese Weise erfolgt eine einfache Nachbildung des gesamten Generator- und Netzverhaltens. Bei praktisch konstanter Drehzahl wird dann automatisch das erforderliche Nutzmoment erzeugt, um das bei der jeweiligen Brennstoffmenge zur Verfügung stehende Anlagenmoment abzufangen.

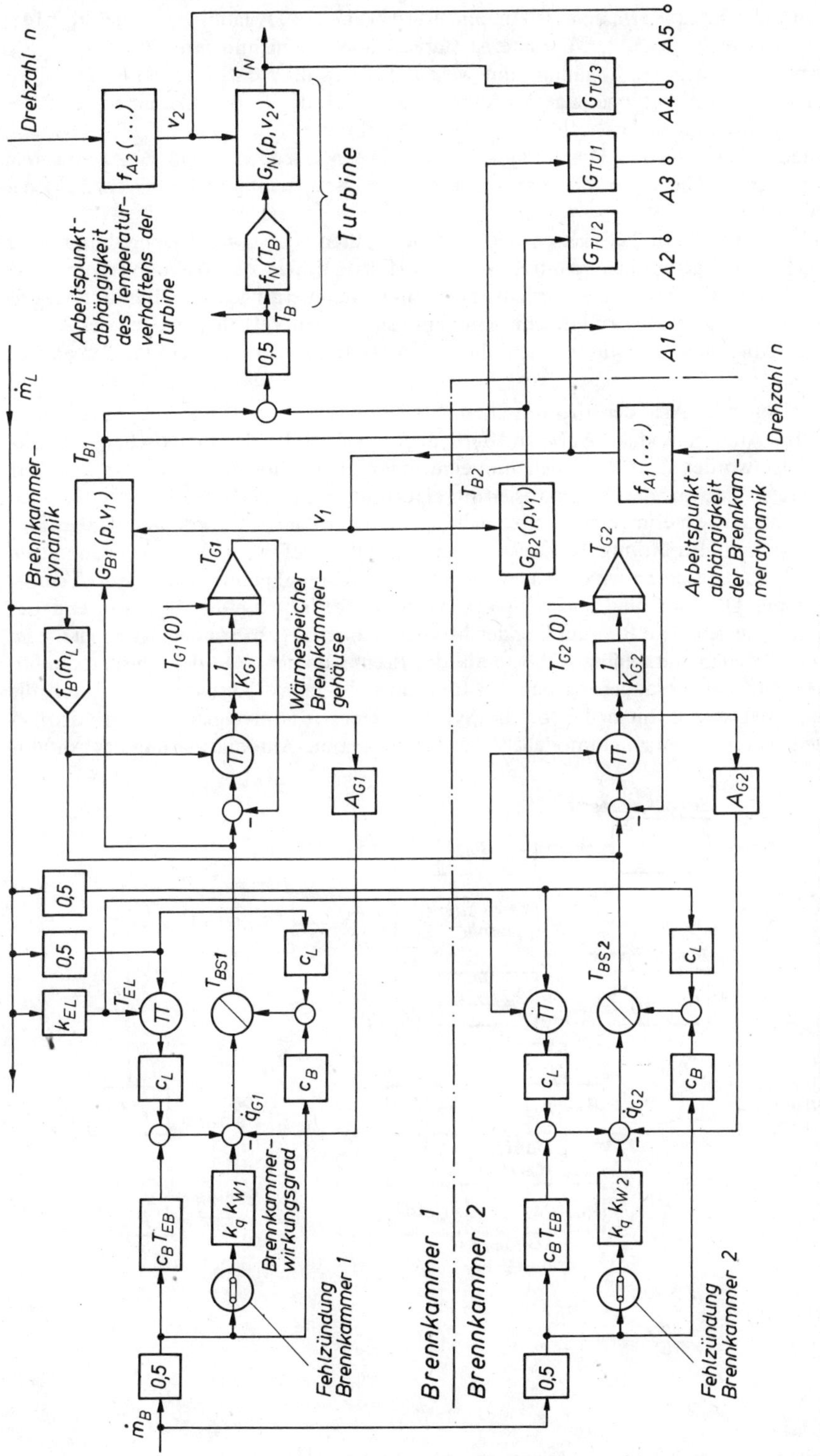

Bild 3.145. Ausschnitt aus dem Anlagenmodell (wesentlicher Teil der Temperaturregelstrecke)

Im verwendeten Modell ist die Nachbildung beider Brennkammern zur Berücksichtigung von Effekten, die durch Brennkammerasymmetrien verursacht werden, vorgesehen. Um zusätzlich auf die Wärmebilanz wirkende dynamische Effekte erfassen zu können, werden lineare Dynamikglieder (Bild 3.145) vorgesehen. Die Temperatur T_N nach der Turbine ist statisch über die nichtlineare Funktion $f_N(T_B)$ von der Brennkammertemperatur T_B abhängig und wird außerdem über das lineare Dynamikglied $G_N(p, v_2)$ gefiltert. Das arbeitspunktabhängige Verhalten der Dynamik der Brennkammern und der Turbine wird, in der Zuordnung zur Drehzahl n, mittels der Funktionen $f_{A1}(\ldots)$ und $f_{A2}(\ldots)$ berücksichtigt. Die Meßfühler stellen lineare Dynamikglieder dar. Die Meldeglieder sind Komparatoren, die logische Signale abgeben und damit das Erreichen technologisch wichtiger Werte verschiedener Prozeßgrößen signalisieren.

Neben diesen grundsätzlichen Verhaltensweisen der Turbine mußten analytische Beschreibungen für das Verhalten spezieller Anlagengrößen ermittelt werden. Hierzu zählen das Abkühlverhalten der Brennkammern, das Zünd- und Temperaturverhalten der Brennkammern nach der Zündung. Dabei konnten durch theoretische automatisierungstechnische Untersuchungen Verhaltensweisen der Anlage erklärt und später im Experiment bestätigt werden, die zum Verständnis der Anlagenfunktion an sich beigetragen haben.

Experimentelle Prozeßanalyse. Aus der theoretischen Modellbildung ergibt sich die physikalisch begründete Struktur des Anlagenmodells. Aufgrund der Näherungen, die bei der analytischen Anlagenbeschreibung verwendet worden sind, läßt sich nur eine makroskopische Modellstruktur angeben. Um die für den konkreten Entwurf der Automatisierungsalgorithmen erforderliche Modellgenauigkeit zu erreichen, sind ergänzende experimentelle Untersuchungen an der Anlage erforderlich. Dabei geht es sowohl um die genauere Ermittlung bzw. experimentelle Überprüfung von Zusammenhängen zwischen den für die Automatisierung wesentlichen Prozeßgrößen (Brennkammertemperatur, Temperatur nach der Turbine, Drehzahl und Leistung der Turbine, Steuerspannung U_{St}) während des Anfahrens als auch um eine genauere Bestimmung der Modellparameter. Insbesondere ist dabei die im Bild 3.145 angegebene arbeitspunktabhängige Dynamik der Brennkammern und der Turbine quantitativ darzustellen. Gemäß den vorangegangenen Ausführungen ist im vorliegenden Fall durch die experimentelle Prozeßanalyse vor allem die für die Synthese eines Adaptivreglers nach Bild 3.141 erforderliche Menge linearer Arbeitspunktmodelle zu ermitteln. Da die Automatisierung des Anfahr-

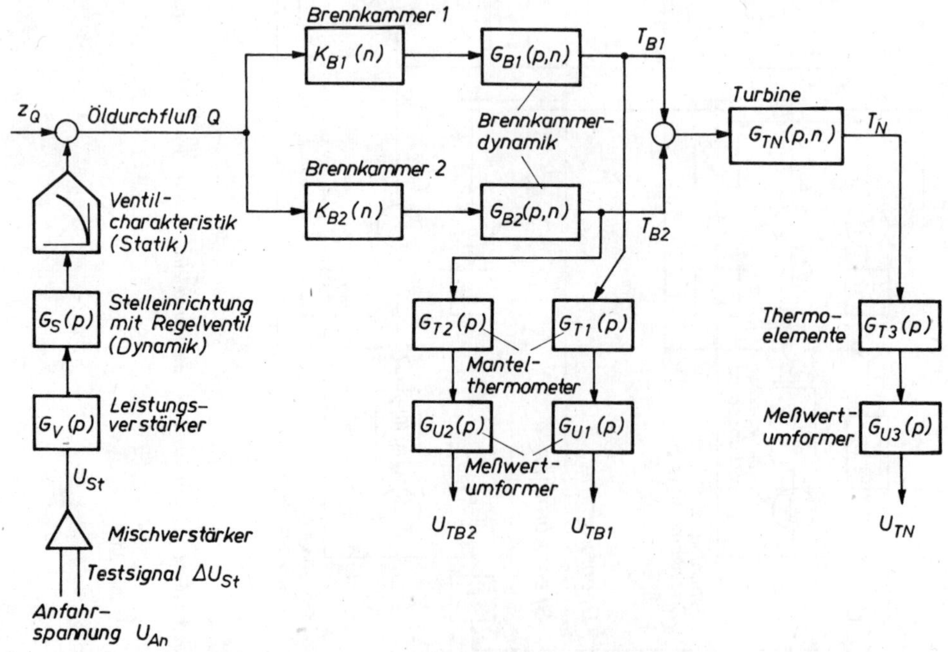

Bild 3.146. Blockschaltbild zur Identifikation des Temperaturverhaltens der Anlage

vorgangs in einem relativ großen Bereich über die Brennkammertemperatur T_B erfolgt, ist hierbei vor allem die arbeitspunktabhängige Dynamik der Brennkammern von großem Interesse. Welche Modellstruktur und Parameteränderungen dabei in Betracht gezogen werden müssen, wird im folgenden näher erläutert. Die experimentellen Untersuchungen zur Ermittlung des Temperaturverhaltens der Anlage wurden mittels einer Anordnung gemäß Bild 3.146 durchgeführt. Im Ergebnis dieser Messungen ist ein dynamisches Modell der Gasturbinentemperaturregelstrecke als Basis für den Entwurf eines adaptiven Temperaturreglers zu bestimmen. Dabei ist folgende Vorgehensweise möglich. Gemäß der aus der theoretischen Modellbildung sich ergebenden Struktur wird ein Modell für einen Rechner entwickelt, dessen Parameter im Sinne einer ersten Schätzung ebenfalls der theoretischen Modellbildung entnommen werden. Diese Parameter werden dann durch einen Vergleich des Modellverhaltens mit dem Anlagenverhalten iterativ verbessert. Ein wesentliches Ziel der Messungen an der Gasturbine bestand daher in der Gewinnung einer ausreichenden Zahl repräsentativer Anfahrdiagramme, nach denen das Modell eingestellt werden kann.

Um eine Einordnung der hier betrachteten Problematik in den gesamten Anfahrvorgang vornehmen zu können, sollen noch einige Erläuterungen gegeben werden. Aus technologischer, meßtechnischer und regelungstechnischer Sicht sind folgende Modelle zu unterscheiden, die aneinandergereiht das Gesamtverhalten der Anlage in Abhängigkeit vom zeitlichen Ablauf des Anfahrens wiedergeben (Bild 3.143):

1. Zündmodell
— technologischer Geltungsbereich: vom Öffnen des SSV bis zum Öffnen des BRV (Ende der Zündbeharrung)
— Aufgabe: Vorhersage des Temperaturverlaufs von T_B mittels Daten, die vor dem Öffnen des SSV gewonnen werden. Durch diese Vorhersage soll die Einhaltung des maximal zulässigen Zündsprungs garantiert werden.
— meßtechnische Erfassung: Messungen sind nur während des normalen Betriebs der Anlage ohne zusätzliche Testsignale möglich.

2. Anfahrmodell
— technologischer Geltungsbereich: vom Öffnen des BRV bis zum Beginn der Synchronisation
— Aufgabe: Synthese eines adaptiven Reglers und Berechnung einer optimalen Steuerung der Führungsgröße
— meßtechnische Erfassung: Überlagerung der Steuerspannung mit zusätzlichen Testsignalen ist möglich.

3. Synchronisationsmodell
— technologischer Geltungsbereich: vom Beginn der Synchronisation bis zur Netzschaltung
— Aufgabe: Synthese des Synchronisiergeräts (wurde nicht neu bearbeitet)

4. Lastmodell
— technologischer Geltungsbereich: von der Netzschaltung bis zur nächsten Netztrennung
— Aufgabe: Synthese eines adaptiven Reglers und Berechnung einer optimalen Steuerung zum Erreichen der Nennleistung
— meßtechnische Erfassung: Überlagerung der Steuerspannung mit zusätzlichen Testsignalen ist möglich.

Nach dieser Einteilung beziehen sich die folgenden Ausführungen nur auf das Anfahrmodell. Die Ermittlung der dynamischen Modelle erfolgte rechnergestützt. Zur Gewinnung der Parameter der Teilmodelle wurden zwei Verfahren angewendet: ein 2-Schritt-Modellbildungsverfahren und ein adaptives Verfahren [213].

Bei dem 2-Schritt-Verfahren wird zunächst aus einem punktweise vorliegenden, gestörten Übergangsvorgang $x(t)$ mittels Ausgleichung ein Primärmodell $x_{Mk}(t)$ entwickelt, das in einem zweiten Schritt in das parameterminimale Standardmodell $M_{St}(p)$ übergeführt wird. Zur Gewinnung des Primärmodells $x_{Mk}(t)$ wird aus $k + 1$ gegebenen Funktionen $p_j(t)$ eine Linearkombination

$$x_{Mk}(t) = a_0 p_0(t) + \dots + a_j p_j(t) + \dots + a_k p_k(t)$$

gebildet und die Koeffizienten a_j $(j = 0,1, \dots, k)$ so bestimmt, daß die euklidische Norm $||e||$ der Fehlerkomponenten $e_i = x_{Mk}(t_i) - x_i$ minimiert wird. x_i $(i = 1, 2, \dots, m)$ sind die m Meßwerte zu den Zeitpunkten t_i im Meßzeitintervall $[0, T]$ (T Übergangszeit des Prozesses). Mit

$$\boldsymbol{a} = \begin{bmatrix} a_0 \\ \vdots \\ a_k \end{bmatrix}, \quad \boldsymbol{x} = \begin{bmatrix} f_1 \\ \vdots \\ f_m \end{bmatrix}, \quad \boldsymbol{W} = \begin{bmatrix} p_0(t_1) \dots p_k(t_1) \\ \vdots \\ p_0(t_m) \dots p_k(t_m) \end{bmatrix}$$

folgt aus der Minimalforderung $||\boldsymbol{e}|| = \text{Min!}$ das Gaußsche Normalgleichungssystem

$$\boldsymbol{W}^{\mathrm{T}} \boldsymbol{W} \boldsymbol{a} = \boldsymbol{W}^{\mathrm{T}} \boldsymbol{x} \, .$$

Die Lösung dieses Gleichungssystems läßt sich unter Verwendung von Polynomen p_j, die bezüglich der Meßwerte orthogonal sind, stark vereinfachen. Zur Gewinnung von sog. Standardmodellen aus den Primärmodellen wurde das Verfahren von *Strejc* [214] herangezogen. Unter der Voraussetzung, daß k_0 und die natürliche Totzeit bekannt sind, ergibt sich ein parameterminimales und synthesegerechtes Standardmodell $M_{\mathrm{St}}(p)$ für aperiodisches Prozeßverhalten zu

$$M_{\mathrm{St}}(p) = \frac{k_0 \, \mathrm{e}^{-pT_t}}{(1 + pT)^n} \, . \tag{3.162}$$

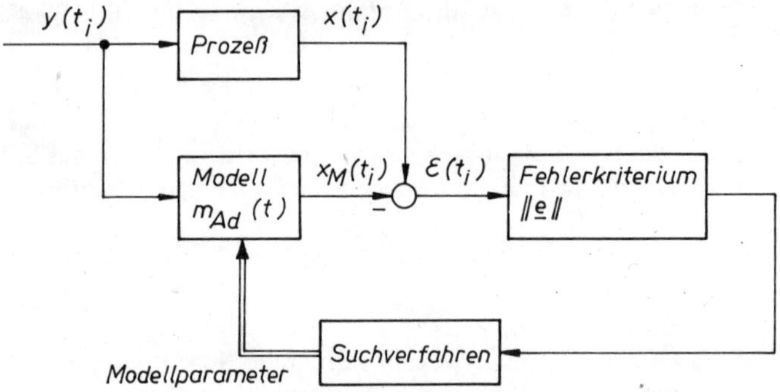

Bild 3.147. Schema für die adaptive Modellbildung

Im Gegensatz dazu wird bei der verwendeten adaptiven Modellbildung (Bild 3.147) dem Prozeß, der durch den Tastwert der Eingangsgröße $y(t_i)$ und der Ausgangsgröße $x(t_i)$ beschrieben ist, ein Modell parallel geschaltet. Über ein Suchverfahren werden die Parameter der Gewichtsfunktion $m_{\mathrm{Ad}}(t)$ des Modells so verändert, daß die Norm $||\boldsymbol{e}||$ des Fehlervektors $\boldsymbol{e}$ ein Minimum wird. Das Modell hat eine Übertragungsfunktion gemäß (3.162) oder in der Form

$$M_{\mathrm{Ad}}(p) = \frac{k_0 \, \mathrm{e}^{-pT_t}}{(1 + pT)^{n-1}(1 + pT_{\mathrm{A}})} \, . \tag{3.163}$$

Das 2-Schritt-Verfahren hat den Vorteil, daß sich der Parametervektor, der das Fehlerkriterium erfüllt, sofort angeben läßt. Bei diesem Verfahren sind also nur arithmetische Operationen auszuführen, so daß dieses Verfahren relativ kurze Rechenzeiten benötigt. Bei der adaptiven Modellbildung nach Bild 3.147 sind infolge der Suche größere Rechenzeiten notwendig. Dabei ist aber auch zu beachten, daß diese Methode umfassender einsetzbar ist. So kann z. B. die Zeitkonstante T_{A} (s. Gl. (3.163)) eines Meßfühlers fest vorgegeben werden. Dadurch läßt sich das Zeitverhalten des Prozesses ohne Meßglieder genauer ermitteln. Bei dem 2-Schritt-Verfahren ist dagegen die Trägheit des Meßfühlers nicht abhebbar. Das erweist sich z. B. im vorliegenden Fall als Nachteil, da die verbleibende Trägheit des Prozesses in der Größenordnung der Trägheit des Meßgebers liegt. Aus diesem Grunde wurden die beiden Verfahren kombiniert eingesetzt. Das 2-Schritt-Verfahren wurde vor allem zur Berechnung der Verstärkung k_0 herangezogen und die adaptive Modellierung zur Schätzung der Zeitkonstanten.

Zur Ermittlung des dynamischen Verhaltens der Brennkammer wurde die Steuerspannung am Mischverstärker (Bild 3.146) sprungförmig geändert und der Temperaturverlauf analog (mittels Schreiber) und digital (mittels Meßplatz) gemessen. Im Bild 3.148a und b ist der Verlauf des Steuerstroms bzw. der Temperatur für einen Versuch dargestellt.

Zur Gewinnung der Modellparameter unter Verwendung des Programmsystems wurden zunächst die vom Meßplatz gelieferten Primärdaten in das Programmsystem eingelesen. Nicht interpretierbare

a)

b)

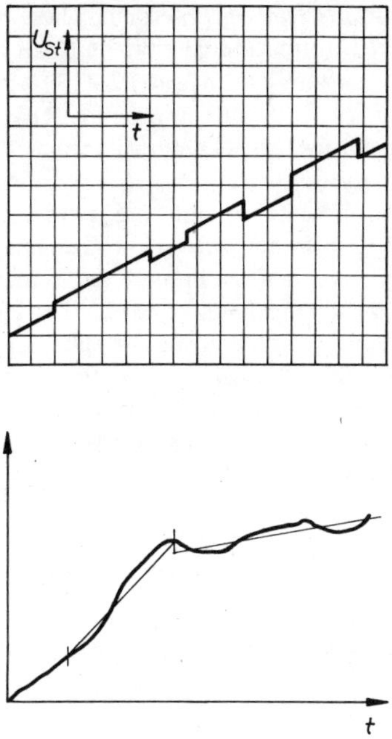

Bild 3.148. Ermittlung des dynamischen Verhaltens der Brennkammer

a) Steuerspannung am Mischverstärker mit sprungförmigen Änderungen

b) Verlauf der Temperatur T_B einschließlich Sprungantwortanteil

Daten bzw. Meßfehler (z. B. Ausreißer) wurden ausgesondert. Durch eine anschließende Primärdatenreduktion wird derjenige Übergangsvorgang herausgeblendet, der zur Modellbildung herangezogen werden soll. Dieser Datensatz wird dann in die Programme zur 2-Schritt-Modellbildung bzw. zur adaptiven Modellbildung eingegeben, die dann das Modellverhalten und das Prozeßverhalten in grafischer Form und als Ergebnisausdruck liefern.

Die weitere Aufgabe besteht nun darin, das Anfahrverhalten im Bereich zwischen „BRV auf" und Beginn der Synchronisation, also im Drehzahlbereich (Bild 3.143)

$$1500\ \text{min}^{-1} < n < 3100\ \text{min}^{-1}\,,$$

durch eine Menge von Modellen zu beschreiben, deren Parameter von der Drehzahl n abhängen. Die Untersuchungen haben ergeben, daß das dynamische Verhalten durch ein Modell der Struktur

$$G_{T_B}(p, n) = \frac{K_B(n)}{(1 + pT(n))\,(1 + pT_A)} \tag{3.164}$$

beschrieben werden kann. T_A stellt die unveränderliche Zeitkonstante des Temperaturgebers dar. Durch die Messungen wurde auch die Abhängigkeit der Parameter (3.164) von der Drehzahl n ermittelt. In dem o. g. Drehzahlintervall ändert sich die Verstärkung K_B um den Faktor 4 bis 5 (Bild 1.1) und die Zeitkonstante T um den Faktor 6 bis 7 (Bild 1.2). In der ermittelten Abhängigkeit der Verstärkung K_B ist noch die ebenfalls veränderliche Verstärkung der Ventilkennlinie (Bild 3.146) enthalten. Bei bekannter Ventilkennlinie kann die Verstärkung der Anlage K_{BA} berechnet werden, wenn die Brennstoffänderung als Eingangsgröße angesehen wird. K_{BA} ändert sich etwa um den Faktor 20 (Bild 1.3), d. h., die Verstärkungsänderung der Anlage wird teilweise durch die nichtlineare Ventilkennlinie kompensiert.

Aus den ermittelten Parameteränderungen — vor allem auch aus der Größenordnung — folgt unmittelbar, daß eine Anpassung der Reglerparameter an die veränderliche Prozeßdynamik unumgänglich erscheint, wenn eine hohe Regelgüte gewährleistet sein soll. Durch überschlägliche Empfindlichkeitsuntersuchungen hinsichtlich des Einflusses der festgestellten Parameteränderungen auf die Regelgüte konnte die Notwendigkeit des Einsatzes eines Adaptivsystems klar begründet werden. Da die Parameteränderungsfunktionen (Bilder 1.1 und 1.2) in erster Näherung gut reproduzierbar sind, kann, von den A-priori-Informationen über den Prozeß her, die bereits im Bild 3.141 dargestellte und für diesen Anwendungsfall vorgeschlagene Automatisierungsstruktur realisiert werden. Dies betrifft insbesondere die an höhere Forderungen bezüglich der A-priori-Information gebundene Realisierung einer adaptiven Störgrößenaufschaltung gemäß den Ausführungen im Abschn. 3.4.6.2.

Zur Modellbildung kann abschließend festgestellt werden, daß es trotz sehr ungenauer Kenntnisse über die physikalische Wirkungsweise der Anlage und nur näherungsweise bekannter Parameter sowie relativ geringer Möglichkeiten für die experimentelle Prozeßanalyse möglich war, in kurzer Zeit ein Prozeßmodell zu entwickeln, das für die Synthese einer adaptiven Lösungsvariante geeignet ist. Dieses Ziel konnte u. a. deshalb erreicht werden, weil die Prozeßanalyse immer unter dem Gesichtspunkt einer späteren adaptiven Lösung betrachtet wurde, die, entsprechend ihrer besonderen Funktionsweise, gegenüber Analyseungenauigkeiten relativ unempfindlich ist. Ungenauigkeiten bei der Prozeßanalyse wurden daher bewußt im Interesse eines schnellen Voranschreitens des Projekts in Kauf genommen. Durch die spätere erfolgreiche Erprobung eines adaptiven Reglers, dessen Parameter auf der Basis dieses bewußt vereinfachten Modells bestimmt worden sind und der sich an der Anlage ohne die Möglichkeit eines Korrektureingriffs bewähren mußte, konnte gezeigt werden, daß diese Vorgehensweise zur Lösung der vorliegenden und sicherlich auch einer ähnlich gelagerten Aufgabenstellung geeignet ist.

Entwurf des Automatisierungssystems

Struktur und Wirkungsweise der bisherigen Regelung. Die Regelungsstruktur von Gasturbinenanlagen besteht i. allg. aus drei Regelkreisen, die alle über ein Summierglied auf das einzige vorhandene Brennstoffregelventil wirken (Bild 3.149). Regelgrößen dieser Regelkreise sind

— die Temperatur T_B der Verbrennungsgase hinter der Brennkammer
— die Drehzahl n der Turbine
— die vom Generator an das Netz abgegebene elektrische Leistung P.

Alle drei Regelkreise wirken nicht gleichzeitig, sondern nacheinander in den einzelnen Phasen des Anfahrvorgangs, um ein unbeabsichtigtes Gegeneinanderwirken der einzelnen Regelkreise zu vermeiden. Der Temperaturregler wirkt während des Hochfahrens der Turbine, d. h. zwischen Turndrehzahl und 2650 min^{-1}. Von da ab bis zur Synchronisierung an das Netz wirkt nur die Drehzahlregelung. Der Leistungsregelkreis tritt in Funktion, sobald der Generatorleistungsschalter geschlossen

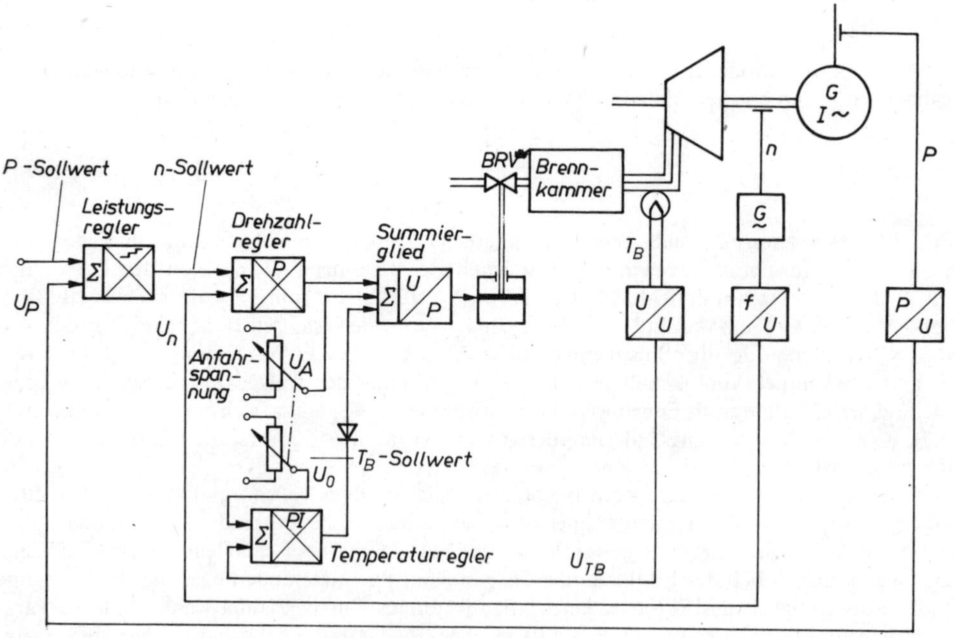

Bild 3.149. Regelungsstruktur der Gasturbinenanlage

ist. Dabei wirkt der Temperaturregler als Grenzregler, d. h., er verhindert eine weitere Steigerung der Brennstoffzufuhr und damit eine Leistungserhöhung, sobald die Temperatur der Verbrennungsgase ihren maximal zulässigen Wert $T_{B\,grenz} = 750\ °C$ erreicht hat. Die Führungsgrößen (Bild 3.149) ändern sich nach vorgegebenen Zeitfunktionen, die sich aus den zu erfüllenden Bedingungen während des Anfahrvorgangs ergeben.

Bei dieser Fahrweise, die auf der Basis arbeitspunktunabhängiger, konstanter Modelle erfolgt, ergeben sich eine Reihe von Unzulänglichkeiten, die im Detail nicht erwähnt werden sollen. Hier sei lediglich nur auf die in den Klammern angegebenen Streubereiche für die Zeiten, nach denen die wesentlichen technologischen Stufen erreicht werden, hingewiesen (Bild 3.143). Dies zeigt, daß im Anfahrdiagramm wesentliche Änderungen auftreten. Einige dieser Streubereiche sind für die Anfahrtechnologie genau zu beachten, nämlich dann, wenn zusätzliche Zeitbedingungen beim Anfahren einzuhalten sind. So ist der Anfahrmotor ein Kurzläufer, der nach einer vorgegebenen Zeit abgeschaltet werden muß. Dies kann bei großen Zeittoleranzbereichen u. U. eine kritische Situation verursachen.

Die erwähnten Streuungen der Anfahrdiagramme sind einerseits technologisch, z. B. durch Umwelteinflüsse (Außentemperatur u. a.) bedingt, andererseits aber auch auf eine unzureichende technische Lösung des Anfahrens zurückzuführen. Diese und andere Gründe lassen schließlich eine bessere, durch eine leistungsfähigere Automatisierungsstruktur realisierte Fahrweise der Gasturbine als notwendig erscheinen. Die Nachteile der vorhandenen Regelung könnten durch eine solche Struktur beseitigt werden, bei der ein Regler mit geeigneter Struktur- und Parameterumschaltung zum Einsatz kommt. Dieser Regler müßte einen Sollwert erhalten [9], der aus den bisherigen Sollwerten und bekannten Zusammenhängen zwischen Temperatur, Drehzahl und Leistung als eine neue, verdichtete Anfahrkurve berechnet wird.

Entwurf und Realisierung einer neuen Automatisierungsstruktur. Die neuzuentwickelnde Automatisierungslösung betrifft die gesamte An- und Abfahrregelung des energieumwandelnden Teiles der Gasturbinenanlage, d. h. die Beeinflussung der Prozeßgrößen Temperatur, Drehzahl und Leistung

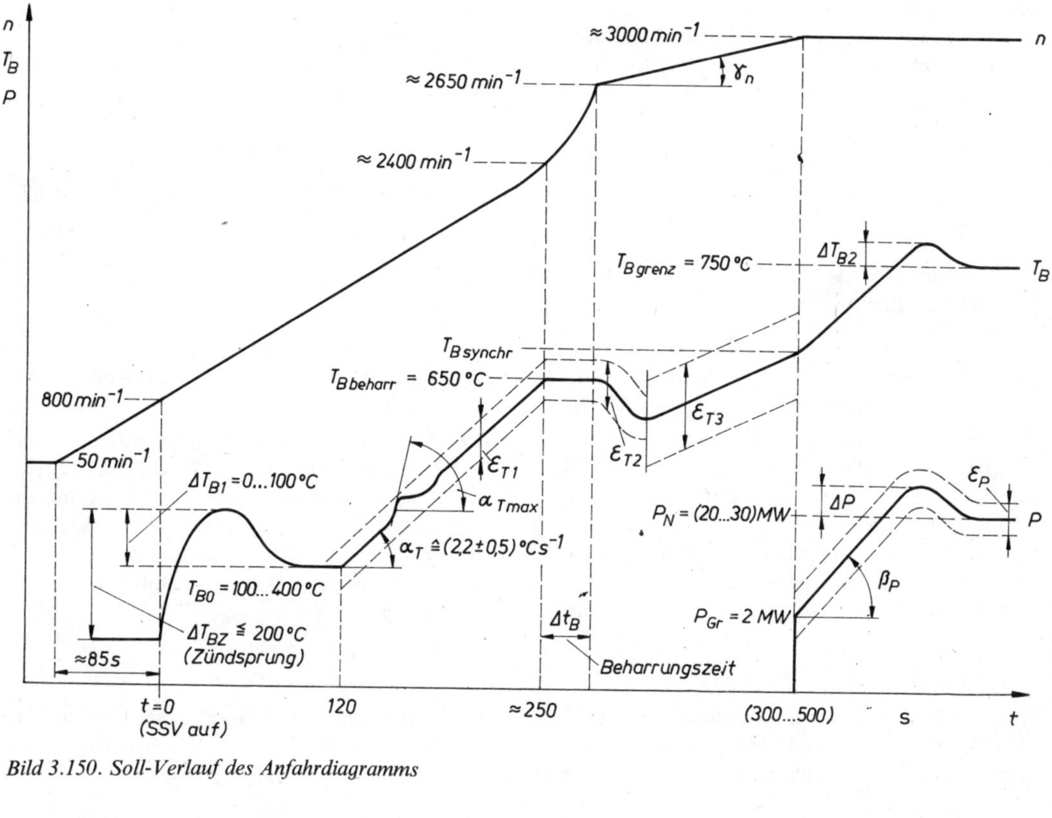

Bild 3.150. Soll-Verlauf des Anfahrdiagramms

gemäß den unterschiedlichen Forderungen in den einzelnen Phasen des Anfahrvorgangs. Die wichtigsten, sich aus der Praxis ergebenden Güteforderungen lassen sich sehr anschaulich in Form eines Soll-Verlaufs des Anfahrdiagramms darstellen (Bild 3.150). Im folgenden soll aber nicht auf die gesamte Automatisierungskonzeption eingegangen werden, sondern nur einige Erläuterungen zum Entwurf und zur Realisierung des adaptiven Temperaturreglers gegeben werden. Insgesamt dürften jedoch noch einige Angaben zur technischen Realisierung des Gesamtsystems (einschließlich des in diese Gesamtkonzeption eingeordneten Adaptivsystems) mit Hilfe eines Mikrorechners von Interesse sein.

Realisierungstechnische Bedingungen

Kopplung Mikrorechner-Prozeß:
— 8 A/D-Kanäle
— 4 D/A-Kanäle
— 1 Byte Input (binäre Prozeßsignale)
— 1 Byte Output (binäre Steuersignale).

Kommunikation Mikrorechnerexperimentator:
— 4 Byte Output (binäre Anzeige)
— 3 Byte Input (binäre Eingabe)
— Gleitkommaanzeige.

Speicherumfang

— Gesamtlösung	10 KByte (9 KByte PROM/1 KByte RAM)
Betriebssystem	1 KByte PROM
Basissoftware	2 KByte PROM
Anwendungssoftware	7 KByte (6 KByte PROM/1 KByte RAM)
— Anwendungssoftware	
Softwaremodule	3,3 KByte Befehle
Hauptprogramm	2,7 KByte Befehle
Systemsignale und -parameter	1 KByte

Rechenzeit je Echtzeitzyklus: <200 ms bei 1 MHz CPU-Takt.

Prozentualer Anteil typischer Automatisierungsaufgaben (in der Anwendungssoftware, gemessen am Umfang der erforderlichen Befehlbytes)

— Hilfsfunktionen	9%
— Rechner-Prozeß- und Mensch-System-Kommunikation	35%
— Steuerung des Arbeitszustands der Regelungen	19%
— Regelungen	37%

Bemerkenswert ist, daß der Softwareaufwand für die Regelung nur in der Größenordnung der Kommunikationssoftware liegt und lediglich 1/3 des Gesamtaufwands beträgt.

Entwurf und Realisierung des adaptiven Temperaturreglers. Der adaptive Temperaturregler ist in der Phase 1 des Anfahrvorgangs im Einsatz (Bild 3.143). Die wesentlichen Forderungen, die sich in diesem Bereich an die Güte der Temperaturregelung ergeben, können dem Bild 3.150 entnommen werden. Von dem bereits im Bild 3.141 dargestellten prinzipiellen Aufbau eines Adaptivsystems, das für Anfahrvorgänge besonders gut geeignet ist, soll im folgenden nur die Auslegung der ersten Adaptivschleife (adaptive Störgrößenaufschaltung) näher betrachtet werden. Dies wird anhand des im Abschn. 3.4.6.2. angegebenen Grobablaufplans (Bild 3.56) erfolgen.

A-priori-Information über den Prozeß

Im Ergebnis der vorangegangenen Modellbildung wurde für den hier betrachteten Bereich die Übertragungsfunktion (3.164) erhalten. Damit liegt der Fall 1 (Bild 3.55) vor. Die Hilfsprozeßvariable ist die Drehzahl n bzw. das daraus abgeleitete Informationssignal v.

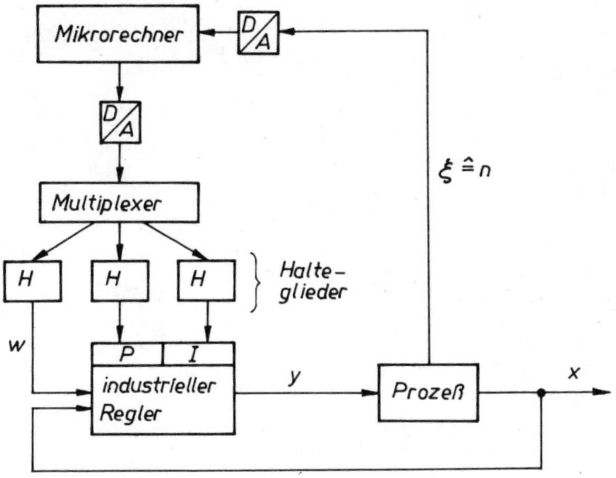

Bild 3.151. Realisierung der ersten Adaptionsschleife (Bild 3.141) mit Hilfe eines Mikrorechners [9]

Wahl des Gütekriteriums I_0 für das Grundsystem

Synthesekriterium I_0: relatives Überschwingen $\Delta h = 10\%$ (ergibt sich aus den technologischen Forderungen in diesem speziellen Anfahrbereich).

Wahl der Struktur des Grundkreisreglers

Die Untersuchungen wurden mit einem industriellen analogen Regler, dessen P- und I-Anteil parametersteuerbar sind, durchgeführt. Der Modifikator wurde mit einem Mikrorechner realisiert. Damit ergibt sich aus der Struktur gemäß Bild 3.141 der im Bild 3.151 dargestellte prinzipielle Aufbau des hier betrachteten adaptiven Systems. Dies stellt natürlich nur eine von den möglichen Lösungsvarianten dar. Aus Gründen der Vergleichbarkeit wurde auf dem Mikrorechner auch ein digitaler PI-Regler implementiert.
In der neuen vorgeschlagenen Automatisierungskonzeption für die Anfahrregelung der Gasturbine ist in der voll erweiterten Form ein adaptiver digitaler PID-Regler als Grundkreisregler vorgesehen.

Reglerparameter

Für die Adaption werden bei dem PI-Grundkreisregler mit der Übertragungsfunktion

$$G_R(p) = K_R \left(1 + \frac{1}{T_N p}\right) = K_R + \frac{K_R}{T_N} \frac{1}{p} = K_R + \frac{K_I}{p}$$

sowohl die Verstärkung K_R als auch die Nachstellzeit T_N (bzw. K_I) verwendet. Damit sind für diese zwei adaptiven Stellgrößen die Adaptivgesetze zu ermitteln.

Ermittlung der Adaptivgesetze

Nach den Ausführungen im Abschn. 3.4.6.2. ist als Adaptivgesetz (3.59) zu verwenden

$$\boldsymbol{\beta}_{1i}(t) = f_{1i}(I_0, \boldsymbol{\beta}_{1j}^{\mathrm{T}}, \xi) .$$

Auf den hier vorliegenden Fall angewendet, erhält man dann aus dieser allgemeinen Beziehung

$$K_R(t) = f_{K_R}(\Delta h, n) = \beta_{11}(t) \tag{3.165}$$

$$T_N(t) = f_{T_N}(\Delta h, n) = \beta_{12}(t) . \tag{3.166}$$

Diese Adaptivgesetze werden in folgender Weise ermittelt:

1. Für den betrachteten Drehzahlbereich $n/\mathrm{min}^{-1} = 1500 \ldots 3100$ werden anhand der Übertragungsfunktion (3.164) der Temperaturregelstrecke sowie der ermittelten Prozeßparameterabhängigkeiten (Bilder 1.1 und 1.2) sechs Teilmodelle gewählt (fünf gleich große Abschnitte).

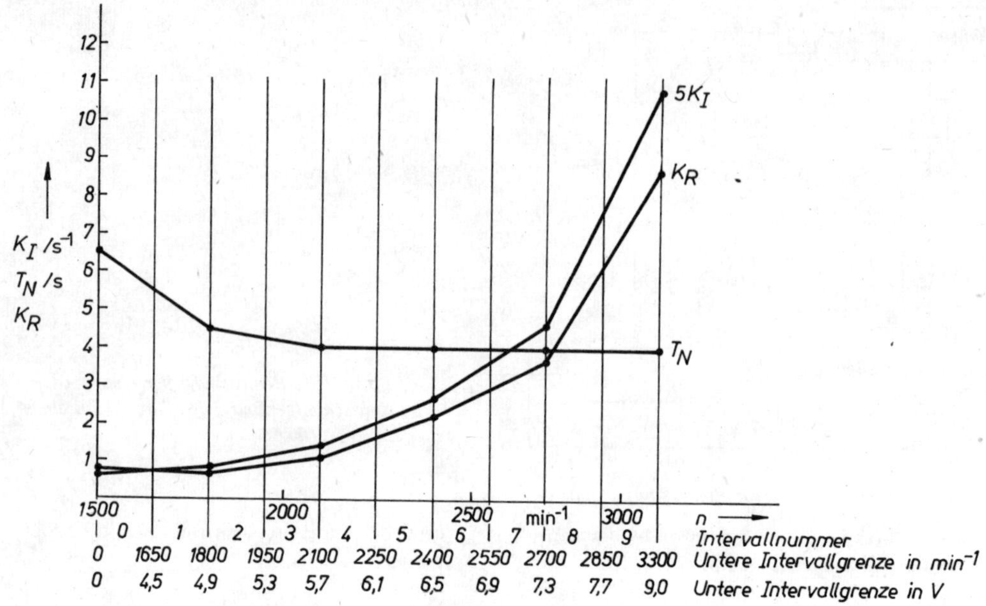

Bild 3.152. *Grafische Darstellung der Adaptivgesetze für die Anpassung der Parameter des Temperaturreglers*

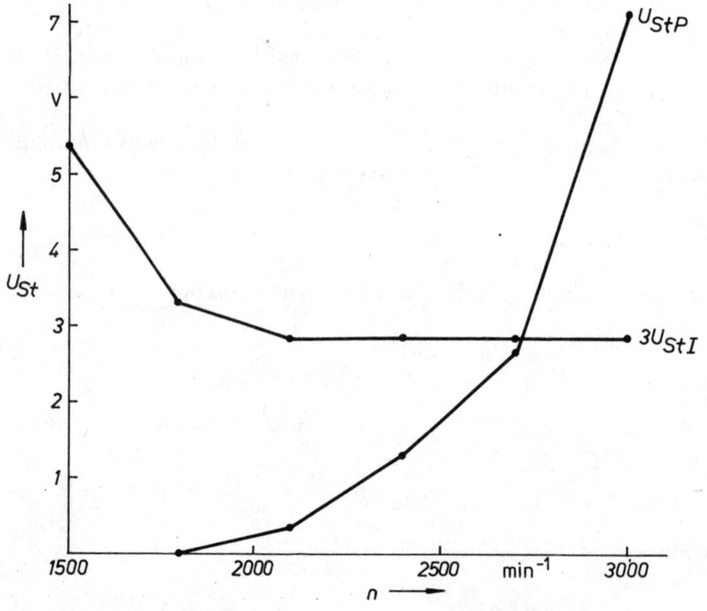

Bild 3.153. *Spannungssteuerungsgesetze für den analogen adaptiven Temperaturregler*

2. Für die Teilmodelle wird nach [86; 215] die Dimensionierung des PI-Reglers durchgeführt, und damit werden in ausreichender Näherung die Adaptivgesetze (3.165) und (3.166) erhalten (Bild 3.152). Während im analogen Fall K_R und T_N verwendet werden, ist es im digitalen Fall zweckmäßig, K_R und K_I in ihrer Abhängigkeit von der Drehzahl als Adaptivgesetze zu wählen.
3. Zur Speicherung der Parametersteuerungsgesetze im Modifikator ist eine weitere Aufbereitung erforderlich. Für den analogen adaptiven Regler ist die Abbildung der Reglerparameter in Parametersteuerspannungen zu beachten. Damit erhält man die Spannungssteuergesetze gemäß

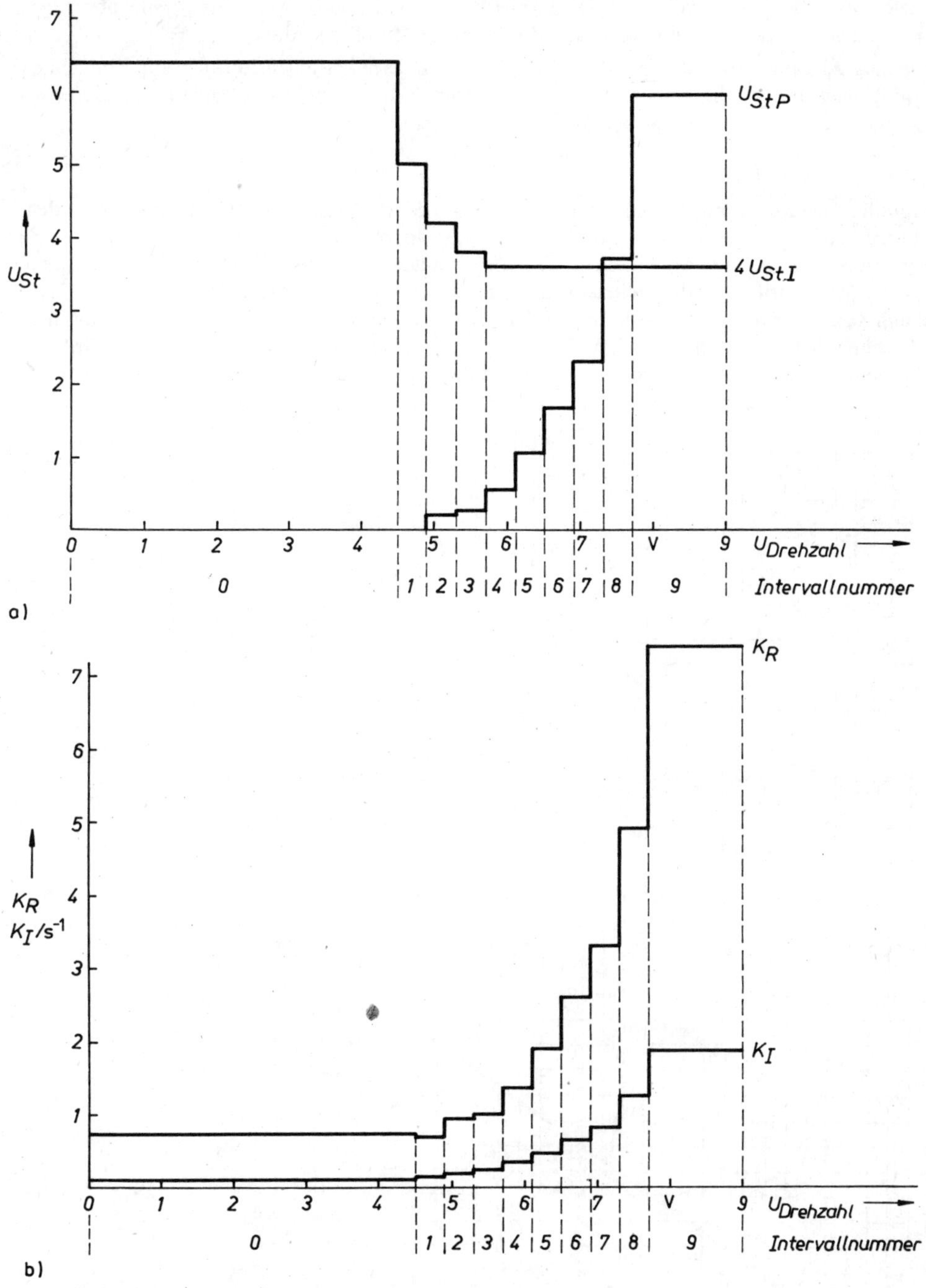

Bild 3.154. Programmierte Parametersteuerung für den adaptiven Temperaturregler

a) analoge Variante; b) digitale Variante

Bild 3.153. Die in den Bildern 3.152 und 3.153 dargestellten Abhängigkeiten bilden die Grundlage zur Parametrierung des Konstantenspeichers für den Temperaturreglermodifikator. Dabei sind die genannten Abhängigkeiten durch Treppenfunktionen mit identischen Sprungstellen zu approximieren. Im Mikrorechnerprogramm erfolgt dies durch zehn Intervalle gemäß der bereits im Bild 3.152 angedeuteten Intervallteilung. Verwendet man den jeweils in der Mitte eines Intervalls vorhandenen

Parameter- bzw. Spannungswert, so folgt daraus Bild 3.154a und b. Aus diesen treppenförmigen Parametersteuerfunktionen ergibt sich dann der jeweilige Modifikatordatensatz.

Um den Bezug zu dem Grobablaufplan nach Bild 3.56 wiederherzustellen, sei hier zur Einfachheit der Adaptivgesetze festgestellt, daß dies im vorliegenden Fall aufgrund der eindeutigen einfachen Zuordnung gemäß Bild 3.152 als gegeben angesehen werden kann.

Simulation auf dem Rechner

Zur Durchführung der Simulationsuntersuchungen wurde die Temperaturregelstrecke aus dem Modell herausgelöst und daran die Funktionsweise des adaptiven Reglers getestet. Dabei wurde der Regler kritischeren Bedingungen unterworfen, als sie unter realen Bedingungen auftreten können, um möglichst jedes Risiko bei der Echtzeiterprobung an der Anlage auszuschließen. Im Bild 3.155 wird anhand von Übergangsfunktionen die Veränderlichkeit der Regelkreisdynamik beim Anfahren zwischen technischer Mindestlast und Vollast veranschaulicht. Die mit aufgezeichnete Größe v entspricht dem Verlauf der Drehzahl n und ist daher ein Bezugsmaß für die Orientierung im

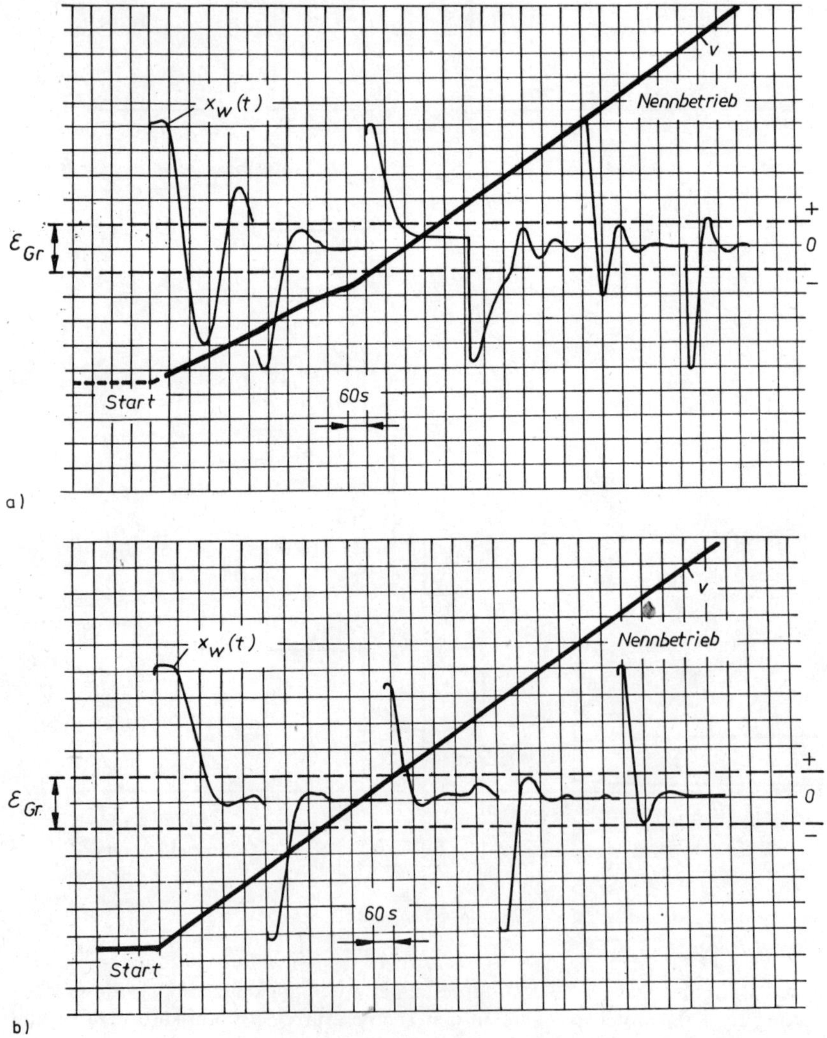

Bild 3.155. PI-geregelter Anfahrvorgang

a) fest eingestellte Reglerparameter; b) Parameteranpassung durch Adaption

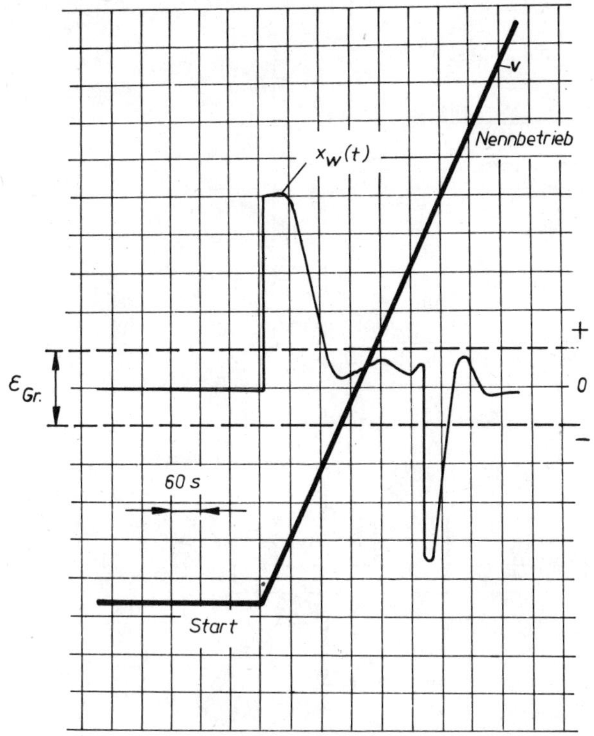

Bild 3.156. Anfahrvorgang mit adaptivem PI-Regler und 1/4 der Normzeit

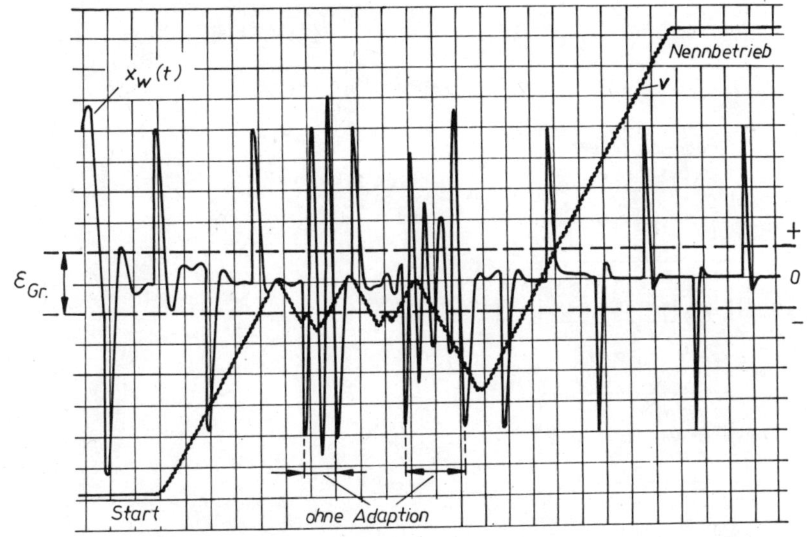

Bild 3.157. Nachweis der Leistungsfähigkeit der adaptiven Parameteranpassung während des Anfahrvorgangs mit einem PI-Grundkreisregler

betrachteten Arbeitsbereich. Im Gegensatz zu dem im Bild 3.155a dargestellten Verhalten bleibt bei Verwendung des vorgeschlagenen adaptiven Lösungsprinzips das auftretende Überschwingen innerhalb der vorgegebenen Grenze (Bild 3.155b). Selbst bei einer Steigerung der Anfahrgeschwindigkeit auf das Vierfache, die eine außerordentlich hohe Forderung an die Leistungsfähigkeit der adaptiven Lösungsvariante darstellt, wird die geforderte Regelkreisdynamik sichergestellt (Bild 3.156).

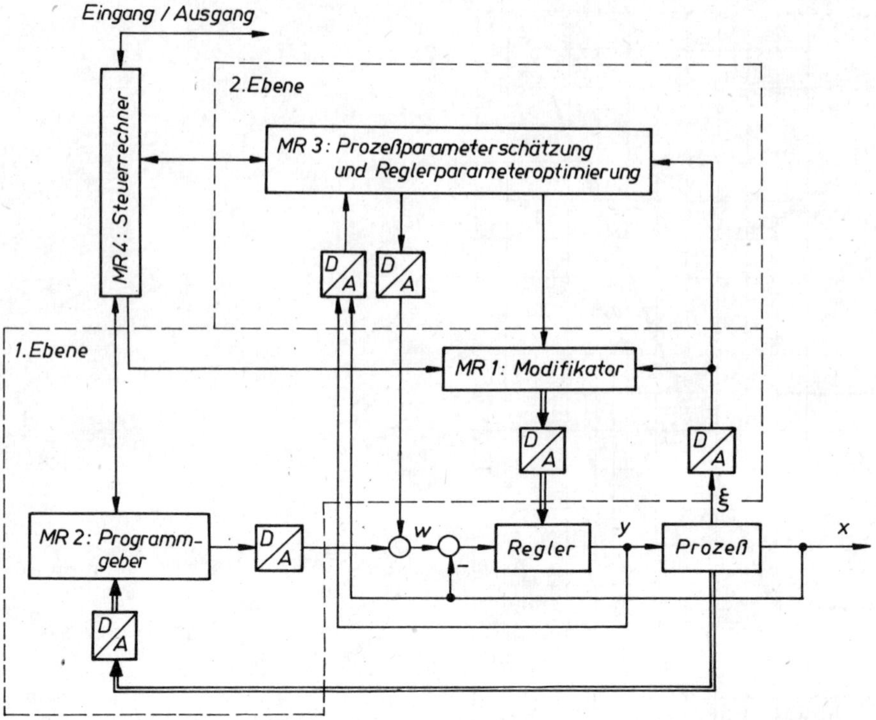

Bild 3.158. Realisierung der vorgeschlagenen 2-Ebenen-Adaption mit Mikrorechnern (prinzipieller Aufbau der Struktur) [9]

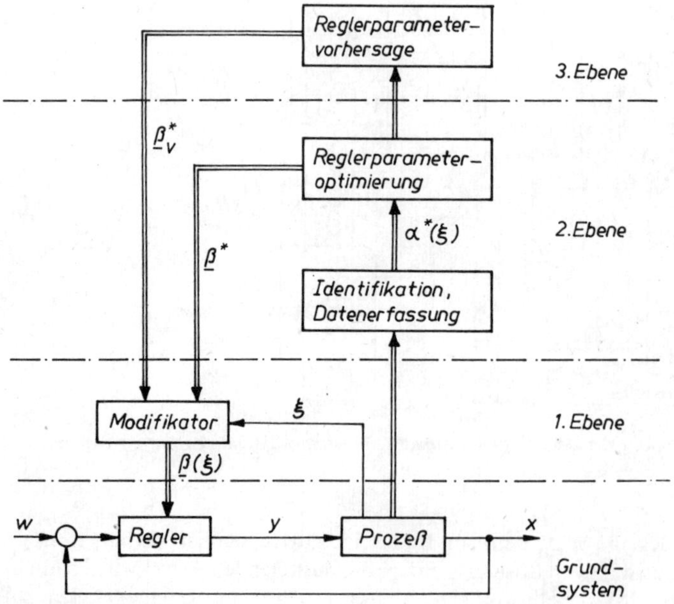

Bild 3.159. Zur Erweiterbarkeit der adaptiven Parametersteuerung [209]

Aus dem im Bild 3.157 dargestellten Versuch ist die Wirkungsweise der Adaptivschleife besonders klar ersichtlich. Die Adaption wurde in einem kritischen Fall abgeschaltet (die Reglerparameter für den Nennbetrieb werden dann wirksam) und danach wieder zugeschaltet. Man kann deutlich erkennen, daß ohne Adaption eine starke Entdämpfung bzw. sogar Instabilität auftritt. Durch Zuschalten der Adaption wird dieses unerwünschte Regelkreisverhalten sofort beseitigt und die geforderte Dynamik wieder erreicht.
Im Ergebnis der Simulation kann eingeschätzt werden, daß die entworfene Adaptivschleife den gestellten Anforderungen genügt. Der Entwurf ist damit beendet.

Möglichkeiten der Systemerweiterung. In der ersten Ausbauphase ist nur die Realisierung einer adaptiven Störgrößenaufschaltung für die Anpassung der Reglerparameter vorgesehen. Dies dürfte bei den meisten Anfahrvorgängen ausreichend sein. Auf eine erste Erweiterungsmöglichkeit wurde bereits im Bild 3.141 hingewiesen. Die dort dargestellte 2-Ebenen-Adaption, erweitert um die zur Berechnung der für den Anfahrvorgang erforderlichen Führungsgröße, läßt sich mit Hilfe von Mikrorechnern prinzipiell nach dem im Bild 3.158 dargestellten Strukturbild realisieren [9]. Im Fall eines digitalen Grundkreisreglers entfallen die D/A-Wandler zwischen den Mikrorechnern zur Realisierung und dem Grundkreisregler. Zum regelungstechnischen Entwurf der zweiten Adaptionsschleife können die in den Abschnitten 3.4.6.3. bis 3.4.6.7. angegebenen Verfahren angewendet werden. Mit Hilfe der zweiten Adaptionsebene wird durch ständige Aktualisierung des Modifikators eine nachlaufende Korrektur von $\boldsymbol{\beta}(\xi)$ realisiert. In [209] wird noch auf eine zusätzliche Möglichkeit der Erweiterung hingewiesen (Bild 3.159). Durch eine dritte Ebene ist eine vorhersagende Korrektur von $\boldsymbol{\beta}(\xi)$ möglich. Mit diesen durch Anwendung der Mikrorechentechnik auch wirtschaftlich realisierbaren Systemerweiterungen ließe sich die Forderung nach Reproduzierbarkeit von $\boldsymbol{\beta}(\xi)$ schrittweise abbauen, bei 2-Ebenen-Adaption auf eine Reproduzierbarkeit zwischen zwei aufeinanderfolgenden Anfahrvorgängen, die dann schließlich im 3-Ebenen-Fall auch noch entfallen würde. Auf diese Weise ließe sich im Bedarfsfall eine schrittweise Anpassung des Systemaufbaus an die geforderte Regelgüte verwirklichen.

Schlußbemerkungen.

Nach der Erprobung der Temperaturregelung wurde das gesamte Automatisierungssystem, das zur Beherrschung aller Phasen des Anfahrvorgangs konzipiert worden ist, am Modell getestet. Dabei wurden wiederum extreme Bedingungen (am Modell möglich) simuliert, weil aufgrund der hohen Geschwindigkeit des Anfahrvorgangs ein Eingriff in den bereits an der Anlage eingesetzten Versuchsregler nicht mehr möglich ist. Auf die Darstellung des relativ großen technischen Aufwands zur Simulation des Umfelds einer derartigen Anlage sei hier verzichtet, da er sich im Detail von Anlage zu Anlage sehr stark unterscheiden kann. An dieser Stelle sei nur erwähnt, daß es gelungen ist, auf der Basis des mit relativ geringem Aufwand ermittelten Anlagenmodells das vollständige Automatisierungssystem für die Regelung des gesamten Anfahrvorgangs derart zu testen, daß ein Anschluß an die reale Anlage möglich wurde und die angestrebte Güte in der Fahrweise erreicht werden konnte.
Insbesondere durch den Einfluß der Adaption werden plötzliche Übergänge der physikalischen Größen (n, T, P u. a.) vermieden, d. h., die Anlage wird schonender betrieben. Dadurch wächst ihre Lebensdauer; sie geht schneller an das Netz und wird — nach bisher vorliegenden Erfahrungen — insgesamt zuverlässiger innerhalb der vorgegebenen Toleranzen gefahren.

3.5. Adaptivsysteme mit Vergleichsmodell (modelladaptive Systeme)

3.5.1. Einführung

Aufbau und Wirkungsweise von Adaptivsystemen mit Vergleichsmodell wurden bereits im Abschn. 1.2.1. (Bild 1.14) kurz erläutert. Im Gegensatz zu den Adaptivsystemen ohne Vergleichsmodell handelt es sich bei den modelladaptiven Systemen fast durchweg um eine Adaption mit geschlossener

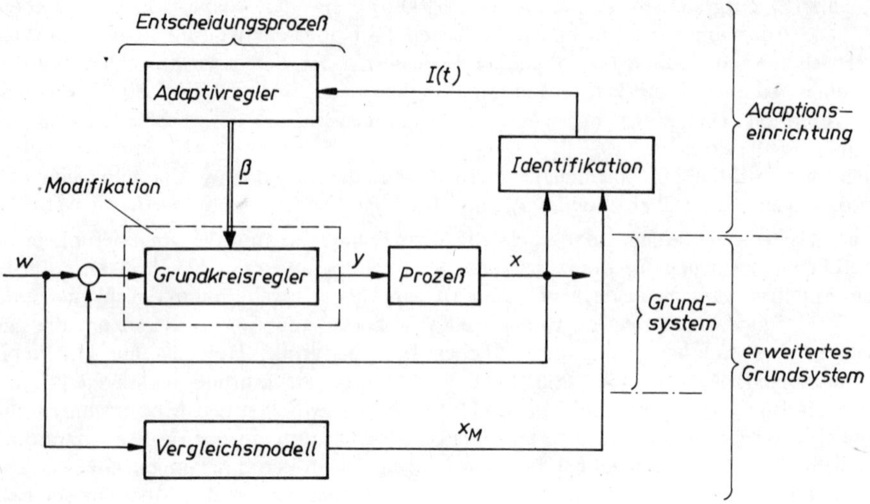

Bild 3.160. Allgemeiner Aufbau eines modelladaptiven Systems

Wirkungsschleife. Dies folgt unmittelbar aus der Verwendung des Fehlersignals $\varepsilon(t)$ bzw. $\varepsilon^*(k)$ als Maß für die tatsächlich erreichte Regelgüte. Damit läßt sich in Analogie zu Adaptivregelungen ohne Vergleichsmodell (Bild 3.79) ein modelladaptives Regelungssystem mit einem Aufbau gemäß Bild 3.160 angeben. Im Gegensatz zu den sonst üblichen Darstellungen (Bild 1.14) werden die Ausgangssignale $x(t)$ und $x_M(t)$ getrennt dem Identifikationsblock zugeführt. Dadurch bleibt zunächst noch offen, ob die Differenzbildung vor oder nach der Einführung einer Fehlerfunktion $\vartheta_\varepsilon(\varepsilon)$ zur Berechnung von

$$I(t) = \vartheta_\varepsilon(\varepsilon)$$

erfolgt. Beide Lösungsvarianten sind prinzipiell möglich [33; 42]. $I(t)$ ist damit eine im konkreten Anwendungsfall noch genauer festzulegende Funktion des Fehlers zwischen dem Grundsystem und dem Vergleichsmodell. Bei geeigneter Auslegung der Adaptivschleife wird erreicht, daß das gesamte Adaptivsystem stabil ist (eine unerläßliche Voraussetzung) und der Fehler

$$\varepsilon(t) = x(t) - x_M(t)$$

und damit auch $I(t)$ in möglichst kurzer Zeit Null wird. Soll dieses Ziel mit einem konventionellen Adaptivregler (z. B. PI-Regler) erreicht werden, so kann man sich leicht davon überzeugen, daß dies nur in sehr wenigen, einfachen Fällen möglich sein wird. Eine Voraussetzung dafür ist nämlich, daß $I(t)$ keine Extremwertcharakteristik hat (Bild 3.80) und sich ein geeigneter Parameter des Grundkreisreglers für den adaptiven Stelleingriff finden läßt.

Erfolgversprechender ist dagegen ein Adaptivregler, der in der Lage ist, bei der meist vorhandenen Extremwertcharakteristik von $I(t)$ selbsttätig die optimalen Reglerparameter zu ermitteln (s. Abschnitte 3.4.7.1. und 3.4.7.2.). Schließlich gibt es noch die Möglichkeit, modelladaptive Regelungssysteme durch Anwendung von Stabilitätskriterien zu entwerfen. Diese Verfahren haben in den letzten Jahren eine relativ große Bedeutung erlangt, weil sie einen vergleichsweise systematischen, geschlossenen Entwurf ermöglichen und sich ein nachträglicher Stabilitätsnachweis erübrigt. Im Rahmen dieser Monographie ist es nicht möglich, auf alle Methoden des Entwurfs von modelladaptiven Systemen einzugehen. Aus diesem Grunde soll daher nur der Entwurf nach dem Gradientenverfahren, als allgemein anwendbares Entwurfsprinzip, und der Entwurf durch Anwendung von Stabilitätskriterien (zweite bzw. direkte Methode von Ljapunov und Verfahren der Hyperstabilität) erläutert werden.

Da die im folgenden behandelten Methoden sowohl für den kontinuierlichen als auch diskontinuierlichen Entwurf geeignet sind, wird teils die kontinuierliche, teils die diskontinuierliche Systembeschreibungsform angewendet. Bevor auf die einzelnen Entwurfsverfahren näher eingegangen wird, sollen noch, in Analogie zum Bild 3.3 für Adaptivsysteme ohne Vergleichsmodell, die wichtigsten

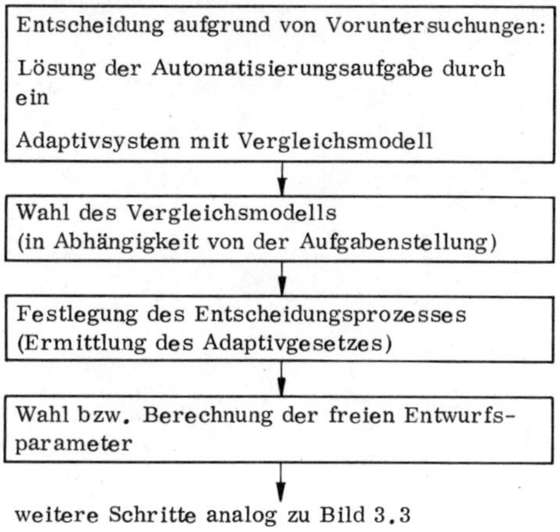

Bild 3.161. Wesentliche Teilschritte des Entwurfs von Adaptivsystemen mit Vergleichsmodell

Schritte beim Entwurf von modelladaptiven Regelungssystemen angegeben werden (Bild 3.161). Eine weitere Konkretisierung erfolgt, wie bisher, in den entsprechenden Abschnitten.

Gemäß der gegenüber den Adaptivsystemen ohne Vergleichsmodell veränderten Aufgabenstellung ist ein Vergleichsmodell in geeigneter Weise zu wählen. Es ist als eine spezielle Form des Gütekriteriums I_0 für die Auslegung des Grundsystems anzusehen. Beim Systementwurf kann das Vergleichsmodell in Abhängigkeit von der Aufgabenstellung weitgehend frei gewählt werden. In vielen Fällen wird ein Schwingungsglied vorgegeben, da hiermit die meisten der in der Praxis gewünschten Verhaltensweisen des Grundsystems bei entsprechender Vorgabe der Parameter des Schwingungsglieds charakterisiert werden können. Ein Problem bei der Vorgabe des Vergleichsmodells besteht u. U. in der Voraussetzung, daß der Grundregelkreis unter Beachtung der Reglerstruktur sowie der zu erwartenden Parameteränderungen im Grundsystem prinzipiell in der Lage sein muß, den Verlauf von $x_M(t)$ zu approximieren. Ist dies nicht der Fall, treten große Abweichungen $\varepsilon(t)$ auf, und der adaptive Regelkreis wird unempfindlich (bis zur Instabilität) gegenüber Prozeßänderungen.

3.5.2. Entwurf von modelladaptiven Systemen nach dem Gradientenverfahren

Grundlagen. Da das Gradientenverfahren bereits in Verbindung mit den adaptiven Identifikationsverfahren (Abschn. 3.4.2.6.) und dem Entwurf von Adaptivsystemen ohne Vergleichsmodell (Abschn. 3.4.7.1.) behandelt worden ist, stehen die wesentlichsten Gleichungen zur Begründung dieses Verfahrens bereits zur Verfügung. Für den Entwurf von modelladaptiven Systemen soll daher hier lediglich noch einmal die allgemeine Gleichung für die Adaption der Parameter des Grundkreisreglers angegeben werden (s. Gl. (3.109)):

$$\beta_i(t) = \beta_i(0) - h \overline{\int_0^t \frac{\partial}{\partial \beta_i} \vartheta_\varepsilon[\varepsilon(\boldsymbol{\beta}^T, \tau)] \, d\tau} .$$

Entwurf. Für den Entwurf wird von einer Struktur nach Bild 3.162 ausgegangen. Durch Vergleich mit dem im Bild 3.91 dargestellten adaptiven System ohne Vergleichsmodell kann festgestellt werden, daß im vorliegenden Fall lediglich im Ansatz für $I(t) = \vartheta_\varepsilon(\varepsilon)$ anstelle von $\varepsilon = x_w$ nunmehr $\varepsilon = x - x_M$ einzusetzen ist. Alle übrigen Beziehungen bleiben unverändert. Mit

$$\varepsilon(\boldsymbol{\beta}^T, t) = x(\boldsymbol{\beta}^T, t) - x_M(t)$$

erhält man für den Integranden im Adaptionsgesetz

$$\frac{\partial}{\partial \beta_i} \vartheta_\varepsilon[\varepsilon(\boldsymbol{\beta}^T, t)] = \frac{d\vartheta_\varepsilon(\varepsilon)}{d\varepsilon} \frac{\partial}{\partial \beta_i} x(\boldsymbol{\beta}^T, t) . \tag{3.167}$$

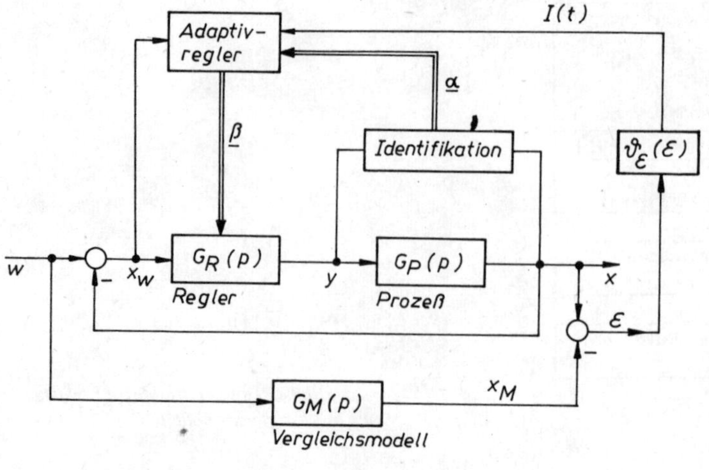

Bild 3.162. Grundstruktur eines modelladaptiven Systems für den Entwurf nach dem Gradientenverfahren

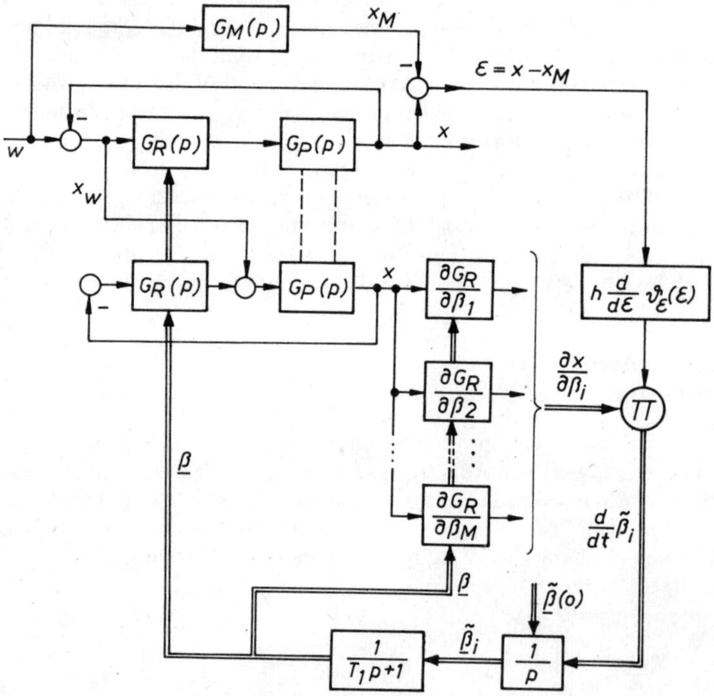

Bild 3.163. Gesamtaufbau eines modelladaptiven Systems nach dem Gradientenverfahren

Für die Ableitung der Regelgröße nach den einstellbaren Parametern ist mit (3.167) und dem im Bild 3.92 dargestellten Empfindlichkeitsmodell bereits die erforderliche Vorschrift abgeleitet. Damit kann das Blockschaltbild des gesamten modelladaptiven Systems angegeben werden (Bild 3.163). Die im Abschn. 3.4.7.1. zum Gradientenverfahren gegebenen Erläuterungen und Hinweise gelten auch sinngemäß für den vorliegenden Fall. Auf weitere Details kann deshalb hier verzichtet werden. Ein einfaches Beispiel für ein nach dem Gradientenverfahren entworfenes modelladaptives System unter Verwendung eines PI-Grundkreisreglers ist im Abschn. 3.5.5. angegeben.

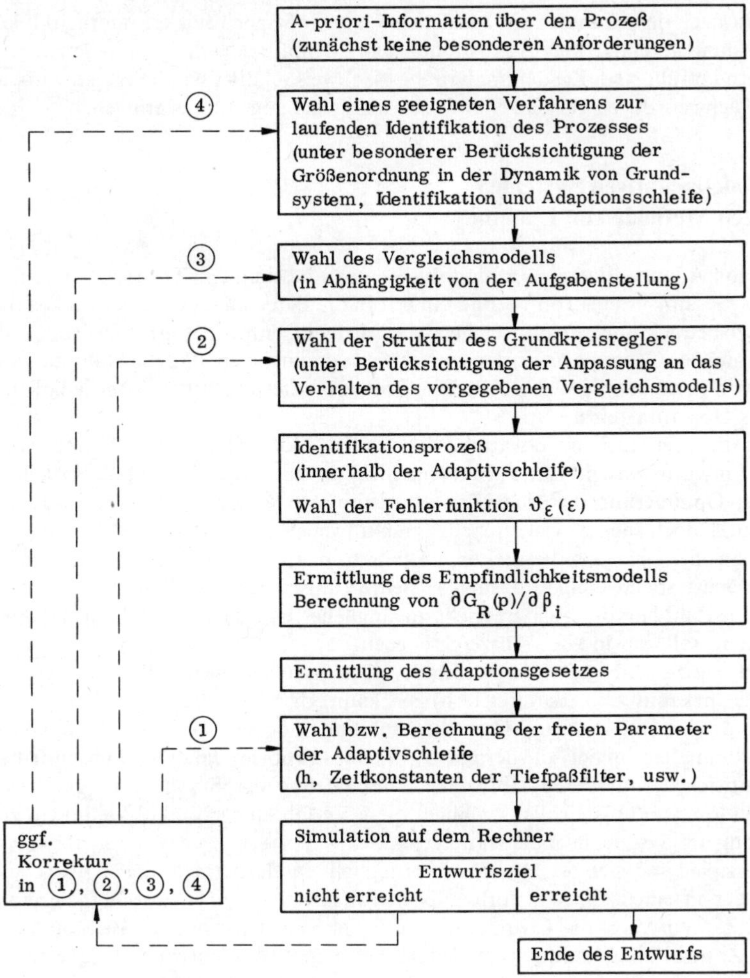

Bild 3.164. Grobablaufplan für den Entwurf von modelladaptiven Systemen nach dem Gradientenverfahren

Ablaufplan. Mit geringfügigen Änderungen, die durch die Anordnung des Vergleichsmodells bedingt sind, läßt sich der Ablaufplan analog zu dem im Bild 3.94 dargestellten Ablaufplan für Adaptivsysteme ohne Vergleichsmodell ableiten (Bild 3.164).

Einschätzung

Auch hier gelten sinngemäß die bereits im Abschn. 3.4.7.1. gegebenen Darlegungen. Aufgrund der erforderlichen Korrekturen ist der Aufbau eines solchen Systems relativ kompliziert. Es läßt sich jedoch zeigen, daß dieses vollständige System (Bild 3.163) in vielen Fällen wesentlich vereinfacht werden kann, ohne die Parameteradaption unzulässig zu verschlechtern. Diese Vereinfachung kann dadurch erreicht werden, daß auf die Identifikation des Prozesses und die laufende Anpassung der Reglerparameter im Empfindlichkeitsmodell verzichtet wird. Dies ergibt eine beträchtliche Senkung des Realisierungsaufwands.

Bei der Ableitung des Verfahrens wurde vorausgesetzt, daß die Parameteränderungen gegenüber den dynamischen Vorgängen im Grundsystem langsam ablaufen. Anhand von Beispielen konnte gezeigt werden [62], daß die hier untersuchten modelladaptiven Systeme auch dann ihre Arbeitsfähigkeit behalten, wenn diese Voraussetzung nur näherungsweise erfüllt ist.

Im Gegensatz zu den nach Stabilitätskriterien entworfenen modelladaptiven Systemen (s. Abschnitte 3.5.3. und 3.5.4.) ist nach dem Entwurf ein zusätzlicher Stabilitätsnachweis erforderlich. Dies gilt insbesondere für den stark vereinfachten Algorithmus bzw. dann, wenn die Voraussetzungen des Verfahrens nur annähernd erfüllt sind. Da der analytische Nachweis relativ kompliziert ist, wird es zweckmäßig sein, diesen Nachweis durch gezielte Simulationsuntersuchungen zu erbringen.

3.5.3. Entwurf von modelladaptiven Systemen nach der direkten Methode von Ljapunov

Grundlagen. Der Entwurf von Adaptivsystemen erfolgte bisher nach bestimmten Kriterien, ohne die Sicherung der Stabilität des Gesamtsystems von vornherein mit in die Berechnung eingehen zu lassen. Eine nachträgliche Stabilitätsbetrachtung, gleich welcher Art, ist damit unbedingt erforderlich. Aufgrund dieser Tatsache liegt nun der Gedanke nahe, den Entwurf so vorzunehmen, daß die Stabilität des gesamten Adaptivsystems von vornherein gesichert ist. Das Entwurfskriterium lautet daher lediglich: Sicherung der Stabilität des Gesamtsystems.

Bei dieser Vorgehensweise ist aber auch zu erwarten, daß andere Gütekriterien, die bisher Ausgangspunkt und Ziel des Entwurfs waren, von vornherein nicht in ausreichendem Maße beachtet werden. Eine nachträgliche Optimierung der sicherlich in bestimmten Grenzen noch freien Parameter wird daher i. allg. unerläßlich sein. Soviel zunächst zum allgemeinen Anliegen.

Kommen wir nun zu einem von *Ljapunov* entwickelten Verfahren, das zur Lösung des vorliegenden Problems geeignet ist. Zunächst sollen einige allgemeine Bemerkungen zur Stabilität vorangestellt werden. Da hierzu eine große Zahl hervorragender, leicht zugänglicher Übersichtsdarstellungen [189; 199; 217] zur Verfügung steht, soll dies in aller Kürze geschehen.

Zunächst einmal ist leicht einzusehen, daß die Stabilität eines Systems, wenn die das System beschreibenden Gleichungen bekannt sind, dadurch erfolgen kann, daß man diese Gleichung löst. Anhand der Lösungen ist immer eine Aussage über die Stabilität möglich. Da aber dieser Weg mit zunehmender Systemordnung ein immer schwieriger zu lösendes Problem darstellt, wurden frühzeitig solche Methoden entwickelt, mit deren Hilfe eine Einschätzung der Stabilität möglich ist, ohne die Systemgleichungen lösen zu müssen. Es ist üblich, diese Verfahren als direkte Methoden zu bezeichnen, da sie die Lösung der Systemgleichungen umgehen.

Daß ein solcher Weg prinzipiell möglich ist, wurde ursprünglich durch Betrachtungen über den Zusammenhang zwischen der in einem System vorhandenen Energie und seiner Stabilität gezeigt. Wenn nämlich im Laufe eines Vorgangs die Energie, die in einem System vorhanden ist, abnimmt und im eingeschwungenen Zustand ein Minimum hat, bezeichnet man diesen Vorgang als (asymptotisch) stabil.

Wird nun diese allgemeine Aussage dadurch mathematisch umgesetzt, daß man im konkreten Fall eine Gleichung für die Energie des betrachteten Systems aufstellt und dann bestimmte Bedingungen formuliert, die sich daraus ergeben, daß die Energie ständig abnimmt (d. h. $\dot{E} < 0$) und in der Ruhelage ein Minimum hat (d. h. $\dot{E} = 0$), so ist die Einschätzung der Stabilität eines Systems mit Hilfe einer solchen Energiefunktion möglich. Aus den Eigenschaften der beiden Funktionen E und $\dot{E}$ lassen sich also Aussagen über die Stabilität ableiten. *Ljapunov* hat nun in seinem direkten Verfahren, im Sinne einer Verallgemeinerung dieses Sachverhalts, anstelle der Energiefunktion eine Funktion $V(\boldsymbol{x})$ eingeführt, mit deren Hilfe die Stabilitätsuntersuchungen eines (i. allg. nichtlinearen) Systems in gleicher Weise durchgeführt werden kann, ohne an die physikalische Interpretation der Energie eines Systems gebunden zu sein.

In Abhängigkeit davon, ob bei einem System die sog. einfache Stabilität, die asymptotische Stabilität oder die global asymptotische Stabilität nachgewiesen werden soll, ist eine größere Anzahl von unterschiedlich strengen Stabilitätskriterien formuliert worden, z. T. auch in unterschiedlichen Fassungen [22; 189; 199]. Bezüglich detaillierterer Angaben, Beweisen u. ä. sei auf die einschlägige Literatur verwiesen.

Bevor jedoch ein solches Kriterium formuliert wird, sollen im folgenden die genannten Stabilitätsbegriffe kurz erläutert werden.

Stabilitätsuntersuchungen beziehen sich auf das Stabilitätsverhalten der Ruhelage eines Systems. Da ein System mehrere solcher Ruhelagen einnehmen kann, sei hier diejenige im Koordinatenursprung des Zustandsraums betrachtet. Dies läßt sich durch eine geeignete Koordinatentransformation immer erreichen. Wird nun ein System durch eine Anfangsstörung aus seiner Ruhelage gebracht, bewegt es sich auf einer Bahnkurve im Zustandsraum, die „Trajektorie" genannt wird. Die Kennzeichnung der Ruhelage eines Systems erfolgt nun in Abhängigkeit davon, wie sich das System nach einer solchen Anfangsstörung verhält.

Die Ruhelage eines Systems wird stabil (einfache Stabilität) genannt, wenn die Trajektorien in einer beliebig engen Umgebung des Koordinatenursprungs bleiben (vorausgesetzt, daß sich der Angriffspunkt in einer hinreichend engen Umgebung befindet).

Die Ruhelage eines Systems wird asymptotisch stabil genannt, wenn sie stabil ist und mit $t \to \infty$ die Trajektorien gegen den Koordinatenursprung streben.

Die Ruhelage eines Systems nennt man global asymptotisch stabil, wenn die Trajektorien aus jeder beliebigen Anfangslage innerhalb des gesamten Zustandsraums für $t \to \infty$ gegen den Koordinatenursprung streben.

Um eine Vorstellung von der Art eines Stabilitätskriteriums nach der direkten Methode von *Ljapunov* zu bekommen, wird im folgenden das Kriterium zum Nachweis der asymptotischen Stabilität der Ruhelage eines Systems angegeben.

Kriterium für asymptotische Stabilität. Ein dynamisches System, das durch seine Zustandsgleichungen

$$\dot{x}_i = f_i(x_1, x_2, \dots, x_n); \quad i = 1, 2, \dots, n$$

beschrieben wird, habe die Ruhelage $\boldsymbol{x}^{\mathrm{T}} = [x_1, x_2, x_3, \dots, x_n] = 0$. Existiert in der Umgebung des Koordinatenursprungs eine stetige, positiv definite Funktion $V(x_1, x_2, \dots, x_n)$, deren Ableitung nach der Zeit

$$\dot{V} = \frac{\mathrm{d}}{\mathrm{d}t} V(x_1(t), x_2(t), \dots, x_n(t)) = \sum_{i=1}^{n} \frac{\partial V}{\partial x_i} \dot{x}_i \tag{3.168}$$

in dieser Umgebung negativ definit ist, dann ist die Ruhelage asymptotisch stabil.

Dabei bedeuten für $V(\boldsymbol{x})$ bzw. $\dot{V}(\boldsymbol{x})$

positiv definit: $V(\boldsymbol{x}) > 0$ für $\boldsymbol{x} \neq 0$
$V(\boldsymbol{x}) = 0$ für $\boldsymbol{x} = 0$
negativ definit: $\dot{V}(\boldsymbol{x}) < 0$ für $\boldsymbol{x} \neq 0$
$\dot{V}(\boldsymbol{x}) = 0$ für $\boldsymbol{x} = 0$.

Eine Funktion $V(\boldsymbol{x})$, die diesen Bedingungen genügt, wird Ljapunov-Funktion genannt. Je nachdem, ob die Stabilitätsanforderungen verschärft (z. B. bei der global asymptotischen Stabilität) oder abgeschwächt (z. B. einfache Stabilität) werden, äußert sich dies auch in den entsprechenden mathematischen Formulierungen. Die Ermittlung einer geeigneten Funktion $V(\boldsymbol{x})$ ist nicht unproblematisch, da es hierfür keine eindeutigen Algorithmen gibt. Trotzdem existieren natürlich gewisse Regeln, die zur Gewinnung einer möglichst „guten" Ljapunov-Funktion mit herangezogen werden können. Durch die relativ willkürliche Wahl einer Ljapunov-Funktion hat man jedoch keine Garantie darüber, ob das Stabilitätsgebiet nicht in Wirklichkeit größer ist als das nach dieser Methode erhaltene. Dies ist jedoch ein Grundproblem der direkten Methode nach *Ljapunov*.

Entwurf. Zur Erläuterung des Entwurfs wird von einem Systemaufbau nach Bild 3.165 ausgegangen. Der Prozeß sei quasistationär, so daß die unbekannten Parameter $\boldsymbol{\alpha}$ als konstant aufgefaßt werden können. Gesucht ist eine solche Vorschrift für die Realisierung des Adaptivreglers bzw. des Adaptionsgesetzes für die einstellbaren Parameter $\boldsymbol{\beta}$ des Grundkreisreglers, die garantiert, daß die globale asymptotische Stabilität des gesamten modelladaptiven Systems gesichert ist. Für den Fehler $\varepsilon(t)$ ist also zu fordern

$$\lim_{t \to \infty} \varepsilon(t) = 0\,.$$

Diese Bedingung soll nach einer möglichst kurzen Anpaßzeit, unabhängig von den Anfangsbedingungen, erfüllt werden. Zur Erreichung der vorgegebenen Zielstellung stehen, neben $\varepsilon(t)$, im Bedarfsfall alle am System auftretenden Signale (in bestimmten Fällen auch daraus abgeleitete Signale) zur Verfügung.

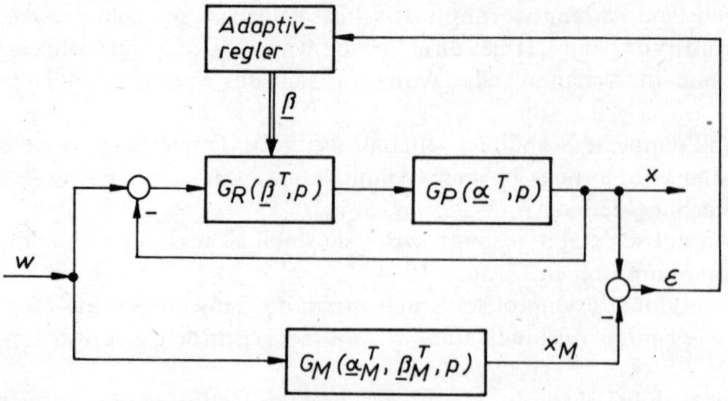

Bild 3.165. Grundstruktur eines modelladaptiven Systems für den Entwurf nach der direkten Methode von Ljapunov

Für $\varepsilon(t)$ kann man auch schreiben

$$\varepsilon(t) = x(t) - x_M(t) = [G_w(\boldsymbol{\beta}^T, \boldsymbol{\alpha}^T, p) - G_M(\boldsymbol{\alpha}_M^T, \boldsymbol{\beta}_M^T, p)]\, w(t) \tag{3.169}$$

mit

$$G_w(\boldsymbol{\beta}^T, \boldsymbol{\alpha}^T, p) = \frac{G_R(\boldsymbol{\beta}^T, p)\, G_P(\boldsymbol{\alpha}^T, p)}{1 + G_R(\boldsymbol{\beta}^T, p)\, G_P(\boldsymbol{\alpha}^T, p)}$$

Bei gleicher Ordnung von G_w und G_M läßt sich (3.169) umformen in [22; 189]

$$\dot{\boldsymbol{\varepsilon}} = \boldsymbol{A}\boldsymbol{\varepsilon} + \boldsymbol{f}; \tag{3.170}$$

$\boldsymbol{A}$ Systemmatrix, die sich bei Umformung von $G_M(\boldsymbol{\alpha}_M^T, \boldsymbol{\beta}_M^T, p)$ in die Zustandsdarstellung ergibt (bei einem Verzögerungsglied 1. Ordnung als Modellansatz ist $\boldsymbol{A}$ ein konstanter Faktor und $\boldsymbol{\varepsilon} \equiv \varepsilon$; s. Beispiel im Abschn. 3.5.5.)

$\boldsymbol{f}$ Funktion in Termen von Differenzen zwischen Prozeß- und Modellparametern und daher nicht bekannt.

Die Fehlerzustandsdifferentialgleichung (3.170) ist eine geeignete Beschreibungsform zur Charakterisierung des dynamischen Verhaltens des erweiterten Grundsystems (Grundsystem einschließlich Modell). Es ist daher möglich, die Stabilitätsuntersuchungen an diesem „Fehlersystem" durchzuführen. Bezogen auf (3.170) besteht das Entwurfsziel darin, $\boldsymbol{f}$ so zu wählen, daß $\lim\limits_{t \to \infty} \varepsilon(t) = 0$ erfüllt wird.

Die Lösung dieser Aufgabe gelingt nun durch Einführung einer positiv definiten Funktion (Ljapunov-Funktion), z. B. in der häufig verwendeten Form [22; 217]

$$V = \boldsymbol{\varepsilon}^T \boldsymbol{P}_v \boldsymbol{\varepsilon} + h_v(\boldsymbol{\varphi}, \boldsymbol{\psi})\ ; \tag{3.171}$$

$\boldsymbol{P}_v$ Matrix mit konstanten Elementen

$\boldsymbol{\varphi}, \boldsymbol{\psi}$ Matrizen von noch näher zu bestimmenden Parametervektoren [217] (z. B. in Abhängigkeit von Termen der Differenz zwischen Prozeß- und Modellparametern).

Während der erste Term in (3.171) eine quadratische Funktion darstellt (in der Bilinearform), die auch als Ljapunov-Funktion allein angesetzt werden kann, soll $h_v(\boldsymbol{\varphi}, \boldsymbol{\psi})$ hier lediglich als ein Zusatzterm zur Erreichung einer noch geeigneteren Ljapunov-Funktion angesehen werden. Nähere Angaben sind der Literatur zu entnehmen [189; 216].

Zur Sicherung der Stabilität ist, gemäß vorangegangener Darstellung des Stabilitätsnachweises, zunächst die erste Ableitung $\dot{V}(\boldsymbol{\varepsilon})$ zu bilden:

$$\dot{V}(\boldsymbol{\varepsilon}^T) = \frac{\partial \boldsymbol{\varepsilon}^T}{\partial t} \boldsymbol{P}_v \boldsymbol{\varepsilon} + \boldsymbol{\varepsilon}^T \boldsymbol{P}_v \frac{\partial \boldsymbol{\varepsilon}}{\partial t} + \dot{h}\,. \tag{3.172}$$

Ersetzt man die Ableitungen des Fehlers durch (3.170), so erhält man die gewünschte Verknüpfung zwischen dem „Fehlersystem" (3.170) und der Ljapunov-Funktion $V(\boldsymbol{\varepsilon}^T)$. Gl. (3.171) ist u. a. auch eine Funktion des einstellbaren Parametervektors $\boldsymbol{\beta}$:

$$\dot{V}(\boldsymbol{\varepsilon}^T) = f_v(\boldsymbol{\beta}^T, \boldsymbol{\alpha}^T, \boldsymbol{\beta}_M^T, \boldsymbol{\varepsilon}^T, \boldsymbol{P}_v, \ldots)\,.$$

Um die Forderung zu erfüllen, daß $\dot{V}$ negativ definit ist, werden häufig, relativ willkürlich, bestimmte Festlegungen getroffen, um in einfacher Weise eine Lösung für das Adaptionsgesetz zu erhalten. Dies kann z. B. darin bestehen, die Summe zweier Terme in (3.172) durch entsprechende Wahl der freien Berechnungsgrößen so zu beeinflussen, daß sich in einfacher Weise die negative Definitheit von $\dot{V}(\boldsymbol{\varepsilon}^T)$ ergibt. Bedingt durch derartige willkürliche Festlegungen kann natürlich nicht eingeschätzt werden, ob die günstigste Lösung gefunden worden ist. Unabhängig davon ist jedoch das so entworfene modelladaptive System stabil. Im Ergebnis des Entwurfs erhält man damit nicht nur die Form des Adaptivgesetzes, sondern auch Hinweise über die zulässigen Bereiche der im Ansatz (3.171) vorhandenen freien Entwurfsparameter. Hier besteht nun noch die Möglichkeit zur weiteren Verbesserung des dynamischen Verhaltens des modelladaptiven Systems, indem die freien Parameter nach bestimmten Bewertungskriterien innerhalb des zulässigen Parameterbereiches nachträglich genauer ermittelt werden. Da eine analytische Lösung sehr problematisch ist, wird es in vielen Fällen zweckmäßig sein, die günstigsten Werte durch gezielte Simulationsuntersuchungen zu bestimmen.

Zur Veranschaulichung des Entwurfs nach der direkten Methode von *Ljapunov* ist im Abschn. 3.5.5. ein sehr einfaches Beispiel angegeben. Obwohl darin, bedingt durch die Einfachheit, nicht alle Entwurfsprobleme deutlich werden, ist es doch gut geeignet, die allgemeine Vorgehensweise anschaulich zu demonstrieren. Auf weitere Ausführungen zum Entwurf nach *Ljapunov* wird hier verzichtet. Dies vor allem auch deshalb, weil mit der Methode der Hyperstabilität, die im nächsten Abschnitt erläutert wird, ein Verfahren existiert, mit dem in vielen Fällen in eleganterer Weise das Entwurfsproblem gelöst wird und unter bestimmten Voraussetzungen die „Ljapunov-Lösung" als Sonderfall des Entwurfs nach der Hyperstabilität betrachtet werden kann. Schließlich sei hier der Vollständigkeit halber noch erwähnt, daß die Methode nach *Ljapunov* auch für den Entwurf von diskontinuierlichen Adaptivsystemen geeignet ist [22; 189; 217] und die allgemeine Vorgehensweise sinngemäß erfolgen kann, wie sie im nächsten Abschnitt für den Entwurf nach der Hyperstabilität angegeben ist.

Ablaufplan (s. Bild 3.166).

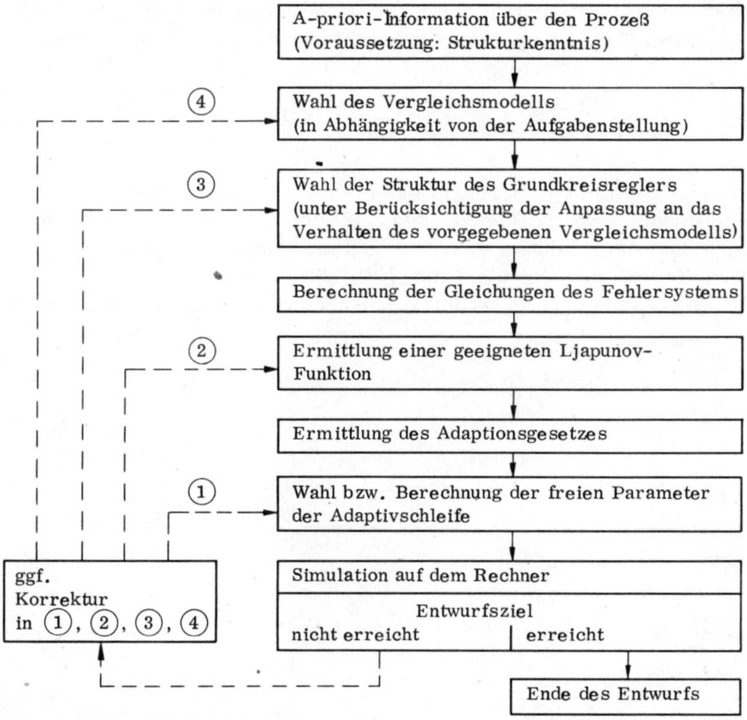

Bild 3.166. Grobablaufplan für den Entwurf von modelladaptiven Systemen nach der direkten Methode von Ljapunov

Einschätzung

Der unbestreitbare wesentliche Vorteil des Entwurfs nach der direkten Methode von *Ljapunov* liegt zunächst einmal darin, daß die so entworfenen modelladaptiven Systeme stabil sind. Vorteilhaft ist außerdem, daß dieses Verfahren nicht nur für die Untersuchung kontinuierlicher, sondern auch diskontinuierlicher Systeme geeignet ist. Obwohl bereits darauf hingewiesen worden ist, daß mit dem Verfahren nach der Hyperstabilität eine universellere Entwurfsmethode zur Verfügung steht, darf nicht unerwähnt bleiben, daß beim gegenwärtigen Entwicklungsstand in vielen Fällen beide Verfahren zu gleichwertigen Lösungen führen.
Als nachteilig kann angesehen werden, daß, begründet durch das Ljapunov-Verfahren selbst, die Wahl der besten Ljapunov-Funktion nicht ganz einfach ist und daß mit wachsender Systemordnung der Kompliziertheitsgrad beträchtlich anwächst. Infolge der relativ willkürlichen Wahl der Ljapunov-Funktion ist eine nachträgliche Optimierung der innerhalb eines vorgegebenen Bereichs noch frei wählbaren Parameter des Adaptionsgesetzes möglich und sinnvoll.
Auf eine interessante praktische Anwendung des Entwurfs nach der direkten Methode von *Ljapunov* [218] wird im Abschn. 3.5.5. kurz eingegangen.

3.5.4. Entwurf von modelladaptiven Systemen nach der Methode der Hyperstabilität

Grundlagen. Der Begriff der Hyperstabilität wurde 1963 von *V. M. Popov* als eine Verallgemeinerung der absoluten Stabilität eingeführt [219]. Ursprünglich wurden mit dem neuentwickelten Konzept der Hyperstabilität nur nichtlineare Systeme mit dem im Bild 3.167 dargestellten prinzipiellen Aufbau untersucht und dabei davon ausgegangen, daß die Trennung des zu untersuchenden Systems in ein lineares und ein nichtlineares Teilsystem möglich ist. In der Folgezeit wurde die Methode der Hyperstabilität, die genauso wie das Ljapunov-Verfahren ein direktes Stabilitätsverfahren darstellt, so weiterentwickelt, daß die Anwendung auf beliebige Teilsysteme möglich ist — unabhängig davon, ob sie linear, nichtlinear, zeitinvariant oder zeitvariant sind. Außerdem ist vor allem auch eine Erweiterung auf den diskontinuierlichen Fall möglich. Die Klasse der zugelassenen Nichtlinearitäten ist wesentlich durch

$$\int_0^t x_a(t)\, x_e(t)\, dt > \gamma_0 \qquad \text{für alle } t \tag{3.173}$$

bestimmt. Die Ungleichung (3.173) gilt für den ursprünglich von *Popov* behandelten kontinuierlichen Fall und steht hier z. B. anstelle einer Sektorbedingung (Bild 3.168) bei anderen Verfahren. Durch die Integration wird zugelassen, daß die Kennlinie für kleine Zeitintervalle diesen Sektor verlassen darf und die Forderung nach Verlauf der Kennlinie innerhalb eines vorgegebenen Sektors nur „im Mittel" erfüllt wird. Dies bedeutet dann zweifellos gegenüber der Einhaltung einer Sektor-

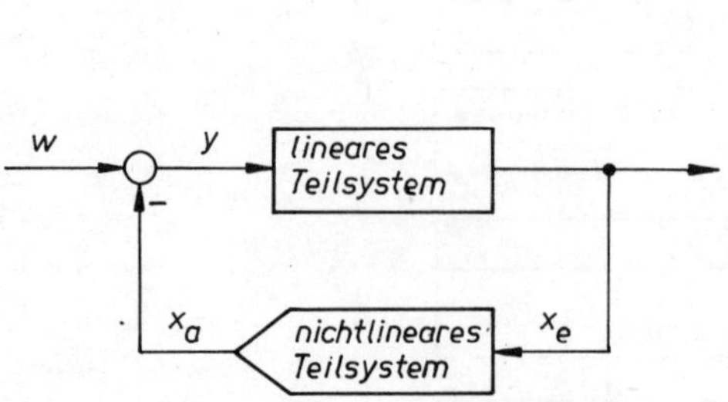

Bild 3.167. Allgemeiner Aufbau eines nichtlinearen Systems für die Untersuchung nach der Methode der Hyperstabilität

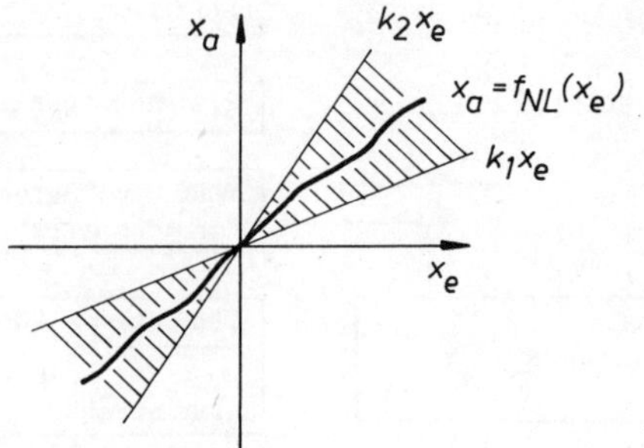

Bild 3.168. Verlauf der nichtlinearen Kennlinie innerhalb eines vorgegebenen Sektors

bedingung (z. B. bei der absoluten Stabilität [189]) eine Abschwächung, aber in bezug auf die dabei zugelassene Klasse der Nichtlinearitäten eine Erweiterung [198; 223].

Zur Erläuterung der wichtigsten Definitionen und Zusammenhänge wird von einem diskreten dynamischen System ausgegangen, das im allgemeinen Fall durch die folgenden nichtlinearen und/oder zeitvarianten Vektordifferenzengleichungen (Zustandsdarstellung)

$$\boldsymbol{x}(k+1) = \boldsymbol{f}^*[\boldsymbol{x}(k), \boldsymbol{u}(k), k] \tag{3.174}$$

$$\boldsymbol{y}(k) = \boldsymbol{g}^*[\boldsymbol{x}(k), \boldsymbol{u}(k), k] \tag{3.175}$$

beschrieben werden kann. Da bekanntlich die Zustandsraumdarstellung sehr gut für eine einheitliche Betrachtung von Ein- und Mehrgrößensystemen geeignet ist, werden — zumindest für den allgemeinen Teil — auch die folgenden Gleichungen für den Mehrgrößenfall angegeben.

Nach *Popov* [219] ist die Hyperstabilität eine Systemeigenschaft (obwohl die Stabilität eigentlich eine Eigenschaft der Ruhelage ist), die dadurch charakterisiert ist, daß der Zustandsvektor $\boldsymbol{x}(k)$ beschränkt bleibt, wenn das Eingangssignal $\boldsymbol{u}(k)$ bestimmten Bedingungen genügt, die mit Hilfe des Ansatzes

$$\gamma(0, k_H) = \sum_{k=0}^{k_H} \boldsymbol{u}^T(k)\, \boldsymbol{y}(k)\,; \qquad \forall k_H \geqq 0 \tag{3.176}$$

überprüft werden können. Gl. (3.176) ist die für den diskontinuierlichen Fall geltende Form von (3.173). Das Eingangssignal $\boldsymbol{u}(k)$ hat die geforderte Eigenschaft, wenn es die Ungleichung

$$\gamma(0, k_H) \leqq [K_0(\|\boldsymbol{x}(0)\|)]^2 + K_0(\|\boldsymbol{x}(0)\|) \max_{0 \leqq k \leqq k_H} \|x(k)\|\,; \qquad \forall k_H \geqq 0 \tag{3.177}$$

erfüllt. $K_0(\|\boldsymbol{x}(0)\|)$ ist eine Konstante, die nur von den Anfangsbedingungen des Systems abhängig ist.

$$\|\boldsymbol{x}(k)\| = \sqrt{x_1^2(k) + x_2^2(k) + \dots + x_n^2(k)}$$

ist die euklidische Norm als verallgemeinerte Länge des Zustandsvektors.

Im folgenden werden einige Definitionen angegeben, die für das Verständnis des Entwurfs nach der Methode der Hyperstabilität erforderlich sind. Die Darstellung erfolgt dabei ausschließlich für den diskontinuierlichen Fall.

Definition der (einfachen) Hyperstabilität [220]. Das durch die Gl. (3.174) und (3.175) beschriebene System wird hyperstabil genannt, wenn zwei Konstanten $K_{1H} \geqq 0$ und $K_{2H} \geqq 0$ existieren, so daß die Ungleichung

$$\gamma(0, k_H) + K_{1H}\, ||\boldsymbol{x}(0)||^2 \geqq K_{2H}\, ||\boldsymbol{x}(k_H + 1)||\,; \qquad \forall k_H \geqq 0 \tag{3.178}$$

erfüllt ist.

Eine äquivalente Definition, bei der die Eigenschaft von $\boldsymbol{u}(k)$ stärker betont wird, ist in [22] angegeben.

Definition der asymptotischen Hyperstabilität [70]. Das durch die Gln. (3.174) und (3.175) beschriebene System wird asymptotisch hyperstabil genannt, wenn es im Sinne der vorangegangenen Definition hyperstabil ist und für $\boldsymbol{u}(k) \equiv 0$ global asymptotisch stabil ist.

Neben diesen allgemeinen Begriffsbestimmungen ist vor allem noch die Definition der sog. „schwachen" Hyperstabilität wichtig, da sie in vielen Fällen die Grundlage für den Entwurf von modelladaptiven Systemen darstellt. Im Hinblick auf ausgewählte praktische Anwendungsfälle wird davon ausgegangen, daß die Systembeschreibung nicht durch die Zustandsbeschreibung, sondern eine Eingangs-Ausgangs-Beschreibung der Form

$$\boldsymbol{x}_a(k) = \boldsymbol{f}^*_{NL}[\boldsymbol{x}_e(l), k]\,; \qquad l < k\,, \qquad \forall k \geqq 0 \tag{3.179}$$

beschrieben wird.

Definition der „schwachen" Hyperstabilität [220]. Das durch die Gl. (3.179) beschriebene System wird schwach hyperstabil genannt, wenn eine von den Anfangsbedingungen abhängige, endliche Konstante $K_{3H}^2 \geqq 0$ existiert, so daß die Ungleichung

$$\gamma(0, k_H) \geqq -K_{3H}^2\,; \qquad \forall k_H > 0 \tag{3.180}$$

erfüllt ist.

Die direkte Anwendung dieser Definitionen zur Lösung automatisierungstechnischer Probleme ist natürlich nicht zu empfehlen. Viel zweckmäßiger wird es sein, mit Hilfe dieser Definitionen festzustellen, welche allgemeinen Eigenschaften solche hyperstabilen Systeme haben, um sie im Sinne von „komplexen Rechenregeln" für die Lösung von Entwurfsproblemen anwenden zu können. Außerdem wird es vorteilhaft sein, für spezielle und für die Automatisierungstechnik typische Anwendungsfälle anwenderfreundliche Bedingungen zur Überprüfung der Hyperstabilität abzuleiten. Auszugsweise sollen im folgenden einige Eigenschaften hyperstabiler Systeme sowie Stabilitätsbedingungen für wichtige Anwendungsfälle angegeben werden. Die hierzu erforderlichen Ableitungen und Beweise kann der Leser Übersichts- [21] bzw. Originalarbeiten [70; 219] entnehmen.

Von den besonderen Eigenschaften hyperstabiler Systeme, die für den Entwurf vorteilhaft genutzt werden können, seien hier genannt [220]:

Eigenschaft 1. Die Hyperstabilität schließt für $\boldsymbol{u}(k) = 0$ die globale Stabilität nach *Ljapunov* ein.

Eigenschaft 2. Das durch Parallelschaltung zweier (schwach) hyperstabiler Systeme entstehende neue Gesamtsystem ist ebenfalls wieder (schwach) hyperstabil.

Eigenschaft 3. Ein System, das durch Rückführung eines (schwach) hyperstabilen Systems über ein zweites (schwach) hyperstabiles System entsteht, ist ebenfalls wieder (schwach) hyperstabil.

Eigenschaft 4. Ein System, das durch Rückführung eines hyperstabilen Systems über ein zweites schwach hyperstabiles System entsteht, ist hyperstabil.

Im Rahmen des Entwurfs von modelladaptiven Systemen sind nun Stabilitätsprobleme in Verbindung mit unterschiedlichen Systemarten und -anordnungen zu lösen. Zur Abarbeitung der einzelnen Entwurfsschritte sind daher vor allem auch Stabilitätsbedingungen für lineare Systeme und rückgekoppelte nichtlineare und/oder zeitvariante Systeme u. ä. von Interesse. Im folgenden sollen daher zu einigen von diesen typischen Aufgabenstellungen, ohne theoretische Ableitung und Begründung, nähere Angaben gemacht werden.

Hyperstabilitätsbedingungen für lineare, zeitinvariante Systeme. Ausgegangen wird von den Vektordifferenzengleichungen

$$\boldsymbol{x}(k+1) = \boldsymbol{A}^*\boldsymbol{x}(k) + \boldsymbol{B}^*\boldsymbol{u}(k) \tag{3.181}$$

$$\boldsymbol{y}(k) = \boldsymbol{C}^*\boldsymbol{x}(k) + \boldsymbol{D}^*\boldsymbol{u}(k)\,. \tag{3.182}$$

Da für dieses System die Eigenschaft der Hyperstabilität koordinateninvariant ist, kann der Nachweis der Hyperstabilität anhand der Übertragungsmatrix (bzw. im Eingrößenfall anhand der entsprechenden z-Übertragungsfunktion)

$$\boldsymbol{G}(z) = \boldsymbol{C}^*(z\boldsymbol{E} - \boldsymbol{A}^*)^{-1}\,\boldsymbol{B}^* + \boldsymbol{D}^* \tag{3.183}$$

durchgeführt werden.

Es läßt sich zeigen, daß für den Stabilitätsnachweis das folgende Kriterium gilt:

> Eine notwendige und hinreichende Bedingung für die Hyperstabilität des linearen zeitinvarianten Systems nach (3.181) und (3.182) ist, daß $\boldsymbol{G}(z)$ nach (3.183) positiv reell ist.

Eine positiv reelle Übertragungsmatrix $\boldsymbol{G}(z)$ wird dadurch charakterisiert [221], daß

- die Pole von $\boldsymbol{G}(z)$ nicht außerhalb des Einheitskreises liegen
- die Pole von $\boldsymbol{G}(z)$ auf dem Einheitskreis einfach sind
- die Matrix $\boldsymbol{H}(z) = \boldsymbol{G}(z) + \boldsymbol{G}^{\mathrm{T}}(z^*)$ nicht negativ hermitesch ist für $[z] = 1$ (nach dem Mathematiker *Hermite* bezeichnete Matrizen, mit speziellen Eigenschaften, oft auch als selbstadjungierte Matrizen bezeichnet).

Hyperstabilität rückgekoppelter nichtlinearer und/oder zeitvarianter Systeme. Systeme dieser Art haben häufig den bereits im Bild 3.167 dargestellten allgemeinen Aufbau, den man daher auch als eine Standardstruktur auffassen kann. Mit (3.179) und (3.183) erhält man aus Bild 3.167 die Darstellung nach Bild 3.169.

Unter der Annahme, daß das nichtlineare Teilsystem schwach hyperstabil ist, gilt gemäß (3.180)

$$\gamma(0, k_{\mathrm{H}}) = \sum_{k=0}^{k_{\mathrm{H}}} \boldsymbol{x}_{\mathrm{a}}^{\mathrm{T}}(k)\,\boldsymbol{x}_{\mathrm{e}}(k) \geqq -K_{3\mathrm{H}}^2\,; \qquad \forall k_{\mathrm{H}} \geqq 0\,. \tag{3.184}$$

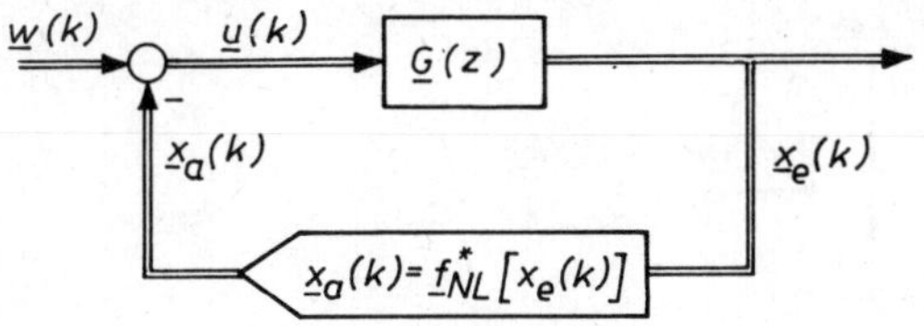

Bild 3.169. Standardstruktur rückgekoppelter nichtlinearer und/oder zeitvarianter asymptotisch hyperstabiler Systeme

Bei Berücksichtigung der im vorangegangenen Text formulierten vierten Eigenschaft sowie der Hyperstabilitätsbedingung für lineare Systeme erhält man für ein System nach Bild 3.169 das folgende Kriterium:

> Die notwendige und hinreichende Bedingung für asymptotische Hyperstabilität eines Systems nach Bild 3.169 besteht darin, daß die Übertragungsmatrix $\boldsymbol{G}(z)$ streng positiv reell ist.

Die Übertragungsmatrix $\boldsymbol{G}(z)$ bezeichnet man als streng positiv reell, wenn $\boldsymbol{G}(z)$ nur Pole innerhalb des Einheitskreises $[z] = 1$ hat und wenn $\boldsymbol{H}(z) = \boldsymbol{G}(z) + \boldsymbol{G}^{\mathrm{T}}(z^*)$ positiv hermitesch [221] oder mit $0 < v < 1$ die Übertragungsmatrix $\boldsymbol{G}(vz)$ positiv reell ist [220].

Da die stabilitätstheoretische Behandlung der Standardstruktur relativ einfach durchgeführt werden kann, ergibt sich für die Analyse und Synthese folgende allgemeine Vorgehensweise:

1. Rückführung der vorgegebenen Problemstellung auf die Standardstruktur
2. Nachweis, daß die z-Übertragungsmatrix bzw. die z-Übertragungsfunktion des linearen Teilsystems (3.183) streng positiv reell ist

   Wenn diese Bedingung nicht erfüllt ist, muß dies durch einen entsprechenden Entwurf erreicht werden.
3. Überprüfung der Ungleichung (3.184) auf Gültigkeit oder Entwurf des Rückführzweigs, um (3.184) zu erfüllen.

Entwurf. Auf dem Gebiet des Entwurfs von modelladaptiven Systemen mit Hilfe der Methode der Hyperstabilität ist eine große Anzahl von Veröffentlichungen bisher bekanntgeworden [21; 22; 71 bis 73; 240 bis 242].

Die Basis des Entwurfs wird durch die Gesamtheit aller Stabilitätsdefinitionen der bereits im Teil „Grundlagen“ genannten Form sowie die daraus abgeleiteten „Umformungsregeln“ für hyperstabile Systeme gebildet. Ein relativ systematischer Entwurf ist dadurch möglich, daß, ausgehend von einer modelladaptiven Grundstruktur, in mehreren Schritten unter wiederholter Anwendung dieser theoretischen Grundregeln die Ermittlung des Adaptivgesetzes erfolgen kann. Die Vorteile und die Systematik des Entwurfs nach der Hyperstabilität lassen sich in ihrer ganzen Tragweite nur schwer an einem sehr einfachen Beispiel erläutern, da hierbei viele, für den allgemeinen Fall wesentlichen Probleme gar nicht in Erscheinung treten. Aus diesem Grunde soll im folgenden nur die allgemeine Vorgehensweise beim Entwurf nach der Hyperstabilität dargestellt werden. In [22] wird ein allgemeiner, hyperstabiler adaptiver Regelalgorithmus vorgestellt, der viele der bisher bekanntgewordenen Lö-

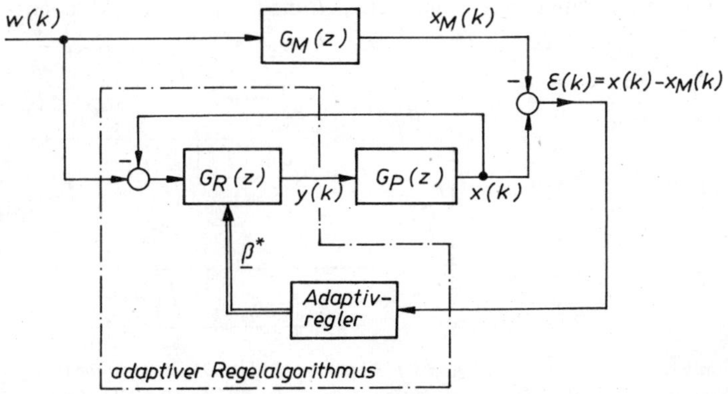

Bild 3.170. Allgemeiner Aufbau eines modelladaptiven Systems, dargestellt für den diskontinuierlichen Entwurf

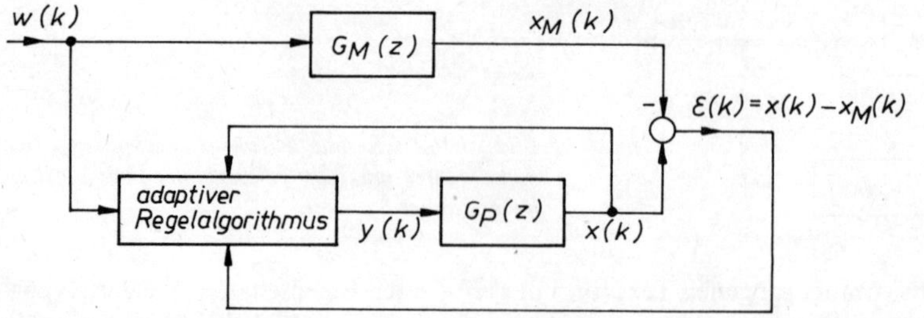

Bild 3.171. Vereinfachte Darstellung des Blockschaltbilds eines diskontinuierlichen modelladaptiven Systems als Grundlage für den Entwurf eines Adaptionsalgorithmus

sungsvarianten als Sonderfall enthält. Da dieser Entwurfsalgorithmus aufgrund seiner Anwendbarkeit auf die verschiedenartigsten Prozeßtypen (stabile und instabile, zeitvariante und zeitinvariante, beliebige Ordnung und Totzeit) einen hohen Grad an Allgemeingültigkeit hat, soll die allgemeine Vorgehensweise an diesem Verfahren in groben Zügen erläutert werden. Ausgegangen wird von einem modelladaptiven System gemäß Bild 3.170, das die diskontinuierliche Variante der im Bild 3.165 angegebenen Grundstruktur darstellt. Durch Zusammenfassen der Adaptivschleife und des Grundkreisreglers zum Adaptionsalgorithmus erhält man die für die Ableitung des Entwurfsverfahrens günstige Form des Blockschaltbilds (Bild 3.171).

Das Ziel des Entwurfs besteht darin, den adaptiven Regelalgorithmus so zu entwerfen, daß die Regelgröße $x(k)$ aus einem beliebigen Anfangszustand $x(0)$ dem Modellausgang $x_M(k)$ nach einer möglichst kurzen Anpaßzeit folgt. Für den Fehler

$$\varepsilon(k) = x(k) - x_M(k)$$

bedeutet dies

$$\lim_{k \to \infty} \varepsilon(k) = 0 .$$

Die Differenzengleichung für den Fehler $\varepsilon(k)$ ist daher eine geeignete Basis für den Entwurf nach der Hyperstabilität. Diese Fehlerdifferenzengleichung erhält man analog zur Ableitung der Gl. (3.170) beim Entwurf nach *Ljapunov*. Ergänzt man dieses Fehlergleichungssystem durch das noch unbekannte Adaptivgesetz, so erhält man in einem ersten Entwurfsschritt aus dem Ausgangssystem (Bild 3.172) als äquivalente Darstellung ein rückgekoppeltes System gemäß Bild 3.173. Da die durchgeführten Operationen zur Ableitung der Gleichungen für das Fehlersystem nach Bild 3.172 als lineare Transformation des ursprünglichen Systems aufgefaßt werden können, ist es möglich, die Stabilität des modelladaptiven Systems nach Bild 3.171 anhand des transformierten Systems zu untersuchen. Durch Vergleich mit Bild 3.169 kann man erkennen, daß das im Bild 3.172 dargestellte System der Standardstruktur eines rückgekoppelten Systems entspricht, für das die notwendige und hinreichende Bedingung für den Nachweis der Hyperstabilität bereits im Teil „Grundlagen" dieses Abschnitts

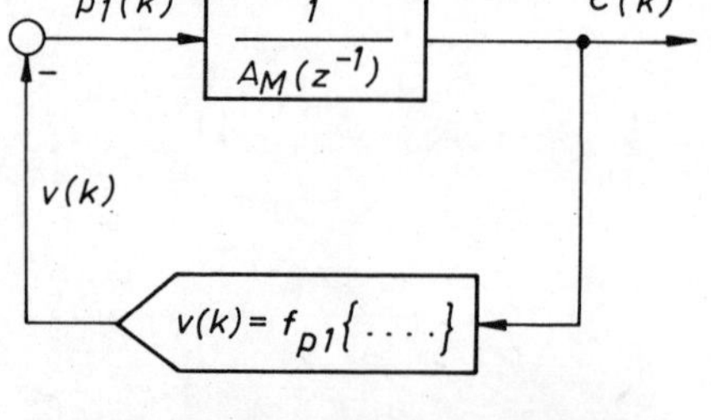

Bild 3.172. Blockschaltbild des transformierten modelladaptiven Systems in der Standardstruktur gemäß Bild 3.167 bzw. 3.169

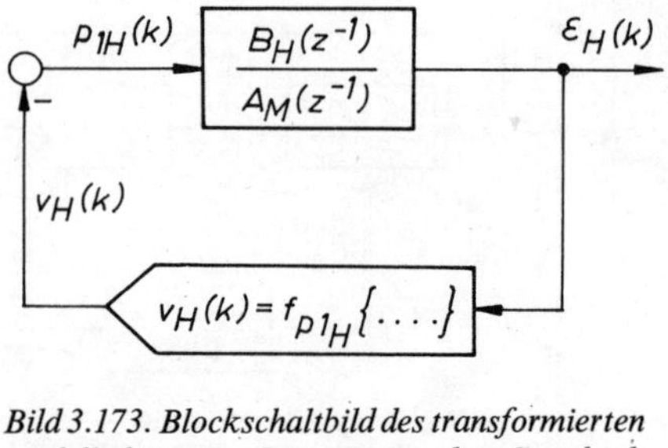

Bild 3.173. Blockschaltbild des transformierten modelladaptiven Systems in der Standardstruktur für beliebiges Modellverhalten

angegeben wurde; s. Gl. (3.184). Im vorliegenden Fall bedeutet dies, wenn für das nichtlineare, zeitvariante Teilsystem die Ungleichung

$$\gamma(0, k_H) = \sum_{k=0}^{k_H} v(k)\, \varepsilon(k) \geqq -K_{3H}^2 \,; \qquad \forall k_H \geqq 0$$

durch Wahl eines geeigneten Adaptivgesetzes erfüllt ist, daß das Gesamtsystem (Bild 3.172 und damit auch nach Bild 3.171) asymptotisch hyperstabil ist, wenn die Übertragungsfunktion des linearen Teilsystems

$$G_L(z) = \frac{E(z)}{P_1(z)} = \frac{1}{A_M(z^{-1})}$$

streng positiv reell ist.

Das Entwurfsproblem zerfällt damit in zwei Teilaufgaben:

1. Nachweis, daß $G_L(z)$ streng positiv reell ist bzw. durch geeignete Maßnahmen streng positiv reell gemacht werden kann
2. Ermittlung eines geeigneten Adaptivgesetzes, mit dem die Stabilitätsbedingung erfüllt wird.

Um beim allgemeinen Fall zu bleiben, wird angenommen, daß $G_L(z)$ nicht streng positiv reell ist. Dies kann z. B. dann der Fall sein, wenn höhere Ordnungen für das Vergleichsmodell gewählt werden. Nun kann aber $G_L(z)$ für jedes beliebige stabile Nennerpolynom $A_M(z^{-1})$ durch Einführung eines geeigneten Stabilisierungspolynoms $B_H(z^{-1})$ streng positiv reell gemacht werden. Aus $G_L(z)$ wird dann

$$G_{LH}(z) = \frac{B_H(z^{-1})}{A_M(z^{-1})}.$$

Die Berechnung von $B_H(z^{-1})$ ist über die Hyperstabilität von linearen Systemen möglich [22]. Damit die bisher am Ausgangssystem erhaltenen Beziehungen ihre Gültigkeit behalten, ist jedoch eine weitere Transformation des Systems nach Bild 3.172 erforderlich. Dies bewirkt, daß das System nach Bild 3.172 in ein neues Fehlersystem übergeführt wird (Bild 3.173). Schließlich soll noch auf die Möglichkeit hingewiesen werden, durch eine Rückführung (Bild 3.174) die Konvergenz der Adaption zu verbessern, ohne die Hyperstabilität des Gesamtsystems zu beeinträchtigen.

Die bis zu diesem Entwurfsstadium vorgenommenen Erweiterungen wurden unter Berücksichtigung der theoretischen Grundregeln so realisiert, daß die Voraussetzungen für den Entwurf des nichtlinearen Adaptivgesetzes nach dem Ansatz (3.184) nach wie vor erfüllt sind.

Nun einige Bemerkungen zum Adaptivgesetz. Wie bereits erwähnt wurde, ist das Adaptivgesetz derart zu wählen, daß die Stabilitätsbedingung der Form (3.184) erfüllt ist. Von den verschiedenen, in der Literatur angegebenen Ansätzen [243] einer nichtlinearen Vektorfunktion stellt der auch in [22] verwendete PI-Ansatz einen der leistungsfähigsten dar:

$$\boldsymbol{\beta}_{Ad}^*(k) = \gamma_H^P * \boldsymbol{\varphi}_H(k) + \gamma_H^I * \sum_{l=0}^{k} \boldsymbol{\varphi}_H(l) + \boldsymbol{\beta}_H^*(0)$$

mit $\boldsymbol{\varphi}_H(k) = \boldsymbol{\varepsilon}_H^T(k)\, \boldsymbol{x}_{EH}(k-d)$ (s. auch Bilder 3.174 und 3.175);

γ_H^P, γ_H^I Bewertungsvektoren
$*$ Element-Element-Multiplikation zweier Vektoren.

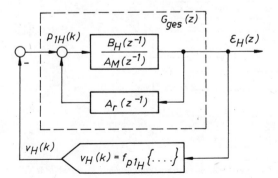

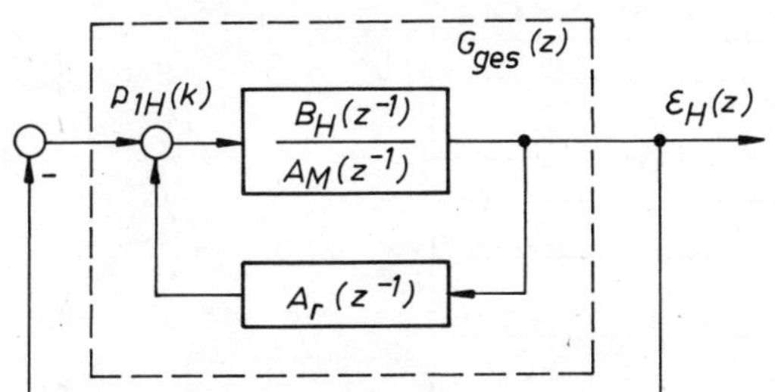

Bild 3.174. Blockschaltbild des transformierten modelladaptiven Systems in der Standardstruktur mit linearer Rückführung zur Verbesserung der Konvergenz

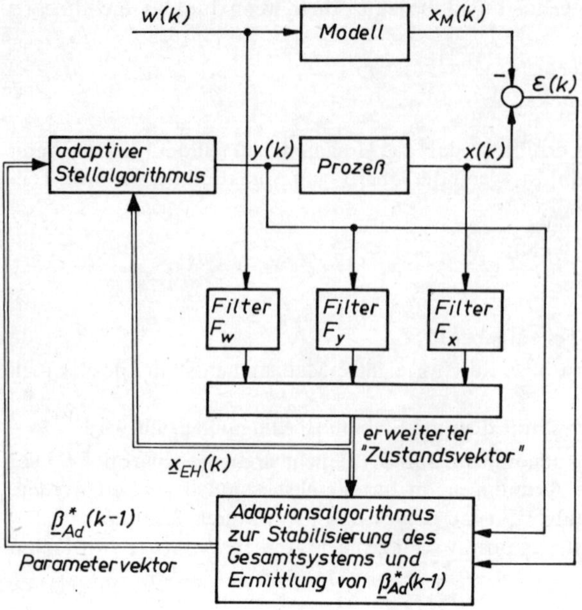

Bild 3.175. Stark vereinfachtes Blockschaltbild eines modelladaptiven Systems mit einem allgemeinen hyperstabilen adaptiven Regelalgorithmus nach [22]

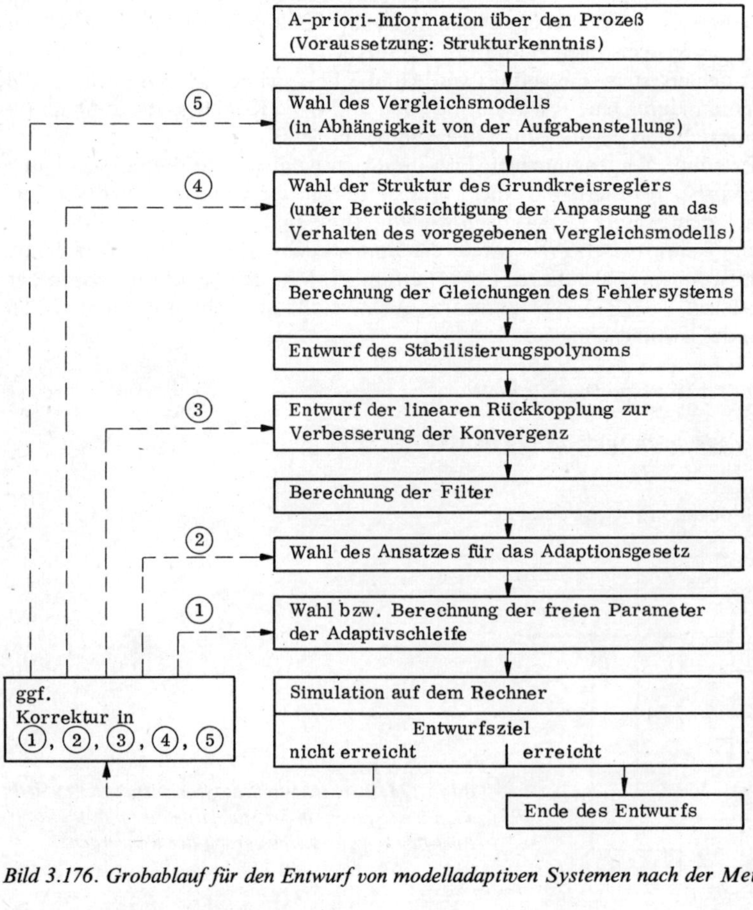

Bild 3.176. Grobablauf für den Entwurf von modelladaptiven Systemen nach der Methode der Hyperstabilität

Nach Ermittlung des sich daraus ergebenden Stellsignals lassen sich mit Hilfe der Stabilitätsbedingung (3.184) die Bedingungen finden, denen die Bewertungsfaktoren genügen müssen, damit das betrachtete Adaptivsystem hyperstabil ist. Im Ergebnis des Stabilitätsnachweises werden für die Bewertungsfaktoren Bedingungen in Form von Ungleichungen erhalten (z. B. $\boldsymbol{\gamma}_{\mathrm{H}}^{\mathrm{P}} \geqq \mathbf{0}$ und $\boldsymbol{\gamma}_{\mathrm{H}}^{\mathrm{I}} \geqq \mathbf{0}$).
Da diese Faktoren einen Einfluß auf das dynamische Verhalten des Gesamtsystems haben (Konvergenz der Fehlersignale sowie der Reglerparameter), besteht noch die Möglichkeit, diese Größen innerhalb des zulässigen Bereichs so zu optimieren, daß eine möglichst hohe Regelgüte erzielt wird. Obwohl in bestimmten Fällen eine Voroptimierung dieser Bewertungsfaktoren im Rahmen des Entwurfs möglich ist, wird es i. allg. doch zweckmäßig sein, die endgültige Festlegung durch Simulationsuntersuchungen vorzunehmen. Bezüglich der Auslegung der Entwurfsparameter ist zu beachten, daß es neben denen, die hauptsächlich von den vorliegenden A-priori-Informationen über den Prozeß abhängen, auch solche gibt, die vorrangig im Hinblick auf die Optimierung des dynamischen Verhaltens des Gesamtsystems festgelegt werden.
Anfangswerte, z. B. $\boldsymbol{\beta}_{\mathrm{H}}^{*}(0)$, können beliebig gewählt werden, da die Stabilität des Gesamtsystems gesichert ist. Zur Verbesserung des dynamischen Verhaltens in der Startphase ist es aber günstig, evtl. vorhandene A-priori-Informationen bei der Wahl der Startwerte mit zu berücksichtigen.
Im Ergebnis des Entwurfs nach [22] läßt sich der im Bild 3.175 dargestellte allgemeine Aufbau des modelladaptiven Systems angeben. In [22] wird detailliert gezeigt, daß sich ein Stellalgorithmus derart realisieren läßt, daß $y(k)$ aus der gemessenen Regelgröße $x(k)$ und dem im vorangegangenen Intervall berechneten Parametervektor in sehr einfacher Weise (eine Multiplikation und eine Addition) ermittelt werden kann. Alle übrigen Größen können nachberechnet werden und belasten die erforderliche Rechenzeit nicht.

Ablaufplan (s. Bild 3.176).

Einschätzung

Die Methode nach der Hyperstabilität stellt, ebenso wie die zweite Methode von *Ljapunov*, ein direktes Verfahren dar, d. h., die Lösung der Systemgleichungen ist nicht erforderlich. Aufgrund der zugelassenen Nichtlinearitäten stellt dieses Verfahren ein sehr weitgehendes Konzept zum Entwurf und zur Analyse von Adaptivsystemen nach Stabilitätskriterien dar. Der wesentliche Vorteil des Entwurfs nach diesem Verfahren besteht in der Möglichkeit, das Ausgangssystem in kleinere, übersichtlichere Teilsysteme zu zerlegen und auf jedes einzelne die Hyperstabilitätskriterien anzuwenden.
Im Vergleich zur direkten Methode von *Ljapunov* weist der Entwurf nach der Hyperstabilität mehr Systematik auf. Da die Ergebnisse der Hyperstabilitätstheorie als Teilmenge in den Ergebnissen der Ljapunov-Theorie enthalten sind [223], können beide Methoden prinzipiell zu den gleichen Lösungen führen.
Für den Entwurf nach der Hyperstabilität sollte als Mindestinformation über den Prozeß die Ordnung und die Totzeit bekannt sein.
Der in [22] detailliert abgeleitete und im vorangegangenen Text grob skizzierte Entwurf nach einem sehr allgemeingültigen Verfahren ist relativ kompliziert. Es läßt sich jedoch zeigen, daß in vielen Fällen daraus einfache Sonderlösungen abgeleitet werden können. Darüber hinaus sind zahlreiche Arbeiten bekanntgeworden, in denen für begrenzte Anwendungsfälle ein relativ einfacher Entwurf nach der Hyperstabilität durchgeführt und die erhaltenen modelladaptiven Systemstrukturen mit vertretbarem Aufwand realisiert werden können [222; 242].
Die Methode der Hyperstabilität stellt gegenwärtig das am häufigsten verwendete Verfahren zum Entwurf von modelladaptiven Systemen dar. Da das Verständnis der theoretischen Grundlagen nicht immer sehr einfach ist, wäre eine weitere ingenieurmäßige Aufbereitung des gesamten für den Entwurf unmittelbar verwendbaren, theoretischen Rüstzeugs wünschenswert.

3.5.5. Beispiele

3.5.5.1. Berechnung eines modelladaptiven Regelungssystems nach dem Gradientenverfahren

Aufgabenstellung. Auf der Basis vorhandener A-priori-Informationen über den Prozeß sowie unter Berücksichtigung einer konkreten Problemstellung seien das Vergleichsmodell $G_{\mathrm{M}}(p)$ und die Struktur des Grundkreisreglers als PI-Regler bereits festgelegt. Gesucht ist der allgemeine Aufbau des Adaptivsystems durch Anwendung des Gradientenverfahrens.

Die Lösung dieser Aufgabe ergibt sich in sehr einfacher Weise unmittelbar aus dem allgemeinen Aufbau gemäß Bild 3.163.

Wahl der Fehlerfunktion $\vartheta_\varepsilon(\varepsilon)$. Entsprechend der Vorgehensweise im Grobablaufplan nach Bild 3.164 soll zunächst die Fehlerfunktion $\vartheta_\varepsilon(\varepsilon)$ festgelegt werden. Gewählt wird $\vartheta_\varepsilon(\varepsilon) = \varepsilon^2$. Daraus folgt für die zur Realisierung der Adaptivschleife benötigte Ableitung

$$\frac{\mathrm{d}\vartheta_\varepsilon(\varepsilon)}{\mathrm{d}\varepsilon} = 2\varepsilon\,. \tag{3.185}$$

Ermittlung des Empfindlichkeitsmodells. Zur Ermittlung des Empfindlichkeitsmodells sind die Ableitungen der Reglerübertragungsfunktion nach den einstellbaren Parametern zu bestimmen. Für den PI-Regler gilt

$$G_R(\boldsymbol{\beta}^T, p) = \beta_1 \left(1 + \frac{\beta_2}{p}\right) \tag{3.186}$$

mit der Verstärkung $\beta_1 = K_R$ und der Nachstellzeit $\beta_2 = 1/T_N$. Aus (3.186) ergeben sich die Empfindlichkeitsfunktionen zu

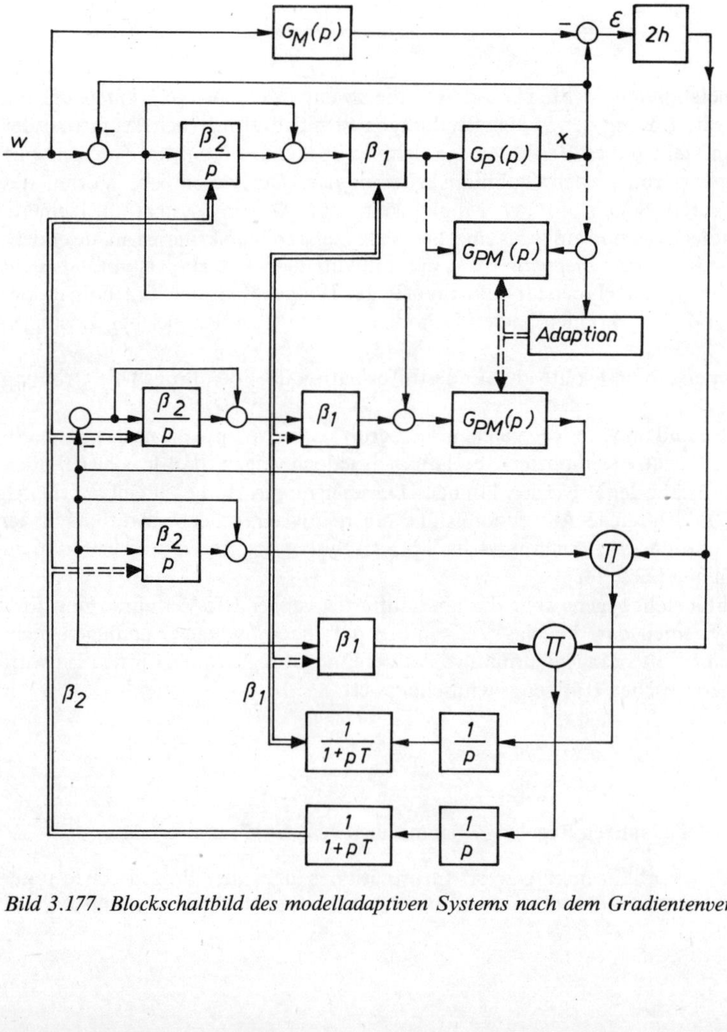

Bild 3.177. Blockschaltbild des modelladaptiven Systems nach dem Gradientenverfahren (Beispiel)

$$\frac{\partial G_R(\boldsymbol{\beta}^T, p)}{\partial \beta_1} = 1 + \frac{\beta_2}{p} \tag{3.187}$$

$$\frac{\partial G_R(\beta^T, p)}{\partial \beta_2} = \frac{\beta_1}{p}. \tag{3.188}$$

Ermittlung des Adaptionsgesetzes. Für die einstellbaren Reglerparameter β_1 und β_2 ist jeweils ein Adaptionsgesetz gemäß (3.109) zu realisieren. Die konkrete Umsetzung dieser allgemeinen Ansätze kann unmittelbar dem Bild 3.163 entnommen werden.

Wahl der freien Parameter. Als freie Parameter sind anzusehen h, T, $\beta_1(0)$ und $\beta_2(0)$. Die Ermittlung günstiger Werte dieser Parameter erfolgt zweckmäßigerweise durch Simulationsuntersuchungen. Dies gilt vor allem auch für die Wahl der Anfangswerte $\beta_1(0)$ und $\beta_2(0)$. Zu beachten ist, daß die Stabilität dieses modelladaptiven Systems nicht von vornherein für alle Betriebsbedingungen abgesichert ist, wie dies z. B. bei den nach Stabilitätskriterien entworfenen Systemen der Fall ist (s. Abschnitte 3.5.3. und 3.5.4.)

Mit (3.185), (3.187), (3.188) und (3.109) läßt sich dann das im Bild 3.177 dargestellte Blockschaltbild angeben. Wenn nun aufgrund gezielter Voruntersuchungen (z. B. durch Rechnersimulation) ersichtlich ist, daß auf die Anpassung des Empfindlichkeitsmodells verzichtet werden kann, entfallen die im Bild 3.177 angegebenen gestrichelten Verbindungen. Dadurch ergibt sich eine spürbare Verringerung des Realisierungsaufwands.

3.5.5.2. Berechnung eines modelladaptiven Regelungssystems nach der direkten Methode von Ljapunov

Beispiel 1

Aufgabenstellung. Gegeben sei ein Prozeß mit der Übertragungsfunktion

$$G_P(p) = \frac{K_P}{Tp + 1}. \tag{3.189}$$

T sei bekannt und zeitunabhängig; K_P sei unbekannt und ändere sich in unvorhersehbarer Weise.

Durch Wahl bzw. Berechnung eines geeigneten einstellbaren Übertragungsglieds (muß, wie im vorliegenden Fall, nicht unbedingt ein Grundkreisregler sein) soll erreicht werden, daß mit Hilfe des so entstehenden Gesamtsystems ein vorgegebenes Modellverhalten erreicht wird und dabei gleichzeitig das Gesamtsystem stabil ist.

Die Lösung der Aufgabe erfolgt in Anlehnung an den im Bild 3.166 angegebenen Grobablaufplan.

Wahl des Vergleichsmodells. Aufgrund der vorgegebenen Aufgabenstellung werde folgendes Modell gewählt:

$$G_M(p) = \frac{K_M}{T_M p + 1}. \tag{3.190}$$

Der Einfachheit halber sei angenommen, daß $T_M = T$ ist.

Wahl des variablen Übertragungsglieds. Durch ein in Reihe geschaltetes Übertragungsglied mit einstellbarer Verstärkung $K_R(t)$ soll das vorgegebene Modellverhalten unabhängig von den veränderlichen K_P-Werten eingehalten werden. Mit (3.189) und (3.190) lautet das Entwurfsziel

$$\frac{K_R K_P}{T_M p + 1} = \frac{K_M}{T_M p + 1}, \tag{3.191}$$

und als Bedingung für den Abgleich gilt

$$\Delta K(t) = K_M - K_R(t)\, K_P(t). \tag{3.192}$$

Berechnung des Fehlersystems. Für den Fehler gilt

$$\varepsilon(t) = x(t) - x_M(t), \tag{3.193}$$

und mit (3.189) und (3.190) erhält man

$$T\dot{x}(t) + x(t) = K_R K_P w(t) \tag{3.194}$$

$$T\dot{x}_M(t) + x_M(t) = K_M w(t)\,. \tag{3.195}$$

Wird (3.195) von (3.194) abgezogen, ergibt sich

$$T(\dot{x} - \dot{x}_M) + (x - x_M) = (K_R K_P - K_M)\, w\,,$$

und mit (3.192) und (3.193) erhält man

$$T\dot{\varepsilon} + \varepsilon = \Delta K w$$

bzw. die Fehlerzustandsgleichung (vgl. mit (3.170))

$$\dot{\varepsilon} = -\frac{1}{T}\varepsilon + \frac{1}{T}\Delta K w\,. \tag{3.196}$$

Wahl einer geeigneten Ljapunov-Funktion. Die Ljapunov-Funktion wird in der quadratischen Form

$$V = \varepsilon^2 + \Delta K^2 \tag{3.197}$$

gewählt. V ist wegen

$$V(\varepsilon, \Delta K) = 0 \quad \text{für} \quad \varepsilon, \Delta K = 0$$

$$V(\varepsilon, \Delta K) > 0 \quad \text{für} \quad \varepsilon, \Delta K \neq 0$$

positiv definit. Nun muß noch gesichert werden, daß $\dot{V}$ negativ definit ist. Aus (3.197) folgt

$$\dot{V} = 2\varepsilon\dot{\varepsilon} + 2\,\Delta K\,\Delta\dot{K}\,. \tag{3.198}$$

Wird $\dot{\varepsilon}$ aus (3.196) in (3.198) eingesetzt, ergibt sich

$$\dot{V} = -\frac{2}{T}\varepsilon^2 + \frac{2}{T}\varepsilon\,\Delta K w + 2\,\Delta K\,\Delta\dot{K}\,. \tag{3.199}$$

Aus (3.199) folgt, daß $\dot{V} < 0$ ist, wenn gilt

$$\frac{2}{T}\varepsilon\,\Delta K w + 2\,\Delta K\,\Delta\dot{K} = 0\,. \tag{3.200}$$

In komplizierteren Fällen werden an dieser Stelle in der Regel Berechnungsgrößen eingeführt, die so gewählt werden müssen, daß die positive Definitheit von V gewährleistet ist. Aufgrund der Einfachheit des Ansatzes von V (3.197) entfallen allerdings hier derartige Maßnahmen.

Ermittlung des Adaptionsgesetzes. Aus (3.200) ergibt sich

$$\Delta\dot{K} = -\frac{1}{T}\varepsilon w\,, \tag{3.201}$$

und aus (3.192) folgt, unter der hier notwendigen Voraussetzung, daß im Vergleich zum Adaptionsprozeß die Parameteränderungen von K_P hinreichend langsam erfolgen (quasistationär):

$$\Delta\dot{K} = -K_P\dot{K}_R\,. \tag{3.202}$$

Aus (3.201) und (3.202) ergibt sich

$$\dot{K}_R = \frac{1}{TK_P}\varepsilon w \tag{3.203}$$

und daraus schließlich durch Integration das Adaptivgesetz

$$K_R(t) = K_R(0) + \frac{1}{TK_P}\int_0^t \varepsilon(\tau)\, w(\tau)\, d\tau\,. \tag{3.204}$$

Wahl der freien Parameter. Als freie Parameter sind in (3.204) K_P und evtl. $K_R(0)$ anzusehen. Durch die Prozeßverstärkung K_P, die voraussetzungsgemäß nicht bekannt ist, wird die Adaptionsgeschwindigkeit (s. Gl. (3.203)) beeinflußt. In praktischen Anwendungsfällen wird es zweckmäßig

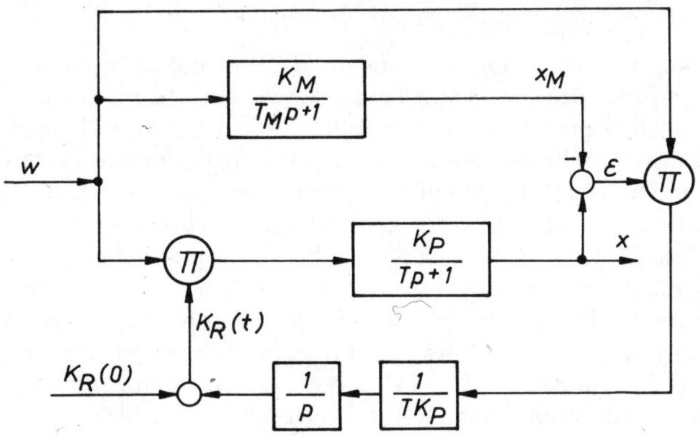

Bild 3.178. Modelladaptives System — Entwurf nach Ljapunov; Beispiel 1

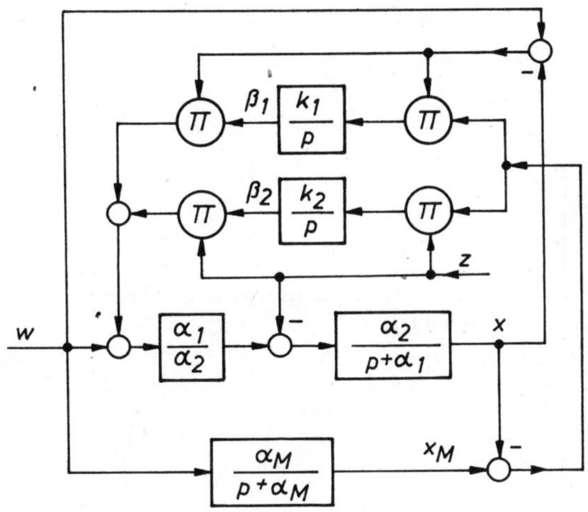

Bild 3.179. Blockschaltbild eines modelladaptiven Regelkreises nach [218] — Entwurf nach Ljapunov

α_1, α_2 **unbekannte, aber quasistationäre Prozeßparameter**

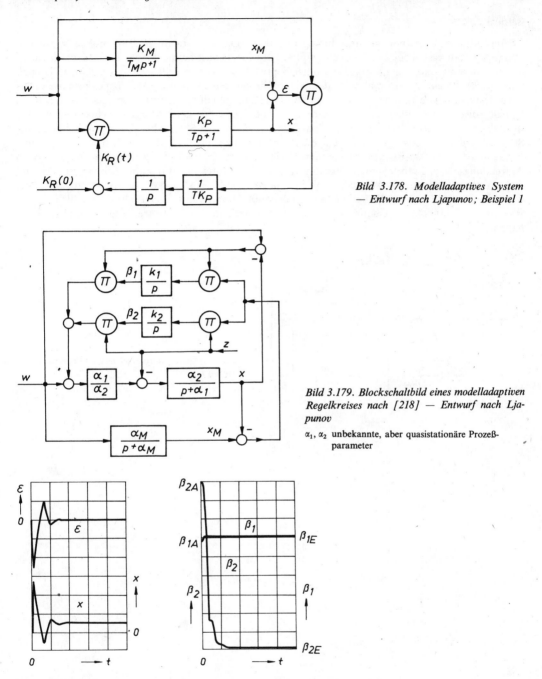

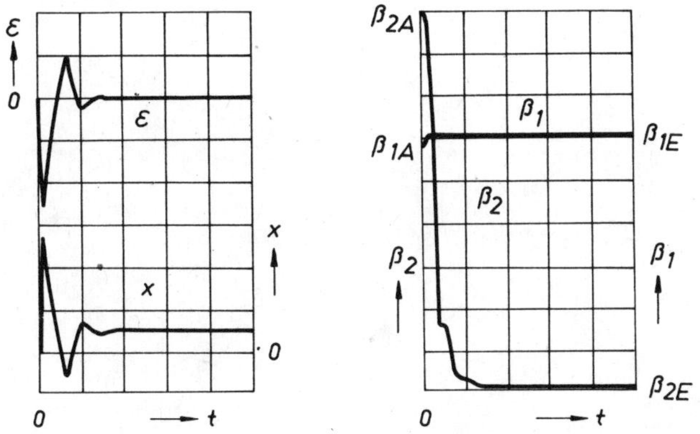

Bild 3.180. Qualitativer Verlauf von x, ε, β_1 und β_2 des Adaptivsystems nach Bild 3.179

sein, einen geeigneten Wert von K_P mit Hilfe von Simulationsuntersuchungen bzw. in der Einfahrphase am Prozeß zu ermitteln. Für $K_R(0)$ kann aufgrund von A-priori-Informationen u. U. ein Wert vorgegeben werden, um das Verhalten in der Anpaßphase zu verbessern. Da jedoch das Gesamtsystem stabil ist, kann für $K_R(0)$ auch ein beliebiger Wert vorgegeben werden. Über die erreichte Güte des dynamischen Verhaltens des entworfenen Systems kann keine Aussage gemacht werden. Das auf die Weise erhaltene Blockschaltbild ist im Bild 3.178 angegeben.

Beispiel 2

Im folgenden soll kein Zahlenbeispiel durchgerechnet werden, sondern ein in [218] vorgestellter interessanter Anwendungsfall eines „adaptiven Ljapunov-Reglers" näher betrachtet werden. Dieses für Richt- und Stabilisierungsanlagen entworfene modelladaptive System ist im Bild 3.179 dargestellt. Es handelt sich hierbei um ein System mit zwei adaptiven Stelleingriffen: β_1 und β_2. Die Wirkungsweise dieses Adaptivsystems ist erkennbar aus den im Bild 3.180 dargestellten Zeitverläufen der wesentlichsten Signale sowie insbesondere auch der Größen β_1 und β_2. Man kann sehr deutlich erkennen, daß die Adaption vor allem über β_2 erfolgt. β_1 ändert sich kaum. Das System hat daher praktisch nur eine Stellgröße. β_1 kann somit konstant eingestellt werden. In [218] wird aber auch noch die Variante betrachtet, den ganzen Rückführzweig von β_1 einzusparen. Es wird gezeigt, daß dies im konkreten Anwendungsfall unter bestimmten Voraussetzungen eine durchaus akzeptable Lösung ist. Das auf diese Weise entstandene strukturreduzierte System ist im Bild 3.181 dargestellt. Man kann erkennen, daß sich dadurch eine wesentliche Vereinfachung ergibt. Dieses Beispiel zeigt sehr anschaulich, welche Bedeutung Empfindlichkeitsuntersuchungen auch innerhalb des Entwurfs von Adaptivsystemen haben.

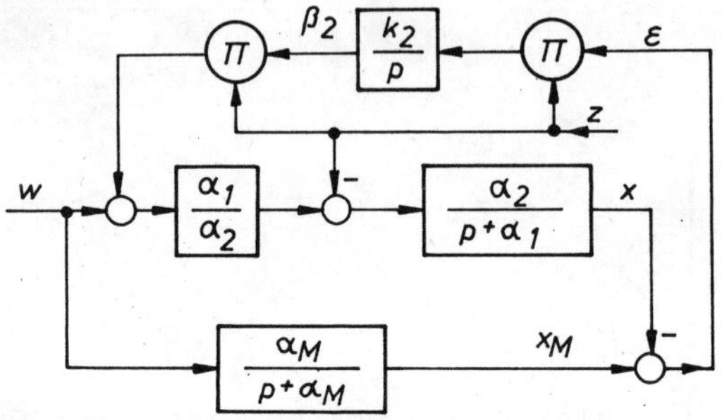

Bild 3.181. Strukturreduzierter modelladaptiver Regelkreis

4. Entwicklungsstand adaptiver Systeme — aktuelle Probleme und Entwicklungstendenzen

4.1. Einleitung

Da in den vorangegangenen Abschnitten nur die wichtigsten adaptiven Grundstrukturen behandelt worden sind, soll im folgenden noch auf einige wichtige aktuelle Probleme und Entwicklungstendenzen im Sinne einer informierenden Übersicht hingewiesen werden. Dies betrifft im einzelnen

— den Entwurf von adaptiven Mehrgrößensystemen
— die Entwicklung von robusten adaptiven Systemen
— die sich abzeichnenden Entwicklungstendenzen.

Detailliertere Informationen sind folgenden Übersichtsarbeiten zu entnehmen: [5; 22; 28 bis 30; 42; 49; 110; 130 bis 133; 224; 226; 228; 230; 244; 245].

4.2. Adaptive Mehrgrößensysteme

Die gegenwärtige Entwicklung ist u. a. auch gekennzeichnet durch den Übergang vom automatisierten Teilprozeß zum automatisierten Gesamtprozeß. Für solche Fälle ist neben der Komplexität insbesondere auch die Kopplung zwischen den einzelnen Prozessen charakteristisch. Im Rahmen dieser Entwicklung wächst die Bedeutung des Entwurfs und der Realisierung von adaptiven Mehrgrößensystemen.

Nicht selten findet man in zahlreichen Veröffentlichungen den Hinweis, daß das für den Eingrößenfall erläuterte Adaptionsverfahren auch auf den Mehrgrößenfall erweiterbar ist. Obwohl dies sicherlich in den meisten Fällen prinzipiell richtig ist, ergeben sich doch bei der praktischen Realisierung eines solchen Vorhabens nur allzu häufig fast unüberwindbare Schwierigkeiten. Dies kann sowohl durch die theoretische Kompliziertheit als auch, später bei der Realisierung, durch die begrenzte Leistungsfähigkeit der eingesetzten Rechentechnik begründet sein. Es ist daher zweckmäßig, überall dort, wo eine Dekomposition möglich ist, die vorliegende Aufgabe durch mehrere adaptive Eingrößensysteme zu lösen. Damit ergeben sich bei zeitvarianten bzw. weitgehend unbekannten Mehrgrößenprozessen zwei prinzipielle Lösungswege:

1. Rückführung auf den Eingrößenfall
2. Behandlung als adaptiver Mehrgrößenfall in geschlossener Form.

Da der Eingrößenfall in den vorangegangenen Abschnitten bereits behandelt worden ist, wird im folgenden nur noch auf den zweiten Fall eingegangen. Für den Entwurf in geschlossener Form sind für Adaptivsysteme mit und ohne Vergleichsmodell geeignete Lösungsvarianten entwickelt worden [22; 42; 228; 230]. Beim gegenwärtigen Entwicklungsstand kann eingeschätzt werden, daß gerade für den Mehrgrößenfall mit Hilfe eines Verfahrens ohne Vergleichsmodell ein leichter überschaubarer Entwurf möglich ist als bei modelladaptiven Mehrgrößensystemen. Begründet ist dies vor allem durch die relativ große Entkopplung zwischen Identifikation und Synthese des Grundkreisreglers (Entscheidungsprozeß). Da im Mehrgrößenfall sowohl für die Identifikation [165; 170; 227] als auch für die Ermittlung der Parameter (bzw. Struktur und Parameter) eines Mehrgrößenreglers aus einem aktuellen Prozeßmodell bereits leistungsfähige Verfahren zur Verfügung stehen [25; 129; 177; 225], können durch entsprechende Kombination ausgewählter Identifikationsmethoden und Syntheseverfahren für den Regler des Grundsystems die vielfältigsten Adaptionsalgorithmen zusammengestellt werden [14; 22; 25; 226; 228].

Beim Entwurf von adaptiven Mehrgrößensystemen stehen die Verfahren im Zeit- und Frequenzbereich gleichrangig nebeneinander [22; 25; 42; 228; 230; 232]. Vom grundsätzlichen Aufbau her unterscheidet

sich ein adaptives Mehrgrößensystem nicht von Eingrößensystemen. In der Darstellung sind lediglich gewisse Besonderheiten zu beachten, die sich aus den höheren Dimensionen ergeben. So sind z. B. Signale durch Signalvektoren, Parametervektoren durch Parametermatrizen zu ersetzen usw. (Bild 4.3). Bei den Prozeß- und Reglerparametervektoren $\boldsymbol{\alpha}^*$ und $\boldsymbol{\beta}^*$ kann die Ordnung sehr erheblich ansteigen.
Im folgenden sei auf zwei relativ neue Arbeiten verwiesen [228 und 42; 231], aus denen der interessierte Anwender nützliche Hinweise für eine praktische Realisierung von parameteradaptiven Mehrgrößensystemen entnehmen kann.
In [228] wurden in sehr umfassender Weise theoretisch und experimentell zahlreiche Algorithmen von indirekten, parameteradaptiven Mehrgrößensystemen untersucht. Für die Schätzung der Parameter des Prozeßmodells im geschlossenen Regelkreis wird im deterministischen Fall die rekursive Methode der kleinsten Quadrate (RMKQ) und im stochastischen Fall die erweiterte rekursive Methode der

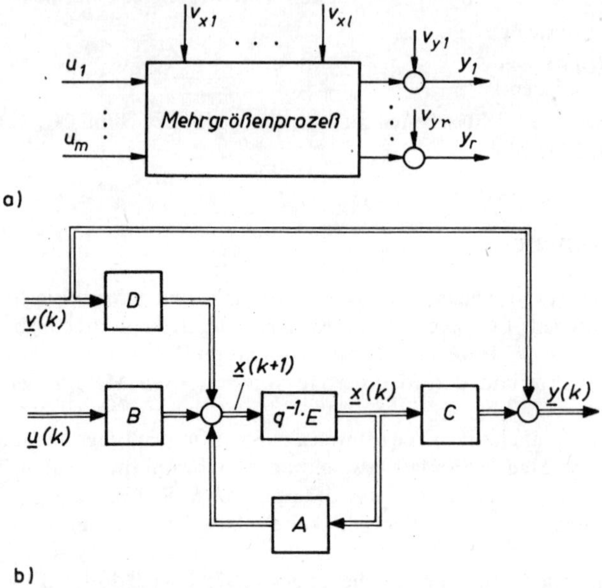

Bild 4.1. Mehrgrößenprozeßmodelle
a) stochastisch gestörter Mehrgrößenprozeß
b) stochastisches Zustandsraummodell

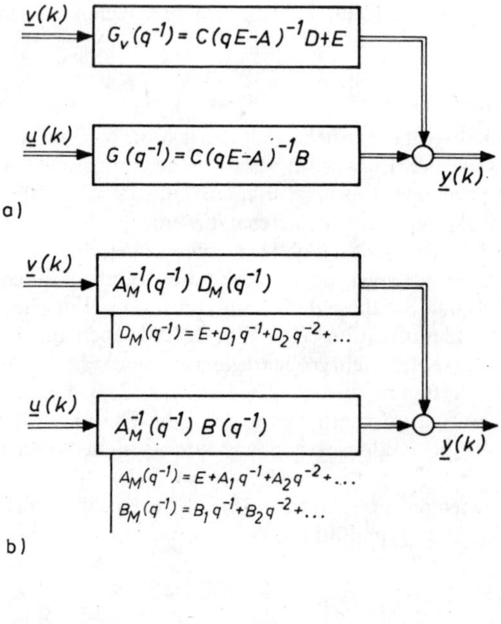

Bild 4.2. Mehrgrößenprozeßmodelle
a) stochastisches Übertragungsmatrizenmodell
b) stochastisches Matrizenpolynommodell

kleinsten Quadrate (ERMKQ) empfohlen, da beide Verfahren zufriedenstellende Konvergenzeigenschaften aufweisen und mit relativ geringem Rechenaufwand zu realisieren sind. Die Wahl des Prozeßmodells erfolgt unter Berücksichtigung sowohl der Identifikation als auch der Reglersynthese (Entscheidungsprozeß). Betrachtet wurden zeitdiskrete, lineare Mehrgrößenprozeßmodelle der in den Bildern 4.1 und 4.2 dargestellten Form.

Für die Parameterschätzung werden zwei lineare Eingangs-Ausgangs-(E/A-)Modelle bevorzugt verwendet:

1. ein minimales E/A-Modell, das sich leicht für die Synthese von Zustandsreglern in ein beobachtbarkeitskanonisches Zustandsraummodell transformieren läßt
2. das p-kanonische E/A-Modell, das sich für die Reglersynthese einfach in geschlossener Form als Matrizenpolynommodell darstellen läßt.

Der prinzipielle Aufbau der untersuchten parameteradaptiven Systeme ist in den Bildern 4.3 und 4.4 dargestellt. Derartige Adaptionsalgorithmen wurden auf einem 16-Bit-Mikrorechnerregler implementiert und für relativ langsame Prozesse, bei denen Abtastzeiten in der Größenordnung von Minuten

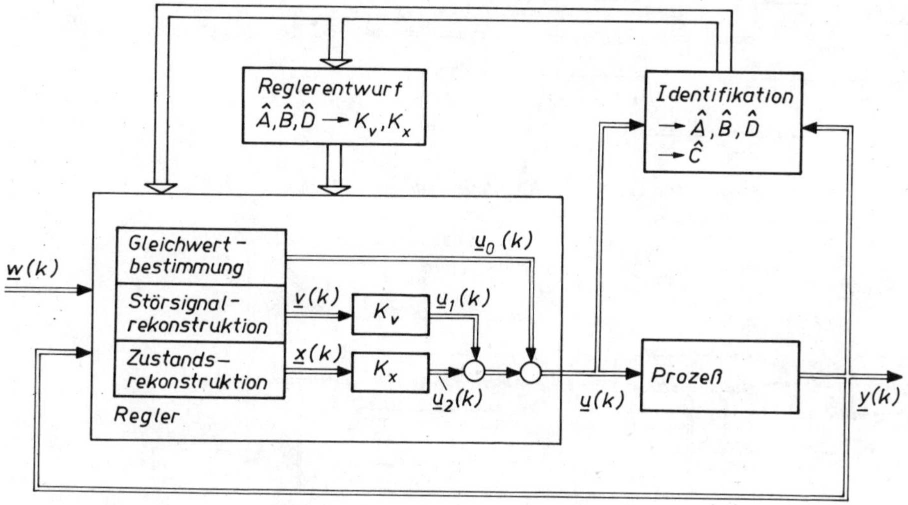

Bild 4.3. Parameteradaptiver Zustandsregler nach [228]

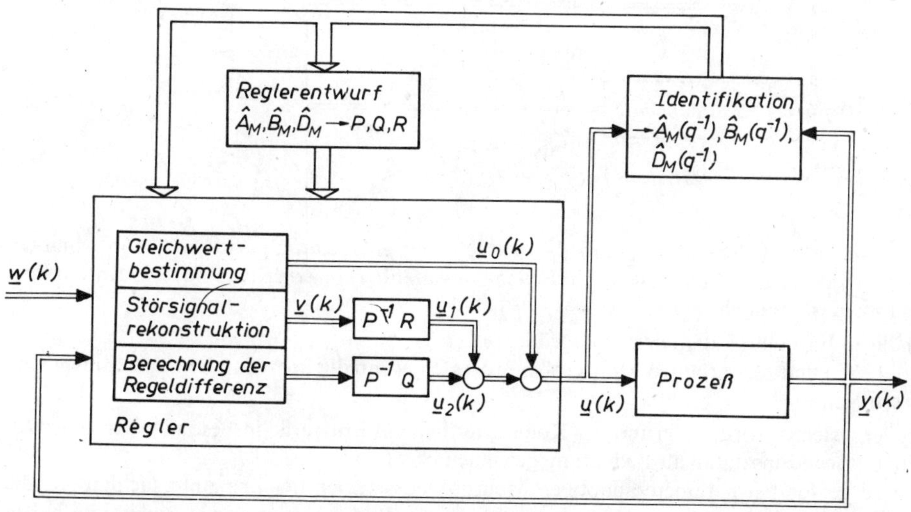

Bild 4.4. Parameteradaptiver Matrizenpolynomregler nach [228]

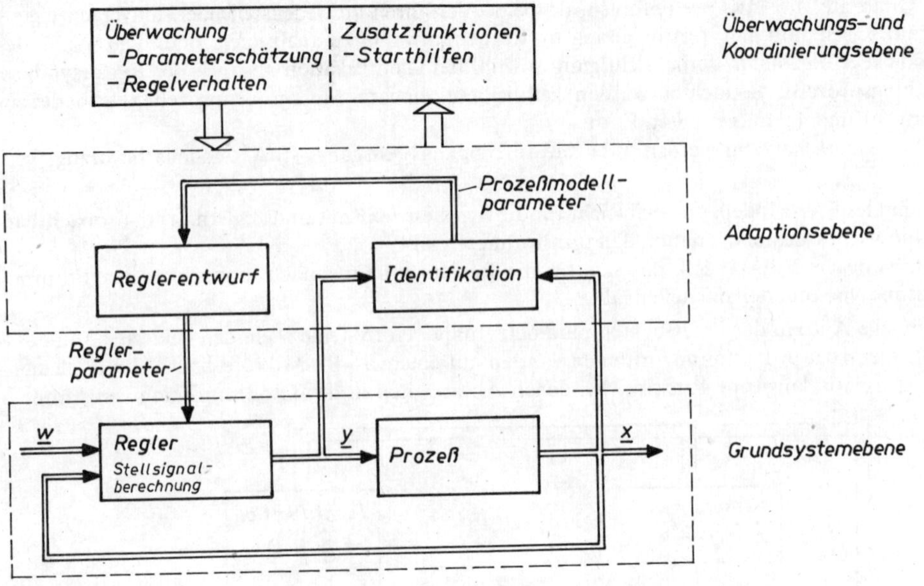

Bild 4.5. Erweitertes parameteradaptives System mit Koordinierungs- und Überwachungsebene

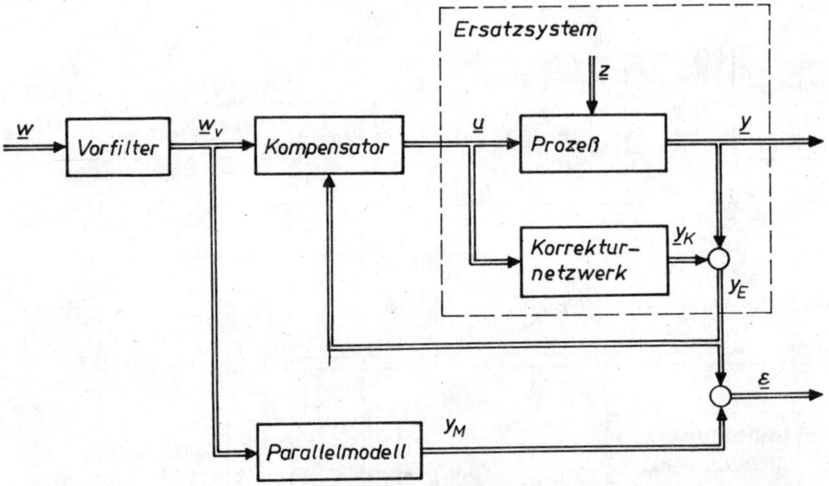

Bild 4.6. Grundstruktur des Regelungssystems mit Korrekturnetzwerk nach [42]

ausreichend sind, getestet. Dies zeigt, daß die betrachteten Adaptionsalgorithmen in bestimmten Anwendungsfällen durchaus, vom rechentechnischen Aufwand her, realisierbar sind. Die Anwendung dieser Algorithmen ist möglich

— zur einmaligen Einstellung digitaler Mehrgrößenregler
— bei nichtlinearen und zeitvarianten Mehrgrößenprozessen, wenn die Prozeßänderungen hinreichend langsam erfolgen.

Bei Mehrgrößensystemen wird, aufgrund der Kompliziertheit des Entwurfs, insbesondere auch der zuerst genannte typische Einsatzfall an Bedeutung gewinnen.

Schließlich wird gerade bei parameteradaptiven Mehrgrößensystemen der hier untersuchten Art die Anordnung einer Koordinierungs- und Überwachungsebene (Bild 4.5) eine große Bedeutung haben (vgl. Abschn. 3.4.8.3. und Bild 3.118). Hier werden vor allem Forderungen, die sich aus der praktischen

Realisierung heraus ergeben (z. B. Stellgrößenbeschränkungen usw.), berücksichtigt. Obwohl sich diese dritte Ebene hinsichtlich ihres Einflusses auf das Gesamtsystem nur schwer in den theoretischen Entwurf einordnen läßt, wird die Anwendbarkeit der betrachteten Adaptionsalgorithmen in hohem Maße von der Auslegung dieser Ebene abhängen.

Während die in [228] behandelten Adaptivsysteme zu den indirekten Verfahren ohne Vergleichsmodell zählen, wird in [42] eine bestimmte Klasse von direkten Adaptivsystemen mit Vergleichsmodell untersucht. Bei diesen Adaptivsystemen wird, wie bereits im Abschn. 1. erläutert wurde, kein parametrisches Prozeßmodell identifiziert. Die verwendeten Regelalgorithmen (Grundkreisregler) stellen Kompensationsalgorithmen dar. Ihre Anwendung ist daher i. allg. auf minimalphasige Prozesse beschränkt. In [42] wird gezeigt, wie diese vorteilhaften Algorithmen auch auf die praktisch wichtigen, nichtminimalphasigen Prozesse angewendet werden können. Dieses Problem wird dadurch gelöst, daß der Kompensator auf ein minimalphasiges Ersatzsystem ausgelegt wird (Bild 4.6). Der Grundkreisregler besteht in diesem Fall aus dem adaptiven Kompensator und einer zusätzlichen, linearen Rückführung. Als Adaptionsalgorithmus wird ein nach der Stabilitätstheorie mit Hilfe der verallgemeinerten stochastischen Approximation begründeter Ansatz verwendet.

In [42] wird darauf hingewiesen, daß die erhaltenen Ergebnisse auch auf direkte Selftuningsysteme übertragbar sind. Dies folgt unmittelbar aus der äquivalenten mathematischen Darstellung von modelladaptiven Systemen und den direkten Selftuningsystemen.

Aufgrund des mit der Ordnung eines Mehrgrößensystems stark ansteigenden Aufwands ist es, mehr als im Eingrößenfall, zweckmäßig bzw. oft auch zwingend notwendig, anhand von überschläglichen Empfindlichkeitsanalysen festzustellen, welche Prozeßänderungen bzw. Prozeßungenauigkeiten bei einer vorliegenden Aufgabenstellung von wesentlicher Bedeutung sind. Nur die dominierenden Einflüsse sind zu berücksichtigen. Da die Kompliziertheit und die Komplexität der Regelungsgesetze ebenfalls zunimmt, sind bevorzugt solche Strukturen für den Grundkreisregler einzusetzen, bei denen mit möglichst wenigen, einstellbaren Reglerparametern eine wirksame Adaption realisiert werden kann. Die Wahl einer „adaptionsgerechten“ Struktur in Verbindung mit der Ermittlung der wirksamsten adaptiven Stellgrößen, evtl. unter Nutzung gezielter Empfindlichkeitsuntersuchungen, hat daher bei adaptiven Mehrgrößensystemen eine wesentlich größere Bedeutung als bei Eingrößensystemen. Es läßt sich zeigen, daß bei Berücksichtigung derartiger Überlegungen auch im Mehrgrößenfall u. U. in relativ einfacher Weise die Adaption realisiert werden kann [119].

Insgesamt kann festgestellt werden, daß im Mehrgrößenfall alle sich bietenden Möglichkeiten zur Vereinfachung der Lösung gezielt genutzt werden sollten. Neben der Dekomposition und der ergänzenden Nutzung von Empfindlichkeitsuntersuchungen ist in diesem Sinne natürlich auch die Möglichkeit eines „robusten“ Reglers als Alternative zum Adaptionsalgorithmus zu betrachten. Obwohl für den Entwurf von adaptiven Mehrgrößensystemen zahlreiche Verfahren zur Verfügung stehen und auch bereits praktische Anwendungen existieren [3; 5; 6; 226; 229], ist die Entwicklung der Verfahren zum Entwurf von adaptiven Mehrgrößensystemen bei weitem noch nicht abgeschlossen. Es ist wie bei den Eingrößensystemen zu erwarten, daß es keine besonders bevorzugte adaptive Grundstruktur geben wird. Man kann aber mit einiger Sicherheit vorhersagen, daß sich aufgrund der bereits erwähnten prinzipiellen Schwierigkeiten, die sich schon allein aus der Komplexität ergeben, beim Mehrgrößenfall (höherer Ordnung) in verstärktem Maße heuristische Verfahren durchsetzen werden. Dies wird notwendig sein, um die Komplexität in Zukunft mit neuer „Qualität im Lösungsansatz“ beherrschen zu können.

In nächster Zeit wird es jedoch vor allem darum gehen, sowohl neue Verfahren für den Entwurf von adaptiven Mehrgrößensystemen zu entwickeln als auch die vorhandenen Synthesemethoden für den Anwender besser ingenieurmäßig aufzubereiten. Den Forderungen, die sich von der praktischen Anwendung her ergeben, sind dabei eine stärkere Beachtung als bisher zu schenken. Adaptivsysteme mit einem hierarchischen Aufbau werden dabei sicherlich in Zukunft von Bedeutung sein.

4.3. Robuste adaptive Systeme

Im Laufe der letzten Jahre findet man in der Literatur immer häufiger den Begriff „Robustheit“ im Zusammenhang mit dem Entwurf von Automatisierungssystemen, die gegenüber bestimmten Störungen bzw. Prozeßungenauigkeiten unempfindlich sind. Wie bereits im Abschn. 2. erwähnt wurde, handelt es sich dabei zweifellos um eine Entwurfsstrategie, die in enger Beziehung zum Entwurf nach der Empfindlichkeit steht. Obwohl hier nicht im einzelnen auf den Entwurf nach der „Robustheit" eingegangen werden soll, ist es doch zweckmäßig, diesen Begriff etwas genauer zu definieren. Durch Auswertung der Fachliteratur kann man sehr schnell feststellen, daß dies nicht unproblematisch ist. So wird z. B. in [110] festgestellt, daß es für den Begriff „Robustheit" noch keine einheitliche und allgemein anerkannte Definition gibt und viele Autoren den Begriff als modernes Synonym für „Unempfindlichkeit" verwenden. Im Gegensatz dazu wird von einigen anderen Autoren sehr wohl ein Unterschied gemacht und der Begriff „robust" nur dann angewendet, wenn es sich z. B. um endlich große Parameterabweichungen handelt. Durch Auswertung der wichtigsten Beiträge auf diesem Gebiet, z. B. [110; 130 bis 133; 234; 236; 237; 245; 246], kann man feststellen, daß die Robustheit in der Literatur von unterschiedlichen Gesichtspunkten aus betrachtet wird. Unabhängig davon muß jede Definition folgende Aspekte berücksichtigen:

- ▶ Die Robustheit ist eine globale Eigenschaft.
- ▶ Bei den betrachteten Störungen handelt es sich um große (finite) Störungen.
- ▶ Die Robustheit wird stets bezüglich einer gegebenen oder festgelegten Klasse von Störungen betrachtet.

Auf dieser Basis kann dann eine Begriffsdefinition der „Robustheit einer Systemeigenschaft", der „Robustheit einer Systemfunktion" und der „robusten Regelung" angegeben werden.

Robustheit einer Systemeigenschaft. Eine gewünschte Systemeigenschaft eines Regelungssystems (z. B. Stabilität, Stabilitätsreserve, stationäre Genauigkeit der Sprungantwort) ist robust bezüglich einer gegebenen Klasse endlich großer Störungen (z. B. Parameter- oder Strukturänderungen, Störsignale), wenn diese Eigenschaft im gesamten Arbeitsbereich des Regelungssystems, ungeachtet dieser Störungen, gewährleistet wird.

Robustheit einer Systemfunktion. Eine Systemfunktion, die das dynamische Verhalten eines Systems beschreibt (z. B. Übertragungsfunktion, Ausgangs- oder Zustandsvektor, Sprungantwort) heißt robust bezüglich einer gegebenen Klasse endlich großer Störungen (z. B. Parameter- oder Strukturänderungen, Störsignale), wenn diese Funktion in einem weiten Bereich, ungeachtet dieser Störungen, in einem vorgegebenen Toleranzband bleibt und das Systemverhalten erfüllt ist.

Robuste Regelung. Ein Regler bzw. ein Regelkreis heißt robust, wenn er eine ausgewählte Systemeigenschaft oder Systemfunktion in ein vorgegebenes Toleranzgebiet bringt und dort, trotz Einwirkung von endlichen Struktur- oder Parameteränderungen, in weitem Bereich unveränderlich hält, wobei die Stabilität zu jedem Zeitpunkt gewährleistet sein muß.

Unter Verwendung dieser Definitionen ist eine Abgrenzung zwischen „robusten" und „unempfindlichen" Regelungen möglich. Robuste Regelungen sind sowohl bei kleinen als auch bei großen, unempfindliche Regelungen dagegen nur bei z. B. kleinen Parameteränderungen bzw. -ungenauigkeiten einsetzbar. Die Robustheit ist eine globale, die Unempfindlichkeit eine lokale Eigenschaft.

Obwohl zunächst einmal robuste und adaptive Systeme — für einen bestimmten Anwendungsfall betrachtet — zwei Alternativlösungen zur Beherrschung von Prozeßänderungen bzw. -unsicherheiten darstellen, wurde gerade in den letzten Jahren verstärkt versucht, das Robustheitsprinzip in den Entwurf adaptiver Systeme direkt einzubeziehen [175; 236; 237; 247; 248]. Zum Verständnis dieser Vorgehensweise sollen einige Erläuterungen gegeben werden. Die Methoden zum Entwurf robuster Regelungen werden hier nicht betrachtet. Detaillierte Angaben sind zu finden in [110; 116; 245; 246 u. a.]. Zunächst einmal folgt aus der Definition der Robustheit bzw. der robusten Regelung, daß auch die Anwendung des Adaptionsprinzips bzw. des Entwurfs von Adaptivsystemen eine Möglichkeit darstellt, robuste Regelungen zu erhalten. Natürlich hat auch die Lösung des Problems durch ein Adaptivsystem ihre Schwächen. So ergeben sich z. B. aus dem parameteradaptiven Konzept folgende Probleme:

- — Die Funktionsfähigkeit eines parameteradaptiven Verfahrens basiert auf der Ermittlung der dynamischen Eigenschaften des zu regelnden Prozesses. Sie geht verloren, wenn bei guter Übereinstimmung zwischen Prozeßmodell und Prozeß nur noch das Meßrauschen übrigbleibt [99].
- — Bei schnellen Störgrößenänderungen und Änderungen des dynamischen Verhaltens der Strecke kann die Konvergenz der Parameterschätzung nicht Schritt halten [7; 238].
- — Störungen mit großem, von Null verschiedenem Mittelwert bringen die Schätzung außer Tritt [7].

Bisher fehlen adaptive Regler, die auf breiter Ebene einsetzbar sind. Die Gründe dafür sind im wesentlichen [30]

- komplizierte Theorie für Entwurf und Analyse
- stark einschränkende Voraussetzungen bezüglich der zu regelnden Strecke
- Empfindlichkeit der adaptiven Regelkreise.

Obwohl in der Vergangenheit zahlreiche Anwendungen von Adaptivsystemen in der Praxis vorgestellt wurden, besteht dennoch auch gegenwärtig eine gewisse Lücke zwischen Theorie und Praxis [239]. Eine Möglichkeit, diese Lücke auf ein vertretbares Maß zu reduzieren, besteht darin, die Adaptionsalgorithmen insgesamt robuster zu machen. Mit der Entwicklung robuster adaptiver Systeme wird dieser Notwendigkeit Rechnung getragen.

Im praktischen Einsatz sollten adaptive Regler in der Lage sein, trotz Nichtlinearitäten, Nichtminimalphasigkeit, Störungen, nichtmodellierter und zeitvarianter Dynamik ein stabiles Regelverhalten hoher Güte über den gesamten Arbeitsbereich zu ermöglichen [239].

Während man bei Adaptivsystemen mit Vergleichsmodell stets versuchen muß, die Begrenzung der Differenz zwischen Prozeß- und Modellausgang sowie aller anderen Signale des geschlossenen Kreises, trotz unerwünschter Einflüsse, zu erreichen, gibt es bei Adaptivsystemen ohne Vergleichsmodell verschiedene Möglichkeiten, Robustheit zu erzielen. In diesem Fall ist es prinzipiell möglich, entweder sowohl robuste Identifikationsverfahren als auch robuste Regelalgorithmen zu entwerfen [26; 30] oder das gesamte System durch entsprechende Modifikationen robust zu machen. Der Entwurf robuster adaptiver Systeme stellt gegenwärtig ein sehr aktuelles Forschungsgebiet dar. Es ist zu erwarten, daß sich im Ergebnis dieser Bemühungen qualitativ neue Lösungen finden lassen. In diesem Zusammenhang dürften auch die bereits mehrfach erwähnten hierarchisch aufgebauten Adaptivsysteme von Bedeutung sein.

4.4. Ausgewählte aktuelle Probleme — Entwicklungstendenzen

Ergänzend zu den bereits genannten aktuellen Problemen des Entwurfs sollen im folgenden noch einige Ausführungen bezüglich der weiteren Entwicklung der Adaptivsysteme gemacht werden. Der Einsatz der modernen Mikrorechentechnik beeinflußt nicht nur nachhaltig die technische Umsetzung von Adaptionsalgorithmen, sondern in zunehmendem Maße in gleicher Weise auch den Entwurf. Dies äußert sich vor allem darin, daß zum rechnergestützten Entwurf in sehr hohem Maße der gezielte Einsatz von Simulationen zur Ermittlung

— günstiger Startwerte
— des Stabilitätsverhaltens
— der zunächst noch freien Entwurfsparameter (Abtastzeit, Systemordnung, Wichtungsfaktoren usw.)
— des durch den Entwurf erreichten Gesamtsystemverhaltens erfolgt.

Obwohl durch derartige Simulationen innerhalb des rechnergestützten Entwurfs die Projektierungsarbeiten insgesamt stark vereinfacht werden, müssen jedoch vom Bearbeiter einer Aufgabenstellung, die den Einsatz eines Adaptivsystems erforderlich macht, gewisse Mindestkenntnisse auf diesem Spezialgebiet vorausgesetzt werden. Eine angemessene Berücksichtigung dieses Fachgebiets in der Ausbildung ist daher unbedingt erforderlich, wenn in Zukunft diese leistungsfähigen Automatisierungsalgorithmen mehr als bisher angewendet werden sollen.

Betrachtet man die gegenwärtige Entwicklung genauer, so kann man feststellen, daß die Anwendung adaptiver Algorithmen auf zwei unterschiedlichen Ebenen erfolgt:

1. Theoretisch einfache Adaptionsalgorithmen (in den meisten Fällen für Eingrößensysteme) werden mit industriell gefertigten Mikrorechnerreglern (evtl. gleichzeitig mit einem bestimmten Reglertyp) realisiert. Vom Gerätehersteller wird die „adaptive Lösung" mit angeboten; der Anwender paßt den Adaptionsalgorithmus nach vorgegebenen Überschlagsformeln an seinen Einsatzfall an. Höhere theoretische Kenntnisse werden vom Anwender nicht gefordert.

2. Der Gerätehersteller liefert nur die Automatisierungsanlagentechnik. Komfortable, universell einsetzbare Adaptionsalgorithmen sind vom Anwender selbst zu entwerfen und auf dem Mikrorechnersystem zu implementieren. Umfassende Kenntnisse auf dem Gebiet der adaptiven Systeme werden beim Anwender vorausgesetzt.

Es ist zu erwarten, daß in den nächsten fünf bis zehn Jahren die unter 1. charakterisierten Lösungen verstärkt angewendet werden. Den Hinweisen aus der Fachliteratur kann man entnehmen, daß sich die Geräteherstellerindustrie auf eine derartige Lösung einstellt. Ehe die unter 2. angeführten adaptiven Lösungen verstärkt angewendet werden, dürfte noch eine gewisse Zeit vergehen. Die Entwicklung auf diesem Gebiet wird im wesentlichen davon abhängen, wie schnell es gelingt, einen möglichst komfortablen, rechnergestützten Entwurf zu realisieren.

Insgesamt kann eingeschätzt werden, daß die weitere Entwicklung der adaptiven Systeme in den nächsten Jahren vor allem durch eine weitere Zunahme der praktischen Anwendungen gekennzeichnet sein wird. Dies wird wiederum in stärkerem Maße als bisher einen Erfahrungsrücklauf bewirken, der letztlich die Theorie im Sinne größerer Praxisnähe beeinflussen wird. Um die zukünftige Entwicklung von adaptiven Systemen weiter voranzutreiben, sind folgende Probleme vorrangig zu bearbeiten bzw. zu lösen:

— ingenieurmäßige Aufbereitung besonders leistungsfähiger Entwurfsverfahren unter weitgehender Nutzung der Mikrorechentechnik (Schaffung von leistungsfähigen CAD-Systemen [91; 145])
— Einschätzung der Leistungsfähigkeit der einzelnen Adaptionsalgorithmen durch Vergleichsuntersuchungen
— umfassende Realisierung einfacher Adaptionsalgorithmen mit „einfachen“ Mitteln (industriell gefertigte Mikrorechnerregler)
— Weiterentwicklung robuster adaptiver Algorithmen zur Erreichung einer universellen Einsetzbarkeit
— Erweiterung des Entwurfs adaptiver Systeme auf nichtlineare Prozeßtypen [172; 216; 233]
— Auffinden qualitativ neuer, heuristischer Adaptionsprinzipien (bevorzugt zur Beherrschung komplexer Prozesse)
— Vermittlung der für den Anwender erforderlichen Spezialkenntnisse in der Ausbildung bzw. durch Weiterbildung.

Um auch beim gegenwärtig erreichten Entwicklungsstand auf dem Gebiet der Adaptivsysteme die bereits vorhandenen leistungsfähigen Algorithmen noch mehr als bisher bei der Automatisierung industrieller Prozesse einsetzen zu können, sind eine Reihe von Forderungen, die der Anwender an die Adaptionsalgorithmen stellt, konsequent zu berücksichtigen. Dazu gehören [31]

1. unverzichtbare Betriebseigenschaften (bei realisierten Standardalgorithmen längst selbstverständlich)
   — stoßfreie Umschaltung von Hand- auf Automatikfahrweise
   — stoßfreie Umschaltung von Betrieb ohne auf Betrieb mit Adaption und umgekehrt
   — Verhinderung der I-Anteil-Sättigung (falls zur Einhaltung statischer Forderungen mit I-Anteil gearbeitet wird)
   — Einhaltung vorgebbarer Stellgrößenbeschränkungen.
2. Anpassungsmöglichkeiten an den konkreten Prozeß
   — sollte anhand weniger, gut interpretierbarer Parameter möglich sein
3. Inbetriebnahmehilfen
   — Zu- und Abschaltung der Adaption (wie bereits erwähnt: stoßfrei)
   — Überwachung der Modellgüte, z. B. anhand einer angezeigten Maßzahl.

Bezüglich des Einsatzes der von der Industrie angebotenen Adaptivregler sei festgestellt, daß ihre angestrebte „Anwenderfreundlichkeit“ nur dadurch erreicht werden kann, daß die Arbeitsweise dieser Geräte nicht als Betriebsgeheimnis gehütet, sondern klar in der Betriebsanleitung ausgewiesen wird. Nur bei genauer Kenntnis des angewendeten Adaptionsprinzips sowie der konkreten Realisierungsbedingungen ist ein sachlich begründeter, erfolgreicher Einsatz möglich.

Insgesamt kann eingeschätzt werden, daß auf der Basis einer größeren theoretischen Transparenz in Verbindung mit einem stärkeren Zuschnitt auf praktische Belange gerade in diesem Bereich in absehbarer Zeit eine spürbare Zunahme industrieller Anwendungen zu erwarten ist.

Literaturverzeichnis

[1] *Weber, W.*: Adaptive Regelungssysteme, Bd. 1 und 2. Berlin: Akademie-Verlag 1971; München: R. Oldenbourg-Verlag 1971

[2] Deutsch-Französischer Aussprachetag: Industrielle Anwendung adaptiver Systeme. Vorabdruck der Beiträge. Universität Freiburg 1973

[3] *Unbehauen, H.* (Ed.): Methods and applications in adaptive control. Proc. of an International Symposium, Bochum 1980. Berlin, Heidelberg, New York: Springer-Verlag 1980

[4] *Narendra, K. S.; Monopoli, R. V.*: Applications of adaptive control. New York: Academic Press 1980

[5] *Åström, K. J.*: Theory and applications of adaptive control — a survey. Automatica 19 (1983), S. 471—486

[6] *Unbehauen, H.* (Ed.): Adaptive control of chemical processes. Preprints of the IFAC Workshop, Frankfurt/Main 1985. Oxford: Pergamon Press 1985

[7] *Kreitner, H.*: Untersuchung zur Anwendbarkeit adaptiver Regelungsverfahren an einer industriellen Abwasserneutralisationsstrecke. Automatisierungstechnik at 33 (1985) 11, S. 336—341

[8] *Rehberg, K.-J.; Rudolph, H.*: Zur Gewinnung technisch-optimaler Steuerungsalgorithmen für Prozesse mit veränderlichen Parametern. Wiss. Ber. d. TH Leipzig Nr. 18, 1975

[9] *Rehberg, K.-J.; Rudolph, H.*: Technical realization of adaptive control for working point-dependent processes. Systems Science 5 (1979) 4, S. 395—408

[10] *Ströle, D.*: Typische Adaptionssteuerungen bei geregelten elektrischen Antrieben. Regelungstechnik 15 (1967) 3, S. 106—111

[11] *Schönfeld, R.*: Grundlagen der automatischen Steuerung — Leitfaden und Aufgaben aus der Elektrotechnik. Berlin: VEB Verlag Technik 1984

[12] *Hillenbrand, F.*: Identifikation linearer zeitvarianter Systeme und ihre Anwendung auf Induktionsmaschinen. Diss. TU Berlin (West) 1982

[13] *Kunze, E. G.*: Praktische Erprobung eines adaptiven Regelungsverfahrens an einer Zementmahlanlage. PDV-Berichte: KFK PDV 158, Karlsruhe 1979

[14] *Kurz, H.*: Digitale adaptive Regelung auf der Grundlage rekursiver Parameterschätzung. Diss. TH Darmstadt. PDV-Berichte: KFK PDV 188, Karlsruhe 1980

[15] *Lachmann, K. H.*: Regelung verschiedener nichtlinearer Prozesse mit nichtlinearen parameteradaptiven Regelverfahren. Automatisierungstechnik at 33 (1985) 10, S. 318—321

[16] *Schulze, K.-P.; Herrmann, H.-J.; Sprenger, H.-P.*: Anwendungsmöglichkeiten adaptiver Verfahren bei der Automatisierung spezieller technologischer Prozesse bei der Glasseidenherstellung. msr, Berlin 27 (1984) 2, S. 50—51

[17] *Ivachnenko, A. G.*: Technische Kybernetik — Einführung in die Grundlagen automatischer adaptiver Systeme. Berlin: VEB Verlag Technik 1964 (Übers. a. d. Russ.)

[18] *Zypkin, J. S.*: Adaption und Lernen in kybernetischen Systemen. Berlin: VEB Verlag Technik 1970 (Übers. aus d. Russ.)

[19] *Solodownikow, W. W.*: Nichtlineare und selbsteinstellende Systeme. Berlin: VEB Verlag Technik 1975

[20] *Saridis, G. N.*: Self-organizing control of stochastic systems. New York: Verlag Marcel Dekker 1977

[21] *Landau, I. D.*: Adaptive control: The model reference approach. New York: Verlag Marcel Dekker 1979

[22] *Schmid, Chr.*: Ein Beitrag zur Realisierung adaptiver Regelungssysteme mit einem Prozeßrechner. Diss. Ruhruniversität Bochum 1979

[23] *Weller, W.*: Lernende Steuerungen. Berlin: VEB Verlag Technik 1985

[24] *Parks, P. C.; Schaufelberger, W.; Schmid, Chr.; Unbehauen, H.*: Applications of adaptive control systems. In: *Unbehauen, H.* (Ed.): s. [3], S. 161—198

[25] *Isermann, R.*: Digital control systems. Berlin, New York: Springer-Verlag 1981

[26] *Åström, K. J.*: LQG-Self-Tuners. Adaptive systems in control and signal processing. Proc. of the IFAC-Workshop, San Francisco 1983 (Ed. by *I. D. Landau*), S. 137—147

[27] *Åström, K. J.; Wittenmark, B.*: Computer controlled systems — theory and design. New York: Prentice-Hall 1984, S. 343—358

[28] *Isermann, R.*: Parameteradaptive control systems — a review on methods and applications. 7th IFAC/IFORS Symposium on Identification and System Parameter Estimation, York 1985

[29] *Unbehauen, H.*: Theory and application of adaptive control. 7th IFAC/IFIP/IMAC Conference on Digital Computer Applications to Process Control, Wien 1985

[30] *Jakoby, W.*: Diskrete adaptive Regler — Versuch einer Einordnung. Automatisierungstechnik at 33 (1985) 1, S. 6—14

[31] *Litz, L.*: Diskussionsbeitrag zu „Diskrete adaptive Regler — Versuch einer Einordnung". Automatisierungstechnik at 33 (1985) 6, S. 189

[32] *Feldbaum, A. A.*: Rechengeräte in automatischen Systemen. München: R. Oldenbourg-Verlag 1962 (Übers. a. d. Russ.)

[33] *Drenick, R. F.; Shabender, R. A.*: Adaptive servomechanisme. Trans. AIEE 76 (1957) 2, S. 286—291

[34] *Martin, E.; Schulze, K.-P.*: Adaptive Systeme — Definition und Klassifizierung. msr, Berlin 19 (1976) 12, S. 429—430

[35] *Schulze, K.-P.; Martin, E.; Hildebrandt, H. G.*: Adaptive Systeme der Automatisierungstechnik — Problemstellung, Übersicht, Entwicklungsstand, Tendenzen. Volltexte zur Jahrestagung der WGMA (Automatisierungstechnik), Berlin 1976

[36] *Ess, J.*: Ein Selbsteinstellkreis für Zweipunktregelungen. Regelungstechnik 11 (1963) 9, S. 388—393

[37] *Schulze, K.-P.*: Beitrag zur Parameteradaption in Mehrgrößenregelungen. Diss. A TH Magdeburg 1975

[38] *Jemeljanow, S. W.*: Automatische Regelsysteme mit veränderlicher Struktur. Berlin: Akademie-Verlag 1971 (Original, Moskva: Nauka 1968)

[39] *Utkin, V. I.*: Gleitregimes und ihre Anwendung in Systemen mit veränderlicher Struktur (russ.). Moskau: Nauka 1974

[40] *Stein, G.*: Anwendung gleitzustandsähnlicher Arbeitsregimes in Regelsystemen mit veränderlicher Struktur zum Entwurf parameterunempfindlicher Regler. Diss. (B) TH Leipzig 1984

[41] *Kunze, E.*: Entwurf und Eigenschaften direkt adaptierender und modelladaptiver Regelungssysteme. Diss. Univ. Karlsruhe 1976

[42] *Hahn, V.*: Direkte adaptive Regelstrategien für die diskrete Regelung von Mehrgrößensystemen. Diss. Ruhr-Univ. Bochum 1983

[43] *Feldbaum, A. A.*: Optimal control systems. New York: Academic Press 1965

[44] *Tse, E.; Bar-Shalom, Y.; Meier, L.*: Wide sense adaptive dual control for nonlinear stochastic systems. IEEE Trans. on Autom. Contr. AC-18 (1973) 2, S. 98—108

[45] *Alster, J.; Bélanger, P.*: A technique for dual adaptive control. Automatica 10 (1974), S. 627—634

[46] *Bar-Shalom, Y.; Tse, E.*: Dual effect, certainty equivalence and separation in stochastic control. IEEE Trans. on Autom. Contr. AC-19 (1974), S. 494—500

[47] *Wittenmark, B.*: Stochastic adaptive control methods: a survey. Int. J. Contr. 21 (1975), S. 705—730

[48] *Åström, K. J.; Wittenmark, B.*: On self tuning regulators. Automatica 9 (1973), S. 185—199

[49] *Åström, K. J.; Borisson, U.; Ljung, L.; Wittenmark, B.*: Theory and applications of self-tuning regulators. Automatica 13 (1977), S. 457—476

[50] *Clarke, D. W.; Gawthrop, P. J.*: Self-tuning controller. IEE Proc. 122 (1975), S. 929—934

[51] *Hesketh, T.*: State-space pole-placing self-tuning regulator using input-output values. IEE Proc. 129D (1982), S. 123—128

[52] *Wellstead, P. E.; Prager, D.; Zanker, P.*: Pole assignment self-tuning regulator. IEE Proc. 126 (1979), S. 781—787

[53] *Lohöfener, M.; Schulze, K.-P.*: Einordnung, Überblick und Entwicklungstendenzen von Selftuning-Regelungen. Wiss. Zeitschr. der TH Leipzig 7 (1983) 5, S. 285—292

[54] *Haupt, B.*: Erfahrungen mit Algorithmen zur adaptiven Regelung zeitvarianter Mehrgrößenprozesse. Diss. B TH Ilmenau 1986

[55] *Landau, I. D.*: Combining model reference adaptive controllers and stochastic self-tuning regulators. Automatica 18 (1982), S. 77—83

[56] *Egardt, B.*: Unification of some discrete-time adaptive control schemes. IEEE Trans. on Autom. Contr. AC-25 (1980), S. 693—697

[57] *Voigt, D.*: Die Adaptierung von parametervariablen Systemen. Diss. TH Aachen 1966

[58] *Gibson, J. E.*: Nonlinear automatic control. New York: McGraw — Hill 1963

[59] *Rake, H.*: Selbsteinstellende Systeme nach dem Gradientenverfahren. Regelungstechnik 15 (1967) 5, S. 211—217

[60] *Eveleigh, V. W.*: Adaptive control and optimization techniques. New York: McGraw — Hill 1967

[61] *Kozlov, Ju. W.; Jusupov, R. W.*: Suchlose selbsteinstellende Systeme. Moskau: Nauka 1969

[62] *Kostjuk, V. N.*: Suchlose Gradienten — selbsteinstellende Systeme. Kiew: Verlag Technika 1969

[63] *Fromme, G.*: Einsatz eines Mikrorechners als selbstoptimierender Regler für Strecken mit absatzweise konstanten Parametern. Regelungstechnik 30 (1982), S. 189—197

[64] *Hahn, W.*: Theory and application of Ljapunow's direct method. New York: McGraw — Hill 1963

[65] *Parks, P. C.*: Ljapunow redesign of model reference adaptive control systems. IEEE Trans. on Autom. Contr. AC-11 (1966), S. 362—367

[66] *Winsor, C. A.; Roy, R. J.*: Design of model reference adaptive control systems by Ljapunow's second method. IEEE Trans. on Autom. Contr. AC-13 (1968), S. 204

[67] *Colburn, B. K.; Boland, J. S.*: Extended Ljapunow adaption law for model reference systems. IEEE Trans. on Autom. Contr. AC-21 (1976), S. 879—880

[68] *Carroll, R. L.*: New adaptive algorithmus in Ljapunow synthesis. IEEE Trans. on Autom. Contr. AC-21 (1976), S. 246—249

[69] *Parks, P. C.; Hahn, V.*: Stabilitätstheorie. Berlin, Heidelberg, New York: Springer-Verlag 1981

[70] *Popov, V. M.*: Die Hyperstabilität automatischer Systeme (russ.). Moskau: Verlag Nauka 1970, und: Hyperstability of control systems (Ausg. in Engl.). Berlin: Springer-Verlag 1973

[71] *Landau, I. D.*: A hyperstability criterion for model reference adaptive control systems. IEEE Trans. on Autom. Contr. AC-14 (1969), S. 552—555

[72] *Landau, I. D.*: Les systèmes adapts avec modèle. Automatisme 16 (1971), S. 272—291

[73] *Landau, I. D.*: A survey of model reference adaptive techniques — theory and applications. Automatica 10 (1974), S. 353—379

[74] *Lozano, R.; Landau, I. D.*: Redesign of explicit and implicit discrete time model reference adaptive control schemes. Int. J. Contr. 33 (1981), S. 247—268

[75] *Tsay, Y. T.; Shieh, L. S.*: State-space approach for selftuning feedback control with pole assignment. IEE Proc. 128 D (1981), S. 93—101

[76] *Åström, K. J.; Wittenmark, B.*: Self-tuning controllers based on pole-zero placement. Proc. IEE Pt D 127 (1980) 3, S. 120—130

[77] *Berger, C. S.*: New pole-placement design method for adaptive controllers. Proc. IEE Pt D 129 (1982) 1, S. 13—14

[78] *Minamide, M.; Nikiforuk, P. N.; Gupta, M. M.*: Design of an adaptive observer and its application to an adaptive pole placement controller. Int. J. Contr. 37 (1983) 2, S. 349—366

[79] *Feikema, H.; Verbruggen, H. B.*: Designing modell-adaptive control systems using the method of Ljapunow and the inverse describing function method. 4th IFAC congress, Warschau 1969 (Prepr., Techn. sess. 69, S. 18—33)

[80] *Kuhtenko, V. I.; Mityurina, V. Ye.*: Questions in the dynamics of self adjusting systems with frequency characteristic stabilization. Autom. Remote Contr. 30 (1969), S. 392—406 und 785—798

[81] *Kushner, J. J.*: On the convergence of lion's identification method with random inputs. IEEE Trans. on Autom. Contr. AC-15 (1970), S. 652—654

[82] *James, D. J. C.*: Application of stochastic stability theory to model reference systems. Int. J. Contr. 16 (1972), S. 1169—1192

[83] *Schubert, H.*: Ein Beitrag zur adaptiven Regelung von linearen Einfachsystemen. Diss. TH Hannover 1976

[84] *Marsik, J.*: A simple adaptive controller. Preprints of the IFAC-Symposium ,,Identification and Process Parameter Estimation'', Prag 1970, Vortrag 6.6

[85] *Ehrlich, H.*: Automatisierungssysteme mit steuerbarer Struktur — eine Übersicht. msr, Berlin 30 (1987), voraussichtlich II. Quartal

[86] *Reinisch, K.*: Analyse und Synthese kontinuierlicher Steuerungssysteme. Berlin: VEB Verlag Technik; Heidelberg: Dr. Alfred Hüthig Verlag 1979

[87] *Unbehauen, H.*: Regelungstechnik I. Wiesbaden: Vieweg Verlag 1982 — Regelungstechnik II. Wiesbaden: Vieweg Verlag 1983 — Regelungstechnik III. Wiesbaden: Vieweg Verlag 1985

[88] *Töpfer, H.; Rudert, S.*: Einführung in die Automatisierungstechnik. Berlin: VEB Verlag Technik 1976

[89] *Töpfer, H.; Kriesel, W.*: Funktionseinheiten der Automatisierungstechnik. Berlin: VEB Verlag Technik 1980

[90] *Peinke, W.*: Adaptiv-Steuerung der Reglereinstellung mit einfachen Mitteln. Regelungstechnik 14 (1966), S. 274—277

[91] *Schmid, Chr.; Unbehauen, H.*: Identification and CAD of adaptive systems using the KEDDC package. In: *R. Isermann* (Ed.), ,,Identification and System Parameter Estimation'', Oxford: Pergamon Press 1979, S. 1087—1094

[92] *Bergmann, S.; Kurz, H.; Radke, R.*: Digitaler adaptiver Regler mit Mikrorechner. VDI-Berichte Nr. 328. Düsseldorf: VDI-Verlag 1978

[93] *Glattfelder, A. H.; Huguenin, F.; Schaufelberger, W.*: Microcomputer based self-tuning and self-selecting controllers. Automatica 16 (1980), S. 1—8

[94] *Clarke, D. W.; Gawthrop, P. J.*: Implementation and application of microprocessor-based self-tuners. Automatica 17 (1981), S. 233—244

[95] *Boehm, H.*: Adaptive control to a dry etch process by heating plant. Automatica 17 (1981) 3, S. 483—492

[96] RAFI: Digitale adaptive Kompaktregler — eine neue Reglergeneration. und-oder-nor + Steuerungstechnik (1983) 12, S. 44

[97] *Dexter, A. L.*: Self-tuning control algorithm for singlechip microcomputer implementation. IEE Proc. 130 D (1983), S. 255—260

[98] *Bergmann, S.*: Digitale parameteradaptive Regelung mit Mikrorechner. Fortschr.-Ber. VDI-Z., Reihe 8 Nr. 55. Düsseldorf: VDI-Verlag 1983

[99] *Radke, F.*: Ein Mikrorechnersystem zur Erprobung parameteradaptiver Regelverfahren. Fortschr.-Ber. VDI-Z., Reihe 8 Nr. 77. Düsseldorf: VDI-Verlag 1984

[100] *Fromme, G.; Haverland, M.*: Selbsteinstellender Digitalregler im Zeitbereich. Regelungstechnik 31 (1983), S. 338—345

[101] *Fromme, G.; Haverland, M.; Ahlers, H.*: Selbsteinstellende Zustandsregler. Regelungstechnik 32 (1984) 3, S. 81—90

[102] *Litz, L.*: Regel- und Steuergeräte auf der INTERKAMA 83, Teil 1. Chemie Ingenieur Technik 56 (1984), S. A144—A152

[103] *Lindorf, D. P.*: Sensitivity in sampled-data systems. IEEE Trans. on Autom. Contr. AC-8 (1963), S. 120—125

[104] *Rohrer, A.; Sobral, M.*: Sensitivity considerations in optimal system design. IEEE Trans. on Autom. Contr. AC-10 (1965), S. 43—48

[105] *Schmidt, G.*: Parameter-Empfindlichkeit linearer Regelsysteme — Theoretische Grundlagen und spezielle Untersuchungen. Diss. TH Darmstadt 1966

[106] *McClamroch, N. H.; Clark, L. G.; Aggrarwal, J. K.*: Sensitivity of linear control systems to large parameter variation. Automatica 5 (1969), S. 257—263

[107] *Frank, P. M.*: Empfindlichkeitsanalyse dynamischer Systeme. München, Wien: R. Oldenbourg-Verlag 1976

[108] *Frank, P. M.*: Introduction to system sensitivity theory. New York, San Francisco, London: Academic Press 1978

[109] *Becker, N.*: Untersuchung der Parameterempfindlichkeit zeitoptimaler Regelkreise mit linearen zeitinvarianten Strecken. Fortschr.-Ber. VDI-Z., Reihe 8, Nr. 70. Düsseldorf: VDI-Verlag 1984

[110] *Frank, P. M.*: Entwurf parameterunempfindlicher und robuster Regelkreise im Zeitbereich — Definitionen, Verfahren und ein Vergleich. Automatisierungstechnik at 33 (1985) 8, S. 233—240

[111] *Kurisaki, O. A.*: Zur Berechnung des Parameterempfindlichkeitsmaßes der Zustände in Mehrgrößensystemen. msr, Berlin 29 (1986) 4, S. 175—176

[112] *Horowitz, I. M.*: Synthesis of feedback systems. New York: Academic Press 1963

[113] *Lochmann, M.*: Ein Verfahren zur Synthese parameterunempfindlicher Regelkreise. Diss. TH Karlsruhe 1968

[114] *Sirisena, H. R.; Choi, S. S.*: Pole placement in output feedback control systems for minimum sensitivity to plant parameter variations. Int. J. Contr. 22 (1975) 1, S. 129—140

[115] *Kouvaritakis, B.; Owens, K. H.; Grimble, M. J.*: Sensitivity and robustness in control systems theory and design. IEE Proc. 129 D (1982), S. 213—214

[116] *Frank, P. M.*: The present state and trends of using sensitivity analysis and synthesis in linear optimal control. Acta Polytechnica, Prace CVUT v Prace, vedechà konference 1982

[117] *Leondes, C. T.*: Modern control system theory. New York: McGraw — Hill 1965

[118] *Freund, E.*: Zeitvariable Mehrgrößensysteme. Berlin, Heidelberg, New York: Springer-Verlag 1971

[119] *Schulze, K.-P.*: Beitrag zur Anwendung des Prinzips der Adaption und des Entwurfs nach der Empfindlichkeit in Mehrgrößenregelungen. Diss. (B) TH Magdeburg 1979

[120] *Schulze, K.-P.*: Entwurf von Mehrgrößenregelungen an Prozessen mit zeitabhängigen Parametern unter Berücksichtigung von Empfindlichkeitsansätzen bzw. nach dem Prinzip der Adaption. msr, Berlin 23 (1980) 7, S. 371—373

[121] *Tomovic, R.*: Sensitivity analysis of dynamic systems. New York: McGraw — Hill 1963

[122] *Mesch, F.*: Selbsteinstellende Regelsysteme unter besonderer Berücksichtigung der Meßzeit. Diss. TH Darmstadt 1964

[123] *Sobral, M.*: Sensitivity in optimal control systems. Proc. IEEE 56 (1968) 10, S. 1644—1652

[124] *Kreindler, E.*: On minimization of trajectory sensitivity. Int. J. Contr. 8 (1968) 1, S. 89—96

[125] *Gourishankar, V.; Ramar, K.*: Pole assignment with minimum eigenvalue sensitivity to plant parameter variation. Int. J. Contr. 23 (1976) 4, S. 493—504

[126] *Horowitz, I. M.*: Plant adaptive systems versus ordinary feedback systems. IRE Trans. on Autom. Contr. AC-7 (1962), S. 48—56

[127] *Merchav, S. J.*: Compatibility of a two-degree-of-freedom system with a set of independent spezifications. IRE Trans. on Autom. Contr. AC-7 (1962), S. 67—72

[128] *Csaki, F.*: State-space methods for control systems. Budapest: Akademiai Kiado 1977

[129] *Korn, U.; Wilfert, H.-H.*: Mehrgrößenregelungen. Berlin: VEB Verlag Technik 1982

[130] *Ackermann, J.*: Entwurfsverfahren für robuste Regelungen. Regelungstechnik 32 (1984) 5, S. 143—150

[131] *Grübel, G.*: 1. Workshop „Robuste Regelung" in Interlaken. Regelungstechnik 29 (1981) 4, S. 140—145

[132] *Franke, D.*: 4. Workshop „Robuste Regelung“ in Interlaken. Regelungstechnik 32 (1984) 5, S. 167—171
[133] *Roppenecker, G.*: 6. Workshop „Robuste Regelung“ in Interlaken. Automatisierungstechnik at 34 (1984) 4, S. 167—172
[134] *Schulze, K.-P.*: Möglichkeiten des Entwurfs von Automatisierungssystemen durch Kombination des Prinzips der Adaption und des Entwurfs nach der Empfindlichkeit sowie der Robustheit. Studie, TH Leipzig 1986.
[135] *Feldbaum, A. A.*: Dual control theory I—IV. Automation & Remote Control 21 (1960); S. 874—880, S. 1033—1039; 22 (1960), S. 1—12, S. 109—121
[136] *Abida, L.; Kaufmann, H.*: Model reference adaptive control for linear time-varying and nonlinear systems. Proc. 21th IEEE Conference on Decision and Control, Orlando (USA) 1982
[137] *Lachmann, K.-H.*: Selbsteinstellende nichtlineare Regelalgorithmen für eine bestimmte Klasse nichtlinearer Prozesse. Automatisierungstechnik at 33 (1985) 7, 210—218
[138] *Strobel, H.*: Systemanalyse mit determinierten Testsignalen. Berlin: VEB Verlag Technik 1968
[139] *Åström, K.; Eykhoff, P.*: System identification — a survey. Automatica 7 (1971), S. 123—162
[140] *Eykhoff, P.*: System identification. London: Wiley-Verlag 1974
[141] *Isermann, R.*: Prozeßidentifikation. Berlin: Springer-Verlag 1974
[142] *Unbehauen, H.; Göhring, B.; Bauer, B.*: Parameterschätzverfahren zur Systemidentifikation. München: R. Oldenbourg-Verlag 1974
[143] *Kopacek, P.*: Identifikation zeitvarianter Regelsysteme. Braunschweig, Wiesbaden: Vieweg-Verlag 1978
[144] *Elliott, H.; Wolovich, W. A.*: Parameter adaptive identification and control. IEEE Trans. on Autom. Contr. AC-24 (1979), S. 592—599
[145] *Isermann, R.*: Rechnerunterstützter Entwurf digitaler Regelungen mit Prozeßidentifikation. Regelungstechnik 32 (1984) 6, S. 179—189; 32 (1984) 7, S. 227—234
[146] *Schulze, K.-P.; Herrmann, H.-J.; Lohöfener, M.*: Adaptive Identifikationsverfahren — Übersicht und Entwicklungstendenzen. msr, Berlin 26 (1983) 4, S. 201—204
[147] *Unbehauen, H.; Jedner, U.*: Multimodellansatz zur Identifikation von Strecken mit schnellen Parameteränderungen. msr, Berlin 29 (1986) 5, S. 218—220
[148] *Unbehauen, H.; Bauer, B.; Göhring, B.; Schmid, Chr.*: „on line“-Identifikationsverfahren. PDV-Berichte: KFK PDV 14, Karlsruhe 1973
[149] *Kalligeropoulos, D.*: Über die Identifizierung zeitvariabler Systeme mit einem Beispiel adaptiver Regelung. Regelungstechnik 32 (1984) 8, S. 271—275; 32 (1984) 9, S. 305—309
[150] *Weber, W.*: Parameteridentifikation bei bekannter Struktur. VDI/VDE-Aussprachetag über Systemidentifikation und Modellbildung, Frankfurt/Main 1969
[151] *Diamessis, J. E.*: A new method for determining the parameters of physical systems. Proc. of the IEEE 53 (1965), S. 205—206
[152] *Loeb, J. M.; Cahen, G. M.*: More about process identification. IEEE Trans. on Autom. Contr. AC-10 (1965), S. 359—361
[153] *Rake, H.*: Automatische Prozeßidentifizierung durch ein selbsteinstellendes System. msr, Berlin 9 (1966), S. 213—216
[154] *Carroll, R.; Lindorff, D.*: An adaptive observer for single-input single-output linear systems. IEEE Trans. on Autom. Contr. AC-18 (1973), S. 428—435
[155] *Lüders, G.; Narendra, K. S.*: An adaptive observer and identifier for a linear system. IEEE Trans. on Autom. Contr. AC-18 (1973), S. 496—499
[156] *Kudva, P.; Narendra, K. S.*: Synthesis of an adaptive observer using Ljapunow's direct method. Int. J. Contr. 18 (1973) 6, S. 1201—1210
[157] *Lüders, G.; Narendra, K. S.*: Stable adaptive schemes for state estimation and identification of linear systems. IEEE Trans. on Autom. Contr. AC-19 (1974), S. 841—847
[158] *Kreisselmeier, G.*: Adaptive observers with exponential rate of convergence. IEEE Trans. on Autom. Contr. AC-22 (1977), S. 2—8
[159] *Kreisselmeier, G.*: On adaptive state regulation. IEEE Trans. on Autom. Contr. AC-27 (1982), S. 3—17
[160] *Sharokhi, M.; Morari, M.*: Using an adaptive observer to design pole-placement controller for discrete time systems. Int. J. Contr. 36 (1982) 4, S. 695—710
[161] *Nuyan, S.; Carroll, R. L.*: Minimal order arbitrarily fast adaptive observers and identifiers. IEEE Trans. on Autom. Contr. AC-24 (1979), S. 289—297
[162] *Narendra, K. S.; Peterson, B. B.*: Recent developments in adaptive control. In: [3]
[163] *Lion, P. M.*: Rapid identification of linear and nonlinear systems. AIAA Journal 5 (1967), S. 1835—1842
[164] *Kreisselmeier, G.*: The generation of adaptive law structures for globally convergent adaptive observers. IEEE Trans. on Autom. Contr. AC-24 (1979), S. 510—513
[165] *Bauer, B.*: Parameterschätzverfahren zur on-line Identifikation dynamischer Systeme im offenen und geschlossenen Regelkreis. Diss. Ruhr-Universität Bochum 1977
[166] *Peterka, V.*: Predictor-based self-tuning control. Automatica 20 (1984) 1, S. 39—50

[167] *Karny, M.*: Identification with interruptions as an antibursting device. Kybernetika 18 (1982), S. 320—329
[168] *Morossanow, I.*: Relais-Extremalsysteme. Berlin: VEB Verlag Technik 1967
[169] *Davies, W.; Douce, J.*: On-line system identification in the presence of drift. Preprints IFAC-Symposium Identification Prag 1967, paper 3.12
[170] *Åström, K.; Meyne, O.*: A new algorithm for recursive estimation of controlled ARMA processes. 6th IFAC-Symposium on „Identification and System Parameter estimation". Washington 1982
[171] *Pönigk, D.*: Beitrag zur Identifikation zeitvarianter Systeme mit Parameterschätzverfahren. Manuskript d. Diss., TH Leipzig 1986
[172] *Lachmann, K.-H.*: Selbsteinstellende nichtlineare Regelalgorithmen für eine bestimmte Klasse nichtlinearer Prozesse. Automatisierungstechnik at 33 (1985) 7, S. 210—218
[173] *Lamanna de R.; Padilla, A. R.; Uriade, C. M.*: On-line order selection and parameter estimation — an experimental application. IEE Contr. systems magazin (1984) 5, S. 6—13
[174] *Zervos, C.*: On PID controller tuning orthonormal series identification. In: *H. Unbehauen* (Ed.), „Adaptive control of chemical processes". Frankfurt/Main: Pergamon Press 1985, S. 13—18
[175] *Kersic, R.; Isenberg, R.*: A concept of industrial adaptive control based on robust design principle and multi model approach. In: *H. Unbehauen* (Ed.), „Adaptive control of chemical processes". Frankfurt/Main: Pergamon Press 1985, S. 58—63
[176] *Chidambara, M. R.*: Recursive simplification of poleassignment problem in multi-input systems. Int. J. Contr. 16 (1972) 2, S. 389—399
[177] *Korn, U.*: Zum Entwurf automatischer Steuerungen linearer zeitinvarianter mehrparametriger Systeme auf der Basis der Zustandsraumbeschreibung. Diss. (B) TH Magdeburg 1972
[178] *Zimmermann, R.*: Dead-beat-Regelalgorithmen für Mikroprozessorregler. msr, Berlin 23 (1980) 2, S. 68—72
[179] *Bischoff, H.*: Zum Entwurf von Dead-beat-Reglern. msr, Berlin 25 (1982) 9, S. 499—502
[180] *Horch, H.-J.*: Untersuchungen zu einem selbsteinstellenden Dead-beat-Algorithmus. Diss. Humboldt-Univ. zu Berlin 1986
[181] *Nöth, G.*: Self-tuning-Strategien zur Regelung nichtminimalphasiger Regelstrecken. Diss. Ruhr-Universität Bochum 1982
[182] *Mesch, F.*: Zweipunktregler mit Selbsteinstellung. Regelungstechnik 11 (1963) 6, S. 241—247
[183] *Glattfelder, A. H.*: Entwurf und Erprobung eines Verfahrens zur geregelten Adaptierung eines Regelkreises mit simultanen harmonischen Prüfsignalen. Diss. ETH Zürich 1969
[184] *Kollmann, E.*: Adaptivregelsysteme mit Sinustestsignalen. VDI-Forschungsheft 499, Ausgabe B, Bd. 29. Düsseldorf: VDI-Verlag 1963
[185] *Martin, E.*: Zur Dimensionierung von Extremalsystemen mit periodischem Testsignal. msr, Berlin 12 (1969) 1, S. 34—40
[186] *Glattfelder, A. H.*: Zur Adaptierung von Eingrößen-Regelkreisen mit harmonischen Prüfsignalen. Regelungstechnik 18 (1970) 11, S. 485—532
[187] *Rumold, G.; Speth, W.*: Selbstanpassender PI-Regler. Siemens-Zeitschrift 42 (1968) 9, S. 765—768
[188] *Kessler, C.*: Das Symmetrische Optimum. Regelungstechnik 6 (1958), S. 395—400 und 432—436
[189] *Göldner, K.; Kubik, St.*: Nichtlineare Systeme der Regelungstechnik. Berlin: VEB Verlag Technik 1978
[190] *Rehberg, K.-J.*: Analyse des dynamischen Verhaltens eines Schrittextremalsystems. msr, Berlin 12 (1969) 2, S. 57—62
[191] *Rehberg, K.-J.*: Zur Dimensionierung von Extremalsystemen mit abhängigem Suchprozeß. msr, Berlin 9 (1966) 8, S. 274—279
[192] *Rehberg, K.-J.*: Beitrag zur vergleichenden Analyse von diskontinuierlichen Extremalsystemen mit abhängigem Suchprozeß. Diss. TU Dresden 1972
[193] *Kunzevich, W. M.*: Selbsteinstellende Impulssysteme der Automatisierungstechnik (russ.). Kiew: Technika 1966
[194] *Ivachnenko, A. G.*: Selbsteinstellende Systeme in Automatisierungsanlagen. Kiew: Technika 1969
[195] *Schlitt, H.*: Optimale Dimensionierung eines Folgereglers nach dem Wiener'schen Kriterium. Regelungstechnik 10 (1962) 5, S. 193—200
[196] *Walkov, L. C.; Schnurman, E. G.*: Über ein Problem des Aufbaus adaptiver Systeme mit veränderlicher Struktur. In: Analyse und Synthese automatischer Systeme (russ.), Moskau: Nauka 1968, S. 75—78
[197] *Scheib, H. J.*: Ein adaptiver Ljapunow-Regler für Richt- und Stabilisierungsanlagen. Automatisierungstechnik at 33 (1985) 12, S. 365—372
[198] *Opitz, H.-P.*: Entwurf robuster, strukturvariabler Regelungssysteme mit der Hyperstabilitätstheorie. Fortschr.-Ber. VDI-Z., Reihe 8, Nr. 75. Düsseldorf: VDI-Verlag 1984
[199] *Föllinger, O.*: Nichtlineare Regelungen II. München, Wien: R. Oldenbourg Verlag 1980
[200] *Schumann, R.*: Konvergenz und Stabilität von digitalen parameteradaptiven Reglern. Automatisierungstechnik at 34 (1986) 1, S. 32—38; 2, S. 66—71

[201] *de Larminat, Ph.*: Unconditional stabilizers for nonminimum phase systems. In: *H. Unbehauen* (Ed.): Methods and applications in adaptive control. Proc. of an International Symposium, Bochum 1980. Berlin, Heidelberg, New York: Springer-Verlag 1980

[202] *Ljung, L.*: Analysis of recursive stochastic algorithms. IEEE Trans. on Autom. Contr. AC-22 (1977), S. 551—575

[203] *Herrmann, H.-J.*: Ein Beitrag zur Realisierung digitaler adaptiver Regelsysteme auf der Grundlage adaptiver Beobachter. Diss. TH Leipzig (eingereicht 1986)

[204] *Lang, H.*: J. appl. Physics 30 (1959), S. 1748

[205] *Mellaert, L. J. van; Schwuttke, G. H.*: Feedback control scheme for scanning x-ray topography. J. appl. Physics 43 (1972) 2

[206] *Rehberg, K.-J.; Martin, E.*: Extremwertregelung zur automatischen Bragg-Winkelnachführung für die Lang-Topographie. Experimentelle Technik der Physik 26 (1978) 2, S. 183—193

[207] *Martin, E.; Rehberg, K.-J.*: Anordnung zur automatischen Einhaltung der maximalen reflektierten Strahlungsintensität. Wirtschaftspatent G 05 d/193713

[208] *Rehberg, K.-J.; Rudolph, H.*: Technische Randbedingungen und Realisierungskonzeption für die Überführung eines adaptiven Systems in die industrielle Praxis. ZKI-Forschungsbericht, Dresden 1974

[209] *Hellmuth, G.; Rehberg, K.-J.; Rudolph, H.*: Zur Realisierung adaptiver Regelungen bei Anfahrvorgängen. Der VEM-Elektro-Anlagenbau 14 (1978) 3, S. 116—119

[210] *Rudert, S.*: Beitrag zur Vorausberechnung des Regelverhaltens von Einwellen-Gasturbinenanlagen mit Wärmetauscher. Diss. TH Dresden 1969

[211] *Ludwig, H.*: Regelung von Dampf- und Gasturbinen. Reihe Automatisierungstechnik, Bd. 95. Berlin: VEB Verlag Technik 1971

[212] *Schories, E.*: Prozeßanalyse an der Gasturbinenanlage GTA 24. Diplomarbeit TH Leipzig 1977

[213] *Rudolph, H.; Rehberg, K.-J.*: Computer-aided determination of the parameters of adaptive systems and structures for their technical realization under consideration of microcomputers for the use with process start-up and shut-down. 5th IFAC/IFIF International Conference on Digital Computer Applications to Process Control, June 14—17, Hague 1977

[214] *Strejc, V.*: Determination approchee des caracteristiques de regulation d'un processus a reponse aperiodique. Automatisme (1960) 12, S. 109—111

[215] *Reinisch, K.*: Formel zur Bemessung von Regelkreisen einschließlich Totzeit unter Einwirkung determinierter aperiodischer Störungen. msr, 7 (1964) 3, S. 94—101

[216] *Lachmann, K.-H.*: Regelung verschiedener nichtlinearer Prozesse mit nichtlinearen parameteradaptiven Regelverfahren. Automatisierungstechnik at 33 (1985) 9, S. 280—284

[217] *Lindorff, D. P.; Carroll, R. L.*: Survey of adaptive control using Ljapunow design. Int. J. Contr. 18 (1973) 5, S. 897—914

[218] *Scheib, H. J.*: Ein adaptiver Ljapunow-Regler für Richt- und Stabilisierungsanlagen. Automatisierungstechnik at 33 (1985) 12, S. 365—372

[219] *Popov, V. M.*: Eine neue Lösung für die Stabilitätsaufgabe von automatischen Systemen. Avtom. i Telem. (1963) 1

[220] *Landau, I. D.*: Hyperstability concept and their application to discrete control systems. Proc. JACC, Pao-Alto 1972, S. 373—381

[221] *Anderson, B. D. O.*: A system theory criterion for positive real matrices. Journal SIAM Contr. 5 (1967), S. 171—182

[222] *Billerbeck, G.*: Modelladaptive Regelung von minimalphasigen Prozessen unter Verwendung des Modellzustandsvektors. msr, Berlin 24 (1981) 6, S. 302—306

[223] *Opitz, H. P.*: Die Hyperstabilitätstheorie — eine systematische Methode zur Analyse und Synthese nichtlinearer Systeme. Automatisierungstechnik at 34 (1986) 6, S. 221—230

[224] *Borisson, U.*: Self-tuning regulators for a class of multivariable systems. Automatica 15 (1979), S. 209—215

[225] *Schwarz, H.*: Mehrfachregelungen. Berlin, Heidelberg, New York: Springer-Verlag. Bd. 1: 1967; Bd. 2: 1971

[226] *Koivo, H. N.; Tanthu, J. T.; Penttinen, J.*: Experimental comparison of self-tuning controller methods in multivariable case. Prepr. 8th IFAC World Congress, Kyoto 1981

[227] *Diekmann, K.*: Identifikation von Mehrgrößensystemen. Regelungstechnik 31 (1983), S. 355—361 und 398—402

[228] *Schumann, R.*: Digitale parameteradaptive Mehrgrößenregelung — Ein Beitrag zu Entwurf und Analyse. PDV-Bericht 217, Karlsruhe 1982

[229] *Unbehauen, H.; Wiemer, P.*: Application of multivariable adaptive control schemes to distillation colums. Proc. of the 4th YALE Work shop on applications of adaptive systems theory, 1985

[230] *Koivo, H. N.*: A multivariable self-tuning controller. Automatica 16 (1979), S. 351—366

[231] *Hahn, V.*: Eine Struktur zum Entwurf stabiler Kompensationsalgorithmen für die direkte adaptive Regelung von nichtminimalphasigen Mehrgrößensystemen mit beliebigen Totzeiten. Automatisierungstechnik at 34 (1986) 7, S. 279—286

[232] *Warnick, K.*: Selftuning regulators — a state space approach. Int. J. Contr. 33 (1981) 5, S. 839—858

[233] *Lachmann, K.-H.*: Regelung verschiedener nichtlinearer Prozesse mit nichtlinearen parameteradaptiven Regelverfahren. Automatisierungstechnik at 33 (1985) 10, S. 318—321

[234] *Roppenecker, G.*: Entwurf robuster Regler mittels vollständiger modaler Synthese. 5. Workshop „Robuste Regelung" in Interlaken. Automatisierungstechnik at 33 (1985) 6, S. 190—195

[235] *Poljak, B. T.*: Robust identification. Automatica 16 (1980) 1, S. 53—58

[236] *Icannou, P. A.; Kokotovic, P. V.*: Adaptive systems with reduced models. Lecture Notes in Control and Information Sciences, vol. 47. Berlin, Heidelberg, New York: Springer-Verlag 1983

[237] *Kosut, R. L.*: Robustness issues in adaptive control. Adaptive systems in control and signal processing. Proc. of the IFAC-Workshop, San Francisco 1983, Ed. by *I. D. Landau*, S. 13—19

[238] *Ehrlich, H.*: Möglichkeiten der Steuerung instationärer kontinuierlicher Prozesse. msr, Berlin 26 (1983) 4, S. 197—200

[239] *Keuchel, U.*: IFAC-Workshop „Adaptive Control of Chemical Processes", Automatisierungstechnik at 34 (1986) 3, S. 123—128

[240] *Anderson, B. D. O.*: A simplified viewpoint of hyperstability. IEEE Trans. on Autom. Contr. 13 (1968), S. 292—294

[241] *Narendra, K. S.; Valavani, L. S.*: A comparison of Ljapunov and Hyperstability approaches to adaptive control of continuous systems. IEEE Trans. on Autom. Contr. AC-25 (1980)

[242] *Billerbeck, G.*: Ein Verfahren zum Entwurf modelladaptiver Systeme für eine Klasse allpaßhaltiger Prozesse. msr, Berlin 21 (1978) 10, S. 578—582

[243] *Landau, I. D.*: Design of discrete model reference adaptive systems using the positivity concept. Proc. IFAC-Symposium on Sensitivity, Adaptivity and Optimality. Ischia 1973, S. 307—314

[244] *Woronow, A. A.; Rutkowski, W. Ju.*: Stand und Perspektiven der Entwicklung von Adaptivsystemen. Fragen der Kybernetik 11 (1985) Nr. 59. Moskau: Nauka 1985, S. 5—48

[245] *Ackermann, J.*: Abtastregelung, Bd. 2: Entwurf robuster Systeme. Berlin, Heidelberg, New York: Springer-Verlag 1983

[246] *Heger, F.*: Entwurf robuster Regelungen für Strecken mit großen Parametervariationen. Fortschr.-Ber. VDI-Z., Reihe 8, Nr. 71. Düsseldorf: VDI-Verlag 1984

[247] *Ortega, R.; Praly, L.; Landau, I. D.*: Robustness of discrete-time direct adaptive controllers. IEEE Trans. on Autom. Contr. AC-30 (1985) 12, S. 1179—1187

[248] *M'Saad, M.; Duque, M.; Landau, I. D.*: Robust LQ adaptive controller for industrial processes. In: [6], S. 90—95

Sachwörterverzeichnis

25.